海关"12个必"之国门生物安全关口"必把牢"系列
进出境动植物检疫业务指导丛书

进出境动植物检疫实务

媒介生物篇

总策划◎韩　钢

总主编◎徐自忠

主　编◎花群义　　副主编◎杨俊兴　林彦星

中国海关出版社有限公司

中国·北京

图书在版编目（CIP）数据

进出境动植物检疫实务. 媒介生物篇／花群义主编.
北京：中国海关出版社有限公司，2024. -- ISBN 978-7-
5175-0827-4

Ⅰ. S851. 34；S41

中国国家版本馆 CIP 数据核字第 2024EP3367 号

进出境动植物检疫实务：媒介生物篇
JINCHUJING DONGZHIWU JIANYI SHIWU：MEIJIE SHENGWU PIAN

总 策 划：韩　钢

总 主 编：徐自忠

主　　编：花群义

责任编辑：孙　旸

责任印制：王怡莎

出版发行：中国海关出版社有限公司

社　　址：北京市朝阳区东四环南路甲 1 号　　邮政编码：100023

网　　址：www. hgcbs. com. cn

编 辑 部：01065194242-7527（电话）

发 行 部：01065194221/4238/4246/5127（电话）

社办书店：01065195616（电话）
　　　　　https://weidian. com/? userid＝319526934（网址）

印　　刷：北京联兴盛业印刷股份有限公司　　经　　销：新华书店

开　　本：710mm×1000mm　1/16

印　　张：25　　　　　　　　　　　　　字　　数：350 千字

版　　次：2024 年 11 月第 1 版

印　　次：2024 年 11 月第 1 次印刷

书　　号：ISBN 978－7－5175－0827－4

定　　价：68.00 元

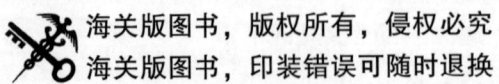

本书编委会

———◇———

总　策　划：韩　钢

总　主　编：徐自忠

主　　　编：花群义

副　主　编：杨俊兴　林彦星

前　言

　　近年来，随着全球气候和生态环境的变化，各国（地区）间贸易和人员往来与日俱增，由蚊、蠓、白蛉、蜱、虱、蚤、蝇、蚋、蚍、臭虫、蜚蠊、鼠等媒介生物传播的疾病在地区间、国家间、洲际传播的风险进一步加大，甚至在全球范围内发生和传播并引发全球公共卫生危机。这将严重威胁人类和动物的健康，对经济发展和社会稳定造成冲击。因此，媒介生物已成为国门生物安全的重大风险。当前，媒介生物传播的疾病已引起世界卫生组织（WHO）、世界动物卫生组织（WOAH）和各国（地区）海关出入境检疫、疾病控制部门的高度关注。本书包含媒介生物概述、媒介生物的种类和特征、媒介生物生活史及生活习性、昆虫纲媒介生物、蛛形纲媒介生物和鼠类媒介生物；媒介生物危害的分类，媒介生物性疾病，媒介生物性疾病的传入风险；媒介生物传播的动物疫病和人畜共患病；国门媒介生物监测检测，国门媒介生物防治与杀灭，国际上媒介生物传播疾病的监测。本书内容可操作性强、实用价值高，可作为海关系统口岸检疫、大专院校、科研院所、卫生防疫及动物防疫等多个领域从业人员的专业参考书，其出版将对我国媒介生物性疾病的防控和国门安全起到积极作用。

CONTENTS
目录

339

第四章
媒介生物的监测检测与杀灭

第一章
媒介生物

第一节
媒介生物概述

————◇————

媒介生物（vectors）是指能传播疾病给人类或动物的生物，也称病媒生物（disease vectors）或医学媒介（medical vectors）。媒介生物主要有三大类，分别是节肢动物中的昆虫纲、蛛形纲和哺乳动物中的啮齿目。常见的媒介生物有蚊、蠓、白蛉、蝉、蚋、虻、蝇、蜚蠊、臭虫、虱子、跳蚤、螨、鼠等。

由媒介生物传播的疾病称为媒介生物性疾病，包括完全或部分由媒介生物传播的疾病。媒介生物性疾病习惯上又称虫媒传染病或虫媒病。媒介生物不仅可以生物性或机械性地传播动物和人类疾病，同时还有骚扰、吸血、寄生、致敏、污染食品和粮食等危害，会给工业、农业、旅游业、电信、水利、仓储、文物等造成严重破坏。

主要的媒介生物性疾病有蓝舌病、非洲马瘟、非洲猪瘟、西尼罗热、鼠疫、肾综合征出血热、疟疾、乙型脑炎、莱姆病、登革热、寨卡病毒病等。另外，苍蝇、蜚蠊、蚂蚁等在传播肠道传染病如霍乱、伤寒、痢疾等过程中起着重要作用。

第二节
媒介生物的种类和特征

————◇————

大多数媒介生物属于节肢动物，医学节肢动物主要分布在 5 个纲中，其中，昆虫纲及蛛形纲集中了绝大多数重要医学节肢动物，其他各纲媒介生物种类相对较少，危害较小。另外，哺乳动物中的啮齿目也是主要的媒介生物。我国地处亚热带、温带，幅员辽阔，地貌复杂，气候和自然条件差异很大，媒介生物的种类繁多。据调查，现有已知蚊类约 370 种（亚种），蠓类 280 多种，白蛉类 40 种，蜱类 110 种，蝇类 386 种，室内蜚蠊 9 种，蚤类 520 多种，螨类 534 种，蚋类 100 多种，啮齿动物 170 多种。

节肢动物属于无脊椎动物。它们的共同特征是：体躯分节、左右对称，具有分节的附肢（如足、触角、触须等）；体表有几丁质的表壳，称为外骨骼；神经系统的主干在腹面，循环系统在背面，整个循环系统为开放式；体腔又被称为血腔。此外，节肢动物的发育过程中有蜕皮（ecdysis）和变态（metamorphosis）现象。

昆虫纲（Insecta）：虫体分头、胸、腹 3 部分。头部有触角 1 对，具有感觉功能；胸部有足 3 对，具有运动功能。能传播疾病或引起疾病的有蚊、蠓、白蛉、蝇、蚋、虻、蚤、虱、臭虫、蜚蠊、锥蝽、桑毛虫、松毛虫、毒隐翅虫等。

蛛形纲（Arachnida）：虫体分头胸和腹两部或头胸腹愈合成躯体，成虫足 4 对，无触角。能传播疾病或引起疾病的有硬蜱、软蜱、恙螨、疥螨、蠕形螨、尘螨、粉螨，能毒害人体的有蜘蛛和蝎子等。

甲壳纲（Crustacea）：虫体分头胸和腹两部，触角 2 对着生在头胸部前方，步足 5 对生于头胸部两侧，多数种类营水生生活。与医学有关的种类有淡水蟹、淡水虾、蝲蛄、剑水蚤、镖水蚤等。

唇足纲（Chilopoda）：虫体窄长，腹背扁平，通常 10 节以上，由头及若干形态相似的体节组成。头部有触角 1 对，每一体节各有足 1 对，第一体节有 1 对毒爪，螫人时，毒腺排出有毒物质伤害人体，主要种类有蜈蚣等。

倍足纲（Diplopoda）：体呈长管形，多节，由头及若干形态相似的体节组成。头部有触角 1 对，除第一体节外，每节有足 2 对，所分泌的物质常引起皮肤过敏，如马陆；也有个别种类被证明为寄生虫的中间宿主。

啮齿目：从广义上讲，凡是啮齿动物都可称为鼠，分布于全世界，适应多种多样的生活方式，有地栖的、树栖的、半水栖和地下生活的，有善于跳跃的、奔跑的、攀缘的、滑翔的、游泳的、挖掘的。其基本特征是一致的，具有二上二下四个齿形门齿，无犬齿。齿髓腔不封闭，故门齿能一直生长（为抑制门齿生长，鼠要经常啃咬硬物）。鼠有 500 余种，已存在上亿年，分布在世界各地，有田鼠、冠鼠、仓鼠、竹鼠等。家鼠与人类关系密切，属于有害动物。

第三节
媒介生物生活史及生活习性

一、节肢动物的生活史

节肢动物由卵到成虫的发育过程中，不仅是生长，而且在形态和生活习性方面都有改变。节肢动物从幼虫到成虫整个发育过程中，所经历的外部形态、内部结构、生理功能、生态习性和行为方式上的一系列变化，统称为"变态"，常见的有全变态和不全变态。生活史中包括卵、幼虫、蛹、成虫4个时期，各期形态和习性均不相同，称为全变态，如蚊、蝇等。生活史中主要包括卵、若虫、成虫3个基本时期，其中若虫和成虫在形态与习性上有诸多相似处，称为不全变态，如虱、蜚蠊等。蜱、螨生活史中包括卵、幼虫、若虫、成虫4个基本时期。

二、节肢动物的生活习性

节肢动物传播疾病与它们的生活习性关系十分密切，其中最重要的是食性和活动范围。

（一）食性

杂食性的节肢动物（如蝇）主要是机械性传播疾病；血食性的节肢动物，尤其是嗜吸人血（如某些按蚊）或嗜动物血兼吸人血（如某些蚤种）的节肢动物，在生物性传播疾病中特别重要，它们可在人与人、动物与人、动物与动物之间传播多种疾病。

（二）活动范围

节肢动物活动范围的大小会影响到传播范围的大小。活动范围大，传播的范围也广。在虫媒病流行时，划定隔离区、检疫消毒、灭虫等都是重要措施。

(三) 滋生地和栖息地

滋生地是指幼虫的滋生场所，栖息地是指成虫的栖息场所。了解各种节肢动物的滋生场所及栖息场所，对于有针对性地采取灭虫和防虫措施具有重要意义。

(四) 季节消长

节肢动物都有最适宜其生长发育的条件，在自然界中的数量随季节变化。节肢动物数量增加，发生传染病的概率就会增大，因此，节肢动物的季节消长往往与虫媒病发病率的高低相一致。这是虫媒病防治中适时采取预防措施的重要依据。

(五) 越冬

节肢动物在寒冷季节，生命活动处于一种相对停滞的状态，称为越冬(冬眠)。对于不同节肢动物的不同种，越冬的虫龄和越冬场所也不同，是采取防治措施的重要依据。

三、节肢动物的生态学

生态学 (ecology) 是研究生物与周围环境 (包括非生物环境和生物环境) 相互关系的科学，根据不同生态组织层次又分为个体生态学、种群生态学、群落生态学和生态系统生态学 4 个分支。对媒介生物生态进行深入研究，是为了掌握其发生、发展规律，找出对其生存有利和不利的因素，针对薄弱环节，制定切实可行的防治措施。

(一) 个体生态学

个体生态学主要研究环境因素与生物生长、发育、繁殖、寿命、越冬、滞育、产卵、食性、栖息等生理行为的相互关系，以及环境因素对这些生理行为的影响。环境因素包括以下 4 种。

1. 温度

温度是对节肢动物影响最显著的气候因素。节肢动物是变温动物，其体温随所在环境温度变化而变化。每一种节肢动物都有一定的适宜温度范围，能正常进行发育与繁殖的温度范围称为适温区。在适温区内尚有最适温区，在此温区内，节肢动物发育速度最快，繁殖力最强。温度对节肢动物的影响表现在发育起点温度、休眠越冬及寿命等诸多方面。

发育起点温度是指成虫前期（卵、幼虫、蛹等）开始发育的最低温度，如白纹伊蚊为 10℃~12℃。越冬是节肢动物度过短日照严寒季节的生理适应性反应，表现为代谢速率下降、行为反应迟缓及生长发育的相对停滞。根据越冬的机制不同，又分为休眠越冬与滞育越冬。前者是一种暂时性、非稳定性反应，后者是一种稳定的遗传特性。越冬虫期可以是卵、幼虫、蛹或成虫，因节肢动物种类不同而异。在一定范围内，节肢动物寿命随温度上升而缩短。此外，温度对节肢动物生殖力、产卵量、吸血频率及胃血消化等都有影响。

2. 湿度

湿度对节肢动物的影响也是多方面的，但不及温度影响突出。不同的节肢动物所需湿度亦不同，如面粉、米粮内生活的节肢动物，所需湿度较小，全沟硬蜱则生活在湿度较大的原始森林。

3. 光照

光照主要影响节肢动物的行为活动，同时也是诱导滞育产生的首要因素。节肢动物对光照的行为反应有趋光性与避光性两种，光照强度影响节肢动物的昼夜活动，据此可分为昼行性与夜行性类群，前者如蝇、虻、伊蚊等，其活动与觅食在白天进行，后者如按蚊、库蚊、白蛉、臭虫等，其活动与觅食在夜间进行。

4. 生物因素

生物因素主要涉及食物、植被、寄生虫与微生物等。节肢动物的食性可分为血食性和非血食性两类，前者与医学关系密切，又可进一步分为单血食性与多血食性。单血食性节肢动物只刺吸一种宿主的血液，如人虱只刺吸人血；多血食性节肢动物则可刺吸多种宿主的血液，宿主特异性低，如蚊、白蛉、蚤、蜱、螨等。

植被影响节肢动物的滋生与栖息，节肢动物种类不同，对植被要求也不一样，如全沟硬蜱常见于森林地带、地里纤恙螨则主要滋生于杂草丛生的次生植被地带。

自然界存在着节肢动物的捕食者（天敌）、寄生虫和病原微生物，如巨蚊幼虫常捕食其他蚊幼虫。利用天敌、寄生虫和病原微生物进行生物防治，已成为控制有害节肢动物的新途径。

（二）种群与群落生态学

种群是高于个体的生态组织层次，指在一定空间（或地域）内同种个体的集合，即种群由许多同种个体组成，如某地区中华按蚊种群、某地区白纹伊蚊种群等。群落的生态组织层次较种群更高，一般定义为一定空间内各种生物的集合，即群落是由许多具体的生物种群组成的。群落是一个相对概念，有大群落和小群落之别，前者如海洋生物群落、陆地生物群落等，包括海洋中或陆地上的所有生物种类；后者如稻田蚊类群落，仅包括部分蚊类。

群落生态学涉及的内容广泛，除了种群的出生率、死亡率、平均寿命、性比（雌雄个体在种群中的构成比例）及年龄组配（各年龄组个体在种群中的构成比例）等基本内容外，种群的密度、时间格局、空间格局、种内关系及种群调节等，也是重要内容。种群密度指单位空间内的个体数量。种群的时间格局指种群的时间分布形式，在医学节肢动物领域，常通过季节消长（种群密度随季节变化的规律）来反映种群密度的时间变化。种群的空间格局为种群的空间分布形式，分为聚集分布、随机分布及均匀分布3种类型。种内关系指特定种群内个体间的关系，常表现为种内协作或竞争。

群落的种类组成及数量比例、优势种、多样性等是群落生态学的基本内容。群落内的种类数称为丰富度，如某一群落由31种生物组成，则丰富度等于31。多样性是群落复杂程度的反映，一般认为，多样性越高，群落的组成与结构越复杂。

四、啮齿目动物的生活习性

啮齿类动物一般在夜间或晨昏活动，白天休息，但也有不少种类白天活动。冬季活动量一般会减少，在冬季到来前，或在体内贮存脂肪供蛰伏时用，或秋季开始储存食物。善于打洞栖居，经常探索周围环境中的物体、食源、地形、躲藏场所，不断适应生存繁衍的环境。栖息场所是鼠类生存的基本条件，如果原栖息地受到干扰破坏、食源缺乏或鼠类发生疫病等，老鼠便会迁移。强大的繁殖力，使其具有广阔的生活区域，可适应各种不同生态环境。啮齿动物不但在陆上生活，空中、水中也有它们的成员。空中有滑翔的鼯鼠，水中有水鼠。此外，还有荒漠中的跳鼠、森林中的睡鼠、洞穴中的鼢鼠，以及扰乱人类几万年的小家鼠。家鼠多栖息在厨房、杂物堆、牲畜圈、饲养房、仓库、下水道、电线电缆沟里；野栖鼠大多栖息在农田及丛林中。林区的种类常在树杈上、树洞内或树根下筑巢，而巢鼠在高草的上部筑巢。

（一）繁殖能力

鼠的个体小，性成熟早，怀孕期短，产仔数多。大多数鼠类每年产仔数次，每次可产仔4~8只。母鼠受孕不到3个月即可产仔，仔鼠2~3个月成熟，即可繁殖后代。鼠的寿命一般为1年左右，由于有较强的繁殖能力，通常灭鼠达标后半年内，又会恢复到达标前的鼠密度。

（二）摄食行为

多数种类取食植物，有些也吃动物性食物。鼠类在观察环境的同时，也在尝试环境中的食物，开始先取食少量，随后逐渐增加，以提防因摄食不当中毒死亡。

第四节
昆虫纲媒介生物

一、概述

昆虫纲是动物界种类最多（75万种以上）、数量最大的一个纲。与人类健康和经济发展有着密切的关系，是医学节肢动物中最重要的组成部分。昆虫纲的主要特征是：成虫体分头、胸、腹3部分，头部有触角1对，胸部有足3对。昆虫纲分33个目，与医学有关的有9个目。

（一）重要医学昆虫的分类

1. 双翅目（Diptera）

有一对前翅，后翅退化为平衡棒。全变态，如蚊、蝇、白蛉、蠓、蚋、虻等。

（1）蚊科（Culicidae）：按蚊属（*Anopheles*），包括中华按蚊（*An. Sinensis*）、嗜人按蚊（*An. Anthropophagus*）、大劣按蚊（*An. Dirus*）；库蚊属（*Culex*），包括淡色库蚊（*Cx. pipiens pallens*）、致倦库蚊（*Cx. pipiens quinquefasciatus*）、三带喙库蚊（*Cx. Tritaeniorhynchus*）；伊蚊属（*Aedes*），包括白纹伊蚊（*Ae. Albopictus*）、骚扰伊蚊（*Ae. Vexans*）、埃及伊蚊（*Ae. Aegypti*）。

（2）毛蛉科（Psychodidae）：白蛉属（*Phlebotomus*），包括中华白蛉指名亚种（*P. chinensis chinensis*）、中华白蛉长管亚种（*P. chinensis longiductus*）、硕大白蛉吴氏亚种（*P. major wui*）。

（3）蝇科（Muscidae）：蝇属（*Musca*），包括舍蝇（*M. domestica vicina*）和市蝇（*M. sorbens*）；腐蝇属（*Muscina*）的厩腐蝇（*M. stabulans*）；螫蝇属（*Stomoxys*）的厩螫蝇（*S. calcitrans*）。

（4）丽蝇科（Calliphoridae）：阿丽蝇属（*Aldrichina*）的巨尾阿丽蝇（*A. grahami*）；绿蝇属（*Lucilia*）的丝光绿蝇（*L. sericata*）；金蝇属（*Chrysomyia*）的大头金蝇（*C. megacephala*）。

（5）麻蝇科（Sarcophagidae）：别麻蝇属（*Boettcherisca*）的棕尾别麻蝇（*B. peregrina*）。

（6）蠓科（Ceratopogonidae）：库蠓属（*Culicoidae*）的同体库蠓（*C. homotomus*）；铗蠓属（*Foreipomyia*）的台湾铗蠓（*F. taiwana*）。

（7）虻科（Tabanidae）：斑虻属（*Chrysops*）的广斑虻（*C. vanderwulpi*）；虻属（*Tabanus*）的华虻（*T. mandarmus*）。

（8）蚋科（Simuliidae）：原蚋原（*Prosimulium*）的毛足原蚋（*P. hirtipes*）；蚋属（*Simulium*）的北蚋（*S. subvariegatum*）。

2. 蚤目（Siphonaptera）

虫体两侧扁，无翅，全变态，如蚤。

（1）蚤科（Pulicidae）：蚤属（*Pulex*）的致痒蚤（*P. irritans*）；客蚤属（*Xenopsylla*）的印鼠客蚤（*X. cheopis*）。

（2）角叶蚤科（Ceratophyllidae）：黄鼠蚤属（*Citellophilus*）的方形黄鼠蚤松江亚种（*Ctesquorumsungaris*）；山蚤属（*Oropsylla*）的长须山蚤（*O. silantiewi*）。

3. 虱目（Anopoura）

虫体腹背扁，无翅，渐变态，如虱。

虱科（Pediculidae）：人虱属（*Pediculus*）的人头虱（*P. h. capitis*）和人体虱（*P. h. corporis*）；阴虱属（*Phthirus*）的耻阴虱（*P. pubis*）。

4. 蜚蠊目（Blattaria）

虫体腹背扁，有翅 2 对，前翅革质，后翅膜质，渐变态，如蜚蠊，俗称蟑螂。

蜚蠊科（Blattidae）：小蠊属（*Blattella*）的德国小蠊（*B. germanica*）；大蠊属（*Periplaneta*）的美洲大蠊（*P. americana*）和黑胸大蠊（*P. fuliginosa*）。

5. 半翅目（Hemiptera）

有翅 2 对，前翅基部革质，端部膜质，后翅膜质，渐变态，如锥蝽；或无翅，如臭虫。渐变态。

（1）臭虫科（Cimicidae）：臭虫属（*Cimex*）的温带臭虫（*C. lectularius*）和热带臭虫（*C. hemipterus*）。

（2）猎蝽科（*Reduviidae*）：锥蝽属（*Triatoma*）的骚扰锥蝽（*T. infestans*）。

6. 磷翅目（Lepidoptera）

翅 2 对，有鳞片覆盖，全变态，如桑毛虫和松毛虫。

（1）毒蛾科（Lymantridae）：黄毒蛾属的桑毛虫（*E. similis*）和茶毛虫（*E. pseudoconspersa*）。

（2）枯叶蛾科（Lasiocampidae）：松毛虫属（*Dendrolimnus*）的马尾松毛虫（*D. punctatus*）。

7. 鞘翅目（Coleoptera）

翅 2 对，前翅为角质称鞘翅，俗称甲虫。全变态，如隐翅虫科（Staphylinidae）毒隐翅虫属（*Paederus*）的毒隐翅虫（*Paederusfuscipes*）。

8. 膜翅目（Hymenoptera）

翅 2 对，也可无翅，全变态，如蜂和蚁。

9. 直翅目（Orthoptera）

具翅 2 对或无翅，渐变态，如草螽（*Conocephalus*），可作为胰阔盘吸虫的第二中间宿主。

（二）形态

头部有触角 1 对，为感觉器官，司嗅觉和触觉；复眼 1 对，由许多蜂房状小眼面组成；有的昆虫还有单眼若干个。口器由上唇、上颚、舌、下颚及下唇组成。上颚具有小齿，为咀嚼或穿刺的利器。舌有唾液管的开口。下颚及下唇又各具分节的附肢，分别称为下颚须（或称触须）和下唇须。在医学昆虫中，口器主要有 3 种类型，即咀嚼式口器、刺吸式口器和舐吸式口器。咀嚼式口器是昆虫口器的原型，上颚粗壮，具齿，是咬、嚼的利器，如蜚蠊的口器。刺吸式口器适应刺入宿主皮肤吸体液，各组成部分均细长，如蚊的口器。舐吸式口器适于吸取液态食物，上下颚均退化，但下唇发达，其下端有特别发达的盘状唇瓣，绝大部分蝇类口器即属此型。

胸部分前胸、中胸和后胸，各胸节的腹面均有足 1 对，分别称前足、中足和后足。足分节，由基部向端部依次称基节、转节、股节、胫节和跗节，跗节又有 1~5 分节，跗节末端具爪。多数昆虫中胸及后胸的背侧各有翅 1 对，分别称前翅和后翅。双翅目昆虫仅有前翅，后翅退化成棒状的平衡棒。翅具翅脉和翅室。

腹部由 11 节组成，但第一腹节多已退化，甚至消失，最后数节变为外生殖器，故可见的节数较少。

（三）发育与变态

昆虫的个体发育经胚胎发育和胚后发育 2 个阶段，前者在卵内完成，后者从孵化为幼虫开始到成虫性成熟为止。从幼虫变为成虫要经过外部形态、内部结构、生理功能、生活习性及行为和本能上的一系列变化，这些变化过程的总和，称为变态（metamorphosis）。变态分为两种。第一种为全变态，其生活史阶段在卵之后有幼虫、蛹和成虫等期，特点是要经历 1 个蛹期，各期在外部形态、生活习性上差别显著，如蚊、蝇、白蛉及蚤等。第二种为不全变态，这类昆虫幼虫的形态特征和生活习性与成虫有所不同，因其程度不同又可分为渐变态、半变态和过渐变态。渐变态幼虫与成虫的形态和生活习性相似，但体积小，性器官尚未发育，经数次蜕皮后，性器官逐渐发育成熟。此类幼体称若虫，如臭虫、虱及蜚蠊等属于渐变态。半变态和过渐变态，在医学昆虫中未遇见。

昆虫的幼体（幼虫、若虫）破卵而出的过程称为孵化；幼体发育过程中需要蜕皮数次，每一次蜕皮之后就进入一个新的龄期。如蚊幼虫共分为4个龄期，自卵孵出后为1龄幼虫，蜕皮1次后为2龄幼虫，依次类推，蜕皮3次后即为4龄幼虫；幼虫发育为蛹的过程为化蛹；蛹自蛹壳（皮）脱出为成蚊，称羽化。

二、蚊

蚊属于双翅目、蚊科（Culicidae），是最重要的一类医学昆虫。蚊与其他双翅目昆虫在形态上的区别是：喙细长，比头部长好几倍；翅脉特殊，翅脉与翅缘有鳞片；足细长，覆有鳞片。蚊的分布很广，凡有人的地方几乎都有蚊类的活动。蚊的种类很多，迄今为止全世界已记录蚊虫共3个亚科、38个属、3350多种和亚种。我国蚊科共3个亚科、21个属、52个亚属、395种和亚种。作为潜在虫媒病毒传播媒介的蚊类主要有三带喙库蚊、中华按蚊、尖音库蚊、致倦库蚊、淡色库蚊、白纹伊蚊、骚扰阿蚊、米赛按蚊、凶小库蚊、刺扰伊蚊和埃及伊蚊等，其中按蚊、库蚊、伊蚊3个属的蚊种约占半数以上。

（一）形态与结构

1. 成虫外部形态

蚊是小型昆虫，体长 1.6～12.6mm，呈灰褐色、棕褐色或黑色，分头、胸、腹3部分。

头部似半球形，有复眼和触角各1对，喙1支。触角有15节：第一节称柄节，第二节称梗节，第三节以后各节均细长，称鞭节。各鞭节轮生一圈毛，雌蚊的轮毛短而稀，雄蚊的轮毛长而密。在雌蚊触角上，除轮毛外，还有另一类是短毛，分布在每一鞭节上，这些短毛会对空气中化学物质的变化产生反应，对二氧化碳和湿度尤其敏感，起到寻找吸血对象的作用。

胸部分前胸、中胸和后胸，每胸节有足1对，中胸有翅1对，后胸有1对平衡棒，中胸、后胸各有气门1对。中胸特别发达，其背板几乎占据全胸背，由前而后依次为盾片、小盾片及后背片。库蚊和伊蚊的小盾片呈叶状，缘毛在凸叶上，按蚊的小盾片后缘呈弧形，缘毛分布均匀。蚊翅窄长，膜质。翅脉简单，纵脉2、4、5各分两支，其余纵脉均不分支。翅脉上覆盖鳞片，翅的后缘有较长的鳞片，称翅缘。翅鳞可形成麻点、斑点或条纹，在按蚊的分类方面是一个重要依据。蚊足细长，分别称前足、中足和后足。足上常有鳞片形成的黑白斑点和环纹，为蚊种分类特征之一。

腹部分 11 节，第 1 节不易看见，2~8 节明显可见，在其背面，有的蚊种具有由淡色鳞片组成的淡色横带、纵条或斑。最末 3 节变为外生殖器；雌蚊腹部末端有尾须 1 对，雄蚊则为钳状的抱器，构造复杂，是鉴别蚊种的重要依据。

2. 口器（喙）结构

蚊喙为刺吸式口器，是传播病原体的重要构造。由上内唇（上唇咽）、舌各 1 个，上、下颚各 1 对共同组成细长的针状结构，包藏在鞘状下唇之内。上内唇细长，腹面凹陷构成食物管的内壁，舌位于上内唇之下，和上颚共同把开放的底面封闭起来，组成食管，以吸取血液。舌的中央有一条唾液管。上颚末端较宽如刀状，其内侧具细锯齿，是蚊吸血时首先用来切割皮肤的工具。下颚末端较窄呈细刀状，其末端具有粗锯齿，随着皮肤切开以后，起锯刺皮肤的功用。下唇的表面被覆鳞片，多呈暗色，其末端裂为两片，称唇瓣。当雌蚊吸血时，针状结构刺入皮肤，而唇瓣在皮肤外挟住所有刺吸器官，下唇则向后弯曲留在皮外，具有保护与支持刺吸器的作用。雄蚊的上、下颚退化或几乎消失，不能刺入皮肤，因而不适于吸血。在喙的两旁有触须（下颚须）1 对，为下颚的附肢。雌、雄按蚊的触须与喙等长，但雄蚊触须的末两节膨大而向外弯曲；库蚊伊蚊雌蚊的触须比喙短，雄蚊的触须则较喙长或等长（少数蚊种例外）。触须是刺吸时的感觉器官。

（二）生活史

蚊的发育为全变态，生活史分 4 个时期，即卵、幼虫、蛹和成虫。前 3 个时期生活于水中，而成虫生活于陆地上。

卵：雌蚊产卵于积水中。蚊卵小，长不到 1mm。按蚊卵呈舟形，两侧有浮囊，产出后浮在水面。库蚊卵呈圆锥形，无浮囊，产出后粘在一起形成卵筏。伊蚊卵一般呈橄榄形，无浮囊，产出后单个沉在水底。蚊卵必须在水中才能孵化，在夏天通常需 2~3d 后孵出幼虫。

幼虫：初孵的幼虫长约 1.5mm，幼虫共分 4 龄。经 3 次蜕皮，成为第四龄幼虫时，体长可较第一龄幼虫增长 8 倍。幼虫体分为头、胸、腹 3 部，各部着生毛或毛丛。头部有触角、复眼、单眼各 1 对，口器为咀嚼式，两侧有细毛密集的口刷，迅速摆动以摄取水中的食物。胸部略呈方形，不分节。腹部细长，可见分 9 节。前 7 节形状相似，在第 8 节背面有气孔器与气门或细长的呼吸管。按蚊各腹节背面尚有背板和掌状毛，使之易于漂浮于水面。第 9 节背面有尾鞍，末端有尾毛、尾刷和 4 个尾鳃。后者与调节渗透压有关。幼虫期的长短随水温与食物而异。在气温 30℃ 和食物充足的条件下，需 5~8d，经 4 次蜕皮而化为蛹。

蛹：侧面观呈逗点状，胸背两侧有 1 对呼吸管。蚊蛹不食能动，常停息在水面，遇到惊扰时即潜入水中。蛹的抵抗力强，在无水情况下，只要保持一定的湿润度，仍能发育羽化为成蚊。夏季通常需 2~3d，羽化时间在黄昏和清晨，白天也能进行。

成蚊：羽化后不久，即行交配、吸血、产卵。自卵发育至成蚊所需时间取决于温度、食物及环境等因素，在适宜条件下需 9~15d，一年可繁殖7~8 代。

(三) 生态与生理

1. 滋生习性

成蚊产卵的地点就是幼虫的滋生地，蚊虫滋生地的区别在调查和防治上有重要的意义。各种蚊虫对滋生环境有一定的选择性，可分为稻田型、缓流型、丛林型、污水型和容器型 5 种类型。稻田型包括主要滋生在稻田、沼泽、芦苇塘、池塘、沟渠、浅潭、草塘、清水坑等清洁静水中的蚊类。我国疟疾和马来丝虫病的主要媒介嗜人按蚊、中华按蚊和流行性乙型脑炎的主要媒介三带喙库蚊是这个类型的代表。缓流型主要包括滋生在清洁的小溪、灌溉沟渠、溪床、积水梯田、渗水坑等岸边草丛缓流中的蚊类。我国南方山区疟疾的主要媒介微小按蚊为该型代表。丛林型主要包括滋生在丛林浓荫下的山溪、庇荫的山涧溪床、石穴、泉潭等小型清洁积水中的蚊类。我国海南省丛林及其山麓地区疟疾主要媒介大劣按蚊是该型代表。污水型主要包括滋生在地面洼地积水、阴沟、下水道、污水坑、沙井、清水粪缸、积肥坑、污水池，特别是污染积水中的蚊类。我国班氏丝虫病主要媒介淡色库蚊和致倦库蚊是该型代表。骚扰阿蚊多滋生在积粪池、粪坑等，也属于这一类型。容器型蚊类包括滋生在人工容器和植物容器中的蚊类。人工容器指缸、罐、坛、桶、盆、碗、瓶、盒以及其他人造的可以积水的器物，轮胎积水、石穴积水也可归入这一类；植物容器指树洞、竹筒、叶腋、椰子壳等可以积水的部分。我国登革热的主要媒介埃及伊蚊和白纹伊蚊是该型代表。

2. 吸血习性

雄蚊不吸血，只吸植物汁液及花蜜。雌蚊可吸植物汁液以保持个体生存，但必须吸食人或动物的血液，卵巢才能发育，繁殖后代。

雌蚊吸血行为一般有 4 个阶段。①起飞：当环境内二氧化碳浓度增高时，通过触角短毛上的化学感受器刺激蚊脑飞行命令中枢而起飞，这种飞行是无目的性的。②迂回盘绕：由于在人体体表周围有一层湿温对流气流层，蚊通过短毛上的湿度感受器发现这股气流后，便很自然地飞向气流，经过盘旋一直跟到该气流的发源地——人或动物的皮肤。③降落：选择薄嫩的、血管丰富的皮肤着落。④吸血：停稳后，口器刺入皮肤刺探，血管定位，吸入血液。雌蚊多在羽化后 2～3d 开始吸血，吸血时间也多在其活动的时间，最适温度为 20℃～35℃，相对湿度在 50%以上。

吸血对象随蚊种而异。有的偏嗜人血，如大劣按蚊、嗜人按蚊、白纹伊蚊、埃及伊蚊、致倦库蚊、淡色库蚊等；有的偏嗜家畜血，如中华按蚊、三带喙库蚊等。偏嗜人血的蚊可兼吸动物的血，嗜吸动物血的也兼吸人血。但同一蚊种吸血习性也会发生变异，如微小按蚊在海南岛主要吸人血，而在长江流域则偏嗜牛血。

蚊的嗜血性和疾病的传播与流行有着密切的关系。偏嗜人血的蚊，传播人体疾病的机会较多，往往是蚊媒疾病的主要媒介。蚊兼吸人和动物的血，故能传播人畜共患疾病，如流行性乙型脑炎和黄热病。

3. 栖息习性

雌蚊吸血后会寻找比较阴暗、潮湿、避风的场所栖息。室内多栖于蚊帐内、床下、屋角、门后、墙面及杂物上。室外多栖于草丛、各洞穴、树下及人畜房附近的农作物中。栖性大致分为家栖型、半家栖型和野栖型三类。家栖型蚊吸饱血后仍停留在室内，待胃血消化、卵巢成熟才飞离房舍，寻找产卵场所，如淡色库蚊、嗜人按蚊。半家栖型蚊吸血后稍在室内停留，然后飞出室外栖息，如中华按蚊、日月潭按蚊。野栖型蚊自吸血至产卵完全在野外，如大劣按蚊。此分型并非绝对，即使同一蚊种，因地区、季节或环境不同，其栖性也会改变。

4. 交配与产卵

蚊羽化后 1~2d 便可交配，常在未吸血之前。交配是在群舞时进行的，群舞是几个及至几百、几千个雄蚊成群地在草地上空、屋檐下或人畜上空飞舞的一种性行为。少数雌蚊飞入舞群与雄蚊进行交配，然后离去。通常雌蚊交配一次就可接受够用一生的精子，有的蚊一生要交配几次。雌蚊交配后，多需吸血，卵巢发育后，才能产卵。一般雌蚊在傍晚或清晨到其滋生场所产卵。蚊一生中能产卵多次，产卵量因种而异，通常几十个至几百个不等。

5. 活动时间与飞翔能力

蚊的活动与温度、湿度、光照及风力等有关，一般都在清晨、黄昏或黑夜，但伊蚊多在白天活动。在我国，偏嗜人血的按蚊活动高峰多在午夜前后，如微小按蚊、嗜人按蚊、大劣按蚊，兼嗜人畜血的多在上半夜，如中华按蚊。

成蚊飞翔能力一般在几十米到几百米，如淡色库蚊、致倦库蚊、骚扰阿蚊等；滋生于稻田、河沟这种离居民点较远的蚊类，如中华按蚊、三带喙库蚊，其飞行距离一般都在 0.5 千米左右，很少超过数千米。

6. 生殖营养周期和生理龄期

蚊每次从吸血到产卵的周期，称为生殖营养周期。周期分 3 个阶段：寻找宿主吸血，胃血消化和卵巢发育，寻找滋生地产卵。3 个阶段所需的时间主要取决于胃血消化和卵巢发育的速度，并受栖息场所内温度和湿度的影响。正常情况下，两次吸血的间隔时间与其卵巢发育周期相一致，约为 2d。但也有个别蚊种需吸血 2 次以上卵巢发育才成熟。各蚊种一生中生殖营养周期各有不同，一般为 3~7 次，也有少为一次多至十余次的。所谓生理龄期，指的是雌蚊经历生殖营养周期的次数。生理龄期的次数越多，传播疾病的机会也越多，故龄期的判断在流行病学上具有重要意义。

7. 季节消长和越冬

蚊的季节消长和温度、湿度、雨量等密切相关。我国气候南北悬殊，各蚊种季节消长各异。在同一地区的不同蚊种，或不同地区的同一蚊种，也会因为蚊本身的习性和环境，特别是农作物及耕作制度的影响，而出现不同的季节消长情况。如中华按蚊，在长江中下游一带，每年 3 月初出现第一代幼虫，成蚊密度在 5 月起始上升，7 月达高峰，9 月以后下降。

越冬（冬眠）是蚊对冬季气候季节性变化而产生的一种生理适应现象。蚊本身的规律性生理状态受到阻抑，进入休眠或滞育状态。越冬时雌蚊则表现为不吸血，卵巢停止发育，脂肪体增大，隐匿于山洞、地窖、墙缝、暖房、地下室等阴暗、温暖、潮湿、不太通风的地方；不食不动，新陈代谢降到最低点；到次年春暖时，蚊始复苏，飞出吸血产卵。越冬机制复杂，但显然受外界因素（温度、光照）、内分泌调节以及种的遗传性等综合作用的影响。

蚊越冬随种而异。伊蚊大多以卵越冬，如白纹伊蚊；嗜人按蚊也可以卵越冬。以成蚊越冬的多为库蚊，如淡色库蚊、致倦库蚊、三带喙库蚊等。中华按蚊也是以成蚊越冬。以幼虫越冬的多见于清洁水中滋生的蚊种，如微小按蚊；骚扰阿蚊的幼虫也能越冬。在热带及亚热带地区，全年各月平均温度均达10℃以上，适于蚊发育，无越冬现象。

8. 寿命

雄蚊寿命1~3周，雌蚊寿命1~2月，越冬雌蚊的寿命长达数月。自然界中，蚊的寿命不易测定。蚊虫寿命越长，其体内病原体发育成熟的可能性越大。种群平均寿命及其经产率，常用作滞留喷洒、蚊帐浸药等防治效果的考核指标。因而了解蚊虫的寿命，对蚊媒病的流行学和防治均有一定意义。

（四）与疾病关系有关的重要的传染病蚊类种类

蚊类不仅吸血骚扰，而且会传播多种疾病。在我国，重要的传染病蚊种如下：

1. 嗜人按蚊（*An. anthropophagus*）

成虫灰褐色，雌蚊触须较细，末端两白环宽，常相互连接；翅前缘基部一致暗色；后足跗节仅有窄端白环；腹侧膜上无T形暗斑。该蚊是我国独有蚊种，主要分布在北纬34°以南地区，滋生于植物遮阴较好、水质清凉的静水或缓流小积水中，如稻田、茭白田、水坑、灌溉沟等，是疟疾和马来丝虫病的重要媒介，传疟作用高于中华按蚊。

2. 中华按蚊（*Anopheles sinensis*）

雌蚊触须具4个白环，顶端2个宽，另2个窄；翅前缘具2个白斑，尖端白斑大；腹侧膜上有T形暗斑；后足1~4跗节具窄端白环。分布于除新疆和青海以外的全国各省（区、市），是广大平原，特别是水稻种植区疟疾和马来丝虫病的重要媒介。虽然不是高效的传播者，但由于种群数量大，可引起暴发性流行。幼虫主要滋生于缓流清水中，如小溪、沟渠、渗出水等。

3. 微小按蚊（*An. minimus*）

棕褐色小到中型蚊种。雌蚊触须具 3 个白环，末端 2 个白环等长并夹一约等长的黑环；触须后半部有一较窄白环，上述黑、白环也可有变化；翅前缘具 4 个白斑；各足跗节一致暗色。分布在北纬 32° 以南山地和丘陵地区，是该地区疟疾的主要媒介。

4. 大劣按蚊（*An. dirus*）

灰褐色中型蚊种。雌蚊触须具 4 个白环，顶端白环最宽。翅前缘脉具 6 个白斑，第 6 纵脉有 6 个黑斑。各足股节和胫节都有白斑，后足胫节和第 1 跗节关节处有一明显的宽白环。大劣按蚊是热带丛林型按蚊，主要滋生于丛林边缘荫蔽的溪床积水、浅潭、小池等处。大劣按蚊在我国主要分布于海南以及云南西部和广西南部的少数地区，通常有较高的自然感染率，是海南疟疾媒介防治的主要对象。

5. 淡色库蚊（*Culex pipiens pallens*）和致倦库蚊（*Cx. P. quinquefasciatus*）

褐色、红棕或淡褐中型蚊种。成蚊的共同特征是：喙无白环；各足跗节无淡色环；腹部背面有基白带。致倦库蚊和淡色库蚊的形态、生态习性近似，但在我国的地理分布不同，以北纬 32°~34° 分界，致倦库蚊分布在南方广大地区，淡色库蚊分布于长江流域及其以北地区，在分界区可能会有它们的中间型。两者都被称作"家蚊"，是室内常见的刺叮吸血蚊虫，是城市灭蚊的主要对象之一。幼虫主要滋生在小型，特别是污染的坑洼、水沟以及容器积水中。淡色库蚊和致倦库蚊是班氏丝虫病的主要媒介。

6. 三带喙库蚊（*Cx. tritaeniorhynchus*）

深褐色小型蚊种。喙中段有一宽阔白环，触须尖端为白色；各足跗节基部有一细窄的白环；第 2~7 腹节背面有基部淡色带。广布于除新疆以外的全国各省（区、市），是绝大多数地区稻田蚊虫的优势种，但也广泛滋生在沼泽、池塘、灌溉渠、洼地积水等处。雌蚊兼吸人畜血液，偏吸牛、马、猪、犬等血液，是我国流行性乙型脑炎的主要媒介。

7. 白纹伊蚊（*Aedes albopictus*）

中小型黑色蚊种，有银白色斑纹。在中胸盾片上有一正中白色纵纹，从前端向后伸达翅基水平的小盾片前而分叉。后跗 1~4 节有基白环，末节全白。腹部背面 2~6 节有基白带。分布较广，北达沈阳（约北纬 41.8°），西北至宝鸡，西南到西藏，但以北纬 34°以南为常见，多滋生在居民点及其周围的容器（如缸、罐、盆、废弃轮胎等）和植物容器（如竹筒、树洞等），以及石穴等小型积水中。

8. 埃及伊蚊（*Ae. aegypti*）

深褐色或黑色而具银白色或白色斑纹的中型蚊种。中胸背面两肩侧有一对由白宽弯鳞形成的长柄镰刀状斑，两白斑之间有一对金黄色纵线，形成一弦琴状斑纹。分布限于我国台湾、海南、广东、广西。主要滋生在室内及其周围容器积水中。雌蚊偏吸人血，而且在一个生殖营养周期中有多重吸血的习性，因而增加了传播疾病的机会。埃及伊蚊和白纹伊蚊是我国登革热的媒介。

三、白蛉

白蛉属双翅目毛蛉科白蛉亚科（Phlebotominae），是一类体小多毛的吸血昆虫，全世界已知 500 多种，我国已报告近 40 种。

（一）形态

成虫体长 1.5~4mm，呈灰黄色，全身密被细毛。头部球形。复眼大而黑。触角细长，分为 16 节。触须分 5 节，向下后方弯曲。口器为刺吸式，喙约与头等长，基本构造与蚊同。喙内的食道向后延至头内为口腔及咽，口腔形似烧瓶，其内大多有口甲和色板；咽似舌状，内有咽甲。口甲、色板和咽甲的形态是白蛉分类的重要依据。胸背隆起呈驼背状。翅狭长，末端尖，上有许多长毛。停息时两翅向背面竖立，与躯体约呈 45°角。足细长，多毛。腹部分为 10 节，第 1~6 腹节背面长有长毛，第 1 节的长毛竖立，第 2~6 节的长毛在不同蛉种或竖立或平卧或两者交杂，据此常将白蛉分为竖立毛、平卧毛与交杂毛 3 类。腹部最后两节特化为外生殖器。雄外生殖器与雌受精囊的形态为分类的重要依据。

（二）生活史

白蛉为全变态昆虫。生活史中有卵、幼虫、蛹和成虫 4 期。

卵：近椭圆形，大小为 0.38mm×0.12mm，灰白色。可见于地面泥土里以及墙缝、洞穴内。在适宜条件下，6~12d 孵化。

幼虫：小毛虫状，白色。分为 4 龄。一龄幼虫长 1.0~1.5mm，四龄幼虫长约 3mm。幼虫尾端具尾鬃，一龄幼虫只有 1 对，二至四龄幼虫有 2 对。幼虫以土壤中有机物为食，一般 25~30d 化蛹。

蛹：体外无茧，尾端连附有四龄幼虫蜕下的皮，淡黄色，长约 4mm。蛹不食不动，6~10d 后羽化为成虫。

成虫：羽化后 1~2d 即可交配。雌蛉一生仅交配一次，多在吸血前进行，可产卵多次。整个生活史所需时间与温度、湿度及食物有关。21℃~28℃ 是白蛉发育的最适温度，从卵至成虫需 6~8 周。雄蛉交配后不久死亡，雌蛉可存活 2~3 周。

(三) 生态

1. 滋生地

白蛉各期幼虫均生活在土壤中，以地面下 10~12cm 处为多见。凡隐蔽、温湿度适宜、土质疏松且富含有机物的场所，如人房、畜舍、厕所、窑洞、墙缝等处，均适于白蛉幼虫滋生。

2. 食性

雄蛉不吸血，以植物汁液为食。雌蛉自羽化 24h 后吸血，多在黄昏与黎明前进行。各蛉种吸血对象有差别。通常竖立毛类蛉种嗜吸人及哺乳动物血；平卧毛类蛉种嗜吸鸟类、爬行类与两栖类动物血。

3. 栖息与活动

成虫通常栖息于室内外阴暗、无风的场所，如屋角、墙缝、畜舍、地窖、窑洞、桥洞等处。同一蛉种可因环境不同而表现出不同的栖性，如中华白蛉指名亚种在平原地区为家栖型，栖息于人房、畜舍内；在西北高原为野栖型，多见于各种洞穴内。白蛉的活动能力较弱，其活动范围较小，一般在 30m 内。

4. 季节消长与越冬

白蛉的季节分布与当地的温度变化有关。通常一年白蛉出现 3~5 个月。如在北方，中华白蛉指名亚种始见于 5 月中下旬，6 月中旬达高峰，9 月中下旬消失。大多数蛉种一年繁殖一代。白蛉以幼虫潜藏于 10cm 以内的地表浅土内越冬。

（四）我国主要蛉种

1. 中华白蛉指名亚种（*Phlebotomus chinensis chinensis*）

成虫体长 3.0~3.5mm，淡黄色，竖立毛类。口甲不发达，无色板。咽甲的前、中部有众多尖齿，基部有若干横脊。受精囊纺锤状，分节，但不完全；囊管长度是囊体长度的 2.5 倍。雄蛉上抱器第 2 节有长毫 5 根，2 根位于顶端，3 根位于近中部，生殖丝长度约为注精器的 5 倍。中华白蛉指名亚种在我国广泛分布于北纬 18°~42°、东经 102°~124°地区，是黑热病的重要传播媒介。

2. 中华白蛉长管亚种（*P. c. longiductus*）

形似指名亚种，两者主要区别在于该亚种的受精囊管长度是囊体长度的 5.8 倍；生殖丝长度约为注精器的 10.6 倍。国外分布广泛，国内仅限于新疆。

（五）与疾病的关系

白蛉除了叮人吸血外，还能传播多种疾病，如黑热病、白蛉热和巴尔通病等。白蛉热流行于地中海地区至印度一带。巴尔通病病原为杆菌状巴尔通氏体，分布于拉丁美洲。在我国仅传播黑热病。

四、蠓

蠓属双翅目蠓科（Ceratopogonidae），为一类体长 1~3mm 的小型昆虫，成虫黑色或深褐色，俗称"小咬"或"墨蚊"。全世界已知 4000 种左右，我国报告约 320 种，主要为台湾铗蠓（*Foreipomyi（L）taiwana*）和同体库蠓（*Culicoides homotomus*）。已发现的库蠓约有 1247 种，其中有 17 种库蠓被证实能传播虫媒病毒。它们是琉球库蠓、短跗库蠓、原野库蠓、同体库蠓、残肢库蠓、标翅库蠓、不显库蠓、南非淡翅库蠓、仓翅库蠓、尖喙库蠓、薛采库蠓、美国变翅库蠓、杂斑库蠓、杂翅库蠓、土罗库蠓、梅尔库蠓、和田库蠓、东方库蠓、云斑库蠓等。其中，前 14 种可传播蓝舌病病毒。但是，传播蓝舌病病毒的库蠓品种有地区性差异。

（一）形态

成虫头部近球形。复眼发达，呈肾形。雄蠓两眼相邻接，雌蠓两眼距离较远。触角丝状，分 15 节。在触角基部之后有单眼 1 对。口器为刺吸式。中胸发达，前、后胸较小，胸部背面呈圆形隆起。翅短宽，翅上常有斑和微毛，其大小、颜色、位置等为分类依据。足细长。腹部 10 节，雌蠓有尾须 1 对；雄蠓的第 9、10 腹节转化为外生殖器。

（二）生活史与生态

蠓是全变态昆虫，生活史包括卵、幼虫、蛹和成虫 4 个阶段。

卵为长纺锤形，长约 0.5mm，表面有纵列突起的小结节。卵产出时为灰白色，渐变深色。在适宜的温度下，约经 5d 孵化。

幼虫细长，呈蠕虫状。分为 4 龄，一龄幼虫长近 1mm，四龄幼虫 5~6mm。头部深褐色，胸、腹部淡黄色。各体节有短毛，最后一节的毛较长。幼虫生活于水中泥土表，以菌、藻类以及一些原生动物为食。在 27±1℃时，22~38d 化蛹。

蛹分头胸部和腹部，体长 2~5mm。早期淡黄色，羽化前呈深褐色或黑色。头胸部前端有眼 1 对，背面有呼吸管 1 对。腹部具刺和结节，最后一节有 2 个尖突。蛹不活动，可见于水中或稍有积水的淤泥中，5~7d 羽化。

雄蠓吸食植物汁液，仅雌蠓吸血。雌蠓吸血范围较广，不同的种类有一定的倾向性，有的种类嗜吸人血，有的种类嗜吸禽类或畜类血。绝大多数种类的吸血活动在黎明或黄昏进行。成虫多栖息于树丛、竹林、杂草、洞穴等避风、避光处。当温度、光照合适且无风时，成虫即成群飞出。蠓的飞行能力不强，一般不超过 0.5km，其活动范围限于栖息地周围 300m内。吸血蠓类交配时常有群舞现象。交配后吸血，3~4d 后卵巢发育成熟产卵。通常雌蠓一生产卵 2~3 次，一次产卵量 50~150 粒。

蠓生活所需的时间与温度关系密切。在夏季约需一个月，通常一年可繁殖 2~4 代，视种类与地区不同而异。雄蠓交配后 1~2d 便死亡，雌蠓的寿命约为一个月。一般以幼虫或卵越冬。

（三）与疾病的关系

蠓叮吸人血，被叮咬处常出现局部反应和奇痒，甚至产生全身性过敏反应，更重要的是蠓可传播多种疾病。目前已知蠓可作为 18 种人畜寄生虫的媒介，可携带 20 余种与人畜有关的病毒。在我国，尚不够清楚蠓与人体疾病的关系。在福建和广东，曾于自然界捕获的台湾铗蠓体内分离出流行性乙型脑炎病毒，但该蠓是否可作传播媒介，尚有待证实。

蠓的种类多，数量大，滋生范围广泛，防治工作必须结合实际情况和具体条件进行。首先，在有吸血蠓类地带野外作业的人员，应作好个人防护。可涂擦驱避剂，或可燃点艾草、树枝，以烟驱蠓。其次，在人口聚居区，应搞好环境卫生，填平洼地，消灭滋生场所；对成蠓出入的人房、畜舍和幼虫滋生的沟、塘、水坑等环境，用马拉硫磷或溴氰菊酯等进行滞留喷洒。

五、蚋、虻

蚋、虻分别属双翅目蚋科（Simuliidae）和虻科（Tabanidae）。蚋、虻对人的危害主要是叮吸人血，被刺叮处常出现局部红肿、疼痛、奇痒以及炎症与继发性感染。蚋和虻可分别作为盘尾丝虫病和罗阿丝虫病的媒介，虻还能机械性传播野兔热和炭疽病。

（一）蚋

蚋为一类体长 1~5mm 的小型昆虫，成虫深褐色或黑色，俗称"黑蝇"或"驼背"。全世界已知 1200 多种，我国报告近 90 种，主要种为北蚋（*Simulium subvariegatum*）和毛足原蚋（*Prosimulium hirtipes*）。

1. 形态

成虫头部的复眼明显，雄蚋的复眼较大，与胸背约等宽；雌蚋的复眼略窄于胸部，两眼间被额明显分开。口器为刺吸式。胸部背面明显隆起。翅宽阔，纵脉发达。足短。腹部 11 节，最后 2 节演化为外生殖器，为其重要的分类依据。有的种类腹部背面有银色闪光斑点。

2. 生活史与生态

蚋的发育为全变态。

卵：略呈圆三角形，长 0.1~0.2mm，淡黄色，通常 150~500 粒排列成鳞状或成堆，见于清净流水中的水草与树的枝叶上，在 20℃~25℃的水中，约 5d 孵化。

幼虫：呈圆柱形，后端膨大。有 6~9 龄，刚孵出的幼虫长约 0.2mm，淡黄色，以后颜色变暗，成熟幼虫 4~15mm。头部前端有 1 对放射状排列的刚毛，称口扇；前胸腹面中部有一只具小钩的胸足；腹部尾端有一个具小钩的吸盘和一个可伸缩的肛鳃。幼虫以水中微小生物为食，3~10 周发育成熟。

蛹：成熟幼虫在一个前端开口的茧内化蛹。茧体的后端黏附于水中石块或植物上，1~4 周羽化。

雄蚋不吸血。雌蚋交配后开始吸血，嗜吸畜、禽血，兼吸人血，多在白天进行。成虫栖息于野草上及河边灌木丛，飞行距离达 2~10km。蚋出现于春、夏、秋三季，以 6~7 月为活动高峰。整个生活史 2~3.5 个月。雌蚋寿命约 2 个月。以卵或幼虫在水下越冬。蚋可传播盘尾丝虫病。人被蚋刺叮，特别是大量刺叮可引起皮炎，可有强烈的过敏性反应，继发感染淋巴腺炎、淋巴管炎及"蚋热"等。

（二）虻

虻是一类中大型昆虫，俗称"牛虻"或"瞎虻"。全世界已知约 3500 种，我国已记录近 400 种，主要种为广斑虻（*Chrysops vanderwulpi*）和华虻（*Tabanus mandarmus*）。

1. 形态

成虫体长 6~30mm，粗壮，呈棕褐色或黑色，多有较鲜艳色斑和光泽，体表多细毛。

头部宽大，等于或宽于胸部。复眼明显，多具金属光泽。雄虻两眼相接，雌虻两眼分离。触角多为 3 节，第三节有 3~7 个环节。雌虻口器为刺舐式，取食时刺破皮肤由唇瓣上的拟气管吸血。翅宽，透明或具色斑。足粗短。腹部可见 7 节，其颜色和斑纹是分类依据，第 8~11 节演化为外生殖器。

2. 生活史与生态

虻的发育为全变态。

卵：多呈纺锤形，长 1.5~2.5mm，黄白色。常以 200~500 粒卵集成堆或形成块，多见于稻田、沼泽、池塘边的草叶或小枝上。约 1 周孵化为幼虫。

幼虫：为细长纺锤状，两端尖，淡黄色。有 6~10 龄，体长自 2~4mm 至 22~25mm，腹部第 1~7 节有疣状突起，尾部有长呼吸管和气门。幼虫以小型动物为食，幼虫期可长达数月至一年以上。成熟幼虫移至干土中化蛹。

蛹：为裸蛹，可见明显的头胸部和腹部。早期呈黄棕色，而后渐暗。经 1~3 周羽化。

雄虻以植物汁液为食，雌虻吸血，主要刺吸牛、马、驴等大型家畜的血，有时也侵袭其他动物和人。虻白天活动，在阳光强烈的中午吸血最为活跃。有时在几个动物体表连续叮刺吸血，该习性在疾病的传播上具有重要意义。成虫栖息于草丛树木中，多见于河边植被上。虻的飞翔能力很强，每小时可飞行 45~60km。

在热带，虻可全年活动；在我国北方，虻的活动季节自 5 月中旬至 8 月下旬，以 7 月为活动高峰。一般雄虻的寿命仅几天，雌虻可存活 2~3 个月。虻以幼虫越冬，常见于堤岸 22~25cm 深的土层中。

有些虻类能传播罗阿丝虫病，是我国畜牧业的重要害虫，为牲畜锥虫病等的传播媒介。虻叮刺人体可引起荨麻疹样皮炎。

六、蚤

蚤属于昆虫纲、蚤目（Siphonaptera），是哺乳动物和鸟类的体外寄生虫。其特征是：体小而侧扁，触角长在触角窝内，全身鬃、刺和栉均向后方生长，能在宿主毛、羽间迅速穿行；无翅，足长，其基节特别发达，善于跳跃。全世界共记录蚤 2000 多种，我国已知有 454 种，其中仅少数种类与传播人畜共患病有关。

（一）形态

雌蚤长 3mm 左右，雄蚤稍短，体棕黄至深褐色。有眼或无眼。全身多刚劲的刺，称为鬃。

头部：略呈三角形，其中央的触角窝可将头分为前头和后头两部分，前头上方称额，下方称颊。触角分 3 节，末节膨大，常又可分为 9 个假节。雄蚤触角较长，平均向下藏在触角窝内，交尾时将触角上举以挟持雌虫。有的蚤在触角窝前长有单眼。前头腹面有刺吸式口器，由针状的下颚内叶 1 对和内唇组成食物管，外包以分节的下唇须形成喙。蚤头部有许多鬃，根据生长部位称眼鬃、颊鬃、后头鬃等，有的种类颊部边缘具有若干粗壮的棕褐色扁刺，排成梳状，称为颊栉。

胸部：分成 3 节，每节均由背板、腹板各一块及侧板 2 块构成。有的种类前胸背板后缘具有粗壮的梳状扁刺，称前胸栉。无翅，足 3 对长而发达，尤以基节特别宽大，跗节分为 5 节，末节具有爪 1 对。

腹部：由 10 节组成，前 7 节称正常腹节，每节背板两侧各有气门 1

对。雄蚤8~9腹节、雌蚤7~9腹节变形为外生殖器，第10腹节为肛节。第7节背板后缘两侧各有一组粗壮的鬃，称臀前鬃，保护着其后第8节上的臀板，臀板为感觉器官，略呈圆形，板上有若干杯状凹陷并且各具一根细长鬃和许多小刺。

雌蚤腹部钝圆，在7~8腹板的位置可见几丁质较厚的受精囊。受精囊可分头、尾两部分，各种蚤形状不同。雄蚤腹部末端较尖，其第9节背板和腹板分别形成上抱器和下抱器。雄蚤外生殖器复杂，形状也因种而异，故其与雌蚤受精囊一起被用作分类的依据。

（二）生活史与习性

蚤生活史为全变态，包括卵、幼虫、蛹和成虫4个时期。

卵呈椭圆形，长0.4~1.0mm，初产时白色、有光泽，以后逐渐变成暗黄色。卵在适宜的温湿条件下，经5d左右即可孵出幼虫。

幼虫形似蛆而小，有三龄期。体白色或淡黄色，连头共14节，头部有咀嚼式口器和1对触角，无眼、无足，每个体节上均有1~2对鬃。幼虫甚活泼，爬行敏捷，在适宜条件下经2~3周发育，蜕皮2次即变为成熟幼虫，体长可达4~6mm。

成熟幼虫叶丝作茧，在茧内作第三次蜕皮，然后化蛹。茧呈黄白色，外面常粘着一些灰尘或碎屑，有伪装作用。发育的蛹已具成虫雏形，头、胸、腹及足均已形成，并逐渐变为淡棕色。蛹期一般为1~2周，有时可长达1年，其长短取决于温度与湿度是否适宜。茧内的蛹羽化时需要外界的刺激。如空气的震动、动物走近的扰动和接触压力及温度的升高等，都可诱使成虫破茧而出。成虫羽化后可立即交配，然后开始吸血，并在1~2d后产卵。雌蚤一生可产卵数百个。蚤的寿命为1~2年。

雌蚤通常在宿主皮毛上和窝巢中产卵，由于卵壳缺乏黏性，宿主身上的卵最终都散落到其窝巢及活动场所，这些地方也就是幼虫的滋生地，如鼠洞、畜禽舍、屋角、墙缝、床下以及土坑等，幼虫以尘土中宿主脱落的皮屑、成虫排出的粪便及未消化的血块等有机物为食；而阴暗、温湿的周围环境很适合幼虫和蛹发育。

蚤两性都吸血，雌蚤的生殖活动更与吸血密切相关。通常一天需吸血数次，每次吸血2~3min，然后离去。常吸血过量以致血食来不及消化即随粪便排出。但蚤抗饥饿能力也很强，某些蚤能耐饥达10个月以上。

蚤的宿主范围很广，包括兽类和鸟类，但主要是小型哺乳动物，尤以啮齿目为多。蚤可在宿主体表和窝巢内外自由活动，个别种类可固着甚至钻入宿主皮下寄生，如潜蚤。宿主选择性随种而异，传播疾病者大多是选择性不严的种类。

蚤各期发育和繁殖对温度的依赖都很大，温度低时卵的孵化、幼虫蜕皮化蛹都大大延迟。各种蚤发育所需的有效温度不同，可反映在其地理分布上。致痒蚤发育需较高温度，成为温暖地带常见蚤种。印鼠客蚤需要更高温度，该蚤只在我国南方各地可见。

蚤成虫也对宿主体温有敏感的反应，宿主因发病而体温升高或在死亡后体温下降，蚤都会很快离开，去寻找新的宿主。

（三）与疾病的关系

蚤对人的危害可分为骚扰吸血、寄生和传播疾病 3 个方面。人进入有蚤的场所或蚤随家畜或鼠类活动侵入居室，蚤均可到人身上骚扰并吸血。人的反应各不相同，严重者影响休息或因抓搔致感染。潜蚤雌虫寄生于动物皮下。在人体，因穿皮潜蚤寄生引起潜蚤病。蚤主要通过生物性方式传播疾病。最重要的是鼠疫，其次是鼠型斑疹伤寒（地方性斑疹伤寒），还能传播犬复孔绦虫病、缩小膜壳绦虫病和微小膜壳绦虫病。

（四）我国重要的传染病蚤

1. 致痒蚤（*Pulex irritans*）

亦称人蚤，在眼下方有眼鬃毛 1 根；受精囊的头部圆形，尾部细长弯曲。呈世界性分布，我国各地均可见，也是人体最常见的蚤。嗜吸狗、猪和人血，对人骚扰性较大，尤以儿童为甚。可传播鼠疫，也是犬复孔绦虫、缩小膜壳绦虫的中间宿主。

2. 印鼠客蚤（*Xenopsylla cheopis*）

眼鬃毛 1 根，位于眼的前方；受精囊的头部与尾部宽度相近，且大部分呈暗色。在我国沿海地区多见，主要宿主是家栖鼠类，如小家鼠、褐家鼠和黄胸鼠等。亦吸人血，是人间鼠疫的重要媒介，也传播鼠型斑疹伤寒和缩小膜壳绦虫病。

七、虱

虱属于吸虱目（Anoplura），是鸟类和哺乳动物的体外永久性寄生昆虫。它的发育各期都不离开宿主。虱体小、无翅、背腹扁平，足末端具有特殊的攫握器。寄生于人体的虱有两种，即人虱（*Pediculus humanus*）和耻阴虱（*Pthirus pubis*）。一般认为人虱又分为两个亚种，即人头虱（*P. h. capitis*）和人体虱（*P. h. corporis*）。

（一）形态

1. 人虱

灰白色，体狭长，雌虫可达 4.4mm，雄虫稍小。

头部：略呈菱形，触角约与头等长，分 5 节，向头两侧伸出。眼明显，位于触角后方。口器为刺吸式，除短小带齿的吸喙凸于头端外，口器主要部分缩在头内，由 3 根口针组成，平时储在咽部近腹面的口针囊内。吸血时以吸喙固着皮肤，口针刺入，靠咽和食窦泵的收缩将血吸入消化道。

胸部：3 节融合，有 1 对胸气门，位于中胸侧面，无翅及翅痕，3 对足均粗壮，长度大致相等。各足胫节远端内侧具指状胫突，跗节仅 1 节，其末端有一弯曲的爪，爪与胫突配合形成强有力的攫握器，因而虱能紧握宿主的毛发或内衣的纤维不致脱落。

腹部：分节明显，外观可见 8 节。第 3~8 节两侧有骨化的侧背片，每片上均有气门，共 6 对。雌虱腹部末端呈 W 形，第 8 节腹面有一生殖腹片和 1 对生殖肢。雄虱腹部末端呈 V 字形，第 3~8 节背面各有两片小背板，靠后 3 个腹节内可见缩于体内、大的外生殖器。

人头虱和人体虱形态区别甚微。仅在于人头虱体略小，体色稍深，触角较粗短。

2. 耻阴虱

灰白色，体形宽短似蟹。雌虫体长为 1.5~2.0mm，雄性稍小。胸部甚宽，故左右足的基节相距较远。前足及爪均较细小，中、后足胫节和爪明显粗大，腹部宽短，由于前 4 节融合，前 3 对气门排成斜列。第 5~8 节侧缘各具锥形突起，上有刚毛。

（二）生活史和习性

人虱和耻阴虱都寄生于人体。人头虱寄生在人头上长有头发的部分，产卵于发根，以耳后较多。人体虱主要生活在贴身衣裤上，以衣缝、皱褶、衣领和裤腰等处较多，产卵于衣裤的织物纤维上。耻阴虱寄生在体毛较粗、较稀之处，主要在阴部及肛门周围的毛上，其他部位以睫毛较多见，产卵于毛的基部。

虱为渐变态，生活史中有卵、若虫和成虫3期。卵椭圆形，约0.8mm×0.3mm，白色，俗称虮子。卵黏附在毛发或纤维上，其游离端有盖，上有气孔和小室。若虫就从卵盖处孵出，其外形与成虫相似，但较小，尤以腹部较短，生殖器官尚未发育成熟。若虫经3次蜕皮长为成虫。

人虱产卵量可达300枚，耻阴虱约为30枚。在最适的温度（29℃~32℃）、湿度（76%）下，人虱由卵发育到成虫需23~30d，耻阴虱需34~41d。雌性人虱寿命为30~60d，耻阴虱寿命不到30d；雄虱的寿命较短。

若虫和雌雄成虫都嗜吸人血。虱不耐饥饿，若虫每日至少需吸血1次，成虫则需数次，常边吸血边排粪。虱对温度和湿度都极其敏感，既怕热怕湿，又怕冷。由于正常人体表的温湿度正是虱的最适温湿度，虱一般情况下不会离开人体。若宿主患病或剧烈运动后体温升高、汗湿衣着，或病死后尸体变冷，虱即爬离原来的宿主。以上习性对于虱的散布和传播疾病都有重要作用。

人虱的散播是由人与人之间直接和间接的接触引起的。耻阴虱的传播主要通过性交。

（三）与疾病的关系

虱吸血后，在叮刺部位可出现丘疹和瘀斑，产生剧痒，由于抓搔可继发感染。患者多有不洁性交史，初发症状常为阴部皮肤瘙痒，有虫爬感，遇热更甚。由于虱体紧附在皮肤和毛根上，肉眼不易察见，唯见红斑、丘疹、淡褐色苔藓样变等，严重者因抓搔引起脓疱、溃疡。寄生在睫毛上的耻阴虱多见于婴幼儿，可引起眼睑奇痒、睑缘充血等，阴虱病的确诊在于从患部找到虫体。

主要由人虱传播疾病，特别是人体虱传播流行性斑疹伤寒、战壕热和虱传回归热。此外，地方性斑疹伤寒由蚤传到人后，也能由人虱传播。

八、蜚蠊

蜚蠊俗称蟑螂，属蜚蠊目（Blattaria），全世界约有 4000 种，我国记录有 168 种。

（一）形态

蜚蠊成虫为椭圆形，背腹扁平，体长者可达 100mm，小者仅 2mm，一般为 10~30mm，体呈黄褐色或深褐色，因种而异，体表具油亮光泽。

头部：小且向下弯曲，活动自如，Y 字形头盖缝明显，大部分为前胸覆盖。复眼大，围绕触角基部；有单眼 2 个。触角细长呈鞭状，可达 100余节。口器为咀嚼式。

胸部：前胸发达，背板椭圆形或略呈圆形，有的种类表面具有斑纹；中、后胸较小，不能明显区分。前翅革质，左翅在上，右翅在下，相互覆盖；后翅膜质。少数种类无翅。翅的有无和大小形状是蜚蠊分类依据之一。足粗大多毛，基节扁平而阔大，几乎覆盖腹板全部，适于疾走。

腹部：扁阔，分为 10 节。第 6、7 节背面有臭腺开口，第 10 节背板上着生 1 对分节的尾须。尾须的节数、长短及形状亦为分类的依据。雄虫的最末腹板着生 1 对腹刺，雌虫无腹刺，据此可分别雌雄。雌虫的最末腹板为分叶状构造，具有夹持卵鞘的作用。

（二）生活史

蜚蠊为渐变态昆虫，生活史有卵、若虫和成虫 3 个发育阶段。

卵及卵荚：雌虫产卵在特殊的胶质囊内，形成卵鞘（卵荚）。其鞘坚硬，暗褐色，多为长 1cm，形似钱袋。卵成对排列，储列其内。雌虫排出卵荚后常夹于腹部末端，少数种类直至孵化，大多数种类而后分泌黏性物质，使卵鞘黏附于物体上。每个卵鞘含卵 16~48 粒。卵鞘形态及其内含卵数为蜚蠊分类的重要依据。卵鞘内的卵通常 1~2 个月后孵化。

若虫：蜚蠊有一个预若虫期，即在刚孵出时，触角、口器及足均结集在腹面不动，需经一次蜕皮，才成为普通活动态的若虫。若虫较小，色淡无翅，生殖器官尚未成熟，生活习性与成虫相似。若虫经 5~7 个龄期发育才羽化为成虫。每个龄期约为 1 个月。

成虫：羽化后即可交配，约交配后 10d 开始产卵。一只雌虫一生可产卵鞘数个或数十个不等。整个生活史所需时间因虫种、温度、营养等不同而异，一般需数月或一年以上。雌虫寿命约半年，雄虫寿命较短。

(三) 生态

1. 食性

蜚蠊为杂食性昆虫，人和动物的各种食物、排泄物和分泌物以及垃圾均可为食，尤嗜食糖类和肉食类，并需经常饮水。蜚蠊的耐饥力较强，德国小蠊在有水无食时可存活 10~14d，在无水有食时可存活 9~11d，在无水无食的条件下仍可存活 1 周。在过度饥饿情况下，有时可见蜚蠊残食其同类及卵鞘。

2. 栖息与活动

大多数种类的蜚蠊栖居野外，仅少数种类栖居室内。后者与人类的关系密切。这些种类尤其喜栖息于室内温暖且靠近食物、水分的场所，如厨房的碗橱、食堂的食品柜、灶墙等处的缝隙中和下水道沟槽内。蜚蠊昼伏夜行，白天隐匿在黑暗隐蔽处；夜间四处活动，夜晚 9 时至凌晨 2 时为其活动高峰。蜚蠊主要用足行走，每分钟可达 21m。有翅种类的飞翔力甚差，飞行距离一般仅限于室内。蜚蠊活动的适宜温度为 20℃~30℃。低于 15℃时，绝大多数不动或微动；高于 37℃时呈兴奋状，超过 50℃时死亡。蜚蠊的臭腺能分泌出一种气味特殊的棕黄色油状物质，是其驱避敌害的天然防御功能。该分泌物留于所经之处，通常称为"蟑螂臭"。

3. 季节消长与越冬

蜚蠊的季节消长受温度的影响较大，同一虫种在不同地区可表现出不同的季节分布。在我国的大部分地区，蜚蠊通常始见于 4 月，7~9 月达高峰，10 月以后逐渐减少，直至消失。当温度低于 12℃时，便以成虫、若虫或卵在黑暗、无风的隐蔽场所越冬。

(四) 我国室内蜚蠊主要种类

主要有两种，德国小蠊 (*Blattella germanica*) 和美洲大蠊 (*Periplaneta americana*)。德国小蠊体长 1.2~1.4cm，呈淡褐色。前胸背板上有两条黑色纵纹。卵鞘小而扁薄，内含卵 20~40 粒。它是我国的广布优势种，多见于车、船、飞机等交通工具内。美洲大蠊体长 3.5~4.0cm，呈暗褐色。触角甚长。前胸背板边缘有淡黄色带纹，中间有褐色蝶形斑。卵鞘内含卵 16

粒。亦为我国广布优势种。多见于厨房、储物间和卫生间等处。此外，还有澳洲大蠊（*P. australasiae*）、黑胸大蠊（*P. fuliginosa*）和东方蜚蠊（*Blattaorientalis*）。

（五）与疾病的关系

蜚蠊能通过体表或体内（以肠道为主）携带多种病原体而机械性地传播疾病。近年来，国内报告从蜚蠊体内分离到疾病杆菌，如沙门氏菌、绿脓杆菌、变形杆菌等，分离到的病毒有腺病毒、肠道病毒、脊髓灰质炎病毒等，还检出蠕虫（蛔虫、钩虫、鞭虫、蛲虫、绦虫等）卵和阿米巴、贾第虫包囊。蜚蠊还可作为美丽筒线虫、东方筒线虫、念株棘头虫和缩小膜壳绦虫的中间宿主。此外，国外报告蜚蠊可成为过敏原，引起变态反应。

第五节
蛛形纲媒介生物

一、概述

（一）分类

蛛形纲可分为 4 亚纲 16 目。广腹亚纲（Latigastra）：蝎目（Scorpiones），伪蝎目（Pseudoscorpiones），盲蛛目（Opiliones），古怖目（Architarbi），蜱螨目（Acarina）。胸口亚纲（Stethostoma）：联足目（Haptopoda），后足目（Anthracomarti）。单独亚纲（Soluta）：角怖目（Trigotarbi）。柄腹亚纲（Caulogastra）：须脚目（Palpigradi），有鞭目（Uropigi），裂盾目（Schizomida），奇基目（Kustarachnae），无鞭目（Amblypygi），蜘蛛目（Araneae），节腹目（Ricinulei），避日目（Solifugae）。其中有医学意义的是蝎目（Scorpiones）、蜘蛛目（Araneae）和蜱螨目（Acarina）。

（二）基本特征

蛛形纲的特征是躯体分头胸部及腹部或头胸腹愈合为一体，无触角，无翅，成虫有足 4 对。蛛形纲的身体分成头胸部和腹部 2 部分。头胸部由 6 节组成，背面通常包一块坚硬的背甲，腹面有一块或多块腹板，或被附肢的基节遮住。腹部由 12 节组成，除蝎类以外，大多数蛛形纲动物的腹部不再分成明显的两部分，并且体节有合并的趋势。螨类的腹部与前体已合而为一。全世界已知 5 万多种，绝大多数陆生，仅少数螨类及一种蜘蛛为水栖。蛛形纲动物单眼不超过 12 个。前体有 6 对附肢。螯肢在口的前方，2~3 节，钳状或非钳状。触肢 6 节，钳状或足状。步足 7 节。跗节末端有爪。蜘蛛的后体与前体之间通过腹柄相连。后体通常无附肢。雌雄异体。生殖孔开于后体第 2 节的腹面。

（三）生态分布

蛛形纲动物一般不扩散。蛛形纲动物不喜酷热，常隐蔽在石块或树叶下，或营穴居生活，多在夜间出来活动。织网的蜘蛛角质层较厚，个体较大，一般色泽较艳丽。隐蔽在石头、树叶下或洞穴中的种类角质层较薄，不能在干热的环境中生活，也不能作远距离旅行。有几种蝎只能在潮湿处生存，并要喝水。盲蛛也经常喝水。伪蝎在干燥环境中很快就会死亡。但是在炎热的沙漠里，有几种蝎和盲蛛由于体表有一层蜡，能够很好地保存水分以维持生存。蛛形纲动物的耐饥力很强，蝎能耐饥 14 个月，一种管网蛛能耐饥 26 个月，一种球腹蛛能耐饥 30 个月。

蛛形纲动物的地理分布可分 4 个类型。连续分布在热带、亚热带的，如蝎、避日蛛，无鞭类、有鞭类以及蜘蛛目的捕鸟蛛；不连续分布在热带、亚热带的，如须脚类、节腹类、裂盾类和蜘蛛目的古蛛科；从热带分布到温带的，如盲蛛、伪蝎、螨和大多数蜘蛛目的种类；分布在两极的，如某些蜘蛛、盲蛛和螨类。

二、蜱

蜱属于寄螨目、蜱总科。成虫在躯体背面有壳质化较强的盾板，通称为硬蜱，属硬蜱科；无盾板者，通称为软蜱，属软蜱科。全世界已发现的 800 多种，硬蜱科约 700 种，软蜱科约 150 种，纳蜱科 1 种。我国已记录的硬蜱科约 100 种，软蜱科 10 种。蜱是许多种脊椎动物体表的暂时性寄生虫，是一些人畜共患病的传播媒介和贮存宿主。已发现有 5 种软蜱可感染并传播非洲猪瘟病毒，如非洲钝缘蜱（O. *moubata*）、游走钝缘蜱

（O. erraticus）、革皮钝缘蜱（O. coriaceus）、土耳其钝缘蜱（O. turicata）和摩洛哥钝缘蜱（O. marocanus）等。

（一）形态

虫体椭圆形，未吸血时腹背扁平，背面稍隆起，成虫体长 2～10mm；饱血后胀大如赤豆或蓖麻子状，大者长达 30mm。表皮革质，背面或具壳质化盾板。虫体分颚体和躯体两部分。

1. 硬蜱

颚体也称假头，位于躯体前端，背面可见，由颚基、螯肢、口下板及须肢组成。颚基与躯体的前端相连接，是一个界限分明的骨化区，呈六角形、矩形或方形；雌蜱的颚基背面有 1 对孔区，有感觉及分泌体液帮助产卵的功能。螯肢 1 对，从颚基背面中央伸出，是重要的刺割器。口下板 1 块，位于螯肢腹面，与螯肢合拢时形成口腔。口下板腹面有倒齿，为吸血时固定于宿主皮肤内的附着器官。螯肢的两侧为须肢，由 4 节组成，第 4 节短小，嵌于第 3 节端部腹面小凹陷内。

躯体呈袋状，大多褐色，两侧对称。雄蜱背面的盾板几乎覆盖整个背面，雌蜱的盾板仅占体背前部的一部分，有的蜱在盾板后缘形成不同花饰，被称为缘垛。腹面有足 4 对，每足 6 节，即基节、转节、股节、胫节、后跗节和跗节。基节上通常有距。足Ⅰ跗节背缘近端部具哈氏器，有嗅觉功能，末端有爪 1 对及垫状爪间突 1 个。生殖孔位于腹面的前半部，常在足Ⅱ、Ⅲ基节的水平线上。肛门位于躯体的后部，常有肛沟。气门一对，位于足Ⅳ基节的后外侧，气门板宽阔。雄蜱腹面有几丁质板，基数目因蜱的属种而不同。

2. 软蜱

颚体在躯体腹面，从背面看不见。颚基背面无孔区。躯体背面无盾板，体表多呈颗粒状小疣，或具皱纹、盘状凹陷。气门板小，位于基节Ⅳ的前上方。生殖孔位于腹面的前部，两性特征不显著。肛门位于体中部或稍后，有些软蜱尚有肛前沟和肛后中沟及肛后横沟，分别位于肛门的前后方。各基节都无距刺，跗节虽有爪，但无爪垫。成虫及若虫足Ⅰ～Ⅱ基节之间有基节腺的开口。基节腺液的分泌，有调节水分和电解质及血淋巴成分的作用。在吸血时，病原体也随基节腺液的分泌污染宿主伤口，造成感染，例如钝缘蜱属的一些种类。

（二）生活史

发育过程分卵、幼虫、若虫和成虫 4 个时期。成虫吸血后交配落地，爬行在草根、树根、畜舍等处，在表层缝隙中产卵。产卵后雌蜱即干死，雄蜱一生可交配数次。卵呈球形或椭圆形，大小 0.5~1mm，色淡黄至褐色，常堆集成团。在适宜条件下卵可在 2~4 周内孵出幼虫。幼虫形似若虫，但体小，有足 3 对，幼虫经 1~4 周蜕皮为若虫。硬蜱若虫只一期，软蜱若虫经过 1~6 期不等。若虫有足 4 对，无生殖孔。到宿主身上吸血，落地后再经 1~4 周蜕皮而为成虫。硬蜱完成一代生活史所需时间从 2 个月至 3 年不等；多数软蜱需半年至两年。硬蜱寿命自 1 个月到数十个月不等；软蜱的成虫由于多次吸血和多次产卵，一般可活五六年乃至数十年。

蜱在生活史中有更换宿主的现象，根据其更换宿主的次数可分为 4 种类型。①单宿主蜱：发育各期都在一个宿主体上，雌虫饱血后落地产卵，如微小牛蜱（*Boophilus microplus*）。②二宿主蜱：幼虫在一个宿主体上发育为若虫，而成虫在另一个宿主体上寄生，如残缘璃眼蜱（*Hyalomadetritum*）。③三宿主蜱：幼虫、若虫、成虫分别在 3 个宿主体上寄生，如全沟硬蜱、草原革蜱。90% 以上的硬蜱为三宿主蜱，蜱媒疾病的主要媒介是三宿主蜱。④多宿主蜱：幼虫、各龄若虫和成虫以及雌蜱每次产卵前需寻找宿主寄生吸血，每次饱血后离去，通常软蜱都属多宿主蜱。

（三）生态

1. 产卵和滋生地

硬蜱多生活在森林、灌木丛、开阔的牧场、草原、山地的泥土中等地。软蜱多栖息于家畜的圈舍、野生动物的洞穴、鸟巢及人房的缝隙中。

雌蜱受精吸血后产卵，硬蜱一生产卵一次，饱血后在 4~40d 全部产出，可产数百至数千个，因种而异。软蜱一生可产卵多次，一次产卵50~200 个，总数可上千。

2. 吸血习性与宿主关系

蜱的幼虫、若虫、雌雄成虫都吸血。宿主包括陆生哺乳类、鸟类、爬行类和两栖类，有些种类侵袭人体。多数蜱种的宿主很广泛，例如，全沟硬蜱的宿主包括哺乳类 200 种、鸟类 120 种和少数爬行类，并可侵袭人体。这在流行病学上有重要意义。硬蜱多在白天侵袭宿主，吸血时间较长，一般需要数天。软蜱多在夜间侵袭宿主，吸血时间较短，一般数分钟到 1h。蜱的吸血量很大，各发育期饱血后可胀大几倍至几十倍，雌硬蜱甚至可胀大 100 多倍。

蜱在宿主的寄生部位常有一定的选择性，一般在皮肤较薄、不易被搔动的部位。例如，全沟硬蜱寄生在动物或人的颈部、耳后、腋窝、大腿内侧、阴部和腹股沟等处。微小牛蜱多寄生于牛的颈部肉垂和乳房处，次为肩胛部。波斯锐缘蜱多寄生在家禽翅下和腿腋部。

3. 分布与活动

硬蜱多分布在开阔的自然界，如森林、灌木丛、草原、半荒漠地带。而不同蜱种的分布又与气候、土壤、植被和宿主有关，如全沟硬蜱多见于高纬度针阔混交林带，而草原革蜱则生活在半荒漠草原，微小牛蜱分布于农耕地区。在同一地带的不同蜱种，其适应的环境有所不同，如黑龙江林区的蜱类，全沟硬蜱多分布于针阔混交林带，而嗜群血蜱（*Haemaphysalis concinna*）则多见于林区草甸。软蜱栖息在隐蔽的场所，包括兽穴、鸟巢及人畜住处的缝隙里。

蜱的嗅觉敏锐，对动物的汗臭和 CO_2 很敏感，与宿主相距 15m 时，即可感知到，一旦接触到宿主即攀登而上。如栖息在森林地带的全沟硬蜱，成虫寻觅宿主时，多聚集在小路两旁的草尖及灌木枝叶的顶端等候，当宿主经过并与之接触时即爬附宿主；栖息在荒漠地带的亚东璃眼蜱，多在地面活动，主动寻觅宿主；栖息在牲畜圈舍的蜱种，多在地面或爬上墙壁、木柱寻觅宿主。

蜱的活动范围不大，一般为数十米。宿主的活动，特别是候鸟的季节迁移，对蜱类的散播起着重要作用。

4. 季节消长和越冬

气温、湿度、土壤、光周期、植被、宿主等都可影响蜱类的季节消长及活动。在温暖地区，多数种类的蜱在春、夏、秋季活动，如全沟硬蜱成虫活动期在 4~8 月，高峰在 5~6 月初，幼虫和若虫的活动季节较长，从早春 4 月持续至 9~10 月，一般有两个高峰，主峰常在 6~7 月，次峰在 8~9月。炎热地区有些种类在春、秋、冬季活动，如残缘璃眼蜱。软蜱多在宿主洞巢内，故终年都可活动。

蜱多数在栖息场所越冬，硬蜱可在动物的洞穴、土块、枯枝落叶层中或宿主体上越冬。软蜱主要在宿主住处附近越冬。越冬虫期因种类而异。有的各虫期均可越冬，如硬蜱属中的多数种类；有的以成虫越冬，如革蜱属中的所有种类；有的以若虫和成虫越冬，如血蜱属和软蜱中的一些种；有的以若虫越冬，如残缘璃眼蜱；有的以幼虫越冬，如微小牛蜱。

（四）重要蜱种

1. 全沟硬蜱（*Ixodes persulcatus*）

盾板褐色，须肢为细长圆筒状，颚基的耳状突呈钝齿状。肛沟在肛门之前呈倒 U 形，足 I 基节具一细长内距。全沟硬蜱是典型的森林蜱种，是针阔混交林优势种。成虫在 4~6 月活动，幼虫和若虫在 4~10 月出现。三宿主蜱，三年完成一世代发育。以未吸血的幼虫、若虫和成虫越冬。成虫寄生于大型哺乳动物，经常侵袭人；幼虫和若虫寄生于小型哺乳动物及鸟类。分布于东北地区和内蒙古、甘肃、新疆、西藏等地。它是我国森林脑炎的主要媒介，并能传播 Q 热和北亚蜱传立克次体病（又称西伯利亚蜱传斑疹伤寒）。

2. 草原革蜱（*Dermacentor nuttalli*）

盾板有珐琅样斑，有眼和缘垛；须肢宽短，颚基矩形，足 I 转节的背距短而圆钝，是典型的草原种类，多栖息于干旱的半荒漠草原地带。成蜱春季活动，幼蜱、若蜱夏、秋季出现。属三宿主蜱，一年一世代，以成虫越冬。成虫寄生于大型哺乳类动物，有时侵袭人；幼虫和若虫寄生于各种啮齿动物。分布于东北、华北、西北和西藏等地区。是北亚蜱传立克次体病的主要媒介，也可传播布氏杆菌病。

3. 亚东璃眼蜱（*Hyalommaasiaticumkozlovi*）

盾板红褐色，有眼和缘垛，须肢为长圆筒状，第二节显著伸长；足淡黄色，各关节处有明显的淡色环；雄虫颈沟明显呈深沟状，气门板呈烟斗状。栖息于荒漠或半荒漠地带。成虫出现在春、夏季。属三宿主蜱，一年大约发育一代，主要以成虫越冬。成虫主要寄生于骆驼和其他牲畜，也能侵袭人，幼虫和若虫寄生于小型野生动物。分布于吉林、内蒙古以及西北等地区。为克里米亚-刚果出血热传播媒介。

4. 乳突钝缘蜱（*Ornithodorospapillipes*）

体表颗粒状，肛后横沟与肛后中沟相交处几乎成直角。生活于荒漠和半荒漠地带。多宿主蜱。栖息于中小型兽类的洞穴或岩窟内。寄生在狐狸、野兔、野鼠、刺猬等中小型兽类身上，也常侵袭人。分布于新疆、山西，传播回归热和Q热。

（五）与疾病的关系

蜱在叮刺吸血时多无痛感，但由于螯肢、口下板同时刺入宿主皮肤，可造成局部充血、水肿、急性炎症反应，还可引起继发性感染。

有些硬蜱在叮刺吸血过程中分泌的唾液神经毒素，可导致宿主运动性纤维的传导障碍，引起上行性肌肉麻痹现象，可导致呼吸衰竭而死亡，被称为蜱瘫痪（tick paralysis）。多见于儿童，如能及时发现，将蜱除去，症状即可消除。此病在东北和山西曾有人体病例报告。

蜱可传播森林脑炎、回归热、莱姆病、Q热、北亚蜱传立克次体病等。另外，蜱还能传播一些细菌性疾病，如鼠疫、布氏杆菌病、野兔热。

第六节
鼠类媒介生物

一、概述

鼠，俗称耗子、老鼠，在分类上属于哺乳纲啮齿类动物。鼠是哺乳动物，目前有500余种，已存在上亿年。分布在世界各地，有田鼠、冠鼠、仓鼠、竹鼠等。家鼠与人类关系密切，属于有害动物，经常遭受人类打击。

二、种类和分布

鼠科成员非常多样化，可以分成几个亚科，其中多数成员属于鼠亚科。鼠科中，鼠属的黑家鼠、褐家鼠和小鼠属的小家鼠随着人类到达世界各地，是最常见的哺乳动物，一般视为害兽，也被培养出白化品种供医药试验用。除了人为扩散的种类外，鼠科的自然分布只限于旧大陆，其中不少种类有分布局限，也有一些种类濒于灭绝或者已经灭绝。鼠科有两个分布中心，一个分布中心是亚洲南部到大洋洲一带，其中以马来群岛属种最为丰富；另一个分布中心是非洲，其种类少于上一地区。这两个地区分别拥有各自的属种，只有小鼠属等极少数为两个地区所共有。除了随着人类传播的几种家鼠，鼠科只有姬鼠属和巢鼠属两个属可见于欧洲和亚洲北部，拟家鼠等少数种类分布于亚洲其他地区，鼠科的其他种类均局限于这两个地区，其中巢鼠属仅巢鼠一种，分布于欧亚大陆广大地区，体小轻盈，是体形最小的啮齿类之一，尾部具缠绕性，可以在禾草上攀爬，又称旧大陆禾鼠，与新大陆仓鼠类真正的禾鼠相对应。鼠科成员适应不同的生存环境，形态和习性都比较多样化。典型的鼠科成员形态和习性与家鼠类似，但也有些有较大区别，如澳大利亚的澳洲水鼠体形较大，体重可达1千克，半水栖性，以鱼和其他水生动物为食；澳大利亚的窜鼠为双足跳跃行动，主要生活于荒漠地带，类似美洲的更格卢鼠；非洲的刺鼠、琉球群岛的琉球刺鼠和从睡鼠亚科移入的刺睡鼠（刺毛鼠）等身上的毛成为有保护作用的棘刺；还有不少种类适应树栖生活。

三、形态特征

广义上讲，凡是啮齿动物都可称为鼠，大多数鼠体色以灰、褐色为主。耳短而厚，后足较粗大。鼠广布于全世界，适应多种多样的生活方式，有地栖的、树栖的、半水栖的和地下生活的，有善于跳跃的、奔跑的、攀缘的、滑翔的、游泳的、挖掘的。尽管如此，其基本特征是一致的，就是都具有二上二下四个齿形门齿，无犬齿。齿髓腔不封闭，故门齿能一直生长（为抑制门齿生长，鼠要经常啃咬硬物）。鼠科是哺乳动物中最大的科。鼠科动物的臼齿缺少纵列的釉质齿突，这是区别于仓鼠科的特征。分子证据也支持将鼠科从鼠总科（Muroidea）的姊妹分类单元仓鼠科（Cricetidae）中分离出来，二者分化时间大约在2400万年前。

四、生活习性

鼠广布于全世界，适应多种多样的生活方式，有地栖的、树栖的、半水栖和地下生活的，有善于跳跃的、奔跑的、攀缘的、滑翔的、游泳的、挖掘的。鼠科成员能适应不同的生存环境，形态和习性也比较多样化。它们的嗅觉很灵敏，尤其对人的气味更是熟悉，只要闻到便远远地避开。凭嗅觉就知道哪里有什么，夜间出来活动，白天藏匿。喜欢把窝建在食物和水源之间，建立固定路线，以避免危险；略有动静或者变化，立即会引起它的警觉，熟悉后方敢向前；老鼠具有很强的记忆性和拒食性，如果受过袭击，它会长时间回避此地。非常灵活，善于攀爬，能够在树木或电线上快速爬行。爪子弯曲成特殊的弧度，因而可以攀爬近乎垂直于地面的墙面。它们是游泳高手，老鼠以后脚划水，以前脚操控方向，尾巴充当某种方向舵。它们的耐力惊人，能连续踩水 3 天。而且它们很会潜水，能在水下闭气 3 分钟。

老鼠的食性很杂，爱吃的东西很多，几乎人吃的东西它都吃，酸、甜、苦、辣全不怕，但最爱吃的是谷物类、瓜子、花生和油炸食品。并且据考察，一只成年老鼠一次还能吃掉二两蝎子。一只老鼠一年大约可吃掉 9 千克粮食。老鼠能适应人类的生活环境，因此它是很成功的物种。

鼠的繁殖能力强、适应力好、生存概率大，因此数量增长非常迅速。它们一年四季都可以交配，怀孕期约 21 天，一年生 6~8 胎，一胎生 5~10 只。小老鼠又继续生育。一只长到两三个月就可以繁殖，一年下来一只雌性老鼠就可以让其家族老鼠的数目增加上千只。小鼠成熟早，繁殖力强，寿命 1~3 年。新生仔鼠周身无毛，通体肉红，两眼不睁，两耳黏在皮肤上。一周开始爬行，12 天睁眼。

鼠类种群密度的消长，受自然界多种因素的影响，如食物、栖息地或空间、气候（温度、降水等）、天敌、疾病、竞争以及人类的活动（如灭鼠）等。鼠密度在这些因素的作用下，呈现出一定的季间与年间波动，鼠类活动的高峰一般在 5、6、8 三个月份。

典型的鼠科成员形态和习性与家鼠类似，但有些也有较大区别，如澳大利亚的澳洲水鼠体形较大，体重可达 1 千克，半水栖性，以鱼和其他水生动物为食；澳大利亚的窜鼠为双足跳跃，主要生活于荒漠地带，类似美洲的更格卢鼠；非洲的刺鼠、琉球群岛的琉球刺鼠和从睡鼠亚科移入的刺睡鼠（刺毛鼠）等身上的毛成为有保护作用的棘刺；还有不少种类适应树栖生活。鼠科中光是鼠属，一个属内就有水栖、树栖以及有刺成员等多种不同的成员。

五、危害

鼠类对农、林、牧业的危害尤为突出。中国的农业害鼠有 70 多种，其中为害较大的有褐家鼠、黄胸鼠、黄毛鼠、针毛鼠、板齿鼠、小家鼠、黑线姬鼠、黑线仓鼠、大仓鼠、长爪沙鼠、东方田鼠、鼢鼠和黄鼠等。一只小家鼠日食量 3~8 克，褐家鼠每天可消耗谷物 25 克左右。1969 年，新疆北部小家鼠的数量猛增，估计损失粮食 1.5 亿千克。棕背䶄啃食幼树树皮，在内蒙古次生林地油松幼林的受害率有时可达 8%~9%。宁夏条播树籽，由于跳鼠掘食，连续数年未能成苗。东北林区直播红松也遭遇鼠类的危害。在牧区除盗食饲料和禽蛋、伤害幼禽幼畜之外，分布在草原上的布氏田鼠和黄兔尾鼠等，高密度的鼠群，可大量消耗牧草，使部分原生植被变成土丘植被。鼠类在堤岸挖洞，可引发决堤，酿成水灾。老鼠是很多疾病的贮存宿主或媒介，已知老鼠对人类传播的疾病有鼠疫、流行性出血热、钩端螺旋体病、斑疹伤寒、蜱性回归热等 57 种，而且是多种自然疫源性疾病的贮存宿主。

第二章
媒介生物的危害

CHAPTER 2

近年来，随着全球气候和生态环境的变化，各国（地区）间贸易和人员往来与日俱增，由蚊、蠓、白蛉、蜱、虱、蚤、蝇、蚋、虻、臭虫、蜚蠊、鼠等媒介生物传播的疾病在地区间、国家间、洲际传播的风险进一步加大，甚至在全球范围内发生和传播，并引发全球公共卫生危机。这将严重威胁人类和动物的健康，对经济发展和社会稳定造成冲击。国门生物安全防御面临的形势更加严峻和复杂。全国口岸每年从进境动植物及其产品和其他检疫物中都发现和截获了大量危险性媒介生物。媒介生物已成为国门生物安全面临的重大风险。

第一节
媒介生物危害的分类

媒介生物对人类的危害可以分为直接危害和间接危害。前者包括骚扰、吸血、损伤和失血、毒汁危害、变态反应或过敏性、侵害组织和寄生、污染食品和粮食；后者包括机械性和生物性传播疾病。

一、直接危害

（一）骚扰、吸血、损伤和失血

吸血病媒生物大量滋生及活动，常群袭人体，使人不堪忍受，甚至无法工作和休息。另外，虫群侵入耳、鼻、眼内，可招致机械损伤。牧区在吸血蝇、蜱的盛发季节，家畜、家禽受大量刺叮的骚扰和失血，影响乳、肉、蛋类的产量。

（二）毒汁危害

节肢动物分泌毒物或刺叮时向人体注入毒液，可以通过下列渠道注入或接触人体。

1. 由口器叮咬而注入皮下，往往是含毒的涎液，例如毒蜘蛛、蜱类、螨类和吸血昆虫等。

2. 由螫器注入皮下，从频率和严重性上来说，螫刺可能比叮咬更值得重视，如蜜蜂、黄蜂、蚁类和蝎类等。

3. 分泌毒汁接触皮肤。许多病例是由接触蛾类幼虫毒毛引起的，在我国常见于马尾松毛虫、桑毛虫和其他刺蛾科、毒蛾科等。

4. 由虫体喷出分泌液。往往见于半翅目昆虫防护性反应，当其受干扰时，会将分泌液喷向接近它的动物。某些蚁类、倍足类亦具类似反应。

（三）变态反应或过敏性

变态反应是指人体对周围环境中某种物质产生的过敏状态和异常反应。引起变态反应的抗原物质称作过敏原，抗原物质种类繁多，其中包括节肢动物的蛋白质。人群中一些有过敏体质的人，一旦接触某类虫体或其虫体的成分，便引起速发型变态反应，如剧痒、湿疹、哮喘等。有时亦可呈慢性变态反应，如鼻炎、荨麻疹等。变态反应常由昆虫螫刺或暴露于虫粉引起，但更多的是由呼吸或皮肤接触造成。接触或呼吸致病往往来源于环境中的许多昆虫和螨类。蟑螂、尘螨都可引起过敏性人体的变态反应。

（四）侵害组织和寄生

许多医学节肢动物可以固定寄生于人畜的体内或体表。其中蝇类幼虫侵害组织尤其重要，称作蝇蛆病。人体蝇蛆病都是偶然或兼性寄生，多见于热带、亚热带和牧区，蝇卵或蛆常随食物、皮肤伤口而入体内，危害不同的组织，包括消化系统（肠、胃）、泌尿和生殖系统以及皮肤、鼻腔、眼窝等，在我国主要由丽蝇、麻蝇等引起。疥螨科是寄生于人畜皮肤致生疥癣病的螨类，人疥螨广布全世界，在卫生和生活条件不良的社会里，可在家庭、学校等住宿拥挤的条件下暴发流行，导致较高的感染率。螨类的直接危害主要是引起皮炎或其他组织损害。

二、传播疾病

病媒生物由于携带致病性微生物，可在人和动物间传播虫媒病，这是传染病中传播病原体的重要途径之一。它们的传播方式分为机械性传播和生物性传播。按病原分类，可分为细菌性疾病、病毒性疾病、立克次氏体病、寄生虫病等。按致病部位分类，包括呼吸道疾病、消化道疾病、皮肤病等。按疾病症状分类，包括出血性疾病和非出血性疾病。按媒介类型分类，包括虫媒病、鼠传疾病等。虫媒病一般指由昆虫作为媒介，先叮咬病人，再将病原体传播给健康人导致的传染病。虫媒病又可以分为蚊传疾病、蜱传疾病、蝇传疾病、螨传疾病等。昆虫作为媒介传播病原体，如蚊可以传播疟疾、班氏丝虫病、马来丝虫病、流行性乙型脑炎、登革热等；蚤（跳蚤）传播鼠疫、斑疹伤寒；虱传播流行性斑疹伤寒、回归热；白蛉传播黑热病等；在非洲，蝇可传播锥虫病。蝇类幼虫寄生于动物或人的组织或器官，还可引起蝇蛆病。

第二节
媒介生物性疾病

一、概述

媒介生物性疾病即由媒介生物传播的疾病，包括完全或部分由媒介生物传播的疾病。媒介生物不仅可以直接通过叮咬和污染食物，影响或危害人类的正常活动，还可以通过多种途径传播一系列重要传染病。在我国法定报告的传染病中，有许多属于媒介生物性传染病，如非洲猪瘟、蓝舌病、鼠疫、流行性出血热、钩体病、疟疾、登革热、流行性乙型脑炎、莱姆病等。而一些消化道传染病则通过媒介生物机械性传播在人群中扩散，如痢疾、伤寒等。

二、主要媒介生物及其传播的疾病

（一）蚊

蚊的吸血特性，是其传播疾病的基础。它能传播裂谷热、赤羽病、水疱性口炎、东方马脑炎、西方马脑炎、疟疾、登革热、丝虫病、流行性乙型脑炎、西尼罗病毒病等。

（二）螨

螨的危害为刺吸人畜血液，并引起局部反应或奇痒、全身过敏反应。

由库蠓传播的虫媒病，有蓝舌病、非洲马瘟、鹿流行性出血热、施马伦贝格病、流行性乙型脑炎及马脑炎等。

（三）白蛉

白蛉刺吸人及动物血液，能传播人及动物的多种利氏曼病、白蛉热、卡利翁氏病、白蛉皮炎等。

（四）蜱

蜱大小与体虱相仿，它叮咬人畜，吸血，能传播多种疾病，如森林脑炎、蜱媒回归热、斑疹伤寒、Q 热、鼠疫以及莱姆病等。其危害多在农村，特别是牧区、林区，在城市环境危害较小，但近年来的"宠物热"加剧了其危害。

（五）蝇

蝇类有边吃、边吐、边排泄的习性，会对食物造成严重污染，能传播多种疾病，尤其是肠道传染病，如霍乱、伤寒、副伤寒、痢疾，以及甲肝、脊髓灰质炎等。此外，某些蝇类的幼虫可寄生于人畜的组织或器官、腔道等处，引起蝇蛆症。

（六）蜚蠊

蜚蠊边吃、边排泄，不但污染食物，也传播多种肠道传染病，如伤寒、痢疾、霍乱、甲肝等肠道传染病以及鞭虫病、蛔虫病等寄生虫病等。蜚蠊还能分泌和排泄出有异臭的物质，人闻到就恶心，有些人还会产生过敏反应。

（七）蚤

大多数蚤对宿主选择性不强，若与原宿主脱离，可迅速转移到新的宿主体上吸血。因此，它们可以在动物的个体间转移，造成某些疾病的传播流行，如鼠疫、钩端螺旋体病、地方性斑疹伤寒等。

（八）虱

体虱是流行性斑疹伤寒的重要传播者。此外，它还能传播回归热、战壕热。

（九）臭虫

臭虫对人的最大危害是吸血骚扰，多数人被叮咬后皮肤发生红肿，有的会发生丘疹，其痒难忍。

（十）螨类

较常见的有革螨、恙螨、蠕形螨、疥螨、粉螨、尘螨等类群，其中以革螨种类较多，分布较广泛。能传播森林脑炎、流行性出血热、恙虫病等。

（十一）蚋

人畜被叮咬处会红肿、发炎，甚至溃烂，可传播鸡、鸭等白细胞原虫病，以及人畜盘尾丝虫病。

（十二）虻

虻刺吸家畜及人血，能传播伊氏锥虫病、炭疽病、野兔热、马传染性贫血病等。

（十三）蚂蚁

蚂蚁可直接携带各种病原微生物，如伤寒、痢疾杆菌等。另外，蚂蚁侵入、活动会污染食物，甚至爬上人体咬人。有些地方的食品厂、制药厂和医院等常受蚁害的困扰，造成交叉污染。

（十四）啮齿类动物

常见啮齿类动物主要为鼠，种类很多，多为人类疾病的病原体宿主，是疾病的传播媒介。可以传播鼠疫、流行性出血热、钩端螺旋体病等疾病。啮齿类携带的病原体达200种，目前已知鼠可传播的人类疾病约160种。已知能致人生病的主要有细菌12种、病毒13种、立克次体5种、寄生虫7种。其中危害严重的约30种，与人类关系最密切、危害最严重的有褐家鼠、黄胸鼠、黑线姬鼠、小家鼠等。

三、媒介生物性疾病的传播方式

媒介生物性疾病的传播方式可分为机械性传播和生物性传播。机械性传播是指媒介生物在疾病传播中对病原体仅起到携带、运输的作用，病原体只是机械性地从一个宿主或环境污染点传播给另一个宿主或环境污染点，病原体在媒介生物体内外并不发生明显的形态变化或生物学变化。当环境合适时，病原体也可以繁殖，但繁殖不是传播所必需的。生物性传播是媒介生物传播病原体的主要方式。在这种传播途径中，病原体在媒介生物体内具有发育与繁殖有关的生物学过程，这个过程是病原体生活史中不可缺少的环节，否则就无法完成其生活史。在自然界中，一般只有某些媒介生物才适合某些病原体的发育与繁殖，显示出生物性传播方式一定程度的特异性关系。病原体在媒介生物体内经过一定时间完成其发育、繁殖的循环之后才具有感染性，这一时期被称为外潜伏期。

（一）机械性传播

在此传播方式中，病媒生物对病原体仅起到携带、输送的污染作用，病原体在病媒生物体内外并不发生明显的形态变化或生物学变化，尽管在有利条件下亦可繁殖，但非必要。

媒介昆虫的口器、足和体壁衍生物包括鬃、毛、刺等，在其摄食过程中，可附着大量病原体。苍蝇、蜚蠊等可在人或畜粪便、伤口、脓疮、黏膜、分泌物、排泄物、厨余垃圾或其他含有病原体的介质上来往活动，易将病原体黏附于其口器、体表、足肢上，从而造成传播、输送和污染。它们的舔吸式或咀嚼式口器还可将病原体咽入消化道；如消化道液体对病原体无害，在其中保存若干时间后病原体可随粪便或反吐液排出体外，从而污染宿主及其食物。

吸血昆虫包括吸血蝇、虻等在内，亦可凭借机械方式，由口器沾染并传播血内的病原体，例如虻类可在牛、马、骆驼等家畜间传播锥虫病、炭疽病等的病原体。媒介昆虫通过机械性传播方式散播的病原体种类不少，包括病毒、细菌、螺旋体、原虫等各个类群。经体表、口器和消化道各种方式携带病原体的重要性，视病原体的性质而不同。与生物性传播在作用、本质和重要意义上大不相同。因为，昆虫机械性传播病原体不涉及病原体在昆虫体内发育、繁殖的生物学过程，是一种非特异性传播，其重要性远不如生物性传播。

（二）生物性传播

这是病媒生物传播病原体最为重要的方式。病原体在病媒生物体内具有发育、繁殖的生物学过程，对病原体来说，这个过程是必要的，因为它构成了病原体生活史中不可缺少的环节，否则就无法完成其生活史。

在自然界中，一般只有某些种类病媒生物才适合于某些病原体的发育、繁殖，因此生物性传播方式显示出了一定程度的特异性关系。病原体在病媒生物体内，经历一定的时间，完成其发育、繁殖的循环，这一时期被称作外潜伏期，之后才有感染力。

病原体在病媒生物体内的发育、繁殖方式，常随病原体的类别不同而不同，可以分为下列几类。

1. 繁殖式传播

病原体在病媒生物体内经过繁殖而数目增多，但在形态上并无明显变化，例如虫媒病毒、虫媒立克次体、某些虫媒细菌（如鼠疫杆菌）和螺旋体（如蜱传回归热螺旋体）等。这些病原体在昆虫体内繁殖时期虽然都有感染性，但是，由于它们在昆虫体内为数太少，或尚未逾越虫体中肠的层层屏障，或尚未侵入某些组织器官（如涎腺）或某些其他原因，所以感染的病媒生物在一定时期内尚无传染性。

以三带喙库蚊和尖音库蚊感染乙型脑炎病毒为例，第一期增殖常发生于中肠的组织细胞内；第二期在靠近中肠的脂肪细胞内；第三期则主要在涎腺细胞中，最后释放入涎腺管而在吸血时传播给易感宿主。在此过程之前，一般病毒进入蚊媒胃腔之后，必须克服或穿透重重屏障，方能入侵上皮细胞，并在细胞中和细胞间复制，定向穿过基底膜，从而克服全部胃屏障以致释出，进入血淋巴（体腔）和涎腺。

2. 发育式传播

病原体在此方式中，仅经历不同的发育阶段（期），它们在形态上明显有区别，但不进行繁殖，因此在数量上并不会增加。病原体在虫媒体内发育的最后阶段才具传染性。许多绦虫和线虫以昆虫为中间宿主而导致的人、畜动物的寄生虫病隶属于本式。

已知寄生人体的线虫共有 8 种，在我国仅有 2 种，即班氏线虫和马来线虫。在我国班氏丝虫病的主要蚊媒为淡色库蚊和致倦库蚊；马来丝虫病的主要蚊媒则为中华按蚊和嗜人按蚊。

两种丝虫的生活史基本相似；幼虫在蚊体发育，成虫在人体寄生和生殖。蚊媒吸血（传染期微丝蚴）→蚊胃→脱鞘穿过胃壁→经血腔进入胸肌→第一期幼虫→消化道、体腔相继出现→经第一次蜕皮→第二期幼虫→第二次蜕皮→第三期幼虫（感染期幼虫）→离开胸肌进入血腔→大多数到达蚊喙的下唇→雌蚊吸血→人体。幼虫在蚊体内只发育不繁殖。

3. 发育、繁殖式传播

按照这一方式，病原体寄生于病媒生物体内，须经历发育循环和繁殖两个阶段，它们不仅在形态上出现明显变化，而且在数量上也发生增殖。处于发育过程中的病原体对人或脊椎动物并无感染性，它们须待完成发育和繁殖，到最后阶段才具传染性。

以危害人体的 4 种疟原虫为例，它们在虫媒按蚊体内经过雌、雄配子体受精后成为合子，然后一步步地发展为动合子、卵囊并形成成千上万个子孢子（至此疟原虫的孢子增殖即告完成）。最后子孢子侵入涎腺，通过蚊媒吸血，子孢子才伴随涎液而感染人体，然后在人体内开始进行另一繁殖方式，称作无性的裂体繁殖。

4. 经卵或经期传递式传播

若干病原体不但在吸血节肢动物体内繁殖，而且主要还能侵入雌虫卵巢的胚细胞、卵细胞，经卵或/与经期（不同发育期）传递至子一代或子几代的某期（幼虫）或所有的发育期。这类传递在病原体中常限于虫媒的病毒、立克次体和螺旋体，在吸血节肢动物中则广见于蜱类和恙螨类，甚至蚊类、白蛉类等。这一传递方式在流行病学中一般称作垂直传递，它们在时间上有先后或亲代、后代之分。

四、媒介生物性疾病的流行特点

媒介生物性疾病的发生和流行一般具有两个特点：一是在空间上的地域性；二是在时间上的季节性。与媒介生物的生存、发育、繁殖需要的条件、温度、湿度等密切相关。

（一）地域性

传播媒介生物性疾病的媒介生物大都各有其自然地理区系分布的特点。非洲的锥虫病（昏睡病）全系舌蝇类传播，而后者的分布局限于热带非洲一定的地理区域，因此该病仅见于非洲某些地区。疟疾的地理分布广及全世界，但传播疟疾的按蚊媒介则随地区而不同，我国南方山区主要由微小按蚊传播，而中部和北方平原地区则由中华按蚊传播。我国的森林脑炎主要是由全沟硬蜱传播的，它大量发生于东北和新疆的原始森林里，其成虫和若虫因经常侵袭林区活动的人群而致病。

（二）季节性

媒介生物的滋生、生活、繁殖受制于环境条件，特别是温度、湿度、光照和降水量等气候因素，对其种群的发生和增加具有密切关系。一般媒介生物性疾病的发生常紧随媒介数量的增加而暴发流行，两者的季节消长基本上一致，媒介在前，疾病在后，这是因为在生物性传播中，病原体在媒介体内需要经历一个外潜伏期。另外，人畜由媒介感染病原体以后至发病也有一个内潜伏期。两个潜伏期相加约等于媒介种群数量升降曲线和媒介生物性疾病病例数量曲线之间间隔的时间，这仅适用于生物性传播方式的媒介，至于机械性传播方式则不必经过外潜伏期，间隔时期亦相应地缩短。媒介最适宜的增殖季节和种群数量高峰随种类而不同，因此它们大量传播传染病的季节亦迥异。例如一般蚊虫大量发生于夏秋季，蚊媒病高峰也常见于夏秋季。反之，人虱的繁盛季节是冬春，因此虱媒病如流行性斑疹伤寒也在冬春季最为流行。同样是暖季发生的昆虫，但由于它们的季节高峰不同，疾病流行时期亦常不同。

（三）易受气候条件变化影响

媒介生物性疾病均是传染病，且多为自然痛风源性疾病，大多为人畜共患病。气候变化对传染病的影响：随着气候变暖使媒介生物性疾病的扩散成为可能，感染和携带致病病原体的昆虫或啮齿类动物的分布区域扩大，媒介和宿主的危害季节延长，细菌、病毒和寄生虫的生长繁殖适宜期扩大。全球气候变暖的同时，降水量也发生了比较明显的变化，气候变暖导致飓风、洪水等极端的气候事件，会触发某些媒介生物性传染病的暴发流行。如洪涝灾害地区，农田、房屋等被淹，人们被迫离开原住所搬至高处生活，此时鼠类也向高处集中，导致密度增加，同时由于临时集中居住区人畜多，杂物多，粪便、垃圾不能及时处理，生活环境恶化，蚊蝇密度大幅度上升，因此，极易造成蚊媒疾病、肠道传染病和鼠传疾病等暴发和流行。为了控制疾病的发生，必须采取紧急措施消毒、杀虫、灭鼠，控制蚊、蝇、鼠密度。

五、媒介生物传播疾病发生的基本条件和特征

媒介生物性疾病流行的基本环节流行过程（epidemic process）是传染

病在人或动物群体中发生、蔓延的过程，表现出群体的发病特点。媒介生物性疾病发生必须具备传染源、传播途径和易感人群或动物3个要素，因为这3个要素是构成传染病在人群中流行的生物学基础，缺乏任何一个要素，传染就不可能发生。3个要素必须同时并存、相互联系，才能构成媒介生物性疾病的流行。流行过程在时间和空间上的表现都是错综复杂的，并非是一种纯粹的生物学现象，其过程常常会受到社会因素及自然因素的影响。

第三节
媒介生物性疾病的传入风险

一、不同媒介生物性疾病的传播风险

蚊虫传播传染病的能力有种属特异性。不同蚊虫传播疾病的效能相差极大，有的不传播疾病，有的高度危险。因此，对蚊虫进行准确的分类鉴定，是蚊传疾病防治的基础。西尼罗热（West Nile fever）是由西尼罗病毒经蚊子传播的急性发热性疾病，在欧洲和北美洲，尖音库蚊是主要的传播媒介，而在亚洲三带喙库蚊和致乏库蚊是主要传染源。基孔肯雅热（chikungunya fever）是由基孔肯雅病毒（chikungunya virus, CHIKV）引起，经伊蚊传播，以发热、皮疹及关节疼痛为主要特征的急性传染病。蚊虫的叮咬与当时的气温和湿度有关。白纹伊蚊昼夜都有刺叮活动，一天中有3个刺叮高峰，白天刺叮活动显著高于晚上。大多数蚊类发育和活动的温度范围为10℃～35℃，适宜的温度为25℃～32℃，若低于10℃时，就要滞育而进入越冬状态。温度升高，除加快媒介昆虫的生长繁殖外，也使昆虫体内病原体的致病力增强。自全球变暖以来，不仅冬天越来越温暖，一些媒介昆虫成功越冬，并在春天提前活动形成密度高峰，且滋生繁衍季节延长，虫媒病的发生和流行也随之延长。

库蠓是绝大多种动物蠓媒病的传播媒介。库蠓分布最广，蠓种最多。

我国吸血蠓多样性指数南方高于北方，因此常年湿热的广东地区，有很大的暴发动物蠓媒病的风险。我国海岸线长，国门口岸数量多，旅游业和对外贸易发达，国际航行交通工具、入出境运输设备货物大幅增加，许多港口还接卸大量容易携带外来媒介生物的高风险货物，这使得传播媒介蠓类和蠓媒性疾病的传入风险加大。

蜱对人和动物造成的危害分为两种。一种是直接危害，蜱能大量吸血，并在吸血时分泌出大量涎液，涎液内含有麻痹神经的毒素，在注入宿主体内后，可引起人上行性肌肉麻痹现象，使人瘫痪，常称为蜱瘫痪。另一种是间接危害，蜱在吸食动物血液的同时可传播多种疾病，这些疾病的病原体能在蜱体内繁殖，长期携带病原体并经卵传递至子代。因此，蜱在自然疫源性疾病的流行病学上起着重要的作用。目前广东省分布流行的蜱种主要涉及 6 属 21 种，已经证实存在的蜱传病有莱姆病、非洲猪瘟、Q热、北亚蜱传斑点热和人粒细胞无形体，蜱在这些疾病的传播中扮演着传播媒介的作用。

近年来，我国的鼠疫疫情在人群间和动物间持续存在，动物鼠疫疫情在大中城市和人群聚集地周边地区被不断检测到；而我国鼠疫疫源地种类多、分布地域广，新的鼠疫疫源地在不断增加；旅游人员、大型项目工程施工人员和地质勘探人员等深入鼠疫疫源地地区开展活动日趋频繁，不断加大鼠疫远距离传播的风险。另外，中国周边的印度、缅甸等国家鼠疫疫情持续活跃，使中国出现输入性鼠疫疫情的风险较大。

二、不同时间虫媒病的传播风险

动物虫媒病的流行时间与其媒介生物的活动密切相关。大部分媒介生物是昆虫，由于昆虫是变温动物，其滋生、生活、繁殖受制于环境条件，特别是温度、湿度、光照和降雨量等气候因素，对其种群的发生和增加具有密切关系。一般媒介生物性疾病的发生常紧随媒介数量的增加而暴发流行，两者的季节消长基本上一致，媒介在前，疾病在后，这是因为在生物性传播中，病原体在媒介体内需要经历一个外潜伏期。另外，人畜由媒介感染病原体后至发病也有一个内潜伏期。两个潜伏期相加约等于媒介种群数量升降曲线和媒介生物性疾病病例数量曲线间隔的时间，这仅适用于生物性传播方式的媒介，至于机械性传播方式的不必经过外潜伏期，间隔时期亦相应地缩短。

媒介最适宜的增殖季节和种群数量高峰随种类而不同，因此它们大量传染疾病的季节亦迥异。例如一般蚊虫大量发生于夏秋，蚊媒病高峰也常见于夏秋。反之，人虱的繁盛季节是冬春，因此虱媒病如流行性斑疹伤寒也在冬春最为流行。同样是暖季发生的昆虫，但由于它们的季节高峰不同，疾病流行时期亦常不同。此外，在媒介生物性疾病中，急性病症流行的季节性颇为鲜明，而慢性虫媒介如黑热病和丝虫病等的流行季节性则不明显，缺乏清楚的流行曲线，显然得病都是在虫媒发生的季节里。因此，在媒介生物活动的高峰期，动物虫媒病的传播风险也相应地增大。

三、风险因子的选择、量化、权重及分析模型建立

风险分析是认识风险属性并确定风险水平的过程，即通过分析、比较，以便确定风险发生可能性、后果严重性和脆弱性的相关资料，得出风险要素的风险水平。

风险因素的确定：对媒介生物性疾病暴发进行风险分析时可围绕传染源、传播途径和易感人群 3 个基本环节来开展，并选择 3 个环节中重要的、相对稳定独立的、易于评价的决定媒介生物危害风险产生的关键因素来进行分析。由于不同媒介生物性疾病涉及的媒介生物、病原体等不同，在具体分析某一媒介生物性疾病时，要根据其特点来确定风险因素，必要时根据实际情况进行恰当的调整。

风险分析所应考虑的风险因子主要包括疾病分布、病例输入状况、媒介生物种类、媒介生物分布、媒介生物生命周期、疾病发生频率、媒介生物的带菌（毒）率和传播效能、媒介生物密度、抗药性、传染病早期发现能力、捕获媒介生物的难易程度、杀灭控制媒介生物的能力、人群免疫情况、人群易感程度等。通过对这些指标进行评估，分析风险发生的可能性，并分为 5 个等级：极低（不太可能发生）、低（极少出现）、中等（可能会发生）、高（很可能发生）和极高（确定会发生）。媒介生物危害风险判定参考指标及风险等级见表 2-1。

表 2-1　媒介生物危害风险判定参考指标及风险等级

评估指标	风险发生的可能性				
	极低	低	中等	高	极高
疾病分布	无	极少	少数	较广	很广
病例输入状况	无	偶尔	少量	部分	大量
媒介生物种类	无	极少	少数	很多	大量
媒介生物分布	无	极少	少数	较广	很广
媒介生物生命周期	极短	较短	较高	很长	极长
疾病发生频率	零	低	较低	较高	很高
媒介生物带菌（毒）率	零	低	较低	较高	很高
媒介生物密度	极低	较低	较高	很高	极高
抗药性	无	极少数个体	少数个体	较多个体	形成种群
传染病早期发现能力	很强	强	弱	很弱	无
捕获媒介生物难易程度	没有捕获	很难捕获	较难捕获	较易捕获	捕获最多
杀灭控制媒介生物能力	很强	强	一般	弱	无
人群免疫情况	全部	绝大部分	部分	少数	无
人群易感程度	零	低	较低	较高	很高

根据媒介生物危害的各有关要素判断风险后果的严重程度，可分为 4 个等级：灾难性、中等、较小和可忽略。具体见表 2-2。

表 2-2　媒介生物危害风险后果严重程度分析

水平	风险后果严重程度	对风险后果严重程度的界定
1	灾难性	媒介生物密度很高，带菌（毒）率高，疾病病例数高，疾病暴发的风险极高，且无全面有效的控制措施
2	中等	媒介生物密度较高，人感染病例数高，且有一定有效的控制措施

表2-2　续

水平	风险后果严重程度	对风险后果严重程度的界定
3	较小	媒介生物密度较低，疾病暴发的风险极低，且预防和控制措施全面有效
4	可忽略	媒介生物密度极低，非自然疫源地，无人感染病例发生，无疾病暴发风险

通过对各风险要素的收集整理，根据风险发生的可能性和灾难程度进行风险等级评估，设定 4 个风险评估水平，即低度风险、中度风险、高度风险和极高风险。具体见表 2-3。

表 2-3　媒介生物危害风险评估水平等级的划分

风险评估水平		风险发生的可能性				
		确定会发生	很可能	可能	不太可能	不可能
风险后果严重程度	灾难性	极高风险	极高风险	高度风险	高度风险	中度风险
	中等	极高风险	高度风险	高度风险	中度风险	低度风险
	较小	高度风险	中度风险	中度风险	低度风险	低度风险
	可忽略	中度风险	低度风险	低度风险	低度风险	低度风险

第三章
媒介生物传播的疾病

CHAPTER 3

第一节
媒介生物传播的动物疫病

◇

一、蓝舌病

蓝舌病（Bluetongue，BT）是由蓝舌病病毒（Bluetongue Virus，BTV）引起、由库蠓（*Culicoides*）传播、感染绵羊等反刍动物的一种非接触性虫媒传染病。蓝舌病主要感染绵羊，以发热、白细胞减少，口腔和胃肠道黏膜严重卡他性炎症为主要特征，在全世界热带、亚热带及温带地区分布广泛。由于蓝舌病危害严重、防治困难，被世界动物卫生组织确定为必须申报的动物传染病，我国也将其列为一类传染病，采取严格的预防控制措施，防止其传入。

（一）病原

1. 分类

分类学上，BTV 属呼肠孤病毒科（Rewiriade）环状病毒属（*Genus Orbivirus*）。该属共有鹿流行性出血热病毒（EHDV）、非洲马瘟病毒（AHSV）和马器质性脑炎病毒（EEV）等 22 个血清群。虽然多数血清群之间存在显著的血清学差异，但 BTV 血清群与 EIIDV 血清群有 定的交叉反应。

2. 生物学特性

（1）形态结构

BTV 粒子直径约为 70nm，呈二十面体对称，无囊膜，具有双层核衣壳。为分节段的双链 RNA 病毒，基因组分别编码 7 种结构多肽（VP1～VP7）和 4 种非结构多肽（NS1、NS2、NS3a、NS3b）。病毒粒子外层衣壳由 VP2 和 VP5 两种主要蛋白构成，外壳呈纤丝样结构。核衣壳由 VP3、VP7 两种主要蛋白和 VP1、VP4、VP6 三种次要蛋白构成。组成内壳的 VP3 蛋白呈盘状结构，构成二十面体结构板块。在 VP3 二聚体形成的亚核心上是 VP7 构成的"环"或壳粒，后者是由 260 个 VP7 三聚体（780 个 VP7 单分子）构成的三角形纤突，并从内壳底部凸出了 5nm，这些三角形纤突联合起来形成五邻体和六邻体。VP7 和 VP3 包围着核心，核心含有三种次要结构蛋白和双股 RNA。

（2）理化特性

BTV 由 80% 的蛋白质和 20% 的双股 RNA 组成，病毒 RNA 中 G+C 占 42.4%。BTV 在 20℃、4℃ 和 7℃ 时稳定，−20℃ 时不稳定。提纯的病毒即使在低温条件下也不稳定。BTV 不耐热，60℃ 加热 30min 以上可被灭活，75℃~95℃ 使之迅速灭活。BTV 对紫外线和 γ 射线有一定抵抗力。适宜于 BTV 存活的 pH 范围为 6.5~8.0，对酸性环境的抵抗力较弱，pH 为 3 时迅速使之灭活，这是 BTV 与呼肠孤病毒的明显区别。

BTV 对乙醚、三氯甲烷和 0.1% 去氧胆酸钠有一定的抵抗力，但 3% 福尔马林和 70% 酒精可使其灭活。BTV 对多种物理的和化学的处理方法有一定的抗性，在有蛋白质存在时比较稳定，如其可以在干燥的感染血清或血液中长期存活，甚至长达 25 年；也可长期存活于腐败血液或含有抗凝剂的血液中。BTV 有血凝素，可凝集绵羊及人的 O 型红细胞，且该血凝特性不受 pH、温度、缓冲系统和红细胞种类的影响。

（3）培养特性

BTV 初次分离株在细胞培养上不敏感，能适应在羊胚肾细胞或肺细胞、牛肾细胞、仓鼠肾原代细胞和继代细胞 BHK-21、VERO 细胞、白纹伊蚊克隆 C6/36（AA）细胞、鸡胚原代细胞以及 L 细胞等细胞培养物中增殖，并产生蚀斑或细胞病变反应。一般在 1~3d 开始出现细胞病变反应，最后整个细胞单层变性脱落。此外，可用人的某些细胞系，如张氏肺细胞、Hela 细胞、羊膜细胞等进行细胞培养。BTV 在 L 细胞内的隐蔽期为 4~5h，接种后 12h，细胞培养物内即有高价病毒，宿主细胞的蛋白质合成发生严重障碍。BTV 可在组织培养的库蠓唾液腺细胞内增殖。

（4）基因组结构

BTV 基因组大小为 19218bp，相对分子质量为 1.3×10^7 Da，是迄今已知的相对分子质量最大的 RNA 病毒。BTV 基因组分 10 个节段的双股 RNA 包裹于双层蛋白质衣壳内，3 个大片段（L1~L3）、3 个中片段（M4~M6）和 4 个小片段（S7~S10），核酸 SDS-PAGE 电泳可形成 3-3-3-1 带形。

与血清型不同，BTV 的基因序列分析可用于鉴别和分析病毒株，即使同一血清型的病毒株，也有可能确定其地理起源（拓扑型），因此可用于检测 BTV 的国际移动。

（5）病毒蛋白及功能

病毒粒子的外层衣壳蛋白 VP2 和 VP5 分别由基因片段 L2 和 M5 编码合成，占病毒总蛋白约 40%；核心衣壳的两种主要蛋白 VP3 和 VP7 分别由基因片段 L3 和 S7 编码。

VP2 蛋白分子量为 110kDa，是主要的中和抗原和血清型特异性决定簇，具有血凝素蛋白，诱导产生中和抗体，还与病毒的毒力和细胞吸附作用有关。这种型特异性反映了 BTV 毒株之间的差异性，表现为中和反应和交叉保护试验的不保护。目前已知其型特异性抗原决定簇可将 BTV 分为 27 个血清型。缺失 VP2 的病毒不再有感染性，因为它不能与细胞结合，含有 VP2 糜蛋白酶裂解物的亚病毒颗粒中间体，具有完全的感染性，但裂解 VP2 会使病毒丧失血凝活性。VP5 蛋白分子量为 60kDa，可能与中和抗体的产生和病毒毒力有关。

VP7 蛋白分子量为 38kDa，是核心衣壳表面壳粒主要成分，约占病毒总蛋白的 1/3，是主要的血清群特异性抗原，这种群特异性是各型 BTV 毒株的共同抗原性，在补体结合反应和琼脂扩散反应中出现共同的阳性结果。VP7 的表位被用于竞争酶联免疫吸附试验（C-ELISA），检测 BTV 抗体。VP3 蛋白分子量为 100kDa，是亚核心颗粒的唯一主要结构蛋白，作为壳粒装配的支架，同样也是群特异病毒抗原。

（二）历史、地理分布

蓝舌病于 1905 年首次在南非发现。1943 年，塞浦路斯暴发了蓝舌病，导致 2500 多只绵羊死亡，死亡率近 70%，这是蓝舌病在非洲以外地区首次发生。随后，巴勒斯坦（1943）、土耳其（1944、1946、1947）、以色列（1951）、美国（1955、1962、1983）、加拿大（1962）、澳大利亚（1977）相继发生了蓝舌病。

过去认为，南纬 35°到北纬 40°之间的地区都可能有蓝舌病存在。近年来，随着全球气候变暖，库蠓数量增加、分布范围扩大，蓝舌病流行日益广泛。2006—2008 年，由 BTV-8 型引起的蓝舌病先后在欧洲十多个国家暴发，该毒株不仅可引起绵羊严重发病，还能引起牛和山羊出现临床症状，给欧洲的养殖业造成了严重损失，引起国际社会的高度关注。目前已发现的 27 个血清型，广泛分布于北纬 53°到南纬 35°之间的广大地区，形成了 2 大谱系：西部（非洲、欧洲和美洲），东部（澳大利亚和亚洲）。非洲有 BTV-1~16、18~20、22 和 24 共 21 个血清型。欧洲有 BTV-1、2、4、6、8、10、13、16、25、27 共 10 个血清型。北美洲有 BTV-1~6、8、10~14、17、19 和 22 共 15 个血清型。南美洲有 BTV-4、6、12、14、17、19 和 20 共 7 个血清型。大洋洲有 BTV-1、3、7、9、15、16、20、21 和 23 共 9 个血清型。亚洲有 BTV-1~4、7~9、11~13、15~18、20、21、23 和 26 共 18 个血清型。我国存在 11 个血清型（BTV-1、2、3、4、9、11、12、15、16、21 和 23）。

（三）危害

蓝舌病的危害主要表现在以下五个方面：第一，动物感染 BTV 强毒株后，发病死亡，绵羊的发病率可达 100%，死亡率在 30%~70%。鹿和羚羊的死亡率可达 90%。欧洲 BTV-8 型感染牛的死亡率低于 1%。1956 年，西班牙和葡萄牙两国发生蓝舌病流行，死亡绵羊 179000 只。第二，动物感染 BTV 后，即使不发病死亡，其生产性能（如产肉率、产奶量）也会下降，降低饲料回报率。第三，影响动物及其产品的对外贸易。1977 年澳大利亚宣布分离到 BTV 后，立即有 32 个国家（地区）对澳大利亚有关动物及其产品实行贸易禁运，给该国造成了巨大的经济损失。第四，有蓝舌病的国家（地区）出口反刍动物及其种质材料，往往要接受进口国（地区）提出的严格的检疫要求，为此需花费大量的检疫费用。第五，影响现代动物繁殖工程——人工授精、胚胎移植和优良品种改良。

（四）风险群体

BTV 的脊椎动物宿主包括家养和野生反刍动物，如绵羊、山羊、黄牛、水牛、鹿、多种非洲羚羊和其他偶蹄动物（如骆驼）。虽然在一些食肉动物、猫科动物、黑白犀牛和大象中能发现 BTV 抗体，有时也会发现病毒抗原和/或活病毒，但野外非反刍动物在该病中的作用尚不明确。

BTV 主要感染绵羊，所有品种的绵羊都可感染，但欧洲品种（如美利奴等）比亚非品种（如黑头波斯等）更易感染。在南非，感染发病的主要是羔羊；在美国，感染发病的主要是 5 岁左右的成年羊。除绵羊外，牛对

BTV 易感，但以隐性感染为主，只有部分牛表现出体温升高等症状。山羊和野生反刍动物（如鹿、羚羊、沙漠大角羊等）也可感染 BTV，但一般不表现出症状。仓鼠、小鼠等实验动物可感染 BTV，野兔也有分离出该病毒的报道。非反刍动物未见感染 BTV 的报道。山羊较绵羊、牛有更强的抵抗力。通常绵羊为急性发病、死亡率高，山羊慢性发病、死亡率低，牛隐性感染、较长时间带毒。

易感动物对口腔途径感染有很强的抵抗力，发病动物的分泌物和排泄物内病毒含量极低，不会引起蓝舌病的传播，其产品如肉、奶、毛等也不会传播 BTV。病毒血症期动物的精液具有感染性，受体母畜接受具有感染性的精液可发生感染。牛胚胎不会传播蓝舌病，即使采自病毒血症期的胚胎，只要透明带完整，按照一定程序冲洗，也很安全。但采自感染绵羊的胚胎有可能传播蓝舌病。

（五）媒介生物

传播 BTV 的生物学媒介是库蠓。库蠓吮吸病毒血症动物的血液后，病毒在库蠓唾液腺内增殖，8h 内病毒浓度急剧升高，6~8d 达到高峰，此时的病毒浓度可升高约 10000 倍，高浓度的病毒可维持很长时间，使库蠓终生具有感染性。传播 BTV 的库蠓品种有地区性差异。非洲和中东主要是 *C. imicola*、*C. obsoletus* 和 *C. Schulitzei* 传播 BTV。澳大利亚主要是 *C. wadai*、*C. fulvus*、*C. acton* 和 *C. brevitarsis*，但后者不如前 3 种敏感。美国和加拿大主要是 *C. variipennis* 和 *C. insignis*。欧洲为 *C. Imicola*。亚洲对 BTV 的媒介缺乏深入研究，在其他大陆可传播 BTV 的库蠓品种，如 *C. wadai*、*C. fulvus*、*C. brevitarsis* 和 *C. imicola* 等，在亚洲都有分布。库蠓在低温下会冬眠，传播该病的最适温度为 13℃~35℃，库蠓的生活习性及气候、温度、湿度等因素对蓝舌病的流行有很大影响。

（六）症状

蓝舌病可感染多种反刍动物，只有绵羊表现出特征症状，所有品种的绵羊都对蓝舌病易感。潜伏期平均为 4~7d，最短 2d，最长 15d。感染期可达 60d。病毒在靶细胞内复制后，很快通过血流传遍全身，使大多数器官和组织内都含有一定量的病毒。感染后 3~6d 可从血液内检测出病毒，7~8d 后病毒血症达到高峰，然后逐渐下降，绵羊的病毒血症持续 2~3 周，牛的病毒血症持续 6~7 周。感染后 6~8d 病毒中和抗体滴度开始升高。

感染后动物首先表现为体温升高，在第七到第八天达到高峰，超过41℃甚至 42℃，发热持续期平均为 6d，但有的只有 2d，有的长达 11d，大多数病例在体温升高期间会出现明显的症状。体温升高 1~2d 后，症状开始出现，口、鼻、嘴唇和口腔黏膜充血；嘴唇、面部、眼睑、耳水肿，水肿可延伸到颈部和腋下。口、鼻和口腔黏膜有出血点或浅表性糜烂，有的动物颈部和舌面出现糜烂。舌头充血、点状出血、肿大，严重的病例舌头发绀，表现出蓝舌病的特征症状。

牛比绵羊更容易感染蓝舌病，但发病的动物很少。牛的临诊症状主要为一种过敏反应，表现为体温升高到 40℃~41℃，股体僵直或跛行，呼吸加快，流泪，唾液增多，嘴唇和舌肿胀，口腔黏膜溃疡。妊娠期感染BTV，胎儿会发生脑积水或先天畸形。

（七）检测技术

蓝舌病诊断可按照我国已发布实施的国家标准《蓝舌病诊断技术》（GB/T 18636-2017）进行，该标准规定了目前所有的病原学和血清学检测方法。也可参考《OIE 陆生动物诊断试验与疫苗手册》第 3.1.3 章中蓝舌病病原学和血清学方法。

1. 病料采集

反刍动物（牛、羊、鹿、骆驼等）和其他易感草食动物采集肝素或乙二胺四乙酸（EDTA）抗凝血和血清。对病死动物，采集脾、肝、红骨髓、心血和淋巴结等组织样品，以及动物的精液、胚胎或卵。疫病监测和流行病学调查时，可采集库蠓。样品包装和运输应符合农业农村部《高致病性动物病原微生物菌（毒）种或者样本运输包装规范》要求，或应符合世界动物卫生组织诊断手册第 1.1.1 章诊断用样品的采集和运输要求。

2. 病原学检测方法

（1）病毒分离

①鸡胚分离：分离 BTV 最敏感的方法是鸡胚静脉接种（ECE）。采集发热动物血样，放进加有如乙二胺四乙酸（EDTA）、肝素或柠檬酸钠抗凝剂的试管，用灭菌 PBS 洗涤血细胞 3 次，将洗涤血细胞重悬于灭菌双蒸水中或在 PBS 中经超声波处理，取 0.1mL 静脉接种 10~12 日龄鸡胚。鸡胚通常在接种后 36~72h 即达到最高滴度，因毒株而异，含毒量可在 $10^{5.37}$ ~

$10^{8.0}EID_{50}$。病毒经鸡胚传代，毒力迅速减弱，而免疫原性不变。

②细胞培养分离：BTV 分离可使用易感细胞培养，如 BHK-21 细胞、VERO 细胞、白纹伊蚊克隆 C6/36（AA）细胞。直接用细胞分离病毒的病毒分离率明显低于 ECE 分离法。采用首代接种 ECE 后，再在 C6/36（AA）细胞传代的方法，病毒增殖可达到最高分离率。通常再继续用哺乳动物细胞如 BHK-21 或 VERO 细胞传一代。在 AA 细胞上不一定能观察到细胞病变反应，但在哺乳动物细胞中会出现。在 37℃、5% CO_2 和湿度条件下观察细胞单层 5 天，检查是否出现细胞病变反应。如无细胞病变反应，用细胞培养再传第二代。在出现细胞病变反应的细胞培养液中进行 BTV 鉴定，可采用的方法包括抗原捕获 ELISA、免疫荧光、免疫酶、病毒中和试验或 RT-PCR。

（2）抗原检测

①免疫荧光试验：BHK 或 VERO 细胞在盖玻片上长成单层，接种组织培养适应毒或 ECE 裂解物中的病毒，37℃孵育 24～46h 或出现轻度细胞病变反应后，用多聚甲醛、丙酮或甲醇固定细胞，干燥，用抗 BTV 血清或 BTV 特异性单克隆抗体，按标准免疫荧光方法检测抗原。

②抗原捕获 ELSIA：可直接检测 ECE 裂解物和收获的组织培养液中的病毒抗原、感染昆虫和绵羊血液。这种技术是由包被在 ELISA 板上的抗体将病毒蛋白捕获，然后利用第二抗体检测。捕获抗体可以是多克隆抗体或血清群特异性单抗。

（3）核酸检测

①反转录聚合酶链反应（RT PCR）：世界动物卫生组织诊断手册中推荐的 BTV 的 RT-PCR 引物是根据 NS1 蛋白编码基因 RNA6 保守序列，其引物序列和在 RNA6 基因中的位置如下：上游引物 5'-GTTCTCTAGTTG-GCAACCACC-3'，在 RNA6 中的位置为 10～30，下游引物 5'-AAGC-CAGACTGTTTCCCGAT-3'，在 RNA6 中的位置为 283～264；套式引物的上游引物 5'-GCAGCATTTTGAGAGAGCGA-3'，在 RNA6 中的位置为 170～189，下游引物 5'-CCCGATCATACATTGCTTCCT-3'，270～250。第一次 PCR 扩增后，阳性对照应出现一条 274bp 的 DNA 条带，阴性对照和空白对照没有核酸条带。第二次 PCR 扩增后，阳性对照应出现一条 101bp 的 DNA 条带，阴性对照和空白对照没有核酸条带。

②实时荧光 RT-PCR：世界动物卫生组织诊断手册中推荐的 BTV 荧光 RT-PCR 引物和探针是根据片段 10 基因（NS1 蛋白编码基因）保守序列，该套引物和探针能扩增目前已发现的所有 BTV 血清型病毒。其引物序列为：BTV-F5'-TGGAYAAAGCRATGTCAAA-3'；BTV-R 5'-ACRTCATCAC-GAAACGCTTC-3'；BTV-P 5'FAM-ARGCTGCATTCGCATCGTACG C-3'-BHQ1。

3. 血清学检测方法

常用的血清学检测方法包括：琼脂免疫扩散试验（AGID）、竞争酶联免疫吸附试验（C-ELISA）、间接 ELISA 等。

（1）琼脂免疫扩散试验（AGID）

采用 AGID 检测抗 BTV 抗体，操作简易，制备使用的抗原相对容易。此方法已成为国际反刍动物流动的标准检测程序之一。但应用 AGID 检测蓝舌病的一个缺点是特异性不足，无法鉴别蓝舌病和 EHD 血清群。因此，AGID 阳性血清需再用蓝舌病血清群特异方法重新进行检测。

（2）竞争酶联免疫吸附试验（C-ELISA）

蓝舌病竞争或阻断 ELISA 方法用于检测 BTV 特异性抗体，而不能检测到抗其他环状病毒的交叉反应抗体。C-ELISA 必须使用主要核心蛋白 VP7 的氨基末端区域结合的群特异性单克隆抗体。

（3）间接 ELISA

间接 ELISA 可用于检测散装牛奶中的 BTV 抗体，以监测蓝舌病的流行情况，已被证明是可靠的。

（八）防控

发病后康复的动物对同型病毒具有很强的免疫力，且可持续几年。接种疫苗是预防蓝舌病的有效方法。在非洲，曾应用冻干的鸡胚化弱毒疫苗，这类疫苗分单价和多价两种，可根据各地流行的病毒血清型选用相应的疫苗。但多价弱毒疫苗的广泛使用，可能导致基因型重组和毒力变异增强的风险。目前，欧洲一些国家使用蓝舌病 8 型灭活疫苗预防此病，效果良好。

无病地区预防蓝舌病的发生应做好以下三个方面的工作。一是对本地动物实施血清学监测，及时发现和剔除带毒动物。从外地外场引进动物时，应选择在昆虫媒介不活动的季节，并进行隔离检疫，确证健康后，再按常规进行饲养。二是做好虫媒防治工作。三要做好经常性的厩舍的清洁卫生和消毒工作，应提倡"自繁圈养"，克服散养习惯。感染地区在重点做好虫媒防治工作的同时，可以接种疫苗，但应注意所用的疫苗毒的血清型与本地流行病毒的血清型相同。

蓝舌病为严重的传染病和虫媒病毒病。我国现行法律规定，进口动物检出蓝舌病阳性的，全群动物作扑杀、销毁或退回处理。为防止该病传入，应参照世界动物卫生组织的规定，考虑来自蓝舌病国家（地区）的反刍动物、易感草食动物及其遗传物质传播蓝舌病病毒的风险。随着对该病的深入研究，已有许多有效的检测技术和防治措施。许多国家（地区）根据国际贸易的发展需要，对从有该病的国家（地区）进口动物采取较为灵活的政策，在保证安全的情况下采取严格的检疫措施，允许某些有较高经济价值的良种动物、动物遗传物质进口。

二、非洲马瘟

非洲马瘟（African Horse Sickness，AHS）是由非洲马瘟病毒（African Horse Sickness Virus，AHSV）引起的马属动物非接触性虫媒传播疾病，主要通过库蠓等吸血昆虫叮咬传播。马、骡、驴和斑马是常见易感动物，其中马和骡病死率高，驴和斑马不表现临床症状或仅呈亚临诊感染。非洲马瘟以发热、皮下结缔组织水肿、肺水肿以及内脏出血为特征，致死率通常超过90%。世界动物卫生组织将其列为应申报的重要动物疫病，我国将其列为一类动物疫病，需采取严格的预防控制措施，防止其传入。

（一）病原

1. 分类

分类学上，AHSV属于呼肠孤病毒科（Rewiriade）环状病毒属（*Genus Orbivirus*）。现已知该病毒有9个血清型，虽然在野外没有发现任何型内变异的证据，但通常认为血清型之间有某些交叉关系，尤其是在AHSV-1和AHSV-2、AHSV-3和AHSV-7、AHSV-5和AHSV-8，以及AHSV-6和AHSV-9之间。

2. 生物学特性

（1）形态结构

AHSV 的结构与 BTV 极为相似。该病毒无囊膜，为球形 RNA，直径 60~80nm，病毒衣壳直径为 50nm，呈两层对称 20 面体，由 32 个壳粒组成。内衣壳由 2 个主要蛋白 VP3 和 VP7，以及 3 个次要蛋白 VP1、VP4 和 VP6 构成。外衣壳由 2 个蛋白 VP2 和 VP5 构成，当病毒通过细胞膜时会被水解掉。此外，至少还有 3 个非结构蛋白（NS1、NS2 和 NS3/3A）存在于受感染的细胞中。

（2）理化特性

AHSV 对热的抵抗力相对较强，在 37℃下可存活 37d，但在 50℃ 3h 或在 60℃ 15min 条件下会迅速被灭活。病毒粒子在 $CsCl_2$ 中的浮密度为 1.25~1.33g/mL。4℃条件下，病毒在含有 10%血清的盐溶液培养中可长期（至少 6 个月）保持感染力。

病毒对酸敏感，对碱具有抵抗力，在 pH6.0~10 之间稳定，在 pH3.0 时迅速被灭活。病毒对脂溶剂（如胰蛋白酶）有一定抵抗力。血液或血清即使腐败，对病毒存活无明显影响。能被乙醚、0.4%β-丙内酯、苯酚、碘伏或 0.1%福尔马林灭活，因此，在制备非洲马瘟病毒的灭活抗原时，经常应用 0.1%~0.4%β-丙内酯。

（3）培养特性

AHSV 可在 VERO 细胞、猴肾细胞（MS）、BHK-21 等传代细胞系内增殖，并出现大型的胞浆内包涵体。亦可在库蠓、蚊子等昆虫细胞系如 C6/36 细胞内增殖。MS 和 BHK-21 是最理想的传代细胞，细胞可出现明显病变。在猴肾细胞内增殖得最快，滴度更高，并呈特征性的细胞病变，因此可用以测定病毒的滴度和开展中和试验，也适于观察蚀斑的形成。

AHSV 各型均可经卵黄囊接种后于鸡胚内增殖。鼠脑适应株还可在鸡胚绒毛尿囊膜上生长。已经适应于小鼠脑或猴肾细胞的毒株，常易在白纹伊蚊细胞株上增殖，但不出现细胞病变反应。胚体各组织的病毒含量随各毒株的嗜性而不同。接种嗜神经性毒株时，鸡胚脑内的病毒含量最高；接种嗜内脏性毒株时，鸡胚的脾、肝、肺等脏器和血液中病毒含量最高。

（4）基因组结构

AHSV 基因组由 10 个大小不等的双链 RNA 片段构成，其中 3 个大的为 L1~L3，3 个中等的为 M4~M6，4 个小的为 S7~S10，分别编码 7 种结构蛋白（VP1~7）和 4 种非结构蛋白（NS1、NS2、NS3 和 NS3A）。

（5）病毒蛋白及功能

AHSV 的蛋白包括主要结构蛋白（VP2、VP5、VP7 和 VP3）和非结构蛋白（NS1、NS2、NS3 和 NS3A）。主要外衣壳蛋白 VP2 最易变异，VP2 是 AHSV 的分型抗原，VP2 和 VP5 是 AHSV 中和抗体的主要靶标。VP7 在 AHSV 各血清中高度保守，VP7 和 VP3 是该病毒的血清群特异性抗原。

①VP2 蛋白

VP2 蛋白由 L2 基因编码，是病毒最主要的型特异性抗原，与 VP5 一起能与病毒的中和抗体发生反应。L2 基因的 ORF 编码蛋白的分子质量约为 123ku。VP2 蛋白序列在 AHSV 9 个血清型中的变化范围为 47.6%~71.4%，是 AHSV 变异率最大的蛋白。

AHSV-3 型病毒的 VP2 蛋白有多个抗原区域，其中大部分抗原位点、中和位点都在 252aa~488aa 区域。这个区域在病毒各血清型之间不仅差异大，而且大部分是亲水性氨基酸，其中 369aa~403aa 之间有一个线性抗原表位。此外，在有交叉反应的病毒血清型之间，这些抗原位点的内部序列有较高的一致性，原因可能是不同血清型之间存在血清学交叉反应。

AHSV-4 型病毒的 VP2 蛋白的主要抗原性区域位于 199aa~414aa，共有 15 个抗原位点，可分成两组。一组覆盖范围 223aa~400aa，包含 12 个抗原位点；另一组覆盖范围 568aa~681aa，包含其他 3 个抗原位点。VP5 和 VP2 相互作用，能更好地将 VP2 的中和表位展现出来，从而增强免疫反应。15 个位点中有 3 个可诱导产生 AHSV-4 的中和抗体，其中有 2 个中和表位分别位于 321aa~339aa 和 377aa~400aa 区域。这两个表位联合起来可诱导产生更有效的中和反应，但中和抗体滴度相对较低。

②VP5 蛋白

VP5 蛋白由 M6 基因编码，分子质量约为 56.9ku。ASHV 各血清型之间的 VP5 蛋白有很高的相似性，根据疏水性分布可分为两个部分：N 端区域（1aa~220aa）和 C 端区域（280aa~505aa），中间一个丙氨酸-甘氨酸富集区（200aa~270aa）作为铰链将这两个部分连接。VP5 作为外壳蛋白，重要功能是与更保守的核心蛋白相互作用，以及补偿 VP2 蛋白的变化；同时 VP5 也被 VP2 蛋白包围，不能与宿主发生中和反应。

VP5 在昆虫细胞中单独表达或与 VP2 共表达都能诱导产生 AHSV 特异性中和抗体。VP5 蛋白免疫活性最明显的区域在 N 端的 330 个 aa 中，有 151aa～200aa 和 83aa～120aa 两个抗原区域，共有 8 个抗原位点。VP5 的中和表位在 85aa～92aa 和 179aa～185aa 区域，前一个中和表位在不同的环状病毒中高度保守，它的单克隆抗体能识别 BTV 和 EHDV 的 VP5 蛋白。

③VP7 蛋白和 VP3 蛋白

VP7 蛋白和 VP3 蛋白分别由 S7 和 L3 基因编码，是该病毒主要的内衣壳蛋白。VP7 在 AHSV 各血清型中高度保守，是该病毒的血清群特异性抗原。ELISA 检测方法常选择 VP7 蛋白并制备其特异性单克隆抗体，分别作为诊断抗原和二抗酶结合物，以保证检测的特异性和敏感性。

④NS1 蛋白、NS2 蛋白和 NS3/NS3A 蛋白

NS1 在 AHSV 中高度保守，其作用可能是把成熟病毒粒子从病毒包涵体运到细胞膜，再由 NS3 负责将病毒释放。关于 NS2 蛋白的研究报道很少，尚未有较多研究结果。非结构蛋白 NS3 和 NS3A 在感染细胞中合成量很少，这两个相关的蛋白由 S10 基因上两个同相重叠的开放阅读框编码，两者唯一的不同是 NS3 的 N 末端比 NS3A 多 10 个氨基酸。AHSV-3 至 AHSV-9 血清型的 NS3 蛋白为 217aa，而 AHSV-2 的 NS3 蛋白为 218aa。用重组杆状病毒表达 AHSV 的 NS3 时只可以合成 24ku 的 NS3 蛋白，不合成 NS3A 蛋白。NS3 的变异率在 AHSV 各蛋白中仅次于外衣壳蛋白 VP2。NS3 序列的差异可用于区分同种血清型的野毒株和弱毒活疫苗株。

（二）历史、地理分布

非洲马瘟起源于非洲，至今已有数百年历史。20 世纪以来，主要在非洲撒哈拉以南地区呈地方性流行，也曾传入北非、中东和欧洲等地，包括沙特阿拉伯、叙利亚、黎巴嫩、约旦、伊拉克、土耳其、也门、塞浦路斯、伊朗、阿富汗、巴基斯坦、西班牙、葡萄牙等。根据世界动物卫生组织数据库的不完全统计，2018 年以来，全球有南非、斯威士兰、赞比亚、塞内加尔、尼日利亚、纳米比亚、冈比亚、埃塞俄比亚、厄立特里亚和乍得等 10 多个国家（地区）发生百余起非洲马瘟疫情。2020 年 2 月 24 日，泰国呵叻府突发 1 起非洲马瘟疫情，致使 191 匹马感染，175 匹马死亡；至 2020 年 8 月 5 日，泰国国内发生非洲马瘟疫情 15 起，256 匹马感染，228 匹死亡。

AHSV-1 至 AHSV-8 型只存在于撒哈拉以南的有限地区，而 AHSV-9 型的分布非常广泛，是在非洲之外流行的血清型。但 1987—1990 年在西班牙和葡萄牙暴发的非洲马瘟，是由 AHSV-4 型引起的。

（三）危害

非洲马瘟是马病中最致命的一种疾病。该病危害最严重的是马，死亡率高达 90% 以上，其次为骡，死亡率为 50%。中国尚未有非洲马瘟，但存在传播马瘟的媒介——库蠓。一旦传入，将会对中国马属动物饲养业和马术赛事造成严重损失，并直接影响到我国农产品的对外贸易和国际声誉，经济损失和社会影响均十分巨大。考虑到非洲马瘟的严重危害及传入中国后的严重后果，应禁止感染非洲马瘟国家（地区）的马科动物、马科动物肉及其制品、生皮和未经处理的鬃毛进口或过境。

（四）风险群体

AHSV 不同型病毒的毒力强弱各不相同，死亡率与感染动物的种类、病毒的血清型或株系相关。一般来说，马、骡、驴是 AHSV 的主要自然感染者，能使 95% 感染动物死亡。马的易感性最高，死亡率为 70%~95%；骡和驴则依次降低，骡的死亡率为 50%，驴有一定抵抗力，仅出现温和的发热反应，但也可以发生死亡，死亡率为 10%。马感染后的病毒血症通常持续 4~8d，最长可达 21d，康复动物不再携带病毒。斑马和斑马骡对非洲马瘟的抵抗力很强，除发热外无其他临诊症状，但可能长期处于病毒血症状态或隐性带毒（长达 40d）。以病死马肉饲喂的犬不一定出现临床症状，但能引起病毒血症并产生抗体。野驴、骆驼可偶尔感染。绵羊有自然感染病例，病毒可引起山羊的热反应。该病不感染人。

斑马是 AHSV 的自然脊椎动物宿主和贮存宿主，斑马很少表现出感染的临床症状，所有其他的马属动物和其杂交种则对病毒易感。传染源为病马、带毒马及其血液、内脏、精液、尿、分泌物及所有脱落组织。因此，家养和野生的马、骡、驴、斑马等马科动物及其内脏，以及血液、内脏制品、皮、毛、精液、尿液、分泌物、胚胎和卵都可以视为风险商品；此外，大象、犬、骆驼、绵羊、山羊等也可感染该病毒，也可视为风险商品。

（五）媒介生物

非洲马瘟不直接由病马传染给健康马，必须通过媒介昆虫叮咬病马、骡等动物才能传播。因此，非洲马瘟发生有明显的季节性和地域性，多见于温热潮湿季节，常呈地方流行或暴发流行，传播迅速。厚霜、地势高燥、自然屏障等影响媒介昆虫繁殖或运动的气候、地理条件，会使该病显著减少。目前已知至少两种库蠓是该病毒最重要的传播媒介，分别是 *C. imicola* 和 *C. bolitinos*。也有报道伊蚊和库蚊通过吸血传播。AHSV 可在拟蚊库蠓体内繁殖并传播给下一代。在某些流行过程中，风可能起到扩散感染性库蠓的作用。据估算，库蠓借助风力可长距离移动（水面 700km 以上、陆地 150km 以上）。

（六）症状

《OIE 陆生动物诊断试验与疫苗手册》中描述 AHSV 的感染期最长为 40d，通常为 7~14d，短的仅 2d。按病程长短、症状和病变部位，一般可分为肺型（最急性型）、心型（亚急性型）、肺心型（混合型）和发热型（亚临床型）。

肺型：极急性型，病程短，感染动物可在没有任何症状的情况下突然死亡。发热，呼吸困难，鼻孔增大，泡沫性流涎，眼结膜发红，死亡率 >95%，常在一周内死亡。剖检病变为肺和淋巴结水肿，心包和胸腔积液，心包出血斑。

心型：亚急性型，以持续几周时间的发热为特征。主要表现为皮下水肿，尤其是头部、颈部、胸部和眶上窝。一周内死亡，致死率超过 50%。剖检病变为皮下和肌肉内水肿，心外膜和心内膜出血，心肌炎，胃出血。

肺心型或混合型：较轻心肺症状，是非洲马瘟最常见的类型，它是心肺混合型的疾病，致死率约 70%，死亡通常发生在发热开始后的 3~6d。

发热型：该型常常表现温和，短期轻症发热，一般自然康复，通常只有温和到中等程度的发热和眶上窝水肿，无死亡。它常出现在低毒力株病毒感染，或在有一定程度的免疫力感染时，它是非洲驴和斑马唯一能表现出来的疾病类型。

（七）检测技术

非洲马瘟诊断可按照我国已发布实施的国家标准《非洲马瘟诊断技术》（GB/T 21675-2008）进行，该标准规定了目前所有的病原学和血清学检测方法。也可参考《OIE 陆生动物诊断试验与疫苗手册》第 3.6.1 章中非洲马瘟病原学和血清学方法。

1. 病料采集

AHSV 很容易从早期感染并出现发热的动物血液中分离到，但不能从血清和血凝块中分离。所以采血时应加入抗凝剂（如肝素，10IU/mL）。在进行病毒分离之前应将溶解血液以 1:10 的比例稀释，可显著降低细胞毒性。尸体剖检时，应采集一小块（2~5g）脾、肺和淋巴结，保存于 4℃，或放入甘油—生理盐水中。用含有适当抗生素的磷酸盐缓冲溶液或细胞培养液将组织块做成 10% 悬液后，再接种到细胞培养物中。样品包装和运输应符合农业农村部《高致病性动物病原微生物菌（毒）种或者样本运输包装规范》要求，或应符合世界动物卫生组织诊断手册第 1.1.1 章诊断用样品的采集和运输要求。

2. 病原学检测方法

（1）病毒分离

①接种细胞：每份样品应接种 4~6 个刚长成单层的 BHK-21 或 VERO 细胞培养瓶。如样品为用肝素抗凝的血液可不稀释接种，用 EDTA 抗凝的样品应作 5~10 倍稀释，以防止接种后细胞脱落。吸附 10~30min 后，洗涤细胞培养物，然后加细胞维持液。如有病毒，接种后 3~7d 可出现细胞病变，无病变时需再盲传 2 代才可以确诊。

②接种小鼠：每份样品脑内接种 2 窝 1~3 日龄的小鼠，接种后 4~10d 左右出现 1 只或以上小鼠出现神经症状。取病鼠脑，制成乳剂，再接种于新生小鼠。继代的潜伏期将缩短至 3~5d，应是 100% 感染。

③接种鸡胚：每份待检样品至少静脉接种 6 只 10~12 日龄的鸡胚，并在 33℃ 孵育，每天应照蛋观察鸡胚，特异性死亡发生在接种后 3~7d。病毒感染后的鸡胚通常表现为全身性出血，呈现鲜红色。

（2）核酸检测

①反转录聚合酶链反应（RT-PCR）：《非洲马瘟诊断技术》（GB/T 21675—2008）中推荐 AHSV 的 RT-PCR 引物序列为：正向引物 S7P15'-GTTAAAATTCGGTTAGGATG-3'，反向引物 S7P25'-GTAAGTGTATTCGG-TATTG-3'，与《OIE 陆生动物诊断试验与疫苗手册》中推荐的非洲马瘟 RT-PCR 引物序列一致，扩增片段均为 1179bp。将扩增产物进行测序与序列分析，最后做出检测结果判定。

②实时荧光 RT-PCR：《OIE 陆生动物诊断试验与疫苗手册》中推荐 AHSV 荧光 RT-PCR 引物和探针序列分别为：上游引物 5'-GGCTCCAA-CACTCACAAGATGT-3'；下游引物 5'-GGCGGATTAATAGGCTGCATA-3'；探针 5'-FAM-T GGCACGCCTTACGCGC-MGB-3'。

3. 血清学检测方法

常用的血清学检测方法包括：间接酶联免疫吸附实验（I-ELISA）、竞争酶联免疫吸附试验（C-ELISA）、补体结合试验（MCF）等。

（1）间接酶联免疫吸附实验（I-ELISA）

GB/T 21675-2008 中推荐 AHSV 的 I-ELISA 方法，以重组 VP7 为抗原，操作简易，可检测 AHSV 的抗体。《OIE 陆生动物诊断试验与疫苗手册》中推荐间接 ELISA 方法也以重组 VP7 蛋白为抗原，具有较高的敏感性和特异性，且抗原稳定，无感染性，所用的酶结合物为辣根过氧化物酶标记的抗马 γ-球蛋白，能与马、骡和驴血清反应，也可用蛋白 G-HRP 为第二抗体酶结合物，能与斑马血清反应。

（2）阻断或竞争酶联免疫吸附试验（C-ELISA）

《OIE 陆生动物诊断试验与疫苗手册》中推荐阻断 ELISA 方法，可检测马科动物的 AHSV 特异性抗体。VP7 是 AHSV 分子结构中的主要抗原性蛋白，在 AHSV 的 9 个血清型间保守，试验利用针对 VP7 的单克隆抗体，保证了试验的高敏感性和特异性。国外建立了与检测蓝舌病病毒抗体方法相似的检测 AHSV 抗体的竞争性 ELISA 试验，已被用来检测非洲马瘟抗体，这种方法的结果与病毒中和试验有很好的一致性，且比琼脂扩散试验和补体结合试验反应更敏感和特异，而且采用此方法更适宜于血清样品数量多时的检测，3h 内可得出结果。

（3）补体结合试验（MCF）

《非洲马瘟诊断技术》（GB/T 21675—2008）中推荐 AHSV 的补体结合试验，常用于检测 AHSV 的群特异性抗体。通常使用的抗原是鼠脑的蔗糖-丙酮提取物。试验时应设有正常鼠脑的蔗糖-丙酮提取物作为对照。

（八）防控

1. 预防措施

严格入境检疫：禁止从发生非洲马瘟的国家和地区进口马属动物及其产品，严禁携带马属动物及其制品入境；严格马属动物及其产品入境检验检疫，加强运输工具的监督、检查、登记、消毒等工作。

强化媒介控制：消除库蠓滋生地，严禁在库蠓活跃时段（黄昏至黎明）遛马，减少或杜绝媒介昆虫与易感动物的接触，使用驱虫剂、杀（幼）虫剂。在马厩的门和窗户加装细网格（如白蛉网），并采用浸润了杀虫剂（如合成拟除虫菊酯）的粗布料等材料遮蔽，可进一步减少易感动物被叮咬的概率。

提升管理水平：加强饲料、饮水、用药、垫料等的管理，强化日常检查和移动管理，严格监测，全面记录动物的健康状况，做好清污消毒等卫生工作。

2. 控制措施

一旦发现可疑病例，要立即隔离发病马属动物，密闭存储死亡的马属动物，限制同群马属动物的移动，防止疫病的传播扩散。及时采样送检，并按照要求做好可疑病例报告。如确诊疫情，应立即开展疫情处置和流行病学调查等工作；对病死、染疫动物及其遗传材料进行无害化处理；同群未染疫马属动物应隔离饲养，加强饲养管理、监测检查和移动控制；强化媒介和野生动物控制，彻底灭杀饲养场所库蠓等吸血昆虫及幼虫，跟踪监测疫点周围野生马属动物的健康情况。

目前，用于马、骡和驴免疫的单价或多价弱毒疫苗已实现商品化，必要时可经国家批准进行紧急免疫。在感染区应对未感染马匹进行免疫接种。可采用多价苗、单价苗（适用于病毒已定型）、单价灭活苗（仅适用于血清 4 型）。

三、非洲猪瘟

非洲猪瘟（African Swine Fever，ASF）是由非洲猪瘟病毒（African Swine Fever Virus，ASFV）感染引起的猪的一种急性、热性、高度接触性传染病。临床以高热、食欲废绝、皮肤和内脏器官严重出血、高死亡率为特征。非洲猪瘟对养猪业危害甚大，可以造成毁灭性的严重后果。非洲猪瘟被世界动物卫生组织确定为必须申报的动物传染病，我国也将其列为一类传染病，对该病采取严格的预防控制措施。

（一）病原

1. 分类

2005 年国际病毒分类委员 （ICTV） 第八次报告中，明确 ASFV 在病毒分类中属于非洲猪瘟病毒科 （Asfarviridae） 非洲猪瘟病毒属 （*Asfivirus*）。目前 ASFV 是该科中唯一已知的代表种，也是目前已知的唯一虫媒性 DNA 病毒。

2. 生物学特性

（1） 形态结构

ASFV 粒子是有双层囊膜的双链 DNA 病毒，具有二十面体结构，直径可达 175nm~260nm，由五层结构组成，由内到外分别是基因组的类核、核心壳层 （core shell）、内囊膜 （inner membrane）、二十面体衣壳蛋白 （capsid protein） 和外囊膜 （outer membrane）。病毒颗粒表面 3 万余个蛋白亚基彼此紧密 "咬合"，形成一个稳定性强的结构。子代病毒颗粒的装配发生在细胞核周围的病毒工厂，病毒工厂含 DNA、膜物质、装配中间体和未成熟病毒颗粒，其中包括含和不含核蛋白核心的实心和空壳病毒颗粒。

（2） 理化特性

ASFV 对物理化学作用有较强的抵抗力，pH 值 4.0~10.0 环境下，即使在不同温度，病毒均具有良好的稳定性。在无血清培养液中需使 pH 值小于 3.9 或大于 11.5 才能灭活 ASFV。但是，有血清存在的情况下，病毒的抵抗力会增强，即使 pH 值达到 13.4，病毒存活时间至少可达 7d 之久。从采集 15 周已腐败的血液或放在 4℃下 18 个月至 6 年的血液中仍能分离到病毒。暴发非洲猪瘟，猪场栏舍在执行全群扑杀处理的 3 个月后仍能在栏中检测到病毒。在含血清等蛋白质的适宜环境中，病毒的抵抗力会进一步增强。

ASFV 对温度也有较高的抵抗力。56℃持续至少 70min 或 60℃持续至少 20min 才能灭活病毒。在实验室以-70℃冻存可长期保持病毒的感染性，但在-20℃长期保存则可能使病毒失活。ASFV 在血液、粪便和组织中能存活很长时间：室温下在血清中至少可存活 18 个月，在 37℃血液中可存活 1 个月，在腐败血清中可存活 15 周，在有血的木板中可存活 70d；在粪便中至少可存活 11d；在冻猪肉中至少可存活 15 周，在骨髓中可存活 150d；在鲜肉和腌制的干肉制品中可存活 140d，在未经烧煮或高温烟熏的火腿和香肠中可存活 3 至 6 个月。因此用未经烧煮、风干及烟熏的猪肉、脏器和组织喂猪，存在传播 ASFV 的潜在危险。此外，冻干的病毒在 40℃ 下 15d 或 50℃ 下 3.5h，均不会被灭活。室温下，ASFV 在 0.5% 石炭酸和 50% 的甘油混合液中可保存 536d。

但一般的消毒措施就可以将 ASFV 杀灭，诸如去污剂、次氯酸盐、碱类及戊二醛等均是有效的消毒剂。

（3）培养特性

ASFV 主要在感染猪的单核细胞和巨噬细胞中复制，但同时也在内皮细胞、肝细胞、肾小管上皮细胞和嗜中性粒细胞中复制。ASFV 可在体外培养的猪肺泡巨噬细胞、猪骨髓细胞、猪外周血单核细胞、白细胞等原代细胞中增殖。部分 ASFV 病毒株用原代细胞分离后或病毒发生变异后，可以适应传代细胞系，包括 MS、VERO、MA104、BHK-21、MVPK、ST 和 PK15 细胞，并产生明显的细胞病变和红细胞吸附现象。ASFV 在媒介生物如非洲钝缘蜱和游走性钝缘蜱中能够繁殖，形成病毒血症，终生带毒，使它们成为 ASFV 主要的传播媒介。

（4）基因组结构

①基因组特点

ASFV 病毒基因组为单分子线性双链 DNA，长度约 170kb～190kb，基因组中部是中央保守区（C 区），长度约 130kb，C 区含有一个长 4kb 的中央可变区（CVR）。C 区两侧各有一个可变区，左侧可变区长度为 38kb～48kb，右侧可变区长度 13kb～22kb，可变区含有 5 个多基因家族（MGF），包括 MGF100、MGF110、MGF300、MGF360 和 MGF530。基因组的两末端为反向重复序列，长度为 2.1kb～2.5kb。基因组长度的变化都是由于靠近基因组末端不同的多基因家族的插入和缺失引起的。中央可变区（CVR）和左右可变区在不同基因型或同一基因型的不同毒株中存在较大差异，与病毒抗原变异、逃避宿主免疫防御系统等机制有关，常用来进行分子流行病学分析。

②基因组分型

ASFV 只有一个血清型。根据 VP72 蛋白编码基因（B646L）C 末端的 478bp 碱基对的片段扩增、核苷酸序列测定、系统发育分析，可将 ASFV 分为 24 个基因型。不同基因型的 ASFV 毒株分布有一定的区域性特点。在欧洲、美洲和加勒比海等地区，ASFV 流行基因 I 型，近年在欧洲、亚洲流行的是基因 II 型。非洲东南部有 24 个基因型，这些地区流行毒株的高度多样性与该地区多数存在蜱—野猪循环模式密切相关，而蜱–野猪循环模式在 ASFV 的流行中具有重要作用。2014 年，在立陶宛和波兰的野猪中首次发现了位于基因组右端 B602L 基因内的、在 I73R 和 I329L 之间插入的一段重复序列（TRS/IGR），这段重复序列由多个 10bp 核苷酸序列 "TATAT-AGGAA" 组成，有研究认为，这种插入是 ASFV 一个新的亚基因型标记。

（5）病毒蛋白及功能

ASFV 基因组含有 151~167 个开放阅读框（ORF），编码 150~200 种蛋白质，包括结构蛋白 50 多种，非结构蛋白 100 多种。其中，pp220、pp62、p10、p12、p14.5、p17、p22、p30、p49、p54、p72、CD2v、pE248R、pM1249L、pH240R 和 j5R 是病毒组装和形成的主要结构蛋白，CD2v、p12、p30 和 p54 是 ASFV 重要的毒力蛋白。已知的非结构蛋白有DP71L、A238L、9GL、pE296R、Ep152R、L38L、DP9GR、A179L、pI215L 和 PE165R，这些蛋白是 ASFV 干扰宿主细胞正常代谢和免疫逃避的关键因素。MGF360 家族蛋白和 MGF505 家族蛋白可抑制宿主产生 I 型干扰素。

①内核芯壳蛋白：多聚蛋白 pp62、多聚蛋白 pp220

pp62 由 ASFV 的 CP530R 基因编码，基因全长 1593bp，含 530aa，分子量为 60.5ku。pp220 是由 ASFV 的 CP2475L 基因编码的蛋白质，基因全长 7428bp，含 2475aa，分子量为 281.5ku。pp62 和 pp220 都属于感染晚期蛋白，pp62 多聚体蛋白被 S273R 蛋白酶酶解后分为 p35 和 p15，pp220 多聚体蛋白被 ASFV 编码的 S273R 蛋白酶酶解后分为 p150、p37、p34 和 p14蛋白，这 2 个多聚体蛋白水解后产生的这 6 种蛋白质是 ASFV 正 20 面体衣壳的重要组成成分，约占蛋白质总量的 30%。pp62 蛋白作为诊断抗原要比P30、P54 抗原特异性好、灵敏度高。

②p30 蛋白

p30 蛋白位于内囊膜上，是一种磷蛋白，由 CP204L 基因编码，基因全长 615bp，含 204aa，分子量为 30ku，在 ASFV 感染早期表达。能够诱导机体较早产生高滴度的中和抗体，抗原性好，可作为早期感染的诊断抗原，也是最早能检测到的 ASFV 中和抗体。在感染早期，ASFV 通过多种途径干扰宿主细胞蛋白质的正常合成，促进病毒自身的复制，p30 可能积极参与了病毒入侵细胞的过程。

③p54 蛋白

p54 蛋白位于内外囊膜上，是跨膜蛋白，也是重要的结构蛋白之一，由 E183L 基因编码，基因全长 552bp，含 183aa，分子量为 25ku。p54 蛋白含有一段跨膜区域，横跨内层囊膜，主要集中在衍生的内质网膜处。p54 蛋白可在体外培养的感染细胞内质网膜处短暂表达，能够诱导机体产生高滴度抗体，抗原性好，但作为诊断抗原对不同病毒株检出率低。p54 蛋白也参与病毒入侵宿主细胞的过程，可在宿主细胞内质网聚集并转化为病毒囊膜的过程中起关键作用，还能诱导受感染细胞产生细胞凋亡，被认为是主要的毒力蛋白之一。

④p72 蛋白

p72 蛋白是 ASFV 的主要结构蛋白，由 B646L 基因编码，基因全长 1941bp，含 646aa，分子量为 73.2ku。p72 蛋白位于衣壳的外层，在病毒衣壳表面以三聚体形式存在，是 ASFV 衣壳上含量最高的蛋白，约占病毒蛋白总量的 30%。p72 蛋白在宿主细胞内合成后分布于细胞质和内质网的囊泡中，随后在内质网上形成核衣壳或核衣壳前体物质。p72 蛋白高度保守，免疫原性强且稳定，能够诱导机体产生高滴度抗体，可作为 ASFV 血清学检测的主要诊断抗原。

⑤CD2v 蛋白

CD2v 蛋白主要位于外囊膜上，由信号肽（SG）、跨膜区（TM）和含有 2 个 IgG 免疫球蛋白样的结构域胞外区组成，是 ASFV 唯一的糖蛋白，由 EP402R 基因编码，基因全长 1083bp，含 360aa，分子量为 45.3ku。CD2v 蛋白表达后以跨膜蛋白的形式存在。CD2v 蛋白不是 ASFV 的必须蛋白，缺失该蛋白不会对 ASFV 的存活造成影响。目前有缺失编码该蛋白基因序列的 ASFV 致弱毒株，初步试验结果显示，该弱毒株可诱导针对同源强毒株的良好免疫保护。CD2v 蛋白具有吸附红细胞的特性，同时能够抑制外周血中单核细胞增殖的作用。

（二）历史、地理分布

1921 年，肯尼亚首次报道了非洲猪瘟的暴发，随后该病不断扩大并超出了其最初的地理分布，撒哈拉以南非洲的大多数国家被认为是非洲猪瘟的地方性流行地区。1957 年以后，非洲猪瘟被传播到非洲地区以外，西欧、南美洲国家相继发生非洲猪瘟。20 世纪 90 年代非洲猪瘟在欧洲大部分地区被消灭后，仍流行于意大利撒丁岛。2007 年侵入格鲁吉亚后，非洲猪瘟在高加索地区开始流行，并传播到乌克兰（2012）、白俄罗斯（2013）、立陶宛（2014）、爱沙尼亚（2014）、波兰（2014）、拉脱维亚（2014）、罗马尼亚（2017）、捷克（2017）和匈牙利（2017）等东欧国家（地区）。2018 年 8 月，在我国辽宁沈阳报道了发现首例非洲猪瘟疫情，其后 31 个省（区、市），以及香港地区发生了非洲猪瘟疫情。此后在亚洲，包括越南、柬埔寨、印度尼西亚、韩国和蒙古国等暴发非洲猪瘟。2020 年以来，全球共有 26 个国家（地区）发生了超过 9700 多起非洲猪瘟疫情，野猪感染占比超过 76%，流行态势非常严峻。非洲猪瘟疫情对全球养猪业构成了巨大威胁，造成了巨额的经济损失。

（三）危害

非洲猪瘟的危害性较大，会导致家猪、野猪出现发热、咳嗽、食欲减退等症状，严重时会导致生猪死亡，不仅会大规模传染，且所有品种、年龄的猪都会感染，发病率和死亡率可达 100%。非洲猪瘟曾在东欧国家不断流行和暴发，已有上百万头生猪死于非洲猪瘟或因为非洲猪瘟被销毁，造成的经济损失高达几十亿美元。很多国家（地区）因为出现非洲猪瘟导致猪肉的出口价值骤降，严重影响猪养殖产业的发展。要根除非洲猪瘟需要消耗大量的资金，如西班牙落实非洲猪瘟根除计划，在该计划实施的最后 5 年中，花费资金高达 9200 万美元。非洲猪瘟不仅会造成大量母猪被淘汰，影响生猪的繁殖，还会降低人们对猪肉产品的信任，导致猪肉市场萎靡，影响猪肉销售价格，给生猪养殖产业带来巨大的损失。

我国不仅是生猪养殖大国，也是猪肉产品的消费大国，猪肉是人民群众最频繁食用的肉食产品，在肉类产品消费中，猪肉占据 50% 以上。生猪的养殖量、存栏量占比巨大。2018 年，非洲猪瘟在我国发生，给我国养猪业造成了重大影响，也给整个养猪行业带来了巨大的挑战。猪肉市价行情不断变动，市场上的生猪数量下降，由于供不应求，价格上涨。一方面，养殖户在疾病防控方面做出大量的防控举措，投入大量人力、财力、物力，使养猪成本相对提高；另一方面，人们对非洲猪瘟产生惧怕心理，消费者出现心理恐慌，更愿意消费其他肉品，猪肉产品消费水平降低，猪肉需求量下降，导致猪肉价格低迷。非洲猪瘟对生猪养殖业从生产到销售整个环节都产生了巨大影响，导致整个行业不景气。

（四）风险群体

猪科动物是非洲猪瘟病毒的易感群体，也是 ASFV 唯一易感动物，其他动物不会受到病毒侵染。不同年龄和品种的猪均可能受到病毒感染。其中，家猪高度易感，且无明显的品种、年龄和性别差异。疣猪（warthog）、丛林猪（bushpig）和巨型森林猪（hylochoerus meinertzhageni）是 ASFV 主要的天然宿主。所有的非洲野猪对 ASFV 都易感，但不能发展为临床疾病，通常不会表现出明显的临床症状，大多呈隐性感染，成为病毒的主要传染源。欧亚野猪（*Sus scrofa*）不仅对 ASFV 易感，而且死亡率与家猪相似。

（五）媒介生物

蜱是 ASFV 的重要传播生物媒介，是 ASFV 的储存宿主和传播载体，建立了 ASFV 在家猪饲养环境和野生环境之间的循环传播。ASFV 在蜱中主要表现为低剂量感染、终身持续感染、高病毒滴度，而在野生猪中则表现为瞬时隐性感染、低病毒滴度。蜱可能在饲养环境和野生环境之间的 ASFV 传播过程中发挥着更为重要的作用。目前认为，ASFV 实际上是地地道道的蜱病毒，猪只是其偶然宿主。蜱作为媒介昆虫对 ASF 的传播能力由蜱的种类和不同的 ASFV 毒株共同决定。非洲猪瘟的传播动态在很大程度上取决于其媒介蜱的种群特征、生活习性及其所处的环境条件。某些蜱能感染并实现 ASFV 在体内的增殖，具有传播病毒的能力，但其间会受到许多因素的影响。

迄今国外相关研究证明，能作为非洲猪瘟媒介的蜱仅局限于软蜱科中的钝缘蜱属（*Ornithodors*），但并不是钝缘蜱属中的所有蜱都可以传播 ASFV。可以感染并传播 ASFV 的软蜱，包括 *O. moubata*、*O. erraticus*、*O. coriaceus*、*O. turicata*、*O. puertoricensis* 和 *O. marocanus*。其中 *O. moubata* 不是一个单独的种，而是复合种，可以进一步分为多个种或亚种，如 *O. porcinus porcinus*、*O. porcinus domesticus*、*O. moubata Walton* 和 *O. moubata Murray* 等，已证实可以感染并传播 ASFV。

（六）症状

该病的潜伏期通常为 4~19d。ASFV 不同分离毒株的毒力差异较大。

强毒力毒株可引起以高热、食欲废绝、皮肤和内脏出血为特征的最极性和急性出血性疾病，通常在 4~10d 内死亡，死亡率可达 100%。中等毒力毒株感染发病急，但有一定存活率。低毒力毒株感染后可能无任何临诊症状或仅仅是血清转阳。依据 ASFV 毒株的致病力和感染动物的临床症状，可分为最急性型、急性型、亚急性型和慢性型。

1. 最急性型

死亡经常是此型的第一症状。其他临床症状包括体温高达41℃~42℃，呼吸急促，皮肤充血，有时厌食，有时进食时突然死亡。此型病毒感染力和毒力很高，病猪死亡率可 100%。

2. 急性型

感染后潜伏期 4~6d，病猪突然高烧，体温可达 42℃，耳、四肢、腹部等部位会有出血症状，厌食、精神沉郁，可见黏膜潮红、发绀。便秘、呕吐，粪便带有黏液与血丝等。眼、鼻有浆液性或黏脓性分泌物。持续 3~4d 后有些病猪死亡。在死亡前体温开始下降，病猪厌食，显著萎顿，站立困难，行动无力，步态僵直，共济失调，喜欢安静地挤在一起，呼吸困难，时有咳嗽，皮肤充血并发绀，尤其在耳、肢端和腹部皮肤，呈大小不一和范围广泛的不规则的瘀斑、血肿和坏死斑。此型的病死率也可达 100%。

3. 亚急性型

症状与急性型很相似，差别在病的严重程度和病程的长短。亚急性型的症状较轻，病死率较低，一般介于 30%~70%，病程一般在 3 周左右，体温无规律波动，但通常保持在 40℃以上，也有的病猪间断性发热持续 1 个月之久。多数病例能康复，康复猪在感染后 6 周仍向外界排毒。怀孕母猪常常发生流产。小猪病死率较高。

4. 慢性型

一般表现为委顿，体温 39.5℃~40.5℃，呈不规则波浪热，出现慢性肺炎症状，时有咳嗽，呼吸加快甚至困难。身体多处出现红斑，大腿内侧、腹部以及耳部等部位坏死或者凸起等。皮肤可见坏死、溃疡、斑块或小结，耳、关节、尾巴和鼻、唇等处常可见坏死性溃疡脱落，继发关节炎、肺炎，腿关节呈无痛性软性肿胀，多见于腕和跗关节，也见于颌部，同栏动物很容易被感染。慢性型病程可持续 1 个月或数月，病猪除生长缓慢、发育迟缓或瘦弱外，无其他任何症状。病程持续 2~5 个月，但死亡率一般低于 30%。大部分病猪都能康复，但终身带毒。

(七) 检测技术

非洲猪瘟诊断可按照我国已发布实施的国家标准《非洲猪瘟诊断技术》（GB/T 18648-2020）进行，该标准规定了目前所有的病原学和血清学检测方法。也可参考《OIE 陆生动物诊断试验与疫苗手册》第 3.9.1 章中非洲猪瘟病原学和血清学方法。

1. 病料采集

非洲猪瘟用于病原鉴定检测应采集血液（应在猪发热初期采集，用肝素按 10IU/mL 或 EDTA 按 0.5% 添加起抗凝作用）、脾、扁桃体、肾和淋巴结等，各采集 2~5g，须置2℃~4℃非冰冻条件下保存送检，如不具备冷藏条件可将样品浸泡于甘油盐水中送检。在样品到达实验室后，如不立即进行检验，应于-70℃冰箱中保存。非洲猪瘟用于血清学检测应采集血清（感染后 8~12d，处在恢复期猪的血清）。样品包装和运输应符合农业农村部《高致病性动物病原微生物菌（毒）种或者样本运输包装规范》要求，或应符合世界动物卫生组织诊断手册第 1.1.1 章诊断用样品的采集和运输要求。

2. 病原学检测方法

（1）病毒分离

病毒分离即红细胞吸附试验是 ASF 首要的病原学诊断技术，也是最敏感的 ASFV 鉴定技术，可用于 PCR 阳性结果的验证。红细胞吸附原理是猪红细胞会吸附在感染 ASFV 的猪单核细胞或巨噬细胞的表面，呈现"自动玫瑰花环"现象。具体操作可按照《OIE 陆生动物诊断试验与疫苗手册》介绍的程序进行。但由于该方法在人员专业背景、实验室技术条件、生物安全设施等方面的要求严苛，只能在农业农村部指定和批准的三级生物安全实验室中开展。

（2）胶体金免疫层析抗原检测试纸卡

胶体金免疫层析技术具有操作简单、检测快速、结果容易判读等优点，特别适用于现场检测，是目前广泛应用的抗原检测方法。通常是以抗 ASFV p72 或 p30、p54、p62 单克隆抗体作为金标抗体和 T 线包被，以羊抗鼠 IgG 作为 C 线包被构建的胶体金免疫层析检测方法。虽然敏感性比荧光

PCR 检测方法稍低，但通常对 CT 值在 30 以下的样品，可检测出阳性结果。因此为基层诊断提供了一种技术手段。

（3）核酸检测

核酸检测技术可用于大规模的病毒筛查，可针对高风险群体在早期检测到病毒，从而显著降低病毒的后续传播。对从流行地区和以往无疫地区疫情中分离到的病毒进行分子特性分析，可显著提高对 ASFV 传播途径的流行病学认识。

①聚合酶链式反应（PCR）：《OIE 陆生动物诊断试验与疫苗手册》中推荐的 ASFV 的 PCR 引物是根据基因 vp72 保守且具有特异性的序列段设计的，共推荐 3 套引物。第一套引物的扩增片段长度为 278bp，其序列为上游引物 5'-ATGGATACCGAGGGAATAGC-3'，下游引物 5'-CTTACCGAT-GAAAATGATAC-3'；第二套引物的扩增片段长度为 257bp，其序列为上游引物 5'-AGTTATGGGAAACCCGACCC-3'，下游引物 5'-CCCTGAATCGGAG-CATCCT-3'；第三套引物的扩增片段长度为 251bp，上游引物 5'-CCATG-GTCAGCTTCAAACGTT-3'，下游引物 5'-ATTTGCGCACAAGCGTTGT-3'。

②实时荧光定量 PCR：《OIE 陆生动物诊断试验与疫苗手册》中推荐的 ASFV 的实时荧光定量 PCR 引物与探针也是根据基因 vp72 保守且具有特异性的序列段设计的，共推荐 3 套引物和探针。第一套引物和探针：上游引物 5'-CTGCT CATGGTATCAATCTTATCGA-3'，下游引物 5'-GATACCA-CAAGATC（A/G）GCCGT-3'，探针 5'-CCACGGGAGGAATACCAAC-CCAGTG-3'。第二套引物和探针：上游引物 5'-CCTCG GCGAGCGCTTTAT-CAC-3'，下游引物 5'-GGAAACTCATTCACCAAATCCTT-3'，探针 5'-CGAT-GCAAGCTTTAT-3'。第三套引物和探针：上游引物 5'-TGATATGGTGGGC-CACCAT-3'，下游引物 5'-CCCTGAATCGGAGCATCCT-3'，探针 5'-TATT-GGGTGCATGTC ATTCGTCCTGG-3'。

3. 血清学检测方法

由于国内外尚未有适用或商品化的 ASFV 疫苗免疫，ASFV 的抗体阳性表明 ASFV 存在或已经发生感染。急性或慢性病例自然痊愈后可转成持续性感染，成为病毒携带者。猪痊愈后携带病毒和野猪持续性感染状态构成控制该病的最大难题，因此，带毒猪的血清学确认是成功实施非洲猪瘟根除计划的关键所在。

（1）酶联免疫吸附试验（ELISA）

目前已有商品化的阻断 ELISA 试剂盒和间接 ELISA 试剂盒。ELISA 检测方法具有成本低、特异性好、灵敏度高和高通量快速检测等优势，能够用于大量样品的自动化检测，是目前应用最广泛的抗体检测方法，也是世界动物卫生组织推荐的 ASFV 抗体的首选血清学检测方法。应用作为包被抗原的 ASFV 结构蛋白主要有 p72、p30、p54、p62，血清灵敏度可达 1：1600，同时通过串联 2~3 种结构蛋白优势抗原表位、借助数十个同一结构蛋白的单克隆抗体，或是优化密码子改良表达多肽等形式，大大拓宽了非洲猪瘟多种 ELISA 诊断试剂的途径。

阻断 ELISA 试验的特异性和敏感性决定于所使用包被抗原的纯度、单克隆抗体的特异性和亲和力。间接 ELISA 试验的特异性和敏感性决定于所使用包被抗原的纯度和免疫反应原性。间接 ELISA 试验的敏感性比阻断 ELISA 试验高，但阻断 ELISA 试验的特异性比间接 ELISA 试验强。

（2）间接免疫荧光试验

间接免疫荧光试验是利用 ASFV 毒株感染单层猪肾或 VERO 细胞，再通过抗原抗体反应耦联荧光素进行检测，具有快速、敏感、高度特异等优点。如果检测样品为阳性，可在细胞浆中观察到特异性的免疫荧光。可用于确诊来自非洲猪瘟无疫区的 ELISA 检测疑似阳性血清，以及来自地方性流行地区的 ELISA 检测疑似阳性血清。

（3）免疫印迹试验

免疫印迹试验应用作间接荧光抗体试验的替代方法，以验证个别血清样品的可疑结果。免疫印迹试验特异性强，判读结果比较容易且更客观，提高了检测结果的准确性，还可更好地确认弱阳性样品。特异性可达 98.75%，敏感性可达 100%，可检测极低量 ASFV 抗体蛋白的表达和存在，能与感染 9d 以后产生的特异性抗体反应。该方法可与间接免疫荧光试验一起作为 ELISA 检测结果的进一步复核确证。

（八）防控

目前对非洲猪瘟的防治尚没有有效的治疗药物或疫苗，必须采取综合防控措施。事实上，非洲猪瘟自然传播速度慢，不是一种容易传播的疫病，只要采取严格的生物安全措施，无论对于防止境外疫情传入，还是防止国内疫情的扩散，都会收到良好的效果。生物安全措施是防控非洲猪瘟最有效、成本最低的手段。

AFSV 有 24 个基因型，其中基因 1 型、2 型、8 型毒株的毒力最强，危害大。应积极协调海关、公安等部门，做好入境动物产品的检疫把关工作，防止各种基因型的 ASFV 传入我国。第一，禁止疫情国家（地区）猪、公猪精液、野猪和猪肉及其制品等相关产品的进口贸易。第二，加强公路口岸、铁路口岸、航空口岸和港口的检疫工作，发现有来自非洲猪瘟疫区国家（地区）的猪、野猪及其相关产品，以及国际航班、轮船、列车、车辆等交通工具中废弃物、泔水等一律要按规定做无害化处理。第三，严格查验国际邮寄物和旅客携带物，发现疫区猪肉及其制品作退回或销毁处理。第四，对途经或停靠我国的国际交通工具发现的疫区猪肉及其制品作封存处理。第五，监督途经或停靠我国的国际交通工具中的废弃物、泔水的无害化处理过程。第六，组织海关、公安等多部门联动，采取有力措施严厉打击非法走私动物和动物产品。

为做好国内的非洲猪瘟疫情防控工作，必须加强养殖、流通、屠宰等环节的监管、把控，防止疫情扩散。养殖场和散养户要提高生物安全措施，加强人员、物品、饲料和车辆出入的隔离消毒；猪场禁止外来人员参观；做好猪场内部及周围野猪、犬、猫、禽等的活动监测，做好防鼠、蚊、蜱等工作，打造安全的生物屏障；禁止用泔水喂猪，严格执行病死猪及其血液、组织、分泌物、排泄物以及饲料、垫料等的无害化处理。完善种猪、商品猪及产品调运中的检测、生物安全措施和监管措施，严禁从高风险的区域调运引进有关猪的一切产品，在源头上切断病毒传播。加强生猪屠宰风险隐患排查，督促屠宰企业做好动物入场、屠宰环节等质量安全责任，加大打击私屠滥宰、屠宰病死猪、贩卖加工死猪肉等违法行为，减少屠宰环节非洲猪瘟疫情的传播风险。加强野猪和软蜱的控制，组织农业、畜牧兽医、林业等相关部门，对野猪、软蜱的种类种群生态分布进行普查、监测和预警工作，为非洲猪瘟疫情防控提供科学依据。严禁非法狩猎野猪和非法人工养殖野猪。养殖场（户）要采取措施避免家猪与野猪接触。在钝缘软蜱分布地区，养猪场（户）应采取杀灭钝缘软蜱等虫媒的控制措施。

四、牛结节疹

牛结节疹（Lumpy Skin Disease，LSD），又称结节性皮肤病、疙瘩皮肤病或牛疙瘩皮肤病，是由牛结节疹病毒（Lumpy Skin Disease Virus，LSDV）引起的、主要通过蚊子等节肢动物传播的牛的一种急性、亚急性或慢性传染病。该病以发热、消瘦、淋巴结肿大、皮肤水肿、局部形成坚硬的结节或溃疡为主要特征。由于牛结节疹危害严重，防治困难，被世界动物卫生组织确定为必须申报的动物传染病，我国将其列为一类传染病，采取严格的预防控制措施。

（一）病原

1. 分类

牛结节疹由牛结节疹病毒引起。该病毒属痘病毒科、羊痘病毒属，通常也称为 Neethling 病毒，与绵羊痘病毒和山羊痘病毒相似，同属于羊痘病毒属，核酸类型为 DNA。该病毒只有一个血清型。

2. 生物学特性

（1）形态结构

电子显微镜下可见牛结节疹病毒粒子如砖状，周围覆盖有短管状结构，大小约为 290nm×270nm，有些病毒粒子周围有宿主细胞膜包围。

（2）理化特性

病毒对外界环境、物理及化学因素具较强抵抗力。病毒对直射阳光敏感，在适宜环境下（如阴凉的圈舍），可存活 6 个月。在周围环境中，尤其是在干痂皮中，病毒可存活很长时间，在坏死组织中至少可存活一个月。在-80℃条件下，完整皮肤结痂或组织培养液中的病毒可至少存活 10 年。

病毒对强酸强碱敏感，在 pH6.6 ~ 8.6 之间很稳定。55℃ 2h 或 65℃ 30min 可灭活病毒。病毒对乙醚（20%）、三氯甲烷、甲醛（1%）和多数消毒清洁剂（如 SDS、2%苯酚等）敏感。

（3）培养特性

原代或继代牛皮肤细胞和羔羊睾丸细胞（LT）对 LSDV 最易感，特别是源于毛用绵羊品种的细胞，但 LSDV 也可在牛、绵羊或山羊源组织中培养。一旦病毒分离成功后，能适应在非洲绿猴肾细胞和 BHK-21 细胞中生长繁殖。在培养细胞内，用苏木素与伊红或苏木素与玫瑰红染色，48~56h后观察到胞质内包涵体。LSDV 也可在鸡胚绒毛尿囊膜和 VERO 细胞上生长，但此方法不建议用于 LSDV 的首次分离。

（4）基因组结构

LSDV 的基因组由 151000nt 组成，中央区域为高度重复的双线性反向末端重复序列，与其他哺乳动物的痘病毒的氨基酸有 65% 同源性。该段序列共编码 156 个基因，其中 146 个保守基因分别与 DNA 复制、mRNA 代谢、蛋白的处理与加工、病毒结构与装配、毒力及宿主范围相关。在基因组末端区域，双线性被打断，此区域 LSDV 的氨基酸与其他痘病毒属病毒不具有同源性，或同源性较低（仅为 43%），这些不同的基因与病毒的毒力或宿主有关。LSDV 与其他痘病毒属一样，含有与白细胞素 10（IL-10）、白细胞素 1（IL-1）结合蛋白、CC 受体结合的 G 蛋白、表皮细胞生长因子等同源蛋白，并以痘病毒的方式组装病毒。

（5）病毒蛋白及功能

能感染脊椎动物脊椎动物痘病毒亚科的 LSDV 等痘病毒科病毒，约有90 个基因相当保守，I5L 基因是其中之一。I5L 基因编码 VP13 蛋白，是构成病毒膜的主要成分，与病毒粒子的装配和成熟相关，在痘病毒的生命周期中具有重要作用。

（二）历史和地理分布

牛结节疹曾一度仅局限于非洲地区，在非洲中南部流行比较严重，后传到非洲北部地区。1929 年在赞比亚第一次有关于该病临床的描述，1943—1945 年，牛结节疹在非洲南部的博茨瓦纳和津巴布韦表现出传染性，一直持续到 1949 年，受染动物多达 800 万头，导致巨大经济损失。西非于 1974 年、东非肯尼亚于 1957 年，以及苏丹于 1972 年先后发现该病，1983 年此病蔓延到索马里。1988 年，埃及首次从隔离检疫的非洲进口牛中检出该病。1989 年，以色列也发现该病。该病目前还在一些地区持续发生，且有不断蔓延的趋势，发病率每年都有变化。2019 年 8 月，我国新疆伊犁发生牛结节性皮肤病疫情，这是我国首次确诊发生该病。

（三）危害

牛结节疹使感染牛消瘦、奶产量下降、母畜流产、公畜不育及其他生产能力的丧失，皮张鞣制后发生结节处出现盂状凹陷或孔洞，利用价值降低，造成很大经济损失。由于皮肤破溃，继发感染也是一个不可忽视的问题。病毒存在于病牛的皮肤结节、肌肉、血液、内脏、唾液、鼻腔分泌物及精液中，病牛恢复后常带毒 3 周以上。流行地区该病的发病率差异很大，即使在同一疫区的不同农场中发病率也不一样，通常为 2%~20%，个别地区达 80% 以上；死亡率通常为 10%~20%，有时达 40%~75%。

（四）风险群体

牛是 LSDV 的易感动物和自然宿主，无性别、品种差异。水牛、家兔、绵羊、山羊、长颈鹿和黑羚羊等也可能感染。患病牛是该病的主要传染源。在牛结节疹流行地区，从水牛体内检测到特异性抗体。绵羊、山羊及一些野生动物，如羚羊、长颈鹿和黑羚羊经皮内人工感染后多呈局部感染，个别表现为全身性症状。野生动物对该病的易感情况尚不清楚。

（五）媒介生物

牛结节疹的传播方式目前尚未完全明确，主要通过蚊蝇等节肢动物进行机械性传播，病毒通过牛—昆虫—牛循环链不断繁殖而引起暴发。

无媒介昆虫期，病毒可能通过污染的唾液传播，或通过饮水、饲料、直接接触等形式传播，故发病有一定的季节性，因此牛结节疹更常见于适合吸血节肢动物繁殖的温暖、潮湿季节。

牛结节疹一般不通过气溶胶传播，在国外一般呈地方性流行。

（六）症状

牛结节疹自然感染的潜伏期为 2~5 周，实验感染为 4~12d，通常为 7d。

病牛体温升高可达 40℃ 以上，呈稽留热型并持续 7d 左右。初期表现为鼻炎、结膜炎，进而表现眼和鼻流出黏脓性分泌物，并可发展成角膜炎。泌乳牛产奶量降低。体表皮肤出现硬实、圆形隆起、形成直径 20~30 毫米或更大的结节，界限清楚，触摸有痛感。一般结节最先出现于头部、颈部、胸部、会阴、乳房和四肢，有时遍及全身，严重的病例在牙床和颊内面出现肉芽肿性病变。皮肤结节位于表皮和真皮，大小不等，可聚集成不规则的肿块，最后可能完全坏死，但硬固的皮肤病变可能持续存在几个月甚至几年。有时皮肤坏死可招引蝇虫叮咬最后成硬痂，脱落后留下深洞；也可能继发化脓性细菌感染和蝇蛆病。

病牛体表淋巴结肿大，以肩前、腹股沟外、股前、后肢和耳下淋巴结最为突出，胸下部、乳房、四肢和阴部常出现水肿。四肢部肿大明显，可达3~4倍。眼、鼻、口腔、直肠、乳房和外生殖器等处的黏膜也可形成结节并很快发展成溃疡。

牛结节疹发病率差异很大，即使同一疫区的不同农场发病率也不一样，通常为2%~20%，南非曾经达到80%以上。死亡率差异也很大，通常为10%~20%，但也曾有40%~75%死亡率的报告。

（七）检测技术

牛结节疹诊断可按照我国已发布实施的海关总署技术标准《牛结节疹检疫技术规范》（SN/T 2515—2010）和《牛结节疹病毒荧光定量PCR操作规程》（SN/T 5197—2019）中推荐的方法，还可按照《OIE陆生动物诊断试验与疫苗手册》第3.4.12章中牛结节疹中的病原学和血清学方法进行。

1. 病料采集

在活体检查和尸体解剖时，从皮肤结节、病变的肺组织或淋巴结中采集病料，进行病毒分离和抗原检测。用于病毒分离和ELISA试验检测抗原的样品，应在中和抗体出现之前采集为宜，一般于临床症状出现后的第一周内采集，中和抗体出现之后，可采集样品用PCR方法检测病毒核酸，不过，35d以上的老病灶也能检测到病毒。在LSDV血症期间（全身病变出现之前或出现后4d内）采集血液，加肝素或乙二胺四乙酸（EDTA）抗凝，分离收集棕黄色层，也可用于病毒分离。

样品包装和运输应符合农业农村部《高致病性动物病原微生物菌（毒）种或者样本运输包装规范》要求，或应符合世界动物卫生组织诊断手册第1.1.1章诊断用样品的采集和运输要求。

2. 病原学检测方法

（1）病毒分离

①细胞培养分离：原代或继代牛皮肤细胞和羔羊睾丸细胞（LT）对LSDV最易感，特别是源于毛用绵羊品种的细胞，但LSDV也可在牛、绵羊或山羊源组织中培养。一般分离该病毒常用羔羊或牛睾丸细胞、羊或牛肾细胞，但以羔羊睾丸细胞培养收获量最高。将新鲜结节取下后在含抗生素

的缓冲液接种羔羊睾丸细胞单层，接种量最少覆盖细胞单层的 75%～80%。一旦出现病变并分离到病毒，即可用 PCR、血清中和试验或间接免疫荧光试验进行鉴定。

②鸡胚分离：LSDV 可在鸡胚绒毛尿囊膜（CAM）上产生"痘疱"，最好采用 7～9 日龄鸡胚进行接种，孵化温度 33.5℃～35℃。因敏感性不高，除非无合适细胞，初次分离病毒时，一般不用 CAM 接种的方法。

（2）抗原检测

①琼脂凝胶免疫扩散试验（AGID）：该试验一直被用于检测羊痘病毒的沉淀抗原，但缺点是该抗原与副痘病毒抗原相同，有交叉反应。制备 AGID 抗原、具体操作和结果判定可按《OIE 陆生动物诊断试验与疫苗手册》介绍的方法进行。

②微量血清中和试验：按《牛结节疹　检疫技术规范》（SN/T 2515—2010）标准，可进行牛结节疹微量血清中和试验。通常血清中和试验是最特异的血清学试验方法，但牛结节疹感染后主要是细胞免疫，免疫应答较温和，但不意味着动物没有产生抗体，只是中和抗体水平低，可能漏检。采用中和试验结果的同时，应结合临床症状及其他检测方法，作综合判定。

③酶联免疫吸附试验（ELISA）：一般采用羊痘病毒的高抗原性结构蛋白 P32 重组抗原，制备诊断试剂，包括制备针对 P32 蛋白的特异性多抗和单抗。以纯化羊痘病毒接种兔子，制备高免血清，使用该血清，可将从尸检悬浮物获得的羊痘抗原或组织培养抗原固化在 ELISA 板上。通过豚鼠血清（针对群特异结构蛋白 P32）、商品化 HRP 兔抗豚鼠 IgG 及显色剂/底物，检测是否存在 LSDV 抗原。

（3）核酸检测

①聚合酶链反应（PCR）：《OIE 陆生动物诊断试验与疫苗手册》推荐了羊痘病毒的 PCR 检测方法。该方法针对羊痘病毒黏附蛋白的编码基因，上游引物为：5'-TTTCCTGATTTTTCTTACTAT-3'，下游引物为：5'-AAATTATATACGTAAATAAC-3'，扩增片段长 192bp。通过测序及比对分析，可以确定病毒株类型。或者通过限制性酶 HindIII 酶切分析，可进一步确定 PCR 产物的特性，鉴别不同种羊痘病毒的毒株来源。

②荧光定量 PCR：采用 SN/T 5197—2019 推荐的荧光定量 PCR 方法，

使用针对 LSDV 的 ITR 区域设计的仅在牛结节疹病毒基因保守的特异性引物与探针，可直接鉴定检测 LSDV 核酸。上游引物 F 为：5'-TTGT-CAGAAACGAGG-3'；下游引物 R 为：5'-ATGCCTCACTTGTATTTGG-3'；探针为：FAM-5'-TCTTGCTAAAATACCA-3'-MGB。

3. 血清学检测方法

可采用血清学检测方法，包括血清中和试验、琼脂免疫扩散试验、间接免疫荧光试验、蛋白质印迹分析和酶联免疫吸附试验等进行 LSDV 抗体检测。病毒中和试验是最特异的血清学方法，但机体对 LSDV 感染主要表现为细胞免疫应答，仅产生低水平的中和抗体，因此，该方法不够敏感。由于同其他的牛痘病毒存在交叉反应，所以，琼脂凝胶免疫扩散试验和间接免疫荧光抗体试验的特异性较差。采用 LSDV P32 抗原与试验血清进行蛋白质印迹分析，该方法敏感、特异，但操作困难，试剂耗材较昂贵。用适宜载体表达的重组抗原建立的酶联免疫吸附试验，有望成为理想、标准的血清学方法。

（1）病毒中和试验

用一定量的病毒（100TCID$_{50}$）滴定试验血清或用一定量的试验血清滴定标准毒株来计算中和指数。由于病毒对组织培养敏感性不同，从而也难以保证使用准确的病毒液浓度，因此以中和指数来表示是最好的方法。该试验可在 96 孔平底组织培养微量板中进行，也可选择不同体积的培养量在组织培养管中进行，不过，组织培养管内终点判读比较困难。据报道，选用非洲绿猴肾细胞，其结果一致性较好。固定病毒稀释血清法是将血清作1∶5~1∶500 系列稀释，细胞为胎牛肌细胞，该细胞对山羊痘病毒敏感性要比 LT 细胞差，从而克服了跳孔现象。临床症状出现后第二天就可检测到山羊痘病毒抗体，大约持续 7 个月都可检出抗体，但通常在 21~42d 之间抗体滴度明显升高。

（2）蛋白质印迹试验

将试验血清与感染山羊痘病毒的细胞裂解物进行蛋白质印迹试验，尽管价格昂贵且不易操作，但该方法敏感、特异，可检测针对山羊痘病毒结构蛋白的抗体成分。分子量标准应与蛋白质样品同时电泳。阳性试验样品和阳性对照产生的图谱应该与山羊痘病毒的主要结构蛋白即分子量为67ku、32ku、26ku、19ku 和 17ku 的蛋白条带相一致，而阴性血清样品则没有这种结果。用副痘病毒（牛丘疹性口炎，伪牛痘病毒）制备的高免牛血清可与山羊痘病毒部分结构蛋白发生反应，但对山羊痘病毒特异性的32ku的结构蛋白不反应。

（3）酶联免疫吸附试验

随着具有强抗原性的山羊痘病毒结构蛋白 P32 基因的克隆，可用表达的重组抗原来制备相应的诊断试剂，如针对 P32 的单因子多克隆抗血清以及单克隆抗体（MAb），这些试剂有助于高度特异性的 ELISA 方法的建立。在 ELISA 板上，用纯化的山羊痘病毒免疫兔制备的高免抗血清捕获活检组织样品上清液或者组织培养上清液中的山羊痘病毒抗原，然后，用抗群特异性结构蛋白 P32 的豚鼠血清、商业化辣根过氧化物酶标记的兔抗豚鼠免疫球蛋白，以及显色的底物溶液进行反应，证明抗原的存在。

（八）防控

疫苗免疫是牛结节疹最有效的防控手段。LSDV 是一种痘病毒，与绵羊痘病毒和山羊痘病毒相似，同属于羊痘病毒属。迄今为止，所有山羊痘病毒毒株，无论是牛的，还是绵羊或山羊的，均具有共同的免疫抗原。致弱的牛源毒株以及来自绵羊和山羊的毒株已被用作活病毒疫苗，通过注射4~5 倍剂量的山羊痘或绵羊痘疫苗可以有效预防牛结节疹。暴发时，患病动物应限制在无蚊蝇的地方，所有接触的牛应进行疫苗接种。

疫苗免疫有效，但可能引起一些牛，特别是进口牛的不良反应，经常出现停止免疫，造成暴发的潜在危险。在进口牛中一旦检出该病，全群牛退回或全群扑杀并销毁尸体。

对新发生牛结节疹的地区，建议宰杀全部患病牛和与之有接触的牛并销毁尸体，同时立即建立 25~50km 范围的免疫区并限制动物移动。通过严格的生物安全措施、早发现、早诊断、早处理等措施进行防控。根据经验分析，该病对牛致死率不高（10% 以内），主要引起生产性能的下降，因此只要做到发现疑似临床症状后迅速确诊、隔离并限制移动牛只、确诊后扑杀并作无害化处理，就能够很好控制住疫情。

五、鹿流行性出血热

鹿流行性出血热（Epizootic Hemorrhagic Disease，EHD）是由鹿流行性出血热病毒（Epizootic Hemorrhagic Disease Virus，EHDV）引起的一种由库

蠓（*Culicoides Variipennis*）作为生物媒介传播的季节性非接触性虫媒传染病。以引起牛、绵羊、白尾鹿、麋鹿、大角羚羊等多种驯养和野生反刍动物体温升高、休克、黏膜和浆膜面出血为主要特征。被世界动物卫生组织确定为必须申报的动物传染病。我国将其列为二类传染病。

（一）病原

1. 分类

分类学上，EHDV 属呼肠孤病毒科（Reoviridae）环状病毒属（*Obivirus*），是节肢动物源（主要是库蠓）的双股 RNA 病毒。国际病毒分类委员会（ICTV）2005 更新的数据库将该病毒划分为 11 个血清型，为 EHDV-1~10 型和 11 型，后者为茨城病病毒。在血清学反应中，与蓝舌病和环状病毒属其他成员有一定交叉，称为群间特异性反应。

2. 生物学特性

（1）形态结构

EHDV 粒子仅一种形态，呈圆形，直径为 80nm。核衣壳为正二十面体，无囊膜，双层衣壳。衣壳表面有环状的壳粒，这是该病毒的典型特征。衣壳由 42 个壳粒组成，壳粒直径为 10.5~11.5nm，由 5 个或 6 个亚单位聚集组成，核心宽 4.5nm，空心。外层剥落后，病毒"核心粒子"直径约为 60nm。超薄切片中病毒粒子的直径约为 59nm，有一电子密度较高的核芯和一个比较透明的外层（衣壳），有时围绕有一层来源白细胞的外膜，或称假囊膜。

（2）理化特性

EHDV 病毒分子质量约 79×10^6 u（80×10^6 Da），$CsCl_2$ 中浮密度为 1.36g/cm³；核分子质量约为 52×10^6 u，$CsCl_2$ 中浮密度为 1.40g/cm³。EHDV 对乙醚和去氧胆酸盐有抵抗力，对三氯甲烷敏感或稍有抵抗力，在 pH6.8~9.5 稳定，在 pH4.0 以下迅速灭活，不耐热，56℃ 4~5h 灭活，在-70℃或4℃可以长期保存活力，但在-20℃较快灭活，放置一个月后，病毒效价明显下降，但随后趋于稳定，病毒效价的下降变慢。病毒粒含 16% 的核酸，占"核心粒子"的 25%，病毒粒中含 84% 的蛋白质，"核心粒子"中蛋白质占 75%。

（3）培养特性

鹿流行性出血病毒可在鹿肾细胞中繁殖，使感染细胞变圆和成团块，也可在 BHK-21、VERO、Hela 细胞内增殖，并产生细胞病变和蚀斑。

（4）基因组结构

EHDV 的基因组由 10 个片段的双股 RNA 链组成，聚丙乙烯电泳谱为 3-3-3-1 分布。全基因长度为 19200nt，5 端序列有保守区，重复序列的长度为 8~34nt。3 端有保守的序列，这在各个基因片段都是相同的。各片段的非编码区位于 31~116nt。3 端的重复序列为 6nt 长。帽序列为 m7G5PPP5'GmpNp。5 端无聚（C）区；3 端无聚（A）区，3 端无类似 Trna 结构。被包裹的每个 RNA 链各为单独的基因，每个基因各被包于不同的粒状结构中。10 个片段的基因分别名为 L1~3、M4~6、S7~10，相对分子质量在 0.5×10^6 Da 到 2.7×10^6 Da 之间，总量为 13×10^6 Da。编码 7 个结构蛋白（VP1~VP7）和 3 个非结构蛋白（NS1、NS2、NS3 和 NS3A）。编码结构蛋白 VP2、VP3 的基因随地区等有较大的变异，编码 VP7 的基因则相对保守；非结构蛋白 NS1、NS2 和 NS3/NS3A 的编码基因相当保守，且与 BTV 相应片段有显著差异。

（5）病毒蛋白及功能

EHDV 的 10 个片段基因共编码 7 个结构蛋白（VP1~VP7）和 3 个非结构蛋白（NS1、NS2、NS3/NS3A）。其中 4 种结构蛋白形成双层蛋白衣壳，外壳主要由 VP2 和 VP5 构成；内核由两个大蛋白 VP3、VP7 及其他三个小蛋白 VP1、VP4、VP6 组成。病毒基因组及 VP1、VP4、VP6 被包裹于二十面体的壳内。在各型间同源性高于 90%。

VP7 和 VP3 结构蛋白为群特异抗原，高度保守。VP7 蛋白由 S7 基因编码，基因全长 1162bp，由 349 个氨基酸组成的蛋白。研究表明 6 株 EHDV-1 毒株间 S7 基因的核酸序列和氨基酸序列的同源性分别为 96.1% 和 98.9%。VP3 蛋白由 L3 基因编码，由 899 个氨基酸组成，相对分子质量为 103.158Ku。同一地区 EHDV 各毒株 VP3 的同源性在 98%~99%，而不同地区各 EHDV 毒株 VP3 的同源性仅为 79%。这表明即使是同一血清型 EHDV，地理差异会影响核酸的同源性，但蛋白的同源性仍高于 90%。

VP2 结构蛋白由 L2 基因编码，由 982 个氨基酸组成，VP2 与病毒型特异性有关，可诱导产生中和抗体。结构蛋白 VP5 蛋白由 M5 基因编码，产物是由 527 个氨基酸组成的 VP5 蛋白，相对分子质量为 59Ku。EHDV VP5 可用重组杆状病毒表达系统在昆虫细胞中表达，但表达水平很低。表达的

VP5 毒杀细胞比表达的 VP2 或野生型杆状病毒更快，表明 VP5 对昆虫细胞有较强的毒性。

非结构蛋白 NS1、NS2、NS3/NS3A：NS1 蛋白由 M6 基因编码，预测产物由 553 个氨基酸组成，具有很强的疏水性。NS1 是在感染细胞中合成的主要蛋白，通常形成聚合体结构。NS2 蛋白由 M8 基因编码的唯一磷酸蛋白，为 376 个氨基酸，表达量很高。由 S10 基因编码的两种蛋白 NS3 和 NS3A，S10 基因包含两个起始密码子不同的重叠开放阅读框，转录产生的蛋白质相对分子质量分别为 25.5Ku 和 24Ku，研究发现各型 EHDV 的 S10 基因的同源性为 94%~100%，氨基酸的保守性为 98%~100%。

（二）历史、地理分布

此病毒于 1955 年首次在美国新泽西州的白尾鹿中分离到，同年在密歇根州、1956 年在南达科他州、1967 年在华盛顿州、1971 年在西南部的白尾鹿中均分离到此病毒，病死率高达 62%。1960 年，日本牛群也流行此病，发病率达整个流行地区的 1.96%，有 4000 多头牛死亡。1984 年，在科罗拉多州西北部自然放牧、无临床症状的牛、羊血中分离到病毒。2002 年美国亚利桑那州也出现了绵羊和鹿的 EHD，其疫区在美国有扩大的趋势。2003 年，美国一养鹿场因 EHD 死亡 150 头鹿。2004 年，美国弗吉尼亚州在 60km 范围内由 EHDV-2 引起 228 头鹿死亡。除美国外，加拿大、日本、南非、澳大利亚和尼日利亚也分离到 EHDV。我国在牛、羊血清中也检测到 EHDV 阳性抗体。

目前，EHDV 共发现 11 个血清型，美国大多为 EHDV-2、EHDV-1，澳大利亚有 EHDV-1、EHDV-2、EHDV-5、EHDV-6、EHDV-7、EHDV-86 等血清型。尼日利亚分离到 EHDV-3、EHDV-4。另外，印度尼西亚、马来西亚、菲律宾、圭亚那、中国台湾地区等地都分离到 EHDV。EHD 在日本、韩国和中国台湾地区周期性暴发。疫病通常流行于夏末和秋天，且形势严重。在美国北部很少暴发鹿的 EHD，牛中也很少出现，发病率 5%。EHDV-11 型于 1959 年在日本引起 39000 头牛发病，病死 4000 头，被称为类蓝舌病，后定名为茨城病。

（三）危害

鹿流行性出血热是美国、加拿大及非洲等地鹿的一种致死性流行病，导致鹿出血性发热，严重的呈休克症状、黏膜和浆膜出现多处出血水肿，继而昏迷死亡。曾在日本的一次牛蓝舌病样品中分离到一株病毒，因而认为牛也是病毒宿主。环状病毒对人的致病性表现为神经系统损害，引起的损害包括脑部病变（病毒脑、脑梗死、脑膜脑炎、脑膜炎、中风等）、神经损害（神经炎、末梢神经炎、面瘫等、肢端麻痹）、皮肤损害（发热、皮疹）等。

（四）风险群体

牛、绵羊、白尾鹿、麋鹿、大角羚羊等多种驯养和野生反刍动物均易感。各种鹿的易感性有差异。感染 EHDV 白尾鹿的带毒期只有 16d，黑尾鹿、麋、麂和羚羊体内曾分离到 EHDV，这些动物人工感染后不发病，但可出现短暂的低滴度病毒血症，血清抗体阳性。有些种类的鹿特别是美国的白尾鹿很易感，将病毒材料给白尾鹿作肌肉或静脉内接种，可于 5～6d 内死亡，死亡率可达 90% 以上。在易感鹿中，不同年龄和性别都可感染发病。1 岁以内的幼鹿和成年鹿的病死率最高，而 1 岁龄的小鹿则很低，圈养鹿病死率高达 62%，放养鹿则微不足道。受感染的鹿可携带病毒长达 2 个月，绵羊和牛分别为 28d 和 50d。

20 世纪 70 年代早期，EHDV 引起美国西部白尾鹿、黑尾鹿、无角鹿和叉角羚等大量损失。以前认为只有白尾鹿能自然感染 EHDV，后来通过血清学调查和研究表明，黄牛也是 EHDV 的自然感染畜主，对养牛、养羊业也有重要意义。

（五）媒介生物

EHDV 不能直接接触传染，库蠓是唯一一个生物传播媒介，EHDV 随库蠓广泛分布于热带和温带，澳大利亚主要发生在西北部的一些地区，如金伯利、昆士兰。在美国分布于弗吉尼亚、西弗吉尼亚、威斯康星、怀俄明西北部，我国还没有进行系统的调查。Anderson（1985）从流行地区雌性库蠓中分离到病毒。美国农业部虫媒病毒研究所给库蠓接种 EHDV 或饲喂含病毒的血液，结果使其发生感染，病毒在库蠓体内大量增殖。通过使用核酸杂交技术检测到 EHDV-1 感染库蠓后，9d 可测到 EHDV 的 RNA，14d 达高峰，而 7d 就可测到 EHDV-2，说明 EHDV-2 在库蠓中复制较快。对库蠓与 EHDV 结合的受体也进行了研究，对防止 EHDV 的传播有重要意义。

EHD 是典型的虫媒病，库蠓是主要的带毒者，一些小昆虫和蚊子也是 EHDV 传播的带毒者。EHDV 在库蠓体内繁殖，并存在于其唾液中，当叮咬时，又将病毒传给反刍动物而在体内繁殖，然后再经叮咬传给库蠓，如此反复而形成生态型循环和生物性传播。由于生物性传播，该病毒感染动物表现明显的季节性和地域性，一般在温暖季节，即晚春、夏季和早秋流行，地区分布以热带、亚热带、温带为主。

（六）症状

EHDV 感染成年白尾鹿，潜伏期为 6~8d，急性表现为发热，迅速呼吸困难，舌水肿呈青紫色，唾液增多，有严重卡他性的鼻渗出物，有时有血性腹泻，各组织和脏器都有明显出血。急性期未死鹿由于蹄冠蹄缘出血而表现跛行，与蓝舌病病毒对绵羊产生的损伤相似。EHDV 感染羊呈亚临床症状。用 EHDV 注射羊也会引起病毒血症。

鹿：患 EHD 的鹿通常可观察到三种综合病症。特急性 EHD 的特征为高烧、厌食、虚弱、呼吸困难以及严重的急性颈颅水肿，通常还会出现舌头和结膜肿胀。出现特急性 EHDV 的鹿通常都会在 8~36h 内迅速死亡，一些动物死亡的时候甚至还未出现临床症状。在急性（典型性）EHD 中，伴随有广泛的组织出血症状，包括皮肤、心脏和胃肠道。常常还会出现过多的流涎和流鼻涕，并伴有血丝。患有急性 EHD 的动物还会出现舌头、牙龈、上颚、瘤胃和重瓣胃的溃疡或糜烂。通常特急性和急性 EHD 都有高死亡率。感染慢性 EHD 的鹿在患病几周后渐渐痊愈。

牛：发烧、口部溃疡、流涎、蹄冠残废和体重减轻等是患 EHD 牛的特征。吞咽失调是由咽、喉、食道和舌头的横纹肌受损引起的，有可能导致脱水、瘦弱和吸入性肺炎。在口、嘴角和蹄冠周围可观察到水肿、出血、糜烂和溃疡的症状。动物可能僵直和跛行，且皮肤可能变厚和水肿。在有些疫病流行时可见流产和死胎的报道，并且有一些受感染牛出现死亡。在怀孕的母牛中，如果在怀孕 70~120d 感染 EHDV，胎儿被消融或出现水脑畸形。

其他动物：绵羊和山羊可被感染 EHDV，但很少出现临床症状。

（七）检测技术

鹿流行性出血热诊断可以按照我国已发布实施的行业标准《鹿流行性

出血病检疫技术规范》（SN/T 1161—2010），该标准规定了鹿流行性出血热的病原分离及鉴定、病毒中和试验、荧光抗体试验、聚合酶链式反应和琼脂凝胶免疫扩散试验检测方法。

1. 病料采集

采集肝素抗凝血以及血清。对病死动物，无菌采集肾、脾、肝等组织样品。样品包装和运输应符合农业农村部《高致病性动物病原微生物菌（毒）种或者样本运输包装规范》要求，或应符合世界动物卫生组织诊断手册第1.1.1章"诊断用样品的采集和运输要求"。

2. 病原学检测方法

（1）病毒分离

EHDV可在BHK-21、VERO、Hela细胞内增殖，并产生细胞病变和蚀斑。人工接种乳鼠脑内，可使乳鼠100%发病死亡。

（2）抗原检测

可以按照行业标准《鹿流行性出血病检疫技术规范》（SN/T 1161—2010）中荧光抗体试验和病毒中和试验检测鉴定病毒的血清型。

（3）核酸检测

目前PCR主要应用于EHDV群特异和血清1型和血清2型的特异检测。Imadeldin E等（1997年）报道，根据EHDV-1编码非结构蛋白NS3和NS3a的片段基因序列，设计了二套RT-PCR引物，进行了RT-PCR检测，获得了良好效果。第一套引物：上游引物5'-GGTTG CTTAT GCTTC GTATG CGGA-3'，下游引物5'-CACGA CATAG TGACC TTGGA GCTT-3'，扩增片段大小为535 bp；第二套引物：上游引物5'-ATGCG TGTAG AGTTG ACAGC GATG-3'，下游引物5'-CTCTG TCACA CTCAT TCGTA CTGC-3'，扩增片段大小为352 bp。也可采用行业标准《鹿流行性出血病检疫技术规范》（SN/T 1161—2010）中反转录聚合酶链式反应（RT-PCR）方法检测病毒核酸，其引物序列如下：引物A：5'-TCGAAGAGGTGATGAATCGC-3'；引物B：5'-TCATCTACTGCATCTGGCTG-3'；扩增产物为388bp；引物C：5'-CATGCGGCATATAGATTGGC-3'；引物D：5'-GTCATCTAGCACTAT-GCGTG-3'；扩增产物为225bp。

3. 血清学检测方法

目前，用于检查鹿流行性出血病的血清学方法是琼脂免疫扩散试验、补体结合试验、荧光抗体技术、血清中和试验。最常用的是竞争酶联免疫吸附试验（C-ELISA）、琼脂凝胶免疫扩散试验和血清中和试验。在血清学反应中，EHDV 与蓝舌病和环状病毒属其他成员存在一定的群间特异性反应。目前已知 EHDV 有 11 个血清型，VP7 蛋白作为群特异性抗原，可诱导机体产生群特异性抗体，VP2 与病毒型特异性有关，可诱导产生中和抗体。

（1）血清中和试验

取已灭活处理的血清，在 96 孔细胞培养板上，用稀释液作一系列倍比稀释，使其稀释度分别为原血清的 1：2、1：4、1：8、1：16……每孔含量为 50μL，每个稀释度作 4 孔。每孔加入经测定毒价的 EHD 病毒液 50μL（含 200 TCID50）。置于 37℃ 温箱中 1h。每孔加入 100μL 细胞悬液（浓度以在 24h 内长满单层为度）。37℃ 温箱培养，自培养 48h 开始观察，144h 终判。中和试验是区分 EHDV 与 BTV 的血清学方法之一，并可测定型特异性抗体。为保证试验结果的准确性，试验时必须设立阳性和阴性血清对照，血清毒性对照，病毒对照和正常细胞对照。试验的血清应当是无菌采取并且冷冻运送，在 56℃ 灭活 30min，以除去可能干扰试验的内在因素。

（2）琼脂免疫扩散试验

用生理盐水配成 1% 琼脂板待凝固后，打孔。中央也加入 EHD 抗原，周围 1、3、5 孔加入阳性血清，2、4、6 孔加入被检血清。置湿盒内在室温下感作 24~48h，判定结果。我国从 1980 年开始使用免疫琼脂扩散实验（AGID）进行出口检疫，此方法实验程序简单，易操作，可重复，具群特异性，血中抗体比补体结合试验抗体持续时间长，病毒感染 2 周后，可测抗体。免疫扩散实验广泛用于美国其他实验室，并已形成标准试验程序，用于出口检疫。目前，是公认的标准血清学实验。

（3）C-ELISA

美国、加拿大、澳大利亚等利用单克隆抗体建立了 C-ELISA，并已广泛应用。不足的是，C-ELISA 在临床应用或直接用于样品检测时常缺乏足够高的灵敏度，且只有收集感染 2 周以上患病动物血液样品才能检出 EHDV 抗体。

六、牛流行热

牛流行热（Bovine Epizootic Fever，BEF）又名牛暂时热（Bovine Ephemeral Fever，BEF），牛三日热，僵硬病，牛流行性感冒，是由弹状病毒科暂时热病毒属牛暂时热病毒（Bovine Ephemeral Fever Virus，BEFV）引起牛的一种急性、热性的免疫病理性传染病。以感染牛突然高热（40℃以上）、呼吸迫促、消化机能障碍、全身虚弱、僵硬、跛行为主要特征。

（一）病原

1. 分类

分类学上，BEFV 属弹状病毒科暂时热病毒属，把牛流行热病毒与狂犬病病毒、水疱性口炎病毒等一起归于弹状病毒科（Rhabdoviridae），这是因为这些病毒都具有以下几点共性：外形为子弹型；核酸为单股负链RNA；具有 5 种结构蛋白；对脂类敏感等。但牛流行热病毒与同科其他病毒在宿主范围、生理周期、产热机理、免疫反应等方面均存在较大的差异。因此，对于 BEFV 在病毒分类学上所处的位置仍有争议。1994 年国际病毒分类委员会会议将它正式列为弹状病毒科暂时热病毒属（*Ephemerovirus*）。

2. 生物学特性

（1）形态结构

牛流行热病病毒呈子弹状或圆锥形。成熟病毒粒子为 80nm×120～170nm。病毒粒子有囊膜，囊膜厚 10～12nm，表面具有纤细的突起。除典型的子弹形病毒粒子外，通常可看到 T 粒子，特别是在高浓度病毒传代的细胞培养物内。超薄切片上可看到以出芽方式从胞膜或胞浆空胞膜向细胞外或胞浆空泡内释放的病毒粒子。宿主细胞浆内有毒浆结构，胞浆内的结构变化显著，出现大量微管和微纤结构。将超速离心浓缩和初步提纯的病毒粒子用磷钨酸负染可在电子显微镜观察到典型的弹状病毒。从超薄切片的样品中可观察到病毒粒子大小为 80nm×160nm。

（2）理化特性

病毒对乙醚、三氯甲烷、脱氧胆酸钠及膜蛋白酶敏感；枸橼酸盐抗凝的病牛血液于 2℃～4℃贮存 8d 后仍有感染性。感染鼠脑悬液（加有 10%犊牛血清）于 4℃经一个月毒力无明显下降。反复冻融对病毒无明显影响。

于-20℃以下低温保存，可长期保持毒力。用柠檬酸盐抗凝剂收集 BEFV 感染牛全血在 pH2.0 以下，pH12.0 以上时 10min 内使之灭活，BEFV 对热敏感。牛流行热病毒具有血凝抗原，Tortilla Flat 病毒株能够凝集鹅、鸽、马、仓鼠、小鼠及豚鼠红细胞，这种凝集作用可被特异性抗血清抑制。病毒的相对分子质量为 $3.5×10^6$Da。将 3H 标记的病毒以氯化铯等密度梯度离心所获的结果表明，该病毒的浮密度为 1.196g/mL。

在 56℃下作用 10min 病毒感染价下降 10^3TCID$_{50}$，作用 20~30min 感染价完全丧失，在 37℃下作用 12h 降低 10 TCID$_{50}$，作用 48~72h 以及 34℃作用 120h 病毒可完全被灭活。把含病毒的血液在-2℃保存 48d，在-15℃保存 45d 以及冻干含毒血液在-40℃下保存 985d 仍有致病性。把感染 BHK-21 病毒细胞培养液置-80℃保存 134d 未见感染价下降，保存 278d 下降 10^2TCID$_{50}$，-20℃保存 73d 下降 10^2TCID$_{50}$。在 4℃下保存 40d 感染价未见下降，但 130d 病毒则完全失活。以 73000×g 4℃下超速离心可将大部分病毒沉淀下来。

（3）培养特性

牛流行热病毒能在牛肾、牛睾丸及牛胎肾细胞，也可在仓鼠肾原代细胞及传代细胞上繁殖，且产生细胞病变。病毒可在仓鼠肾传代细胞 BHK-21 中生长，并能产生明显的细胞病变。近年来又有将其适应于猴肾传代细胞，可在接种后 48h 产生细胞病变。细胞变圆，胞浆呈颗粒状，随后由瓶壁脱落。于 VERO 细胞中，在接毒后 2~4d 出现针尖大的蚀斑，蚀斑直径在 6~8d 后增大至 1~1.5mm。转瓶培养有利于病毒增殖和产生细胞病变。

将感染牛的白细胞脑内接种于 1~3 日龄乳鼠、乳仓鼠、大鼠，可用于病毒分离，传 6 代后可在 2~3d 后稳定引起小鼠死亡，但对牛无感染性。可使小鼠发病，初代潜伏期为 10~17d，发病率低，连续传代后潜伏期很快缩短为 3d 左右，发病率可达 100%。乳鼠表现为神经症状，易兴奋，步态不稳，多数经 1~2d 死亡。

（4）基因组结构

BEFV 单股负链 RNA 病毒，相对分子质量 $3.5×10^6$，长 11kb 左右、占病毒粒子总重的 2%。其中 11 组基因已被确定，从 3'-5' 端的顺序依次为 $3'-N-M_1-M_2-G-G_{NS}-\alpha_1-\alpha_2-\alpha_3-\beta-\gamma-L-5'$，第 25~52 位核苷酸之间为插入区，γ 和 L 基因之间具有 21 个核普酸的重叠区。除 α_1 基因外，其余所有基因均以-UUGUCC-序列起始，转录合成的 mRNA 在 5′端有帽子结构，其基因起始序列为-AACAGG-，终止序列 CNTG（A）$_{6-7}$。在这些基因中，N、M$_1$、M$_2$、L 和 G 为编码 BEFV 的结构蛋白基因。

核蛋白基因（N）含有 1328 个核苷酸，基因以 AACAGG 保守序列起始，并以 CATG（A）7 序列结束。该基因编码含 311 个氨基酸的 49kDa 的蛋白质，氨基酸序列与水疱性口炎病毒相近。L 蛋白基因能够编码 180kDa 的蛋白，具有 RNA 依赖的 RNA 多聚酶活性，其 mRNA 具有蛋白激酶的活性，对基因的转录和复制具有调控作用。紧邻 M2 基因下游的是编码牛流行热病毒糖蛋白的两个相连基因 G 和 GNS 蛋白基因，距 N 蛋白基因 1.65kb。G 蛋白基因全长约 1872bp，亦具有典型的 AACAGG 起始序列和 CATG（A）7 结束序列。该基因编码含 623 个氨基酸、相对分子质量为 81kDa 的糖蛋白。在该基因 N 端是典型的真核膜蛋白信号肽序列区，包括 N 末端负电荷区和与肽酶切位点相近的多极化区域。GNS 蛋白基因紧邻 G 蛋白基因下游，基因全长 1757bp，包括一个信号肽区、疏水转膜区和 8 个 N 糖基化位点。

在 BEFV G$_{Ns}$基因与聚合酶基因 L 之间是 1622bp 的 DNA 片段。这一片段含五个开放阅读框，编码三个转录子（α、β 和 γ），每个转录子均含有典型的保守序列（AACAGG）和 CATG（A）$_7$结束序列。在弹状病毒中，G-L 基因变异很大，有人推测该区某基因与 L 基因的表达调节有关。

（5）病毒蛋白及功能

牛流行热病毒 N 蛋白为磷酸化蛋白，是转录—复制复合物的基本组成蛋白，能与负链 RNA 结合，识别转录终止信号及 Poly（A）信号，调控基因转录，启动基因复制，同时能刺激机体产生细胞免疫和体液免疫过程。M$_1$蛋白基因编码 43kDa 的蛋白，是病毒多聚酶成分之一，在感染细胞的细胞质中以可溶性成分存在，能够阻止 N 蛋白的自身凝集，帮助 N 蛋白脱离核衣壳与 RNA 分离，刺激机体产生细胞免疫。编码 M$_2$蛋白的基因位于 G 蛋白基因上游，该基因编码 29kDa 蛋白，是一种磷酸化蛋白，主要位于毒粒内部，可能具有调控 RNA 转录的作用。L、M$_1$ 和 N 蛋白是病毒核衣壳的重要组成部分；M$_2$是核衣壳外脂类膜的重要组成成分。

G 蛋白是 BEFV 主要免疫原性蛋白，位于 BEFV 毒粒囊膜表面，形成突起。G 蛋白中糖类成分占 10%，它的糖基化对蛋白质的空间构象起着重要作用，决定着抗原决定簇的形成。糖链构象的正确与否直接影响着 G 蛋白能否组装到毒粒之中。根据 G 蛋白表面抗原位点的不同可将 BEFV 分型。由 G 蛋白构成的亚单位疫苗免疫牛可产生对强毒的抵抗力，G 蛋白是公认的保护性抗原。G 蛋白常形成同质的三聚体壳粒，与细胞受体结合并介导病毒与细胞及与中和抗体的结合反应。

G_{NS} 蛋白与 BEFV G 以及其他弹状病毒 G 蛋白具有相似的氨基酸序列。只有 G 蛋白与 BEFV 的出芽和成熟有关，而 G_{NS} 则与此无关。现认为 G_{NS} 在自然感染的组织中，可能与增强 BEFV 感染细胞的能力有关。

(二) 历史、地理分布

1867 年 Schwinfuth 首次报道该病发生于东非，随后在津巴布韦、肯尼亚、南非、印度尼西亚、印度、埃及、巴勒斯坦、澳大利亚、日本等国（地区）都有发生。该病曾在多地区流行，包括非洲的肯尼亚，亚洲的中国、朝鲜、日本、印度、印度尼西亚等，大洋洲的澳大利亚，以及地中海地区。养牛业的快速发展又促使该病向更广泛的地区蔓延，至今已有百余年历史。我国有牛流行性感冒暴发流行的记载。直至 1976 年该病暴发流行期间，才从北京暴发流行该病的某奶牛场，采集了病牛高热期的抗凝血或脱纤血，通过乳鼠脑内传代和 BHK-21 细胞盲传的方法成功分离出我国第一株牛流行热病毒，1977 年和 1983 年又分别从广东、安徽分离出该病毒。该病在我国分别于 1954 年、1966 年、1976 年、1983 年、1987 年和 1991 年发生了 6 次大流行。这个病的名字有几种称呼：暂时热、一日热、三日热、僵硬病和流行热。其中两种称呼使用比较普遍，在非洲和大洋洲称为牛暂时热；在亚洲的中国和日本则称为牛流行热。

(三) 危害

牛流行热发病率高，病死率低，通常为 1%～2%。病牛一般取良性经过，通常在 3d 左右恢复。牛流行热能造成比较严重的经济损失。种公牛感染该病后，精子畸形率可达 70% 以上，奶牛的产奶量降低，乳品质量下降，并长期不能恢复正常；役用牛则因跛行或瘫痪而不能使役；护理和治疗不及时，死亡率可能上升。

(四) 风险群体

牛是该病毒唯一的敏感动物。不同品种的牛易感性差异较大，黄牛和奶牛较水牛易感。发病率经常超过50%，但死亡率一般不超过5%。各种年龄的牛都能感染发病，犊牛的病情更为严重，死亡率稍高些。除牛以外，牛流行热病毒不能使马、绵羊、山羊、猪、犬、家兔、豚鼠、成年小鼠和鸡胚感染发病。取急性病牛的血液接种绵羊和鹿，呈现病毒血症，不发病，但可产生中和抗体。脑内或腹腔内接种新生6日龄乳仓鼠，可使其发病死亡。连续传代后可使这些实验动物均于接种后2~3d麻痹死亡。但成年鼠一般不死亡。

(五) 媒介生物

媒介昆虫的存在是该病得以传播的中心环节。该病不能直接接触传染，而是通过媒介昆虫吸血叮咬带有病毒血症的病牛来传播扩散该病。据记载，肯尼亚和澳大利亚已分别从 *Culieoiesspp* 和 *Culieoidesbrevitarsis* 中分离到牛流行热病毒。

(六) 症状

该病一般经3~7d潜伏期，在临诊上出现一过性高热和呼吸器官障碍，且伴有消化道以及运动机能的异常。在出现高热前，患畜震颤、恶寒战栗。若只出现轻度症状，易被忽视。热型表现双相热，三相热，偶然表现多相热型。病畜突然高热40℃以上，甚至高达41℃~42.5℃，可稽留50~70h。在高热的同时，眼睑、结膜充血、浮肿流泪、鼻镜干燥，排出水样鼻漏，口腔炎症流涎显著，口角附有气泡。前期体温比后期体温低，反刍停止导致积食，乳牛泌乳减少或突然停止。牛流行热可引起产奶量下降34%~95%（平均46%），大多病例随着康复奶产量逐渐恢复但通常达不到病前的水平。

BEFV可引起部分牛发病或死亡。成年牛比幼龄牛、肥牛比瘦牛、重胎牛比轻胎牛、高产牛比干奶牛症状重，感染牛在缺水和炎热时，可导致严重的脱水，同时可导致母牛流产，公牛暂时性不育。在暴发期间病牛常愈后复发，间隔5~7d或更长时间，复发率一般在20%左右。

(七) 检测技术

牛流行热的诊断可从病原学和血清学方法进行检测，农业农村部行业标准《牛流行热微量中和试验方法》（NY/T543-2002）规定了牛流行热微量血清中和试验技术，可用于牛流行热的诊断、免疫监测和流行病学调查。

1. 病原学检测方法

采病牛急性期血液或血液中的白细胞层，脑内接种乳鼠、乳仓鼠，常能分离到病毒。连续传代常可使潜伏期不断缩短：第一代 6~8d；第二代 5d 左右；至第 6~8 代，仅 2~3d 即可使乳鼠全部发病死亡。分离到鼠脑适应毒以后，即可进行病毒中和试验作病毒鉴定。将待鉴定病毒的感染鼠脑，以 PBS 作 10^{-2} 和 10^{-3} 两个滴度，各以 0.25mL 分别加入等量标准免疫血清和阴性对照血清，并加青霉素、链霉素各 $1000\mu g/mL$。充分混合后，置 4℃ 孵育 4h，随后分别脑内接种 2 日龄乳鼠，每组 5 只，每只 0.02mL。如果标准免疫血清组乳鼠全部或大多存活，而阴性对照血清组乳鼠全部或大多死亡，则即可以证明待鉴定病毒就是牛暂时热病毒。为了达到早期诊断的目的，也可利用分离的白细胞进行负染，做电镜检查，观察到子弹状病毒粒子进行确诊。也可采用 BHK-21 细胞、VERO 细胞分离病毒后进行鉴定。

由于牛流行热病的临床症状只持续 2~3d，为更快速、灵敏地检测出牛流行热病，Stram Y、Kuznetzova L 等（2005 年）根据 BEFV G 节段序列设计的引物和 MGB 探针建立了荧光 RT-PCR 方法，检测下限低至 10~100 个拷贝，其引物和探针序列：引物和探针分别为：上游引物 5-GAGAT-CAAATGTCCACAACGTTTAA - 3′，下游引物 5′- AATGTTCATCCTTTG-CAAGATTATGA-3′，MGB 探针 5′-AATTATCACTTCAAGCCC-3′。

2. 血清学检测方法

微量血清中和试验目前在澳大利亚仍是作为牛流行热流行病学调查的必要手段，也是实验室诊断牛流行热的常规检验方法。近几年来，哈尔滨兽医研究所参考国外的资料进行了补体结合试验、免疫荧光间接法、间接 ELISA 法和常量及微量病毒血清中和试验检测牛流行热病毒特异性血清抗体的研究。研究表明，上述方法用于实验室检测均具较好的特异性和敏感性。但除病毒血清中和试验之外，其他三种方法用于大批量的检验均不够理想。

澳大利亚学者在建立 BEFV G 蛋白单克隆抗体工作中做出了卓越贡献。Zakrzewski 等（1992）建立了检测牛暂时热病毒特异性抗体的阻断 ELISA 法。由于采用针对 BEFV G 抗原位点的单克隆抗体，只对 BEFV 发生结合反应，而与相关病毒无交叉反应，因此与病毒中和试验相比，敏感性更高，操作更简单，是目前诊断及检测临床牛流行热的最好方法之一。

（八）防控

由于该病可通过吸血昆虫进行传播，因此预防时要保持环境卫生良好，及时消灭吸血昆虫，这是预防发病的主要措施。牛群要定期免疫接种牛流行热弱毒疫苗，第一次接种 3~4 周后再进行 1 次接种，形成的免疫效果较好。

七、水疱性口炎

水疱性口炎（Vesicular Stomatitis，VS）是由水疱性口炎病毒（Vesicular Stomatitis Virus，VSV）引起的人畜共患的重要动物疫病。牛、猪、马、羊和其他多种野生动物均可感染，以口腔黏膜、乳头皮肤及蹄冠部皮肤出现水疱及糜烂为主要特征，但很少发生死亡。VS 被世界动物卫生组织确定为必须申报的动物传染病，我国将其列为二类传染病，采取严格的预防控制措施。

（一）病原

1. 分类

分类学上，水疱性口炎病毒属于弹状病毒科（Rhabdoviridae）水疱性病毒属（*Vesiculovirus*）。应用中和试验和补体结合试验，可将水疱性口炎病毒分为两个血清型，其代表株分别为印第安纳株和新泽西株。根据抗原交叉反应性，发现印第安纳株可以分为 3 个亚型：印第安纳 1 型，为典型株，主要分离自牛的毒株，也有分离自猪和昆虫的毒株；印第安纳 2 型，包括可卡株和阿根廷株，是主要分离自牛、马及蚊体内的毒株；印第安纳 3 型，巴西株，最初分离自骡，但牛、马、人及白蛉也可感染。另外，有人将分离自巴西白蛉的 Mamba 和 Carajas 毒株分为第 4 个亚型。

2. 生物学特性

（1）形态结构

水疱性口炎病毒为典型的弹状病毒，病毒粒子呈子弹状或圆柱状，长度约为直径的 3 倍，为 150nm~180nm×50nm~70nm。病毒粒子内部为密集盘旋的螺旋状结构的核衣壳或 RNP 核心，电镜下观察，犹如缠绕于一个长形中空轴上的许多横行线条。其外径约 49nm，内径约 29nm，每个螺旋有35 个亚单位。病毒粒子表面具有囊膜，囊膜上均匀密布短的纤突，纤突长约 10nm。囊膜紧密地包裹着 RNP 核心，囊膜上有糖蛋白突起。

在制备弹状病毒的过程中，很容易见到它的 T 粒子（DI 颗粒），弹状病毒的 T 粒子宽度与标准病毒粒子相同，但其长度只有标准病毒粒子的20%~50%。T 粒子虽然含有与标准弹状病毒粒子相同的脂质和蛋白质组成，但由于其基因组缺失了 50%~80%的核苷酸序列，因而无感染性。

（2）理化特性

VSV 是一种 RNA 病毒，对理化学因子的抵抗力与口蹄疫病毒相似。58℃ 30min、可见光、紫外线及脂溶剂（乙醚、三氯甲烷）都能使其灭活。该病毒在 pH4~10 之间是稳定的。病毒可在土壤中于 4℃~6℃存活若干天，在极地的温度中存活很长时间。对 0.5%石炭酸能抵抗 23d。0.05%结晶紫可以使其失去感染性。不耐酸。它对乙醚敏感，因为它含有大量的磷脂。它对化学药品的抵抗力有时候比 FMDV 还大。1%福尔马林和许多普通商品消毒剂能很快杀死它。VSV 能抵抗普通巴斯德氏消毒法。VSV 毒对三氯甲烷、乙醚、脱氧胆酸钙和钠、以及胰蛋白酶敏感。在很窄的 pH 值范围内和低温（0~4℃）下与鹅红细胞发生血凝。

（3）培养特性

VSV 可在很多种脊椎动物和无脊椎动物的细胞中很好地复制。几乎所有常用的哺乳动物的原代和传代细胞都支持 VSV 增殖，但易感性显著不同。VERO 和 BHK-21 细胞系对 VSV 高度敏感。通常用 BHK-21 细胞获得高滴度的病毒。原代鸡胚细胞也可产生高滴度的病毒。VSV 还能感染两栖类和鱼类细胞产生高滴度的病毒。VSV 可在几种昆虫细胞系中复制，包括埃及伊蚊、白纹伊蚊、史氏按蚊、果蝇和桉树天蚕蛾的细胞系，但不产生细胞病变，呈持续感染状态。白纹伊蚊细胞系（C6/36）的分离阳性率高于其他常用的细胞培养系统，常用以分离病毒。在哺乳动物和鸟类细胞以及某些昆虫细胞克隆中，VSV 迅速引起细胞病变反应。经尿囊腔、羊膜腔和卵黄囊途径接种，VSV 在鸡胚内增殖良好。绒毛尿囊膜接种时引起痘斑样病变。感染鸡胚通常在接种后的 1~2d 内死亡，并产生高滴度的病毒。

VSV 细胞培养的传代必须用高度稀释的病毒液接种，才能使培养物中的病毒保持典型形态和高度感染性。否则传至第 3~4 代就会发生明显的自我干扰现象，病毒滴度下降，同时出现 T 粒子，即缺陷突变型。

（4）基因组结构

VSV 含有线状单股负链 RNA，从 3' 到 5' 端依次排列着 N、NS、M、G 和 L5 个不重叠的基因。在 N 基因 3' 端还有不翻译的先导序列，在 N-NS、NS-M、M-G、G-L 基因之间有间隔序列，并且在基因间隔区的周围序列具有广泛的同源性，其共有序列为 3' AUACUU - UUUUUNAUUGUCNNUAG5'，在 5' 端有非翻译区。VSV-IN 株 RNA 相对分子质量为 3.68×10^6，全长 11162 个核苷酸，无感染性。3' 端的非翻译先导序列长 47 个核苷酸（某些毒株 48 个核苷酸）。5' 端非编码区有 59 个核苷酸。在 N-NS、NS-M、M-G 和 G-L 之间的间隔序列分别为 GA、CA、GA、GA。

（5）病毒蛋白及功能

N 蛋白由 1333 个核苷酸的 N 基因编码，有 422 个氨基酸构成，相对分子质量为 47.355kDa，为不可溶性的核衣壳蛋白，每个 VSV 粒子中含有 1258 个拷贝，N 蛋白是该病毒核衣壳的主要蛋白。N 蛋白为 VSV 的群特异性抗原，呈现群特异性，所有型的 VSV 所共有，诱导产生非中和抗体，与其他弹状病毒无任何交叉反应。VSV-NJ 和 VSV-IN 的 N 蛋白具有 68.7% 的同源性。在病毒感染细胞内，N 蛋白以单体、多聚体和与 NS 蛋白结合体三种形式存在。

NS 蛋白（P 蛋白或磷蛋白）是一种磷酸化蛋白。NS 基因 822 个核苷酸，NS 蛋白有 222 个氨基酸，相对分子质量为 29.878kDa，NS 蛋白是一种高度磷酸化的蛋白，所以称之为 P 蛋白，其磷酸化水半与转录活性正相关。在 VSV 核衣壳中，P 蛋白含有 466 个拷贝。

M 蛋白为非糖基化蛋白，由 838 个核苷酸的 M 基因编码，由 229 个氨基酸构成，相对分子质量 26kDa，每个病毒粒子中有 1826 个拷贝的 M 蛋白，具有把核衣壳附着到已插有病毒 G 细胞浆膜上的功能，定位在病毒粒子双层脂包膜的内层。VSV 的 M 蛋白呈强碱性（pH9.1），体外研究表明 M 蛋白既可以稳定包膜上的 G 蛋白三聚体，也可以结合卷曲的核衣壳。

G 蛋白为糖蛋白，由 1672 个核苷酸的 G 基因编码，511 个氨酸残基组成，相对分子质量 57kD，每个病毒粒子含有 1205 个拷贝，大约形成 400 个三聚体的包膜突起。糖蛋白上有两个糖基化位点，插在 VSV 包膜中形成表面突起，这种突起是型特异性免疫抗原，含有型特异性抗原决定簇，也是病毒的主要表面抗原，决定着病毒的感染力，同时也是病毒的保护性抗原，可刺激机体产生中和抗体。用 VSV-IN 或 VSV-NJ G 蛋白的单克隆抗体已描绘出 G 蛋白的几个抗原决定簇。每个 G 蛋白上都存在 4 个与中和 mAb 反应的主要抗原表位。识别这些表位的 mAb 在这两种血清型的 G 蛋白之间无交叉反应。G 蛋白的多克隆抗体是型特异的。

L 蛋白（RNA 聚合酶蛋白）是一种较大的蛋白，L 基因 6380 个核苷酸，由 2109 个氨基酸组成，相对分子质量为 240.707kDa，在每个 VSV 粒子中，L 蛋白含有 50 个拷贝。L 蛋白是依赖于 RNA 的 RNA 聚合酶，直接决定着病毒 RNA 的转录活性，可能还具有蛋白激酶的活性，能使 NS 蛋白的多个丝氨酸磷酸化。

（二）历史、地理分布

此病最早报道在南非马群中发生。法国（1915、1917）和南非（1886、1897）等曾报道该病。美国学者 Oltsky 等（1926）和 Cotton（1927）把水疱性口炎先后描述为马、牛和猪的水疱病。VSV 各型在自然界存在的环境不同，直接影响到它们的地理分布。印第安纳型和新泽西型病毒，主要分布在温带至热带的美洲，如美国、墨西哥、巴拿马、委内瑞拉、哥伦比亚、巴拉圭、巴西等西半球国家（地区），已扩展到欧洲和亚洲。

NJ 血清型和 IND-1 亚型毒株在南墨西哥、委内瑞拉、哥伦比亚、厄瓜多尔、秘鲁等国家（地区）的家畜中广为流行，大部分临诊病例（>80%）由 VSV NJ 引起。NJ 和 IND-1 VSV 在北墨西哥和美国西部呈散发性。IND-2 型仅在阿根廷和巴西的马中被分离到。IND-3 亚型（Alagoas 巴西/64 株）主要在巴西的马和牛中呈散发性流行。玻利维亚和加拿大只有 NJ 型。我国湖北宜昌于 20 世纪 90 年代初曾发生猪的 VS，但未定型。

印度曾自人体分离到一株在抗原性上近似 VSV 的病毒株，称为金迪普拉病毒。感染后病人表现为突然发热，身体多处疼痛。血清学调查表明，该病毒在印度人群中分布较广，马、驴、猴、牛、羊等动物也有针对该病毒的抗体。

1995 年美国西南部发生牛、马水疱性口炎，波及 6 个州的 367 个牧场，造成的损失高达 5000 万~1 亿美元。1996 年，拉美有 11 个国家报告发生 VS。2004 年美国发生 259 起水疱性口炎，涉及的易感动物几万头/匹/只，有牛、马、绵羊、山羊和猪等。2006 年 6 月，巴拿马有 4 个地区的水疱性口炎发病率突然升高，涉及的易感动物有 19733 头/匹/只。目前，VS 仍每年在美洲一些国家流行。

（三）危害

VSV 在马、猪、牛及许多其他家畜和野生动物的舌、唇、颊黏膜、乳头和蹄冠上皮中复制并引起水疱和发热。多种实验动物也具有易感性，小白鼠、家兔、豚鼠、棉鼠、地鼠、栗鼠和雪貂都是敏感动物。豚鼠是最易感的实验动物，足垫皮内接种，很快出现水疱。小鼠在 3 周龄之前对静脉和腹腔接种敏感。腹腔接种乳鼠、脑内接种成年小鼠和豚鼠可引起致死性脑炎，小鼠于接种后 2~3d 死于急性脑炎。

敏感动物在感染病毒后数小时，因病毒到达马氏层细胞的胞浆内，导致水肿液的积蓄而发生水疱。病毒约于感染后 48h 到达血流，病畜体温上升，可高达 40℃~40.5℃（于第 4d）。病毒血症随后消失，水疱增大，水疱液中的病毒滴度高达 10^4~10^6/ml。此后体温突然下降，病畜大量流涎，感染上皮发生腐烂脱落，出现新鲜的出血面。病变也常见于鼻及乳头，偶见蹄冠带腐烂。该病恢复迅速，即使严重病例，也常可在几天内恢复进食和走路。康复动物血清内具有高效价的中和抗体和补体结合抗体，并能抵抗再感染。

（四）风险群体

VSV 对很多种动物都很敏感，其易感性与宿主种系、年龄、感染途径有关。家畜中牛、马、猪最为常见，狗、骡偶见，山羊和绵羊易感性低。野生动物有：各种啮齿类动物、灵长类（绒猴、懒猴）、树栖和半树栖哺乳动物、鸟类、豪猪、蝙蝠、刺猬及有袋类动物。

在美国东南部，鹿和浣熊是野生动物中 VSV-NJ 型病毒抗体阳性率最高的。巴拿马的野生动物中，以蝙蝠、食肉类和一些啮齿类的抗体阳性率最高。在巴拿马将一些野生动物进行 VSV-NJ 型病毒实验接种，结果有 11 种啮齿动物、1 种兔、2 种有袋动物、2 种贫齿目动物中的 1 种、1 种蝙蝠、1 种食肉动物、2 种灵长目动物迅速产生抗体，而没有一种鸟类产生抗体。在美国佐治亚州和科罗拉多州流行区，分别由野生的一种卢蛉（*Lutzomyia shannoni*)（卢蛉属是白蛉科的一个属）和蜗分离到 VSV-NJ 型病毒。

人的感染主要是居住偏僻山区人群和从事畜牧业及兽医人员。感染率乡村居民高于城市，男性高于女性，各年龄感染阳性率为：0～5 岁（15%）、6～10 岁（42%）、11～15 岁（54%）、16～20 岁（71%）、20 岁以上（89%），随着年龄的增长感染的阳性率明显增高。

（五）媒介生物

蚊、白蛉、库蠓、螨、蝴、蛇、果蝇可自然或实验感染 VSV。VS 呈季节性，在热带地区雨季结束或在温带地区首次降霜后将不再发生此病。鉴于动物地方性流行区许多 VSV 分离物都是来源于节肢动物。因此认为，节肢动物，特别是白蛉可能是 VSV 的贮存宿主和媒介，在 VSV 自然循环中起着重要作用。已由自然感染的白蛉分离到 VSV-IN 型病毒、VSV-NJ 型病毒，6 种 VSV 还可由实验感染的白蛉经卵传递。VSV 由白蛉经卵传递是病毒—媒介种特异的。曾 4 次从巴拿马的热带雨林中收集到的白蛉属的白蛉分离出印第安纳型病毒。在自然条件下，许多 VSV 毒株可以感染多种野生和家养的哺乳动物（包括人）、某些鸟类和节肢动物。一般认为，哺乳动物是 VSV 的终末宿主，而不是重要的贮存宿主或扩增宿主。因为这些动物病毒血症时间短、水平低，在动物与动物间的直接传播罕见。

巴拿马血清学调查表明，某些种类的蝙蝠 60% 都有中和抗体，因而提出地方性水疱性口炎病区存在吸血的节肢动物—蝙蝠—节肢动物循环的可能性。

曾在流行区从蝴、蠓、库蚊分离到 VSV-IN 型病毒。埃及伊蚊经接种后也可传播。病毒也可在接种的果蝇和菲岛玉米蜡蝉（*Pere-grinusmaidis*）中复制，后者是植物弹状病毒的自然媒介。亦有迹象表明，VS 可能是一种植物病毒，动物是其流行链的终点。

（六）症状

VS 的潜伏期为 2～4d，世界动物卫生组织《陆生动物卫生法典》规定最长潜伏期为 21d。如无患马出现，VS 其临诊症状很难与口蹄疫（FMD）、猪水疱病（SVD）和水疱疹（VE）区分。牛的 VS 其临诊症状也不能区别于口蹄疫。VS 的特点是短期发烧，口腔黏膜、乳头上皮、趾间及蹄冠上出现丘疹和水疱。马的主要病变部位在舌背部。猪则在鼻镜和唇部出现水疱，足部病变可能导致跛行，猪在感染 NJ 型 VS 病毒后死亡率很高。鹿的发病特征为发热和喉痛等。雪貂主要表现流产和仔貂死亡。成年牛的易感性要高于 1 岁以内的牛。感染的动物一般在一周后康复。大量流涎是家畜感染 VSV 最重要的症状。

VSV 主要呈嗜上皮性，但不能穿透完整无损的皮肤和黏膜。皮肤、黏膜完整性的破坏和适宜的接种途径是感染成功所必需。病毒于感染 48h 后到达血液，引起发热，病畜体温可高达40℃~40.5℃，常可持续 3~4d。病毒血症可渐渐消失，但水疱增大，水疱中病毒滴度可高达 10^{10} 感染单位/时，此后病畜体温突然下降，病畜大量流涎，感染上皮发生腐烂、脱落，出现新鲜出血面，偶尔形成溃疡。

人感染 VSV 的临床表现从温和的急性发热性流感样疾病直至脑炎，但大多温和；并常发生无症状的亚临床感染。潜伏期 30h 至 8d。患者突然发热并伴寒战、头痛、眼眶后疼痛、全身不适、肌肉痛、咽炎、恶心、呕吐和腹泻。个别患者体重减轻。约 1/4 的病例在口、舌、齿根和颊黏膜、咽、唇或鼻部形成瘢痕样水疱。少数病例呈现双相发热，两峰相间 4~5d。人的 VS 是自限性疾病，大多数于 1 周内完全康复。儿童感染 VSV 可引起脑膜脑炎，临床表现发热、寒战、呕吐和全身强直，一阵孪性癫痫样发作，严重的可引起死亡，病愈后有神经损伤后遗症。

人的无症状或症状轻微的 VSV 感染可能大多数未被识别。例如，美国科罗拉多州 VSV 的一次动物流行中，133 名高度暴露的人员中有 17 人抗体阳性（13%）。实验室感染则较动物流行期间人的自然感染多见，感染率达 74%，57%的感染者曾显现临床症状。另一调查表明，7 年间从事 VSV 和感染动物研究工作的人员 96%有抗体。

（七）检测技术

水疱性口炎诊断可按照我国已发布实施的行业标准《水疱性口炎检疫技术规范》（SN/T 1166—2010）进行，该标准规定了动物水疱性口炎的病毒分离及鉴定、反转录聚合酶链反应、荧光反转录聚合酶链反应、补体中和试验、竞争酶联免疫吸附试验的技术要求。

1. 病料的采集

按 GB/T 18088—2000 进行，主要采集动物口、蹄冠上或乳头上的水疱上皮组织。采集后立即冷藏或置碳酸缓冲甘油中低温保藏。若从冻肉中采样，可采淋巴结或组织；采集精液样品应不少于 1mL；无症状或无水疱的活动物采集抗凝全血。

2. 病原学检测方法

（1）病毒分离

分离 VSV 常用的细胞有 VERO 细胞、BHK-21 细胞、HELA 细胞、IB-RS-2 细胞。病毒在细胞内 37℃培养 24~36h 细胞变圆、折光、常形成巨细胞和长丝状，最后破裂、脱落。其中 VERO、BKH-21 和 IB-RS-2 细胞培养可作水疱性疫病鉴别诊断：VSV 在这三个细胞系中均产生细胞病变效应 CPE；口蹄疫病毒（FMDV）能在 BKH-21 和 IB-RS-2 中产生细胞病变反应；而猪水疱病病毒（SVDV）只能在 IB-RS-2 中产生细胞病变反应。

在无细胞培养条件时，可用鸡胚和乳鼠分离病毒。可接种 8~10 日龄鸡胚尿囊膜、任何途径接种 2~7 日龄未断乳小鼠和脑内接种 3 周龄小鼠，均在接种 VSV 后 2~5d 内死亡。

（2）酶联免疫吸附试验（ELISA）

间接夹心 ELISA（IS-ELISA）是目前鉴别诊断不同 VS 血清型及其他水疱病病毒的首选方法。用 IND 血清型三个亚型代表株的病毒颗粒制备的多价兔/豚鼠抗血清 ELISA 方法，可用于鉴定 VSV IND 血清型的所有毒株。单价兔/豚鼠抗血清试剂盒适合于检测 VSV NJ 毒株。

（3）病毒核酸检测

Rodriguezll 等（1993 年）建立了 RT-PCR 检测 VSV 的方法。M. C. Hofner 等（1994 年）根据 VSV L 基因的核酸序列，建立了半套式 RT-PCR 技术，他们选择较保守的第 2531~2758 个碱基之间的序列为扩增区，设计 4 条引物：外侧引物 Ⅰ（P1）：5'-AAGGCTCTCTGTTTCCG-GATCTGG-3'，外侧引物 Ⅱ（P2）：5'-TGATTCAATATAATTATTTTGGGAC-3'，NJ 半套式引物（P3）：5'-TGTTCTGGTGTGCAAACCAGGTATC-3'，IND 半套式引物（P4）：5'-AGTAGAACTGTGCAAGCCCGGTATC-3'。用外侧引物可从 VSV-NJ 和 VSV-IND 病毒中扩增出 227bp 的扩增产物。半套式引物分别根据 NJ 型和 IND 型扩增区的碱基差别设计，用 P2/P3、P2/P4 可分别将 VSV-NJ 和 VSV-IND 病毒区别开，各自的引物可分别扩增出 119bp 的扩增产物，特异性高，被检标本易于采集，可用于检测多种样品。其敏感性比 ELISA 高 1000 倍，至少达到 0.28 $TCID_{50}$。其扩增产物还可作为病毒基因鉴定的材料。Luis L. 等（1993 年）的 PCR 试验方法的引物序列为检测 VSV-NJ 的上游引物为：NJ-P102，5'－GAGAGGATAAATATCTCC-3；下游引物为：NJ-P744（-）5'-GGGCATACTGAAGAATA-3'。该对引物扩增片段为 642bp。检测 VSV-IN 的上游引物为：IN-P179，5'－GCAGAT-GATTCTGACAC-3；下游引物为：IN-P739，5'-GACTCT（C/T）GCCTG（A/G）TTGTA-3'，该对引物扩增片段为 560bp。

钟金栋、花群义等（2005）针对 VSV、FMDV、SVDV 建立了多重 PCR，可同时对肉制品、隐性感染或持续带毒动物组织样品中的 VSV、FMDV、SVDV 进行快速、准确检测，具有较强的实用性。VSV 的引物序列为：上游引物 5'－GGCTTCCCATCTACATCCTAGG-3'，下游引物 5'-TGC-CCAAATGTTGCAAGTG-3'，扩增片段为 300bp；FMDV 的引物序列为：上游引物 5'－TTACAAACCTGTGATGGCCTC-3，下游引物 5'-CGCAGGTA-AAGTGATCTGTAGCTT-3'，扩增片段为 189bp；SVDV 的引物序列为：上游引物 5'－TGGTCCAGTACCCACAAAGG-3'，下游引物 5'-TATGCGTTGC-CTATGCCAATG-3'，扩增片段为 125bp。

花群义等（2004 年）根据 VSV 两种血清型的核蛋白基因序列设计了一对通用引物和两型各自特异性探针，建立了实时荧光定量 PCR 检测方法，并制定了国家标准。我国 2008 年发布实施的《水疱性口炎病毒荧光 RT-PCR 检测的操作方法》（GB/T22916-2008）采用的引物和探针序列如下：上游引物 5'-ATGGCTCCTACAGTTAAGAGAATCA-3'；下游引物 5'-TGAAGTAATCAGCCGGGTATTC-3'；荧光双标记探针（FAM）5'-CGAAAT-TACGGCCAACGAGCATC-3'（TAMRA）。与常规 PCR 和病毒分离试验相比较，该方法的特异性和敏感性相当于或优于对照方法，并且大大缩短了检测时间，可在 4h 内完成对样品的检测。

3. 血清学检测方法

（1）补体结合试验

补体结合试验是用感染细胞培养物上清、感染小鼠的脑或感染鸡胚制备抗原，56℃加热 30min 灭活。此反应是群特异的。人、畜于感染后 1 周出现 VSV 补体结合抗体，2 周达高峰，后逐渐下降，2~4 个月降至不能检出的水平。补体结合试验结果阳性可认为是 2~4 月内曾感染 VSV 的证据。补体结合试验可用于早期抗体（主要是 IgM）的定量检测。将 2 倍稀释的血清与已知抗原 2CFU$_{50}$ 及含 4 CHU$_{50}$ 补体的 5% 正常牛或犊牛血清相混合，37℃ 孵育 3 小时或在 4℃ 过夜，随后加入溶血系统并于 37℃ 孵育 30 分钟。不溶血的最高稀释度为血清滴度，大于等于 1∶5 的滴度为阳性。这种补体结合试验敏感性低，且经常受到前补体或非特异因子的影响。

（2）血清中和试验

受感染的牛和猪的血清中，中和抗体的出现和补体结合抗体一样快，滴度较高，可持续存在多年。在微量组织平底培养板中进行 VN 试验，用灭活血清样品、1000TCID50（半数组织培养感染量）NJ 或 IND 型 VSV、VERO 单层细胞或预制单层或 IB-RS-2 细胞悬液检测未中和的病毒。一般认为中和滴度 1∶8~16 为可疑，1∶16~32 可认为早先曾有感染，双份血清滴度上升 4 倍或更多为新近感染。

（3）ELISA 试验

应用 VSV-NJ 或 IND 重组 N 蛋白进行 C-ELISA，应用 VSV-NJ 或 IND 重组糖蛋白进行 LP-ELISA，对 VSV 抗体做检测和定量。相比补反、中和试验，ELISA 具有快速、可靠、灵敏度高的优点，不受补体和抗补体因子的影响而广泛使用。这些方法检测病牛、马、猪等动物血清中的病毒特异抗体。被检血清 1∶10 稀释，感染后第 6 天即可呈现阳性反应，滴度于感染后 8d 即达高峰。阳性反应持续时间短，马至感染后 36d（第 64d 转阴），牛至感染后第 19d（第 29d 转阴）。这是一种可供野外使用的早期快速诊断试验。

（八）防控

该病尚无有效而可靠的治疗措施。在管理上应减少牧场放牧的时间，以避免与病毒接触的风险，在昆虫多的时期，应将动物饲养在房舍或谷仓中，并用杀虫剂，以减少昆虫与动物接触的机会。受感染的动物应该被隔离饲养，禁止其他动物与感染动物混群。

八、赤羽病

赤羽病又名阿卡斑病（Akabane Disease），是由布尼亚病毒科正布尼亚病毒属辛波病毒群的赤羽病病毒（Akabane Virus，AKAV）所引起的一种由蚊虫、库蠓、螨类等节肢动物传播的多形性虫媒传染病。赤羽病主要感染牛、绵羊和山羊，以流产、早产、死胎、胎儿畸形、木乃伊、新生胎儿发生关节弯曲积水性无脑综合征为主要特征。赤羽病属我国进境动物检疫疫病名录中二类传染病。

（一）病原

1. 分类

赤羽病病毒属是布尼亚病毒科（Bunyaviridae）正布尼亚病毒属（*Orthobunyavirus*）辛波病毒群（Simbu Group）的病毒和代表种。布尼亚病毒科是最大的一个 RNA 病毒科，包括大多数虫媒病毒。本科包括正布尼亚病毒属、白蛉热病毒属、汉坦病毒属、内罗毕病毒属、番茄斑萎病毒属等，共 342 个不同的血清型、亚型和变异株。

2. 生物学特性

（1）形态结构

赤羽病病毒粒子接近于球形，直径 80~120nm，外有囊膜，囊膜上有糖蛋白组成的 5~10nm 的纤突，不耐热，对乙醚、三氯甲烷及 0.1%脱氧胆酸钠等敏感。相对分子质量为 $3.0×10^8$~$4.0×10^8$，沉降系数 350~475S，在蔗糖中的浮密度为 $1.19 g/cm^3$，在 $CsCl_2$ 中的浮密度为 $1.2 g/cm^3$。病毒的包膜突起由糖蛋白 G1 和 G2 组成，G1 和 G2 具有血凝活性，在病毒粒子内部含有核衣壳，其核衣壳是病毒基因组的 3 个负链 RNA 节段，分别与核衣壳蛋白（N）组成的。脂类占病毒重量的 20%~30%，形成囊膜。碳水化合物占病毒重量的 7%，为糖蛋白和脂蛋白组分。在病毒糖蛋白上具有补体结合（CF），血凝素及中和抗原决定簇。病毒悬液可引起细胞的融合。

（2）理化特性

赤羽病病毒在 pH6~10 的范围内稳定，易被脂溶剂、紫外线和去垢剂等灭活，Mg^{2+} 不能提高其抵抗力。在 pH3 时不稳定。AKAV 对紫外线敏感，但能被硫酸盐、鱼精蛋白沉淀，56℃时迅速灭活。20%乙醚可在 5min 内使其灭活。0.1%的 β-丙内酯在 4℃下，于 3d 内将其灭活。

病毒有红细胞凝集性（HA）和溶血性（HL）。通过提高盐浓度和适当的 pH 值，病毒可凝集鸽、鹅的红细胞。但鸽的红细胞凝集后可发生溶血现象，溶血活性受温度影响明显，37℃时最高，0℃时几乎不发生。红细胞种类也影响溶血活性，牛、羊、兔、豚鼠、鼠和 1 日龄鸡的红细胞均不产生凝集和溶血。用扫描电镜观察凝集的红细胞发现，细胞表面附有大量病毒粒子，红细胞表面溶解并在溶解区出现空洞。由于病毒的特异性抗体能抑制血凝和溶血，故该试验为阿卡斑病毒的特异性抗体检测提供了一种简便的检测方法。

（3）培养特性

阿卡斑病毒可感染牛、羊、猪、仓鼠肾细胞，以及 HmLu-1、VERO、PK-15、BHK-21、RH-13、MDBK 等传代细胞。其中以 HmLu-1、VERO 和 BHK-21 细胞最易感，细胞接种后可产生明显的细胞病变并形成噬斑。纯种鼠是理想的实验动物，病毒接种乳鼠脑后常导致发生神经病变，传代后可使其稳定的死亡。鸡胚感染阿卡斑病毒后也可导致 AH 症状，因此鸡胚可作为研究阿卡斑病毒致病机制的试验模型之一。阿卡斑病毒 OBE-1 株分别经卵黄囊接种 6 日龄鸡胚和经静脉接种 15 日龄鸡胚，结果表明卵黄囊接种组鸡胚在接种后 2~11d，发生肌炎和脑新纹状体与视叶坏死性炎、脑积水、脑空洞、肌纤维发育异常，在后期，躯干、翼、肢肌束内血管周围无肌纤维；静脉接种组鸡胚，于接种后 3~6d，见脑新纹状体和视叶发生灶性炎症病变，神经元变性，胶质细胞增生。

（4）基因组结构

阿卡斑病毒基因组由分节段的三个负链 RNA 环状分子所构成，即：大 RNA（L RNA）、中 RNA（M RNA）、小 RNA（S RNA）构成，其大小分别为 L（6868nt）、M（4309nt）、S（858nt），在每个 RNA 节段的 5' 端和 3' 端，都有反向互补的末端核苷酸序列。其相对分子质量分别为 2.2×10^6 ~ 4.9×10^6、1.0×10^6 ~ 2.3×10^6、0.28×10^6 ~ 0.8×10^6，总量占病毒重量的 1%~2%。

L 节段含有一个开放阅读框，编码含有 2251 个氨基酸的 L 蛋白，其 5' 端的非编码区（NCR）存在互补序列长 30nt，3'-NCR 长 82nt，L 蛋白通过一个微复制子装置发挥 RNA 依赖的 RNA 聚合酶活性。

M 节段有一个大的开放阅读框，编码高甘露糖型 GP 前体（GPC），3'-NCR 和 5'-NCR 分别长 81nt 和 22nt，锅柄状结构的序列长 22bp，分别为 3'（UCAUCACUUGAUGGUGUUGUUUU）和 5'（AGUAGUGUUCUACCA-CAACAAAA），其中除 2 个残基（下划线）外，其余 20 个残基完全互补。

S 节段有两个高度重叠的 ORF，NSs 的 ORF 在 N 基因内部，3'-NCR 和 5'-NCR 分别长 123nt 和 33nt，锅柄状结构的序列有 24bp 长，分别为 3'（UCAUCACACGAGGUGAUUAAUUGAU）和 5'（AGUAGUGAACUCCAC-

UAUUAAUUA），其中除 5' 端 17~18 位有一个缺口（方框处）和另外 2 个残基（下划线）不能配对外，其余 22 个残基完全互补。但 Levin 研究表明 S 节段的互补基因组在 430~431 碱基处发生断裂，该裂解位点位于一个环状结构上，其两侧的 7~8 个碱基是一臂状结构的组成部分，这一结构有助于环状结构的稳定，利于非特征性裂解。

（5）病毒蛋白及功能

AKAV 的 L、M、S 三个基因节段分别编码 RNA 依赖的 RNA 聚合酶 L 蛋白（L 节段）、囊膜糖蛋白 G_1、G_2、NSm（M 节段），和核衣壳蛋白 N、NSs（S 节段），其中 NSm 和 NSs 为非结构蛋白。

L 蛋白：L 基因由 6400~6700 个核苷酸组成，编码合成 240~260kDa 的 L 蛋白。L 蛋白为病毒的聚合酶，具有病毒复制和转录酶的功能，能以粒子的负链基因组 RNA 为模板合成 mRNA。

N 蛋白和 NSs 蛋白：S RNA 节段除了主要编码核衣壳蛋白（N）外，还编码 NSs 蛋白，S RNA 长度为 0.9kb，由它转录生成的单一 mRNA（即一个开放阅读框）编码合成 26.5kDa 的核蛋白和可能与病毒的毒力有关的 7.4kDa 的非结构蛋白（NSs）。N 蛋白可作为补体结合反应的抗原。N 蛋白为较保守的蛋白，23 个分离株间 N 序列开放阅读框相似性为 93%~100%，而其蛋白产物的相似性为 97%~100%，用 OBE-1 株制作的 N 蛋白单克隆抗体做 ELISA 显示，所有株均有很高的反应活性。AKAV 的 NSs 蛋白可能与病毒的毒力有关。

G_1 和 G_2 蛋白：M RNA 节段主要编码合成病毒包膜糖蛋白 G_1 和 G_2。AKV 的 M RNA 节段包含 4527 个核苷酸残基，首先由 M RNA 节段的 mRNA 翻译合成一个多蛋白前体，然后这一多蛋白前体经过切割分别在 N 端生成一个小的 G_2 糖蛋白，C 端生成一个大的 G_1 糖蛋白。在 cRNA 上的基因排列顺序为 5′ G_2-$G_1$3′，在 G_2 和 G_1 糖蛋白之间还有一个非结构蛋白 NSM，相对分子质量在 10~19kDa 之间。在感染细胞中一般难以检测到 G_2 蛋白，其相对分子质量为 35kDa。G_1 和 G_2 可诱导中和抗体和血凝抑制抗体的产生。

（二）历史、地理分布

该病从 20 世纪 30 年代起，就有在澳大利亚牛、绵羊、山羊群中流行的报道。1949 年在日本群马县赤羽村发生，但病因一直不明。直至 1959 年才首次从日本群马县阿卡斑（Akabane）村采集的金色库蚊（*Aedes*

Vexans）和三带缘库蚊（*Cules Tritaeniorhynchis*）体内分离到病毒，故被命名为赤羽病病毒，又称为阿卡斑病毒。此后，澳大利亚、肯尼亚、南非、以色列等也相继分离到病毒。在非洲和中东地区亦有此病流行的报道。2002 年，以色列暴发了以积水性无脑为特征的新生犊牛综合征，后经鉴定主要由 AKAV 引起。1994 年，李昌琳等据流行病学调查证实该病在我国陕西、内蒙古、湖南、河北、北京、上海、山东、安徽、吉林、甘肃、江苏、浙江、福建、湖北部分地区均有流行。1996—1997 年上海暴发该病，牛场中流产、早产、死产和畸形的胎儿占 20%～30%，给养牛业造成巨大的经济损失。1998 年，李其平等首次从上海地区采集的蚊、蠓等标本中分离到 3 株赤羽病病毒。已经证实赤羽病广泛分布于澳大利亚、东南亚、东亚、中东和非洲的热带和温带地区。

（三）危害

赤羽病主要影响养牛业和养羊业。1972—1975 年间在日本关东以西大流行，以牛群中发生原因不明的流产、早产、死产以及先天性关节弯曲——积水性无脑综合征，据统计，此次暴发中产生了约 42000 头异常犊牛，给畜牧业造成巨大的经济损失。澳大利亚亦有此病的流行，损失的犊牛在数千头以上。绵羊在怀孕 1～2 个月内感染阿卡斑病毒，也产生畸形羔羊，包括关节弯曲、脑积水和无脑症。曾有人报道，妊娠 32d 的母牛感染该病毒后，经 24h，病毒随血流感染胎盘，第 5 天可从胎儿分离到病毒，第 14 天胎儿发生明显的病变，但可继续妊娠。发生流产最早在妊娠后的 76d，最晚发生在妊娠后的 249d，流产高峰发生在怀孕的 3～6 个月，无脑症多发生在妊娠后的 76～104d，关节弯曲多发生在妊娠的 103～174d。给妊娠 1～2 个月的绵羊或山羊作阿卡斑病毒接种，也可能导致 AH 综合征等异常，如新生羔羊关节弯曲、积水性无脑症及其他缺损。阿卡斑病毒对小鼠和仓鼠具有较高的致病力。

（四）风险群体

该病毒对怀孕的牛、绵羊、山羊易感，常感染妊娠期胎儿，但也有感染成年牛致病的报道，马、水牛、骆驼也可感染，人和猪有较低的易感性。有研究者发现猪可自然感染阿卡斑病毒，并用试验证明其可经口鼻传播，他们对 1088 头猪进行了血清学调查，证实有 816 头猪呈血清学阳性反应，阳性率达75%，而且仔猪体内也可检测到中和抗体。Lim 等对韩国无AKAV疫苗接种史的15个农场的230份猪血清进行血清学调查，结果发现AKAV的阳性率达100%，由此推测猪可能是AKAV—宿主—媒介循环过程中的沉默宿主，即不表现任何临床症状的宿主。以往认为成年牛感染阿卡斑病毒无明显症状，但最近报道成年牛感染可导致脑脊髓炎。Al-Busaidy等对非洲41种野生动物进行血清调查，发现野牛、大旋角羚、羊高角羚、蓝非洲野羚、河马、长颈鹿、非洲野猪、非洲疣猪、象、大羚羊、薮羚、转角牛羚、东非狷羚，非洲大羚等16种野生动物也有AKAV的抗体，其中某些野生动物的阳性率达10%，这些动物可能是AKAV的自然储存宿主。

（五）媒介生物

该病主要通过吸血昆虫传播，主要传染媒介是蚊、库蠓和螨类。已证实刺扰伊蚊（*Aedes Vexans*）、三带喙库蚊（*Culex Tritaeniorhychus*）、尖喙库蠓（*Culicoides Oxystoma*）、短跗库蠓（*C. brevitarsis*）、云斑库蠓（*C. nubeculosus*）、杂斑库蠓或变尾库蠓（*C. variipennis*）、侏儒库蠓（*C. midges*）、不吉按蚊（*Anophele Funests*）均可传播该病。已通过实验证实库蠓是阿卡斑病毒的主要传播媒介。用阿卡斑病毒胸腔内接种云斑库蠓和变尾库蠓，发现阿卡斑病毒可在这2种库蠓体内复制，并至少维持9d；用阿卡斑病毒经口感染变尾库蠓，发现阿卡斑病毒也能在其体内复制达到高浓度，并且在感染后7~10d就可传播该病。此外，阿卡斑病毒还可通过母体垂直传播。

（六）症状

成年牛羊除了子宫感染赤羽病病毒外，几乎不出现临床症状。怀孕母畜感染后主要表现为流产、死产（包括木乃伊胎）、早产或弱产，但在妊娠期间一般看不出有异常；病毒直接侵害胎儿，引起先天性关节弯曲或积水性无脑症。由于胎儿畸形，可能出现分娩时胎位、胎势不正而引起难产，进而可能造成产道损伤和胎衣不下、子宫炎等。绵羊和山羊的症状同牛相似，妊娠绵羊发生异常产或死产，异常产的羔羊可出现四肢关节、球关节部弯曲或屈曲，脊柱呈S状弯曲，大脑内积水，大脑的神经胶质结节和躯干肌纤维变性等。犊牛出生后不运动时与正常牛犊相似，但后肢运动时，两前肢腕关节不能伸展，行走十分困难。有的病犊牛生后角膜混浊，或有溃疡，或失明；下颚门齿发育不全；有的舌咽部麻痹，吞咽困难；有的头骨变形，或为脑过小、大脑缺损。

（七）检测技术

赤羽病诊断目前可以按照已发布实施的标准《赤羽病检疫技术规范》（SN/T 1128—2007）、《赤羽病毒实时荧光 RT-PCR 检测方法》（SN/T 3991—2014）以及《赤羽病细胞微量中和试验方法》（NY/T 549-2002）开展病原学和血清学检测。

1. 病料采集

无菌采取流产胎儿或死胎的脑、脊髓、胎盘、肝、脾、肺、肾等器官组织。冷冻保存。

2. 病原学检测方法

Akashi 等根据 S 节段序列建立的巢式 PCR 方法可以检测和区分 AKAV 和 AINV。Ohashi 等用多重 RT-PCR 在细胞培养液中同时检测牛五种虫媒病毒。Stram 等建立了多重实时定量 RT-PCR 可特异性的检测和定量 AKAV 和 AINV。李健等根据 S 节段 RNA 序列设计引物，设计合成 3 对引物，初步建立了检测 AKAV 的 RT-PCR 方法，能够敏感的检测出阳性样品。杨素等利用病毒保守的基因片段对包括 AKAV 在内的 7 种病毒的基因芯片检测技术进行了研究。

常用的普通 RT-PCR 检测引物序列为：上游引物 5'-TTAATACGACT-CACTATAGG GAGAGGGTATGTGGCRTTTATCAG-3'，下游引物 5'-TTGACT-GCGTCCAACTTAGA-3'；反应体系包括 2μL 的 RT 反应产物、PCR 反应液（包括 50 mM pH 8.0 Tris－HCl、15 mM 乙酸铵、2.0 mM MgCl$_2$）和 10 pmol 的上下游引物。反应程序设置为：第一阶段，95℃，1 min；第二阶段，94℃/45s、56℃/45s、72℃/50s，35 个循环。PCR 产物用 TBE 电泳缓冲液配制 2% 的琼脂糖（含 0.5 μg/mL EB）平板进行电泳检测。PCR 后阳性对照会出现一条 519 bp 的 DNA 片段。阴性对照没有该核酸带。待测样本 PCR 扩增后，如能在相应 519 bp DNA 位置上有带，即可做出阳性判定，必要时对扩增产物进行序列测定。

行业标准《赤羽病毒实时荧光 RT-PCR 检测方法》（SN/T 3991—2014）详细介绍了检测所需仪器、试剂以及样品的采集和前处理，其检测用引物和探针分别为：上游引物 5′-CCCCTGGTGCTGAGATGTTT-3′；下游引物 5′-CTTCCTCATGAAGTTGACATCCAT-3′；探针 5′-FAM-ACCCACTG-GTTATCGACATGCACCG-TAMRA-3′。荧光 PCR 结果判定：阴性：无 Ct 值并且无扩增曲线，表示样品中无阿卡斑病毒；阳性：Ct 值小于等于 30.0，且出现典型的扩增曲线，表示样品中存在阿卡斑病毒；有效原则：Ct 大于 30.0 的样本建议重做。重做结果无 Ct 值者为阴性，否则为阳性。

3. 血清学检测方法

动物感染阿卡斑病毒后，机体可产生特异性抗体，由此进行的血清学检测，对赤羽病的诊断和流行病学调查均具有重要意义。

（1）微量血清中和试验

康复动物及新生而未吃乳的仔畜血清中存在能中和阿卡斑病毒的抗体。将已知阿卡斑病毒与可疑动物血清混合后接种于 1~2 日龄小鼠或 7~9 日龄鸡胚的卵黄囊内，该试验也可在易感培养细胞（VERO、HmLu-1 和 BHK-21 细胞）上进行。该方法成功的关键是抗原和标准阳性血清的质量，目前为我国赤羽病流行病学调查主要的检测方法。赤羽病微量血清中和试验具体操作方法按照国家标准和行业标准进行。

（2）酶联免疫吸附试验

日本的 Ide 等首次建立了检测牛血清中阿卡斑病毒抗体的 ELISA 方法。以色列的 Ungar-Waron 也建立了检测赤羽病病毒 IgG 和 IgM 血清抗体的 ELISA 方法。李健等应用纯化的细胞毒在国内首次建立了间接 ELISA 试验，该方法快速，待检样品不需灭活，其特异性和敏感性均高于血清中和试验。花群义等用 N 基因硫氧还融合蛋白作为包被抗原对其 ELISA 应用进行了初步研究。最近，鱼海琼等用阿卡斑病毒的单克隆抗体建立了阻断 ELISA 检测赤羽病病毒血清抗体。Tsuda 等用 G_1 蛋白的两个中和性单克隆抗体建立了竞争 ELISA 检测方法，具有较高的特异性。

（八）防控

对发病动物尚无特异性的治疗方法。采取的措施应针对易感动物，防止其在妊娠期发生赤羽病病毒感染。在将动物从无病区引入至流行区时，最好在首次繁殖之前引入。

九、施马伦贝格病

施马伦贝格病是由布尼亚病毒科（Bunyaviridae）正布尼亚病毒属（*Orthobunyavirus*）施马伦贝格病毒（Schmallenberg Virus，SBV）引起的一种反刍动物病毒性传染病，以受感染母羊流产、死胎，新生羔羊畸形、成活率下降，感染牛表现为腹泻、发热、产奶量下降为主要特征。该病被我国列为《中华人民共和国进境动物检疫疫病名录》二类传染病。

（一）病原

1. 分类

分类学上，施马伦贝格病毒在分类学上属布尼亚病毒科（Bunyaviridae）正布尼亚病毒属（*Orthobunyavirus*）辛波血清群（Simbu），基因特性与辛波血清群的沙门达病毒（Shamonda Virus）、艾罗病毒（Aino Virus）、赤羽病毒（Akabane Virus）密切相关。基于正布尼亚病毒属病毒的 N 基因编码区构建的系统进化树表明，SBV 与沙门达病毒的同源性最高，然而，SBV 的分类地位是否恰当尚需通过更多的序列分析数据和研究结果进行确证。

2. 生物学特性

（1）形态与基因组结构

SBV 为一种有囊膜的单股负链 RNA 病毒，病毒粒子表面有糖蛋白纤突。其基因组可分为 3 个片段，依次为 L、M 和 S 基因，其中，L 基因编码 RNA 依赖性 RNA 聚合酶，M 基因编码 2 种表面糖蛋白 Gn 和 Gc 及 1 个非结构蛋白（NSc），S 基因编码核衣壳蛋白 N 和另一个非结构蛋白 NSc。

（2）理化特性

50℃~60℃ 30min 病毒即失活（或毒力明显降低），对 1% 次氯酸钠、2% 戊二醛、70% 酒精、甲醛等普通消毒剂敏感。

（3）培养特性

SBV 在 BHK-21 细胞上生长良好，可产生明显的细胞病变。该病毒也可在 VERO 细胞生长繁殖，另有报道证实可用于分离 SBV 的细胞有绵羊 CPT-Tert 细胞（脉络丛细胞，Choroid Plexus Cells）、胎牛动脉内皮细胞（Bovine Fetal Arterial Endothelial，BFAE）、293 细胞、MDCK 细胞、BHK-21 细胞和 BSR 细胞。而这些细胞当中以绵羊 CPT-Tert 细胞生长效果最好。

能够产生明显细胞病变，表现为细胞皱缩、聚集、崩解等现象。

（二）历史、地理分布

施马伦贝格病是 2011 年 11 月首先在德国的北莱茵—威斯特法伦州的牛中发现的。2012 年 1 月 4 日，荷兰向世界动物卫生组织紧急报告首次发现一种新的动物传染病——施马伦贝格病，随后比利时（1 月 12 日）、德国（1 月 17 日）、英国（1 月 24 日）、法国（1 月 31 日）、卢森堡（2 月 17 日）和意大利（2 月 20 日）相继向世界动物卫生组织报告发生该病。截至 2012 年 2 月 20 日，受感染农场总数达 1048 家，包括 967 家绵羊场、48 家牛场和 33 家山羊场，其中德国 607 家、法国 152 家、比利时 127 家、荷兰 108 家、英国 52 家、意大利 1 家、卢森堡 1 家。病毒在北欧大陆陆续出现，各国（地区）对感染国家（地区）的活家畜、家畜精液、胚胎及畜产品的进口限制政策，大大减少了该病毒在其他地区发生的概率。

（三）危害

该病潜伏期一般为 1~4d、病毒血症期为 1~5d。目前已从 SBV 感染的成年动物血液和胎儿脑组织中成功分离到病毒。利用荧光定量 RT-PCR 可从感染动物的血液、脑干、小脑、大脑、脐带、羊水、胎粪、胎盘、脊髓、胸腺、脾、肠系膜淋巴结和肋软骨等组织或器官中检测到 SBV 基因组的存在，其中，血液和脑组织更适于病毒检测。已有研究表明，SBV 感染的公牛精液中存在 SBV，而且 SBV 抗体阳性公牛的精液中也可存在 SBV。FLI 最新研究结果表明，将 1 麦管和 5 麦管商品化的 SBV 阳性公牛精液经皮下接种均可导致健康牛发病，但是 SBV 阳性公牛精液是否可以通过人工授精的方式感染健康母牛还有待于进一步研究。

我国是农业和畜牧业大国，并且与中欧农业贸易交往频繁，对于施马伦贝格病这一新发现的外来动物疫病在我国虽然还未发现，但是一旦传入我国，将会对我国畜牧业生产、国民经济、国家利益造成重创。我国禁止直接或者间接从发生施马伦贝格病的国家（地区）输入牛精液、牛胚胎、羊精液和羊胚胎。

（四）风险群体

SBV 的宿主动物为绵羊、牛、山羊、野牛，尚无有关美洲驼等反刍动物对该病易感性的报道。对 3 头牛犊进行的感染试验表明，接种 3~5d 后出现轻微的急性感染症状，接种后 2~5d 出现病毒血症，尚无绵羊和山羊病毒血症与潜伏期方面的数据。

SBV 的传播途径主要有 2 种：其一，经由库蠓和/或蚊等媒介昆虫叮咬而传播；其二，通过胎盘垂直传播。从时间和空间的分布上来看，施马伦贝格病首先经由媒介昆虫传播，然后通过胎盘垂直传播。通过感染动物直接传染其他易感动物的可能性不大。

(五) 媒介生物

大量的流行病学调查表明，SBV 的宿主主要是水牛、野牛、奶牛、绵羊、山羊和岩羚羊等反刍动物。通过流行病学统计分析发现，相比绵羊，山羊感染 SBV 的风险要低且室内比室外饲养的感染风险更低。此外，在驼鹿（Alcesalces）、马鹿（Red deer）、羊驼（Alpacas）、狍（Roe deer）、黇鹿（Fallow deer）和欧洲盘羊（Mufflon）等野生动物中也检测到 SBV。据推测，这些野生动物的感染可能保证了 SBV 的循环流行。

(六) 症状

在受感染的牛、绵羊、山羊、野牛中，均可见怀孕母畜流产、死胎，或新生胎儿先天畸形。成年绵羊通常未观察到异常表现，有些奶用绵羊也可出现腹泻症状，但怀孕母羊出现流产、死胎，新生羔羊畸形、成活率下降，死胎或畸形羔羊出现脊柱侧弯、斜颈、关节僵直、关节弯曲等临床症状，畸形羔羊即使分娩时尚未死亡也往往难以存活。患牛主要表现为腹泻、发热（高于 40℃）、精神不振、厌食、产奶量下降。受感染的成年牛症状不明显，或出现温和临床症状，但在媒介昆虫活跃的季节可能出现急性病例，表现为发热、体质差、厌食、产奶量下降（可下降 50%）、腹泻等临床症状。如群体中只有少数动物受感染，上述症状通常在数天后消失；若发生大规模感染，则症状可持续 2~3 周。

(七) 检测技术

由于该病的临床症状与许多动物疫病相似，如蓝舌病和口蹄疫等，因此实验室诊断是监测和调查该病最准确的方法。已经建立的 SBV 诊断方法有病原分离、分子生物学鉴定、ELISA 和病毒中和试验（VNT）等。由于牛感染后出现的病毒血症时间很短，在评估 SBV 流行率时，抗体检测比抗原检测更有用。

1. 病料的采集

疑似感染活动物或无菌采集 EDTA 抗凝血或不加抗凝剂的血清（分离血清用），对于产死胎或畸形胎的母畜可无菌采集羊水和胎盘，对于死胎或畸形胎可无菌采集脑组织（主要为大脑和脑干）、心包液、羊水、吮吸初乳前的胎儿血液和胎粪。

2. 病原学检测方法

该病的病原学检测方法有病原分离与鉴定、分子生物学鉴定方法。

（1）病毒分离鉴定

第 1 株 SBV 是将牛血样品接种杂斑库蠓幼虫细胞和 BHK-21 细胞分离获得。随后经试验证实，该病毒也可在 VERO 细胞生长繁殖，而且用该细胞建立了 SBV 的 VNT 和蚀斑减少中和试验。另有报道证实可用于分离 SBV 的细胞有绵羊 CPT-Tert 细胞（脉络丛细胞，Choroid plexus cells）、胎牛动脉内皮细胞（Bovine Fetal Arterial Endothelial，BFAE）、293 细胞、MDCK 细胞、BHK-21 和 BSR 细胞。而这些细胞当中以绵羊 CPT-Tert 细胞生长效果最好，可在感染后 72h 出现直径大约 3mm 的蚀斑病变。同时，免疫荧光和免疫组化等检测方法也已经建立起来。这些方法为该病的准确诊断发挥了重要作用。

（2）病毒核酸检测

实时定量 RT-PCR 方法是检测 SBV 的主要方法，如出入境检验检疫行业标准《施马伦贝格病检疫技术规范》（SN/T 4661—2016），其具体引物探针序列如下：

上游引物 F：5'-TCAGATTGTCATGCCCCTTGC-3'，下游引物 R：5'-TTCGGCCCCAGGTGCAAATC-3'，探针 P：5'-FAM-TTAAGGGATGCACCT-GGGCCGATGGT-BHQ-3'。目前欧洲很多国家流行病学调查、确诊等所用的 RT-qPCR 方法都是基于 FLI 实验室建立的方法。随后，2013 年 FLI 研究所建立了以插入着色法（Intercalating Dye Assay）为基础检测泛辛波病毒群的实时定量 RT-PCR 方法；2014 年 FLI 研究所又对建立的高速 RT-PCR、等温重组聚合酶扩增（RPA）和 LAMP 等进行评估以寻找最佳技术用于整合入 pen-side 检测。这些已经建立的方法在敏感性、特异性、扩增量、试验时间和实验设计的简繁等各有所长，极大的完善了该病的早期快速诊断。

3. 血清学检测方法

该病的血清学检测方法主要有免疫荧光试验、VNT 和 ELISA。第一篇 SBV 血清学流行病学调查中使用的方法是 VNT，该方法虽然准确率高但耗时较长且无法自动化操作。因此，目前欧洲大多数流行病学调查都使用商品化的试剂盒，如法国 ID-VET 的间接 ELISA 试剂盒、C-ELISA 试剂盒和美国 IDEXX 公司的 IDEXX Schmallenberg Ab Test 等。其中以 ID-VET 的间接 ELISA 使用最多，该试剂盒已经通过法国、德国和比利时的实验室评估，敏感性和特异性分别达到 97.2% 和 99.8%，与 VNT 一致性达到 98.9%。

(八) 防控

目前，对该病尚无有效的治疗方法，主要依靠综合性的防控措施予以应对。已有商品化灭活疫苗。

十、中山病

中山病（Chuzan Disease）是由库蠓在牛体间传播中山病病毒（Chuzan Disease Virus，CHUV）并引起犊牛积水性无脑小脑发育不全综合征（Hydranencephalycerebellar Hypoplasia Syndrome，HCH）的一种虫媒病，又称牛异常分娩病。该病主要侵害犊牛的中枢神经系统，表现为无脑畸形、小脑发育不全；妊娠期母牛感染后，可出现异常生产，主要表现为流产、死产或产畸形胎儿，其他成年牛感染后常不表现任何症状。

(一) 病原

1. 分类

中山病病毒属于呼肠孤病毒科环状病毒属 Palyam 的病毒群，该病毒群包括至少 15 种不同的病毒，中山病病毒是该病毒属的新成员。到目前为止，中山病只有一个血清型。

2. 生物学特征

（1）形态结构

CHUV 粒子呈圆形，病毒粒子直径约为 50nm，无囊膜，有双层衣壳，外壳结构模糊，内衣壳由 32 个大型颗粒组成。

（2）理化特性

CHUV 具有凝血特性，可凝集牛、羊及兔的红细胞，对马、大鼠和仓鼠的红细胞也有不同的凝集性，以对牛的红细胞凝集性最强，但对人 B 型、鸡和鹅的红细胞不具有凝集性。病毒对有较强的抵抗力，特别是对乙醚和三氯甲烷有机溶剂具有抗性，对酸的耐受性较差，在 pH3.0 时其感染性完全丧失。

（3）培养特性

该病毒在仓鼠传代细胞、BHK-21 细胞和 HmLu-1 细胞和 VERO 细胞等其他原代及传代细胞中能良好增殖并出现细胞病变，一般在接毒后 1~3d 产生细胞皱缩、脱落等病理变化，但在兔 ILK-l3 细胞中增殖不良。中山病病毒典型代表株（K-47）能在细胞内形成包涵体，并可观察到多个病毒粒子。

（4）基因组结构

该病毒是由 10 个分节段基因组成的双链 RNA 病毒，基因组长度为 18914bp。按其基因片段大小以此命名为 segment-1-segment 10。尽管各个基因节段的 ORF 序列和长度都不尽相同，但位于 Seg-1-Seg-10 的各节段 ORF 两端的前 6 个核苷酸是相同的，靠近 3' 端和 5' 端的前 6 个碱基序列分别是 ACTTAC 和 GTTAAA，都是保守的序列。

（5）病毒蛋白及功能

CHUV 有双层衣壳。VP2、VP5 组成病毒的外层衣壳，是诱导机体产生中和抗体的主要蛋白，与病毒中和抗原变异有关。内层衣壳由 VP3 与 VP7 构成，VP3 和 VP7 直接参与内部病毒的装配，具有高度保守性，其中 VP7 诱导群特异性抗体产生。病毒粒子内部的核心衣壳，主要由结构蛋白 VP3，VP1、VP4、VP6 三种酶活性结构蛋白和 VP7 组成。VP1 蛋白是环状病毒属的高度保守性蛋白，被用于环状病毒属的种属分类。VP2 和 VP5 与病毒血清型特异性有关。NS1、NS2、NS3、NS3a 非结构蛋白在 CHUV 感染细胞中出现。

（二）历史、地理分布

1985 年 11 月至 1986 年 3 月，在日本九州地区发生犊牛感染病例，主要表现为积水性无脑、小脑发育不全，并伴有相应的神经症状，该病被称为牛先天性的积水性无脑和小脑发育不全综合征。1988 年首次从日本中山镇的家畜卫生试验场的牛血液和库蠓中分离出该病毒，因此被命名为中山病。1990 年 10 月至 1991 年 10 月，日本的鹿儿岛地区再次流行中山病，发病高峰期在次年 3 月，此次流行约有 1000 头犊牛表现出临床症状，对其中 85 头进行了病理学和血清学检查，结果显示，有 70 头为 CHUV 感染。1997 年韩国也分离到 CHUV，此后该病在日本和韩国广泛流行，经血清学调查显示，在韩国 CHUV 引起小牛流产率大约是 22.8%。

2002 年，刘焕章等对我国部分省（区、市）进行了 CHUV 阳性血清流行病学调查，显示阳性率在 70% 左右。2012 年杨恒等从云南省师宗县首次分离出 CHUV（SZ/187）株，2013 年哈兽研牛羊传染病研究创新团队首次从广西牛的全血样品中分离到 CHUV，通过序列比对分析证明该毒株与台湾 CHUV 毒株相近，均与日本毒株密切相关。2015 年，王芳等从广西马山市也分离出 CHUV（GX871）株。2016—2018 年，云南省热带亚热带动物病毒病重点实验室对我国 13 个省（区、市）采集的牛羊血清调查发现，除吉林省以外的 12 个省（区、市）均存在 CHUV 抗体阳性，该病毒可能已广泛流行于我国的南方地区。该病广泛分布于热带及亚热带地区，报道分离过该病毒的国家包括非洲的津巴布韦、尼日利亚，大洋洲的澳大利亚，以及亚洲的日本、韩国、中国。

（三）危害

中山病在世界大多数地区都有不同程度的流行。我国地域辽阔，南方亚热带及热带地区特别适合 CHUV 宿主和媒介的生长与繁衍。且我国与许多国家接壤，存在暴发中山病的风险。因此，在流行地区和流行季节应做好防虫灭蚊和防治工作，降低动物被感染风险。

（四）风险群体

中山病的易感动物主要是牛，并以肉用日本黑牛多发，奶牛及其他品种牛较少发生。羊等反刍动物也有感染记录。

（五）媒介生物

中山病主要是通过蠓科赛蠓亚科库蠓属（*Culicoides*）的蠓类（biting midges）等吸血昆虫在牛体间进行传播。库蠓不仅是 CHUV 的传播媒介，也是病毒的储存宿主，病毒在其消化道内复制，但对库蠓本身不致病，体内经过一定的潜伏期，通过吸血叮咬将病毒传给新的宿主，进行病毒的传播。因此，该病的流行具有明显的季节性，多流行于 8 月下旬至 9 月上旬，异常分娩发生的高峰在 1 月下旬至 2 月下旬。该病毒也可以通过胎盘传染给胎儿。

（六）症状

成年牛呈隐性感染，不表现任何临诊症状。妊娠母牛感染后，可出现异常产，主要表现为流产、早产、死产或畸形产。异常分娩的犊牛少数病例出现头顶部稍微突起，但体形和关节不见异常，多数表现为哺乳能力丧失（人工帮助也能吸乳）、失明和神经症状。有些病例可见视力减弱、眼球自浊、听力丧失、痉挛、旋转运动或不能站立等症状。

中山病病毒主要侵害犊牛的中枢神经系统。剖检可见积水性无脑、小脑发育不全，部分病例可见脑室扩张，大脑、小脑和脑干缺损，脊髓内形成空洞等中枢神经病理变化。组织学检查发现主要是脑部病变，发生缺失或充血、小脑钙化、发育异常等病理变化，髓腹触角的神经细胞减少。

（七）检测技术

1. 样品采集

采集成牛和异常产胎牛肝素或 EDTA 抗凝血以及血清，也可以采集库蠓分离病毒。

2. 病原学检测方法

（1）病毒分离

①鸡胚分离：鸡胚对 CHUV 的敏感性比细胞系高，一般采用先静脉接种鸡胚再接种细胞的分离方法，但此法的试验周期较长，不适合大批量样品的分离。

②细胞培养分离：抗凝血经 3000r/min 离心 20min，用磷酸盐缓冲溶液冲洗 3 次，将红细胞悬浮于原来血液等体积的细胞维持液（含 0.1% 牛血清白蛋白和 10% 营养肉汤的 Eagle's 细胞基础培养液）中。该悬浮液经冻融后，接种到 VERO、BHK-21 或 HmLu-1 敏感细胞，37℃ 培养箱培养 7d，每天观察细胞是否发生 CPE，在出现 CPE 的细胞培养液中进行 CHUV 鉴定，可采用 RT-PCR 等方法进行定性鉴定。

（2）抗原检测

免疫荧光试验：BHK-21 细胞在盖玻片上长成单层，接种组织培养适应毒，在接种 4.5h 后可在细胞质中发现病毒特异性抗原，6h 后整个细胞可见荧光。

（3）核酸检测

朱沛等（2020）针对 CHUV VP2 基因的保守序列设计特异性扩增引物，对分离毒株的 Seg-2 基因片段进行遗传特性分析，CHUV-S2-F：5'-GGATTCACGCYATTACTCG

GA-3'；CHUV-S2-R：5'ATGGATTTCTTGTTGGGATTAT-3'，目的片段为 1000bp。RT-PCR 扩增程序为 50℃ 30min，94℃ 3min；94℃ 30s，50℃ 30s，72℃ 60s，35 个循环。PCR 产物用 1.0% 的琼脂糖凝胶电泳检测。

3. 血清学检测方法

（1）血清中和试验

血清中和试验是国际上检测 CHUV 的主要方法，也是抗体检测的金标准，有较好的特异性、灵敏度。牛感染该病毒后，在 2 周左右开始出现中和抗体，并能维持较长的时间。采集和分离犊牛或其他牛的血清，在微量细胞培养板上用 VERO、BHK-21 或 HmLu-1 细胞进行中和试验。该试验具有较高的特异性，需要 5~6d 的时间才能进行结果判定。

（2）细胞凝集抑制试验（HA）

牛感染该病毒后，几乎与中和抗体同时出现血凝抑制抗体，并能维持较长时间，所以抗体的检出率和中和抗体的检出率相同。HI 试验在 3d 内可以检出其抗体。

（3）酶联免疫吸附试验（ELISA）

是近几年研究较多的血清学检测方法。杨振兴等（2018）用纯化处理病毒（SZ/187 株）作为检测用标准抗原，兔抗 CHUV 多克隆抗体作为竞争抗体，建立了中山病抗体 C-ELISA 方法。该方法具有较高的特异性和敏感性，敏感性高于血清中和试验和琼脂扩散试验。张义爽（2017）利用中山病毒重组 VP7 蛋白，建立了间接 ELISA 检测方法，与中和试验的符合率为 83.05%。

（八）防控

中山病是一种虫媒病毒病，尖膜库蠓是主要传播媒介，因此消灭吸血昆虫及其孳生环境，加强对动物的保护措施，特别是妊娠动物防止昆虫的叮咬，可有效减少该病的发生。目前，该病的防控主要依靠疫苗接种，在流行地区，可以通过牛群接种疫苗，降低疫情发生风险，保障我国养牛业的健康发展。

十一、茨城病

茨城病（Ibaraki Disease，IBAD）是由茨城病病毒（Ibaraki Virus，IBAV）引起的牛的急性、热性、病毒性传染病，也被称为牛类蓝舌病。该病的临床特征是突发高热、结膜水肿、口腔黏膜坏死及溃疡、咽喉部麻痹以及关节肿胀、蹄部溃疡。

（一）病原学

1. 分类

茨城病病毒属于呼肠孤病毒科、环状病毒属、流行性出血热病毒群的茨城病病毒。由 Omori 于 1961 年首次从日本茨城县的病牛分离得到，并命名为茨城病毒。1991 年国际病毒分类委员会会议上予以确认。

2. 生物学特征

（1）形态结构

与其他环状病毒相似，茨城病病毒颗粒呈 20 面体对称球形，直径 50～55nm。病毒粒子无囊膜，但在感染的细胞中偶见一个或多个病毒粒子包裹在一个伪囊膜中。

（2）理化特性

病毒对三氯甲烷、乙醚有抵抗力，对 pH 值 5.15 以下的酸性环境敏感。56℃作用 30min 或 60℃作用 5min，病毒的感染力明显下降，但并不完全失活。病毒在常温或 4℃条件下很稳定，但-20℃冰冻时迅速丧失感染力。可以凝集牛的红细胞，能迅速吸附在置于 37℃、22℃和 4℃高渗稀释液（0.6M NaCl，pH 7.5）中的牛红细胞上。

（3）培养特性

茨城病病毒可在 BHK-21、BHK-KY、EFK-78 和 HmLu-1 等传代细胞以及牛肾原代细胞上繁殖，并能产生细胞病变反应；同时，该病毒还可在哺乳小鼠和哺乳土拨鼠脑内增殖，故可用这两种方法分离病毒。

（4）基因组结构

10 个独立的 RNA 节段分别命名为 L1-3、M4-6、S7-10，除 S10 节段外，每个节段编码一种蛋白。基因组的 10 个 RNA 节段具有相同的、高度

保守的末端序列。双链中编码链的 5' 末端序列为 GUUAAA，模板链的 5'
末端序列为 CAUUCA。基因组节段的这种保守末端可能包含起始转录的识
别信号，也可能与基因组 RNA 互补链合成的起始有关。

（5）病毒蛋白及功能

茨城病病毒粒子的结构具有双层同心衣壳。VP2 和 VP5 两种蛋白构成
病毒的外衣壳，在病毒进入宿主细胞时脱去。VP2 位于病毒粒子的最外
层，形成三角蛋白复合体突出于病毒粒子形成"帆"状刺突，VP5 蛋白也
以三聚体形式存在，呈球形。120 个 VP5 三聚体与构成内衣壳的 VP7 蛋白
紧密结合。VP7 和 VP3 蛋白构成的内衣壳，包裹着 10 条双股 RNA 构成的
病毒基因组和 3 种少量蛋白（VP1、VP4 和 VP6）形成病毒的核心。VP7
蛋白位于核心的最外层。

（二）历史、地理分布

该病于 1959 年 8 月至 10 月在日本茨城县牛群中首次发生，共发病
39076 头，死亡 4023 头，致死率为 10.3%。1975 年，韩国也有发病的报
道。1982 年，在日本的九州又发现 33 头茨城病病牛。该病毒及抗体也见
于菲律宾和印度尼西亚。另外，在东南亚和美洲的一些国家和地区以及澳
大利亚普遍发现牛群有该病毒中和抗体的存在。我国一些地区的牛场已检
出茨城病病毒抗体阳性牛，包括广东、湖南、浙江、上海、深圳、北京。
从检出状况来看，存在茨城病病毒抗体阳性牛的牛场大多分布在气候温润
的南方，这种结果与茨城病的流行病学特征相符，也说明茨城病在我国南
方地区已广泛存在。

（三）危害

我国近几年牛流行热发病较多，每年都需接种牛流行热灭活苗。按通
常规律，接种灭活苗后，应 3~5 年后才能再次流行，但牛场年年都有牛流
行热流行，这种反常现象极有可能与茨城病有关，应引起广泛关注和
重视。

（四）风险群体

在日本，肉牛比奶牛发病多，病情也较重。病牛和带毒牛是该病的主
要传染源，鹿和绵羊也可感染该病毒。该病多为隐性感染，发病率 20%~
30%，致死率一般可达到 10%。

（五）媒介生物

茨城病病毒是通过库蠓叮咬传播的，蠓吸食带毒病畜的血后，病毒在其唾液腺和血腔细胞内繁殖，7～10d 后，通过唾液腺分泌，再通过叮咬易感动物就可以传播。因此该病的发生与气候条件和地理分布以及节肢动物的繁殖生长规律密切相关。热带地区气候适宜蠓的生存，是该病的高发地区。

（六）症状

茨城病的潜伏期为 3～7d，在临床上表现出的症状为突然发热（一般不超过39℃），感染牛只精神沉郁、食欲减退、反刍停止、眼结膜充血肿胀、流泪和脓样眼屎，由于脱水导致泡沫样口涎，最初水样继而脓样鼻涕。发病初期，鼻镜、鼻黏膜、牙床及舌部充血，随病情发展出现淤血，最后部分组织发生坏死，并形成溃疡，在蹄冠、乳房和外阴也可能形成溃疡。四肢疼痛、关节肿胀、跛行或易跌倒，部分牛只出现肌肉震颤等神经症状。部分牛只突然出现该病的特征性症状——咽喉麻痹。表现为舌头伸出口腔，逐渐形成不能收复的露舌现象，出现吞咽障碍，饮水从口鼻逆流，因误咽性肺炎或脱水死亡。某些毒株还可引起怀孕母牛的非正常分娩。

病死牛可见皮下组织较干燥，腹水消失。在颚凹等局部呈胶状水肿，咽喉、舌部出血，横纹肌坏死。食道从浆膜至肌层均见有出血、水肿。食道壁弛缓，横纹肌横纹消失，呈玻璃样病变，并可见修复性成纤维细胞、淋巴细胞、组织细胞增生。瘤胃、网胃、瓣胃内容物干涸，粪便呈块状。皱胃黏膜充血、出血，水肿、腐烂、溃疡的发生率很高。另外还可见有心脏内外膜出血、心肌坏死、肾出血，肝脏也可见发生出血性坏死。

（七）检测技术

1. 样本采集

有呼吸道症状及流鼻涕的病牛采集鼻涕及加抗凝剂的血液供病毒分离。剖检时，采集气管、食道、肺脏、脾脏、脑组织制成乳剂以供病毒分离。分离病原时最好采用发病初期的血液，因为这一时期尚未出现中和抗体。肝脏、脾脏淋巴结制成的乳剂也可用于病原分离。出现吞咽障碍的特征性症状后，血液中已出现特异性中和抗体。用这一时期血液进行病毒分离，接种细胞后的第 2 天要更换培养液，以除去中和抗体。

2. 病原学检测方法

（1）病毒分离

在 24 孔培养板中接种 HmLu-1 或 BHK-21 细胞，直长成单层。用 PBS 清洗细胞后接种 0.2mL 疑似病畜的脏器乳剂上清液，37℃ 吸附 30min。将悬液吸出，加入含 2% 胎牛血清的完全培养液 1mL，37℃ 培养，并逐日观察是否有细胞病变发生，直至第七天。初代分离若没有病变产生，必须再传代 2~3 次。有细胞病变者则可进行显微镜检测或进行血清中和试验作为诊断依据。

（2）核酸检测

S. OHASHI 等（1999）设计了针对牛虫媒病毒的 RT-PCR 检测方法，引物序列为：L3-1：5'-CCCAGATGTTCAATAGCGAACCTAATC-3'；L3-2：5'-TAACATTTCGTTATAGCAATAGTAGTT-3'，可以在同一个反应中检测包括茨城病病毒在内的多种牛虫媒病毒。国外学者还对茨城病进行了多重 RT-PCR 诊断方法的研究，具有特异性强、敏感性高、速度快等特点。根据病毒保守序列，市场上已开发出多款牛茨城病病毒荧光定量 RT-PCR 试剂盒（染料法）、牛茨城病病毒 PCR 检测试剂盒等产品，可以快速应用于病毒核酸的检测。

3. 血清学检测方法

（1）中和试验

检测中和抗体之前先将待检血清灭活（在 56℃ 水浴 30min）。取血清 0.05mL 和无血清 DMEM 0.05mL 混合在 96 孔培养板上做连续倍比稀释，然后加入 0.05mL（含 200TCID50）的病毒液，振荡混合均匀，37℃ 感作 1h。感作后加入 0.1mL 含 3×10^5 个细胞的细胞悬液，振荡混合均匀，37℃ 培养观察。观察 7d 记录细胞病变情况，计算中和抗体滴度，中和滴度 ≥2 的血清判定为阳性血清。

（2）血凝抑制试验（HI）

牛茨城病病毒对牛的红细胞有凝集性，可凭借此特性进行血凝抑制试验，以证实有无茨城病的抗体，检测牛只是否受病毒感染。试验用病毒抗原经细胞培养增殖后浓缩而成。试验前，先测定病毒凝集价。牛血清在进行 HI 试验前须先经白陶土乳剂处理，去除非特异性反应物。处理过的血清用磷酸盐缓冲溶液进行连续倍比稀释，及加入含 4HA 单位的病毒液 0.025mL，振荡均匀后放在 37℃感作 60min，然后加入 0.5% 牛红细胞悬液 0.025mL，振荡混匀后 4℃静置过夜。以抑制病毒凝集红细胞的最高稀释倍数为血清的 HI 滴度。HI 滴度 ≥10 判定为茨城病阳性。

（3）特异抗体间接 ELISA 检测方法

目前，用于茨城病的诊断方法主要是中和试验、血凝抑制试验和琼脂免疫扩散实验，但以上这些方法存在耗时多、需要特殊设备或敏感性差等缺点。有报道应用表达的重组茨城病毒 VP7 蛋白初步建立了检测茨城病抗体的间接 ELISA 方法，为实现茨城病的快速诊断提供了一种可行手段。ELISA 方法能够克服以上问题，实现对茨城病快速、简便、高通量、敏感和特异的诊断。

（八）防控

茨城病的预防主要以疫苗免疫为主，在日本采用鸡胚化弱毒冻干疫苗来预防该病的发生。我国尚未有可应用的疫苗，因此应通过强饲养管理、严格卫生检验和进出口检疫来预防该病的发生。保证厩舍通风、干燥、凉爽、卫生、定期消毒、防止蚊蝇叮咬是预防该病传播的有效措施。

十二、韦塞尔斯布朗病

韦塞尔斯布朗病（Wesselsbron Disease，WSL）是韦塞尔斯布朗病毒（Wesselsbron Disease Virus，WSLV）引起的一种虫媒传播的急性病毒性传染病。人和绵羊、牛等动物均可自然感染发病，但主要感染绵羊，多发生于南非、莫桑比克和津巴布韦等地。由节肢昆虫传播，可造成妊娠羊流产，新生羔羊大批死亡。1955 年 3 月，南非韦塞尔斯布朗地区发生该病，取 8 日龄美利奴绵羊肝脏，感染新生小白鼠脑腔而获得该病毒，故以该地区命名，并将人、绵羊及其他家畜因感染 WSLV 造成的疾病称为韦塞尔斯布朗病。

（一）病原

1. 分类

分类学上，WSL 病毒属黄病毒科（Flaviviridae）黄病毒属（*Flavivirus*）。

2. 生物学特性

（1）形态结构

WSLV 粒子呈球形，有囊膜，直径 35~45nm。

（2）理化特性

WSLV 对热敏感，56℃ 15min 可被灭活，紫外线照射可迅速灭活。病毒对乙醚、酸敏感，能被环境因素和多种化学试剂快速灭活，但在 pH 3~9 之间稳定。使用蔗糖-丙酮法可从感染的乳鼠脑制备血凝素，能凝集鹅及 1 日龄雏鸡红细胞，出现凝集的 pH 范围在 6.0~7.0，最适 pH 为 6.5。

（3）培养特性

韦塞尔斯布朗病病毒可以在乳鼠脑、鸡胚、几种细胞系和原代羔羊肾细胞培养中增值。在鸡胚中，病毒在卵黄囊内增殖，主要存在于胚体内，但鸡胚死亡不规律。也可在羊肾组织培养细胞内生长，形成胞浆内包涵体。细胞培养对 WSLV 敏感，感染 BHK-21 细胞 2d 即可见细胞病变。VERO、LLC-MK2、MA-I04（胚恒河猴肾传代细胞）感染后，可分别于 3~4d、5~6d 和 7d 后出现 1~3mm、2~7mm 和 <1mm 的蚀斑，滴度高低可能与毒种传代历史有关。

（4）基因组结构

WSLV 基因组为不分节段的单股正链 RNA，长 9.5~12.5kb，5' 端具有甲基化的帽子结构，3' 端无 Poly（A）尾，仅含有一个长的开放阅读框，编码约含 3400nt 残基的聚蛋白分子。

（5）病毒蛋白及功能

WSLV 从 5' 端第 119 位框架 2 的第一个 ATG 开始，直至 3' 端第 10352 位终止，编码 3 个结构蛋白（C、prM/M 和 E）及 7 个非结构蛋白（NS1、NS2A、NS2B、NS3、NS4A、NS4B 和 NS5）。

（二）历史、地理分布

韦塞尔斯布朗病最早于 1954 年在南非韦塞尔斯布朗山区的绵羊中发现，病毒由 Weiss 等于 1956 年首先在南非 Organge Free 邦的死亡羔羊中分离。Smith-burn 等于 1957 年在南非的 Natal 地区从人和蚊虫中分离出该病毒。在非洲，曾从南非、津巴布韦、喀麦隆、尼日利亚、乌干达、中非和塞内加尔等的动物和（或）蚊虫中分离出 WSLV。血清学调查表明，该病毒还存在于莫桑比克、博茨瓦纳、纳米比亚和马达加斯加。亚洲的泰国曾发现此病毒。

（三）危害

韦塞尔斯布朗病的危害主要表现在以下几个方面：感染羊和其他一些反刍动物，主要引起羔羊的急性死亡，成羊感染后出现病毒血症，体温升高，死亡率不高，偶尔会感染人。妊娠母羊感染后发生流产，羔羊死亡。羔羊多呈现衰弱，食欲丧失，然后发生脑炎和昏睡，3~4d内死亡，病死率达29%。黄症为典型的常见症状，病变为肝脏的弥散性坏死和脂肪浸润。胆囊常肿大呈黑色，并有线状出血。流产胎儿有出血，黄瘟及脑膜脑炎病变。马、牛、猪等家畜感染WSLV后多为不显性感染，但能分离得病毒和测出抗体。

大多数韦塞尔斯布朗病病毒株呈泛嗜性，但有嗜神经倾向。对哺乳类动物的胚胎组织更有很高的亲和力。实验感染时，妊娠母羊发生流产，羔羊死亡。病毒可以从感染羊的每种组织中分离到。牛、马、猪和未妊娠的成年母羊通常仅发生轻度的体温升高。

（四）风险群体

该病主要在绵羊和山羊中流行，导致羔羊大量死亡。此外，该病对牛普通易感，但并不致死，会出现中度发热症状。人类，特别是实验室工作人员以及兽医人员，可能发生韦塞尔斯布朗病感染。实验室感染潜伏期为2~4d，野外若由蚊虫传播，可能时间要长一些。

实验动物及细胞的敏感性如下：

妊娠母牛感染后可能发生流产。未妊娠的成年母牛实验感染后一般仅发生轻度体温升高；地鼠皮下感染可产生高滴度的病毒血症，豚鼠和家兔实验感染后不发病，而妊娠的豚鼠和家兔可发生流产；经卵黄囊感染鸡胚，病毒主要存在于胚体内，造成鸡胚的不规律死亡；节肢昆虫如神秘伊蚊（Aedes Caballus）吸食病毒血症期病羊血液后，经21~22d外潜伏期，使其叮咬小白鼠，可造成感染。

（五）媒介生物

WSLV的贮存宿主不明，传染源为处于病毒血症时期的病羊，其传播媒介为伊蚊。神秘伊蚊和黄环伊蚊是WSLV的主要传播者。已有报道科研人员从南非的神秘伊蚊、黄环伊蚊分离得25株病毒，从津巴布韦的窄翅伊蚊（*Aedes lineatopennis*）分离得 17 株 WSLV，从塞内加尔的 *Aedes dalzieli* 和肯尼亚的 *Aedes dentatus* 各分离得 4 株和 1 株 WSLV，而且实验感染亦获得成功，表明这些伊蚊是当地的传播媒介。

尚未见有报道该病毒可通过肉品、牛奶、精液、胚胎或粪便进行传播，但人类在处理动物尸体时可能会受到感染。

（六）症状

韦塞尔斯布朗病潜伏期一般为 1~4d，临床病例常见于绵羊和山羊。绵羊感染后，黄疸为典型的常见症状，病变为肝脏的弥散性坏死和脂肪浸润。胆囊常肿大呈黑色，并有线状出血。流产胎儿有出血，黄疸及脑膜脑炎病变。

妊娠母羊感染后发生流产，羔羊死亡。潜伏期后，体温升高并出现病毒血症，持续 2~3d。妊娠母羊有羊水过多的情况出现。胎儿有脑积水、关节强直、肌肉萎缩、脊髓发育不全，病死率达 20%。羔羊发病时呈现衰弱症状，食欲丧失，并发生脑炎及昏睡，于 3~4d 内死亡。羔羊和妊娠母羊的死亡率可达 20%~30%。

马、牛、猪等家畜感染 WSLV 后多为不显性感染，但能分离出病毒和测出抗体。

人自然感染后，潜伏期 2~4d，症状及体征常突然发病，表现为流感样症状，如发热、寒战、头痛、眼痛、全身痛、厌食、失眠，严重者可有言语紊乱、幻视等中枢神经系统症状。体检时可见肝、脾肿大及斑丘疹。临床实验室检查可见白细胞减少，血清转氨酶升高。严重病人会有轻微的脑炎症状，包括怕光、视觉模糊和精神障碍等。恢复期病人可能有数周的肌肉痛，血球计数有白细胞减少，临床检验有肝功能异常。该病预后良好，至今未见有人死于 WSL 的报道。

（七）检测技术

韦塞尔斯布朗病诊断可参考《韦塞尔斯布朗病抗体血凝抑制试验检测方法》（SN/T 4828—2017）进行，该标准规定了该病血清学检测方法。

1. 病料采集

对病羊进行病毒分离和鉴定，可采集病羊高热期血清、流产胎儿的肝脏和脑或死亡动物的肝脏作为病毒分离材料。对人进行病原学诊断时，可采集患者急性期血液或咽拭子。

2. 病原学检测方法

对病羊进行病原学检测，可通过病毒分离和鉴定。采集病羊高热期血清、流产胎儿的肝脏和脑或死亡动物的肝脏作为病毒分离材料，接种羊肾组织培养细胞或脑内接种未离乳的小鼠。分离获得病毒以后，即可应用标准免疫血清进行补体结合试验、血凝抑制试验或中和试验加以鉴定。

对人进行病原学诊断，可取患者急性期血液或咽拭子接种 BHK-21 细胞、羔羊肾细胞或接种小白鼠，获得病毒后，用标准血清进行动物中和试验或蚀斑减少中和试验予以鉴定。

3. 血清学检测方法

血清学检测方法包括血凝抑制试验、病毒中和试验等。尽管 WSLV 与其他黄病毒科病毒在进行血凝抑制试验时有比较严重的交叉反应，但是 WSLV 的抗体滴度一般会明显高于其他黄病毒科病毒。

疫区人类和家畜的血清中普遍存在特异性抗体，因此，抗体测定结果一般只有流行病学调查的意义。要诊断现症病畜，可进行双份血清测定试验。

(八) 防控

无病地区预防该病的发生应做好以下两个方面的工作：一是对本地动物实施血清学监测，及时发现和剔除带毒动物。从外地外场引进动物时，进行隔离检疫，确证健康后，再按常规进行饲养。二是做好虫媒防治工作。

十三、跳跃病

跳跃病（Louping Ill，LI）又称苏格兰脑炎（Scotland Encephalitis），是由苏格兰脑炎病毒 [又称跳跃病病毒（Louping Ill Virus，LIV）] 引起羊传染脑脊髓膜炎的一种人畜共患病。该病主要侵害绵羊，山羊较少发病。羊感染后出现神经过度兴奋，共济失调，受惊时跳离地面，呈现特异的跳跃步样，故此病是根据绵羊的临床症状得名。因其多发生于苏格兰境内，又被称为苏格兰脑炎。其临床特征是发热、运动失调、震颤和麻痹等。它是一种经蜱叮咬传播的人畜共患中枢神经系统感染的自然疫源性疾病。人感染后多数表现为隐性感染，有症状者仅表现流感样症状。

（一）病原

1. 分类

跳跃病病毒（Louping Ill Virus，LIV）属于黄病毒科（Flaviviridae）黄病毒属（*Flavivirus*）蜱传脑炎亚组成员。

2. 生物学特性

（1）形态结构

LIV 粒子呈球形，直径多为 40~70nm，核心为直径 25~35nm 的二十面体核壳，内含连续线型正链 RNA。核壳包裹在紧贴的脂质包膜内，包膜上有糖蛋白的突起。

（2）理化特性

病毒对乙醚、三氯甲烷等脂溶剂和酸敏感。对热抵抗力不强，不耐热，58℃10min，或60℃2~5min，或80℃ 30s 内，就可以将其灭活。4℃冰箱保存，活力不超过 2 周，但在甘油中可活存 4~6 个月。pH 值为 7~9 时稳定，对酸敏感。乙醚、去氧胆酸钠可将其灭活。在干燥状态下该病毒可存活数年，在50%甘油中可存活 6 个月。该病毒可被紫外线迅速灭活，对放线菌素 D 不敏感，不能被 6-氮尿苷（6-azauridine）或 5-氟尿苷（5-Fluorouridine）抑制。用丙酮-乙醚或蔗糖-丙酮法提取感染的乳鼠脑，可获得血凝素。该血凝素可凝集鹅红细胞，pH 范围为 6.0~6.8，最适为 pH 6.4，凝集温度范围为 4℃~37℃，最适温度为 22℃和 37℃，但并非所有毒株均具有血凝性。

（3）培养特性

取病羊脑悬液经绒毛尿囊膜或卵黄囊接种鸡胚，病毒能在鸡胚中生长，用绒毛尿囊膜接种时可出现散在的痘疱病变。病毒也能在猪、牛、羊、鸡和其他动物的细胞培养物中生长，在 Hela 和胎羊肾细胞培养中比较容易引起细胞病变。脑内接种乳鼠可导致感染而死亡。细胞的敏感性感染原代鸡胚细胞 3d 后可出现蚀斑。猪肾传代细胞受染后 23d 出现细胞病变。VERO 细胞感染后 15d 出现直径 4mm 的蚀斑。LLC-MK2 细胞感染后的出斑时间为 4d，直径 4mm。跳跃病病毒在 Hela、KB、Detroit-6 细胞中均可产生细胞病变。

（4）基因组结构

LIV 基因组大小为 11 kb，3' 端无 Poly（A）尾，仅有一个长的开放阅读框（ORF），编码 3 个结构蛋白（C、prM/M 和 E）及 7 个非结构蛋白（NS1、NS2A、NS2B、NS3、NS4A、NS4B 和 NS5）。

（5）病毒蛋白及功能

囊膜蛋白 E 是主要的结构蛋白，在膜结合和免疫保护反应中起着重要作用。病毒 RNA 本身具有感染性，包裹保护 RNA 的囊膜蛋白在 RNA 复制中起着重要的作用。

（二）历史、地理分布

1807 年，跳跃病最早报道于苏格兰，当时报道为绵羊的神经性疾病。第一例人患跳跃病报道于 1934 年，是由实验室感染而发病的。1929 年，在苏格兰的 Selkirkshire 取病羊脑和脊髓，脑内接种绵羊、猪分离得到 LIV。跳跃病多发生于英国的苏格兰、英格兰北部、威尔士，以及爱尔兰、法国、挪威等。在保加利亚、土耳其和西班牙等地有类似的羊病发生。

绵羊的跳跃病在初夏暴发流行，盛夏时下降，至初秋再上升，与蜱的活动有关。高峰期在每年的 4~6 月。LIV 对人的感染有明显的地区性，为散在发生，且与职业有一定关系，如 1934 年报道的第一例患者即为实验室工作者。人自然感染的多数原因是被蜱叮咬或与病羊接触。

（三）危害

LIV 主要存在于病畜的中枢神经系统内，淋巴结、脾脏和肝脏中的病毒分布不规律，发热时出现于血液中。Doherty 等报道，在人工感染的幼仓鼠的小脑细胞内，LIV 经常被包于异常的胞浆膜内，甚至在细胞破溃以后，继续保持这种状态。此外，已证实病羊奶和受污染的组织都可以传播跳跃病。

马可自然感染，但罕见。曾从爱尔兰的病马中分离到一株 LIV，并于该地区检测马血清中抗跳跃病病毒的中和抗体，阳性率达 10.6%。

牛感染后症状与绵羊相似，但较轻，且病死率低，从牛分离的病毒甚少，而在苏格兰北部可自牛血中测得抗体。

该病毒的实验动物的敏感性如下：新生小白鼠无论脑腔、腹腔、皮下途径感染，均经 3~4d 潜伏期后发病死亡；幼龄鼠脑腔、腹腔感染，潜伏期分别为 6d 和 10d，然后产生麻痹、死亡，鼻腔感染亦可发病。地鼠：6~22 日龄地鼠，脑腔、腹腔感染后产生病毒血症，脑炎、死亡。脑腔感染 20

日龄豚鼠，经 9~12d 潜伏期，发生麻痹，然后死亡。感染 4~7 日龄松鸡，潜伏期 7~8d，然后产生病毒血症（其滴度足够使蜱吸血时获得感染），脑炎，大多死亡，幸存者产生抗体，松鸡感染后，在前脑产生局部的非化服性脑膜脑炎，伴有血管周围的单核细胞聚集，其损害与在绵羊中的不同，而与东方马脑炎病毒在野鸡中的病变相似。马、猪、狗、猴、大白鼠脑腔感染 LIV 均可发生实验感染。将病毒接种 6~10 日龄鸡胚卵黄囊和绒毛尿囊膜，病毒能复制并使鸡胚死亡，病变为肝坏死，水肿。

（四）风险群体

跳跃病主要是绵羊的幼羊和羔羊的疾病，最易感染 2 岁以下的绵羊，但与绵羊一起放牧的牛也可能发病。牛感染后症状与绵羊相似，但较轻，且病死率低，从牛中分离得的病毒甚少，而在苏格兰北部可自牛血中测得抗体。

除绵羊、牛和人以外，脑内注射 LIV 于马、猪、狗、猴、大鼠，均可使其发生实验感染。其中以小鼠最为敏感，不仅脑内接种，其他接种途径，例如腹腔内、鼻内和皮下接种，均能使其发病，特别是乳鼠。给 8 日龄幼仓鼠作腹腔内接种，可以使其发病致死。姬鼠可自然感染，并能分离到病毒。Smith 等人就曾从苏格兰的姬鼠分离到病毒。但豚鼠及家兔不感染。马可自然感染，但罕见。曾从爱尔兰的病马中分离到一株 LIV，并于该地区检测马血清中抗 LIV 的中和抗体，阳性率达 10.6%。

人群普遍易感，自然感染者少见，以牧羊人、羊毛处理人员、屠羊或实验室工作人员多见，已报道的实验室感染的病例在 26 例以上。病毒可通过气溶胶、皮肤伤口或蚊虫叮咬等途径传染给人。猴和人可能发生飞沫感染。

（五）媒介生物

篦子硬蜱（*Ixodes ricinus*）是自然界中跳跃病的主要传播媒介和病毒贮存宿主。蜱的幼虫吸入病羊血后，当其长成为稚虫时，依然保持感染性。稚虫期若遭受感染，当其长成为成虫时仍旧保持感染性。感染的蜱还可能经过卵巢将病毒传给子代。因此，蜱既是传播媒介也是贮存宿主。绵羊很容易受到蜱的叮咬感染跳跃病，而且能在体内长期存在病毒，是唯一能在跳跃病传播途径中充当重要传播媒介的脊椎动物。

人除了被蜱叮咬和接触而感染外，还可通过气溶胶感染 LIV。而绵羊、松鸡及其他小哺乳动物一旦感染即可带毒，通过人与病羊接触或蜱（蓖麻蜱）叮咬而受染，也有经过呼吸道传播的可能。Varma 等育成三株具尾扇头蜱（*Rhipicephalus appendiculatus*）细胞株，证明可以感染跳跃病病毒。

实验感染 LIV 山羊的奶中能分泌 LIV，这可能对 LIV 的传染具有重要意义。已证实该病毒可存在于山羊或绵羊奶中，尤其是母山羊感染后哺乳幼羊容易造成传染，但未在绵羊中发现类似传染情况。

（六）症状

该病潜伏期 1~18d。病山羊厌食，体温升高至 41℃ 以上，行动迟缓，呼吸急促，烦渴。继而出现颤抖，软弱无力，干呕，共济失调，进行性麻痹，最终死亡。人工感染的绵羊，脑干和脊髓中的病毒最多，神经细胞的坏死也最明显。仓鼠人工感染 LIV，濒死前进行剖检，可见小脑细胞坏死，而且几乎所有的小脑细胞内都含有病毒。

人感染跳跃病的病变主要在中枢神经系统，呈现病毒性脑膜脑炎的特征性变化。神经细胞，特别是小脑浦肯野氏细胞变性，血管周围出现单核细胞和少数多形核细胞构成的浸润灶—血管套。延脑和脊髓中也有严重的神经细胞变化。脑膜充血。

跳跃病病羊因表现为共济失调、震颤，不能站而用力踢，呈现出特异的跳跃步而得此名。跳跃病主要是绵羊—幼羊和羔羊的疾病，潜伏期 6~18d，典型病羊呈双相病期。第一病期主要临床表现为发热、无力，体温高达 41℃~42℃，血中呈现高滴度的病毒血症，病羊精神委顿。第二病期，体温再次升高，发生神经症状，出现共济失调、肌肉震颤、痉挛、高度兴奋和进行性麻痹等神经症状，这类病例最后多数死亡，幸存者往往产生肢体麻痹等后遗症。

人感染跳跃病病毒，发病的潜伏期为 5~15d。表现为流感症状，与染病绵羊一样，亦表现为双相热型。第一期表现为发热、头痛、胃肠功能紊乱、不适、无力，持续 2~11d，然后症状逐渐改善，经 5~6d 再次发热、头痛、复视、嗜睡、项强直、深反射减弱、精神错乱等。第二期持续 4~10d 后基本可逐渐恢复，但部分患者出现严重脑膜炎症状，可从患者血液和脑脊液中分离到病毒。

（七）检测技术

根据发病地区、季节、动物流行病资料、职业，结合临床症状，常可做初步诊断。主要依赖于病毒分离或双份血清的抗体效价增高进行确诊。可通过实验室检查，发现末梢血白细胞总数初期轻度减少，后期增多，可怀疑为跳跃病患者。还可通过其他辅助检查，如检查有无出现无菌性脑脊液改变等。

1. 病料采集

跳跃病病毒是可以感染脊椎动物的，因此，采集和处理病料样品时务必采取适当的防护。若进行病毒分离，应采集病畜初次发热但未出现神经症状前的血液至少 20mL。病毒分离可在动物发热症状出现 3~4d 后进行采样。病毒分离也可采集染病动物濒死期的脑和脊髓，但是此期病牛的样品进行病毒分离远比病羊样品容易获得病毒。此时采集的脑和脊髓样品必须储存在 50%甘油和适当的碱性溶液当中，或立即以干冰冻存起来，尽快送达实验室。实验室应留存至少一半脑和脊髓样品进行流行病原学检查，以10%的福尔马林保存。

2. 病原学检测方法

（1）病毒分离

发病早期采血或脑脊液，感染新生小白鼠，鸡胚或 Hela、BHK 等细胞，获得病毒后，用已知高效价免疫血清进行鉴定，可采急性期和恢复期双份血清，测特异性抗体。进行病毒分离，还可采取病畜初次发热期的血液或濒死期的脑和脊髓，脑内接种乳鼠或鸡胚，但若已出现神经症状，分离病毒则变得困难。分离获得病毒以后，再用已知的免疫血清予以鉴定。平板微量中和试验已于 80 年代用于检测跳跃病病毒，Jimunoney 等将分离的病毒接种 PK-15 细胞，接种后 6d 细胞病变最明显，终点清楚易于判断，较动物中和试验简便易行。如欲由蜱标本分离病毒，应先将其按地区及种类分组，每组不超过 40 只，加入适当量的稀释液，制作成 10%~20%悬液，以 2000r/min 的速度离心沉淀 10min，取上层液，加入终浓度为1000U/mL 的青、链霉素，4℃冰箱感作 4h 后接种小鼠。

（2）抗原检测

免疫荧光抗体试验：以猪肾细胞培养病毒 3d，收集细胞后以磷酸盐缓冲溶液清洗，然后在-20℃下用甲醇：乙酸＝3：2 的溶液固定细胞至少

5min。加入标记了荧光的 E 蛋白 Mab 813 单克隆抗体，处理反应后，可直接观看荧光显示情况。该方法与 RT-PCR 方法检测 LI 病毒相比，灵敏性相当，但是操作步骤比较烦琐，且对那些病原含量较少的样品并不适合。

（3）核酸检测

Eldadah 等用 RT-PCR 法成功从跳跃病病毒的培养物、冻存的脑组织及福尔马林固定、石蜡包埋的脑组织中，扩增了跳跃病病毒的特异核苷酸序列。该法已成为临床上检测跳跃病病毒的新方法。RT-PCR 可在 8h 内得到 cDNA，48h 后可获得确证结果。Gaunt 等曾报道的引物有以下两套：第一套为扩增第 729～2296 bp 片段，全长 1504 bp，上游引物 5'-TGTGTG-GCTAGCACTGGAGAGU-3'，下游引物 5'-TGTGGGGTTCCTTGTGTTCAGU-3'；第二套为扩增第 1260～2021 bp 片段，全长 762 bp，上游引物 5'-GTACGATGCCAACAAAATAGU-3'，下游引物 5'-TGATGACTCAGTTC-CCCAACAU-3'。

3. 血清学检测方法

常用的血清学诊断方法，包括血凝抑制试验、血清中和试验、ELISA检测和补体结合试验。病毒中和试验，可区别跳跃病病毒和其他黄病毒。若进行疫情普查，可采用血凝抑制试验。血凝抑制抗体在动物感染后 5～10d 内产生并能维持 6～12 个月，而中和抗体甚至可以保持数年。但血凝抑制试验的交叉反应较多，仅可作为疫情普查的参考。病羊和病牛总 IgM抗体在感染 5～10d 内即可以血凝抑制试验检测到。补体结合试验在 LIV 的检测中的应用非常有限，因为补体抗体产生在感染后期而且水平不稳定，检测效果不太好。

（八）防控

无病地区预防该病的发生应做好以下两个方面的工作：一是对本地羊实施血清学监测，及时发现和剔除带毒动物。从外地外场引进动物时，进行隔离检疫，确证健康后，再按常规进行饲养。二是做好虫媒防治工作。

十四、内罗毕羊病

内罗毕羊病（Nairobi Sheep Disease，NSD）是由内罗毕羊病病毒（Nairobi Sheep Disease Virus，NSDV）引起的羊的一种非接触性急性传染

病，蜱传性人畜共患病。该病主要感染绵羊，山羊很少发病，牛及其他家畜没有易感性。羊感染后主要表现特点是高热、精神沉郁、食欲废绝，继而出现出血性胃肠炎。人感染后主要表现轻度流感样症状。该病主要由蜱传播，目前主要在东非各国呈地方性流行。

（一）病原

1. 分类

NSDV 是布尼亚病毒科（Bunyaviridae）内罗毕病毒属（*Nairovirus*）的病毒和代表种。布尼亚病毒科是最大的一个 RNA 病毒科，包括大多数虫媒病毒。该科包括正布尼亚病毒属（*Orthobunyavirus*）、白蛉热病毒属（*Phlebovirus*）、汉坦病毒属（*Hantavirus*）、内罗毕病毒属（*Nairovirus*）、番茄斑萎病毒属（*Tospovirus*），共 342 个不同的血清型、亚型和变异株。

2. 生物学特性

（1）形态结构

NSDV 粒子成球形（直径 70nm）或细长形（长 500nm，宽 60nm），有双层衣壳，核酸为 RNA。

（2）理化特性

NSDV 对脂溶剂敏感，血液或血清中的病毒在 4℃下可长期存活，但 60℃ 50min 可将其灭活，该病毒在扇头蜱体内可存活数月，该病毒可凝集部分动物的红细胞。

（3）培养特性

NSDV 在羔羊细胞上及鼠肾继代细胞株上生长良好，可出现细胞病变，出现多形核细胞及胞浆内包涵体。NSDV 最易从发热动物的血浆、肠系膜淋巴结或脾脏中分离到。可用感染人工饲养绵羊、2~4d 未断奶小鼠脑内接种、细胞培养等方法进行病毒初次分离。

（4）基因组结构

NSDV 基因组为单股负链 RNA 病毒，由 S、M、L 三个片段组成，分别编码核衣壳蛋白（NP）、包膜糖蛋白（Gn 和 Gc）及 RNA 依赖的 RNA 聚合酶，与其他布尼亚病毒科成员相比，NSDV 的 L 片段明显偏大(>12Kb)，编码的单一蛋白质超过 450kDa。

（二）历史、地理分布

内罗毕羊病最早于 1910 年在东非的内罗毕被发现并因此得名。1917

年确定该病由 NSDV 感染引起。1931 年发现该病的传播媒介为具尾扇头蜱
（*Rhipicephalus appendiculatus*）。此后的调查发现，除肯尼亚外，该病还流
行于博茨瓦纳、莫桑比克、乌干达、坦桑尼亚、埃塞俄比亚和索马里。
1994 年首次报道人感染 NSDV。据报道，NSDV 的变种甘贾姆病毒存在于
包括印度和斯里兰卡在内的亚洲各地。

流行病学调查显示，内罗毕羊病呈地方性稳定状态。发病率的高低与
疫区主要传播媒介的数量有关。疫区内绵羊和山羊通常具有免疫力，而进
入病区的易感动物则易发病，如果限制动物移动，可避免该病发生。传媒
蜱的传播将导致疫病区的进一步扩大。

（三）危害

内罗毕羊病由布尼亚病毒科的 NSDV 引起，主要感染绵羊和山羊。该
病死亡率为 40%～90%。无疫区可因出现携带病原的蜱（特别是在暴雨过
后）而引起内罗毕羊病暴发。绵羊和山羊的临诊症状类似，但易感性因品
种和品系而异。

该病潜伏期为 2～5d，体温可升至 41℃～42℃。动物临诊表现为换气
过度，并伴有精神极度沉郁、厌食、不愿走动、站立低头、持续流鼻血
等，一些体表淋巴结（如肩胛骨前淋巴结）肿大。发烧 36～56h 内常出现
腹泻，起初为大量水样腐臭粪便，随后排黏稠血便，并伴有腹部绞痛和里
急后重。感染该病常导致流产。通过检查蜱附着的部位（如耳朵、头和躯
干）应可确定是否有扇头蜱属具尾扇头蜱。动物急性感染后，从开始发烧
12h 内或在发烧期间随时可发生死亡，烧退后 3～7d 也可能死亡，常伴有
严重腹泻和脱水。

内罗毕羊病在临诊上常被误诊，因为大多数死亡均发生在病毒血症期
间，唯一症状是淋巴腺炎，伴有消化道、脾脏、心脏和其他器官浆液性表
面出现瘀斑和出血。仅凭上述症状无法确诊内罗毕羊病，因为在内罗毕羊
病流行地区，其他发热疾病引起的症状与之相似。内罗毕羊病常与裂谷
热、小反刍兽疫、牛瘟、沙门氏菌病和心水病混淆。在内罗毕羊病后期，
出血性胃肠炎会愈加明显，同时出现皱胃黏膜出血，特别是在褶皱和回盲
口部位，结肠和直肠出血最常见，常见斑马条纹样病变，胆囊常肿大并出
血。如发生流产，雌性生殖道可见炎症损伤和出血。但许多因内罗毕羊病
死亡的动物无上述胃肠道病变，根据剖检结果难以最终确诊。常见的组化

病变是心肌变性、肾炎和胆囊坏死。

内罗毕羊病早期死亡病例尸检无特征性充血变化，在淋巴结、脾脏和其他器官（如肾、肺和肝脏）浆液性表面无特征性瘀斑和出血。后期死亡病例中，出血性胃肠炎开始变得明显，皱胃、十二指肠、盲肠和结肠发生溃疡。病毒主要由扇头蜱传播，如动物受到该寄生虫侵扰，应怀疑发生内罗毕羊病感染。扇头蜱属其他蜱或斑点蜱也可传播内罗毕羊病。

内罗毕羊病是一种罕见的人畜共患病，人感染后发生类似轻微流感的症状。实验感染主要引起发热和关节痛。

（四）风险群体

在家养和实验动物中，只有绵羊和山羊易感，牛及其他动物不易感。在动物园或野外，有内罗毕羊病引起羚羊死亡的报道。非洲田鼠能够在人工条件下感染 NSDV。

对该病毒最易感的动物是羊，最易感的细胞是幼仓鼠肾细胞和羔羊或仓鼠肾细胞。实验感染的羊血浆接种细胞或小鼠也可进行病毒分离培养。

研究表明，非疫区的内罗毕羊病散发病例通常在大量雨水和媒介蜱出现之后，而内罗毕羊病的暴发主要与城市附近的家畜贸易相关，通常疫区的绵羊和山羊具有免疫力，而非疫区的易感动物很容易感染 NSDV。

（五）媒介生物

NSDV 是通过蜱叮咬传播，具尾扇头蜱（*Rhipicephalus appendiculatus*）是其最主要的传播媒介。各个发育阶段都可传播，成年蜱可带毒 2 年以上。病毒可在成年蜱体内存活数月并可经卵传给下一代，蜱可通过叮咬病羊和健康羊只而传播该病，此外，某些野生反刍动物与啮齿类动物可能会起到病毒宿主的作用。在索马里，通过实验证实河蜱（*R. appendiculatus*）经卵传播 NSDV。

患病绵羊、山羊是其主要的传染来源。虽然 NSDV 能够通过动物的尿液及粪便传播，但在自然状态下，与感染的动物接触不会导致该病的传播。动物实验表明，通过灌喂大剂量（50mL）的感染动物的血液、血清或注射感染动物的血液、血清、组织悬液都能感染 NSDV。

（六）症状

绵羊和山羊的临床症状相似。NSDV 血症早期死亡的动物宰后检查到的症状是非特异性的，淋巴结、脾及其他器官如肾、肺和肝表面的浆液性的出血性的疹斑和瘀血，后期为出血性胃肠炎，皱肾、十二指肠、盲肠、结肠溃疡明显。

该病的潜伏期为3~9d，体温突然升高，持续7~9d后突然下降，到低于正常体温时常可发生死亡。内罗毕羊病的病征是急性出血性肠胃炎。感染的动物感染后开始时发烧，白细胞减少，呼吸急促，食欲不振和精神沉郁伴有恶臭的腹泻及体温下降。病羊呈紧张和肠绞痛的症状。表面的肩胛骨前淋巴结和腿前淋巴结肿大，有些感染动物有血迹黏液脓性鼻涕或流鼻血，也有出现结膜炎的情况。母羊阴门肿胀、充血，怀孕母羊可出现流产，死亡率为20%~70%，许多感染动物死于该病的早期发热阶段，最急性病羊死于开始发热的12h内。多数感染动物在出现出血性腹泻和脱水症状后死亡。感染后，山羊通常呈亚临床感染。在亚洲，据报道，Ganjam病毒感染与NSDV症状类似，但症状较轻。

（七）检测技术

1. 病料采集

采集发热或死亡动物的未凝固的血液、肠系膜淋巴结、脾组织等，经实验动物或细胞培养进行NSDV的分离鉴定。血浆可直接接种，而淋巴结和脾应制成10%的匀浆悬浮液。病料应低温保存与运输，采样液为0.5%水解乳蛋白或0.75%牛血清蛋白的Hanks'液（内含500U/mL青霉素、500ug/mL链霉素、50U/mL制霉菌素或2.5μg/mL两性霉素）。当工作人员采样和实验室操作时应采取生物安全措施防止气溶胶感染。

2. 病原学检测方法

（1）病毒分离

采用1~2mL组织悬液或血浆接种内罗毕羊病易感绵羊。只要出现发热及临床病症既可初步诊断为内罗毕羊病，同时也为病毒分离提供了最适合的样品。绵羊对NSDV敏感性至少比小白鼠高100倍。也可采用2~4日龄乳鼠脑内接种0.01mL 1：10稀释的血浆或组织悬液。通常每个样品用8~10只小鼠，每种样品盲传一代。接种后5~9d，小鼠逐渐虚弱直至死亡。无菌采集鼠脑，混合并作1：100稀释，接种其他小鼠，进行病毒传代。

细胞培养也可以配合小鼠接种进行NSDV的初步分离，与脑内接种未断乳小鼠具有相同的敏感性。其中幼仓鼠肾BHK-21-C13细胞系比较理想，也可用 VERO 细胞系和原代或次代绵羊或仓鼠肾细胞。大部分 NSDV 毒株可以使 BHK 细胞在第一次传代就产生细胞病变反应。细胞培养分离病毒时，一般接种约 0.2mL，吸附 1~2h，BHK 细胞旋转培养 24~28h 后，出现细胞病变反应，细胞呈粒状圆缩，而其他细胞则需再培养 24~48h 才出现病变。NSDV 引起细胞病变反应没有特征性。在细胞培养孔中加盖玻片，应用免疫荧光或苏木精和伊红进行染色鉴定，后者可发现罕见的胞浆内纺锤形包涵体。

（2）免疫荧光技术

用免疫荧光染色技术可对病毒做特异性鉴定，在接种后 24~48h 获得阳性结果，而此时尚无细胞病变反应出现。用单克隆抗体、兔抗血清或绵羊抗血清可制备直接免疫荧光结合物。结合物低稀释度时，会与其他 NSDV 出现交叉性反应，但这些病毒一般不引起绵羊或山羊发病。

3. 血清学检测

（1）琼脂免疫扩散试验

该方法是从组织中检测内罗毕羊病的主要诊断工具。该方法可在无组织培养设备的实验室和野外进行。合适的组织是脾和肠系膜淋巴结。选取 0.5~1g 样品，无菌条件下用研杵研磨或用匀浆器进行组织匀浆，加 10%~20% PBS 悬液，1000×g 离心 10~15min，取上清液用于试验。该试验也可用于实验感染鼠脑中内罗毕羊病病毒的鉴定。

兔抗内罗毕羊病高免血清可用内罗毕羊病感染鼠脑多次接种兔来制备。制备 20~50g/L 鼠脑悬液，3000~5000×g 离心 15min，然后与等量的佛氏完全佐剂混合。多次接种诱导，1mL 皮下注射或肌肉注射，间隔 7d 1 次，连续 3~5 周，或短期内采用多点多次重复接种 0.1mL。最后一次注射后 5~7d 内采集血清，置于 -20℃保存。

制备含 0.85% NaCl pH 为 7.2、约 2mm 厚的琼脂平板。围绕中心孔按六角形打出 6 个孔，高免兔血清加入中心孔，阳性对照抗原加入 1 和 4 孔，病料组织样品加入 2 和 5 孔，阴性对照加入 3 和 6 孔。含样品孔与高免兔血清孔间出现像阳性对照那样沉淀线的，判为阳性。

（2）竞争酶联免疫吸附试验

病毒鉴定用 ELISA，抗原可用感染的组织培养物制备。约 20% 细胞单层出现 CPE 时，收集细胞，将细胞沉淀并用 pH 9.0 的硼酸盐缓冲液洗 3

次。然后将细胞裂解，用十二烷基磺酸钠（SDS）和 1% Triton - ×100 溶解，再以硼酸盐缓冲液以 1：5 稀释，并用超声处理制备 ELISA 抗原。同样，用未感染细胞制备阴性对照抗原。将这些抗原直接包被至 ELISA 板上，用内罗毕羊病免疫血清和正常血清做 ELISA 试验进行鉴定。

（3）间接免疫荧光抗体试验

间接免疫荧光抗体实验（FAT）适用于检测内罗毕病毒血清群成员，但有时出现交叉反应，尤其是与道格比病毒及血清群中的其他病毒（如刚果克里米亚出血热病毒）有交叉反应。该方法中 NSD 病毒抗体的效价在 1/640 到 1/10240，血清群中其他病毒感染产生的抗体效价达不到这一水平。

该方法已在流行病学调查及实验性疫苗效果评估中应用。通常用 NSD I-34 毒株来制备抗原，在 BHK-21-C13 细胞上连续传代后可适应增殖。试验用细胞病毒抗原可以在飞片或微量滴定板上培养。下面介绍用特氟隆包被玻片的间接荧光抗体试验。

可用盖玻片、多孔玻片、聚四氟乙烯包被的玻片或微滴定板培养细胞和增殖抗原。聚四氟乙烯包被玻片制备抗原的方法如下：

①抗原玻片的制备

A. 包被玻片洗涤和灭菌。先用热洗涤剂清洗，再用自来水淋洗 3 次共 30min，每次洗后用蒸馏水/无离子水淋洗一次。再将包被玻片置于 70%酒精 10min，用无菌镊子取出，包于防油纸中。玻片应该是无菌的，但建议用微波炉进一步灭菌 2 次，每次 5min。

B. 用灭菌镊子将包被玻片放入细胞培养孔中。

C. 制备含约 2.5×10^5 细胞/1mL 的 BHK 细胞悬液，每毫升加 $1000TCID_{50}$ 的内罗毕羊病病毒。用吸管混匀，同时设立阴性对照玻片。

D. 加 50μL 感染细胞（12 孔），或所加的量根据特氟隆玻片孔的大小确定。加上盖，置 CO_2 培养箱中培养。

E. 过夜形成单层。然后从培养箱中取出平皿，放入通风橱，用吸管溢满维持液，覆盖玻片，形成 2~3mm 厚，放回培养箱。

F. 看到有 CPE 病变时就收获抗原板。一般是在 36~56h 间收获（可以在培养 24、36 和 48h 分别取一块玻片固定、染色后以确定最佳的收获时间）。

G. 将玻片用磷酸盐缓冲溶液洗 3 次，晾干。然后热固定（最大 80℃）或用冰丙酮固定 10min。包起来在 4℃可保存 2~3 个月，-20℃可保存 1~2 年。保存在-20℃的玻片在使用前放 4℃过夜。

用飞片或多孔培养板制备抗原方法基本一样。当用 24 孔或 96 孔细胞培养板时，应该用 75%的丙酮固定。

②试验程序

A. 用巴氏滴头在玻片上加一滴 PBS，根据被检血清数目将玻片编号，对照应包括阳性和阴性对照血清及感染和非感染的细胞培养物。

B. 弃去 PBS，以预先确定的方式从第 1 格到第 6 格加入 1/2560~1/80 每个稀释度的血清，每个稀释度做 2 个格。

C. 将玻片置入平皿并置 37℃湿盒 40min。将玻片在架子中用 PBS 洗 3 次，每次 5min。

D. 加入已知工作浓度的荧光素标记抗动物抗体结合物（通常为抗绵羊或抗山羊结合物）；每格用巴氏或其他滴头加 1 滴。

E. 如前培养 30min，PBS 洗 3 次并晾干。

F. 用荧光显微镜观察包被玻片。在细胞质内可见到内罗毕羊病病毒抗原，也可看到 BHK 细胞束荧光病变灶，所见到的抗原主要是细小荧光颗粒，但也有形状不规则的抗原因块，在细胞核的周围或在细胞质内偏向一端，形如纺锤状。在阴性血清或未接种的对照培养物中是看不到这种颗粒的。

G. 在 1/640 或 1/1280 稀释血清呈现这种荧光颗粒，可认为是近期感染了内罗毕羊病。

（八）防控

无病地区预防该病的发生应做好以下两个方面的工作：一是对本地羊实施血清学监测，及时发现和剔除带毒动物。从外地外场引进动物时，进行隔离检疫，确证健康后，再按常规进行饲养。二是做好虫媒防治工作。

十五、心水病

心水病（Heartwater Disease）又名考德里氏体病（Cowdriosis），是反刍动物一种急性、非接触性传染病。它由立克次氏体的反刍兽考德里氏体（Cowdriaruminantium）引起并由钝眼蜱（Amblyomma）传播的。该病急性发病以突发高热、行为倦怠、神经症状和高死亡率为临诊特征，死后剖检常可见心包积液、胸腔积液和肺水肿。急性和最急性发病表现为无明显临诊症状的高死亡率，亚急性发病则康复率较高。心水病是世界动物卫生组织规定的必须报告的传染病之一，《中华人民共和国进境动物检疫疫病名录》将心水病列为二类动物疫病。我国尚无心水病报道。

（一）病原

该病病原属于立克次氏体科的反刍兽考德里氏体。立克次氏体科分3族10属，对人致病的主要有3属，即立克次氏体属、罗克利马氏体属和反刍兽考德里氏体属。其中引起人类疾病和人畜共患病的约10余种，引起动物不同程度感染的共约20余种。除少数成员外，立克次氏体大多为严格的细胞寄生性微生物。

病原为革兰氏阳性，姬母萨染色为深蓝色，多形，但多呈球形，球形者直径为 200~500nm，杆状者为 200~300nm×400~500nm，成双者为200nm×800nm。病原在动物的血管、内皮细胞和淋巴网状细胞中以二分裂、出芽和内孢子形成等方式进行繁殖，在被感染的毛细血管内皮细胞浆内，通常是5个至几百个病原聚集在一起，以脑组织中尤为常见。

（二）历史、地理分布

该病最早于1838年在南非的绵羊中发现，1858年被认为是一种特殊的家畜疾病，1898年被证实为传染性疾病，1900年明确该病是由立克次体经希伯来钝眼蜱传播。1925年，Cowdry 首先发现病原体。1980年 Perray 等在西半球加勒比海的瓜德罗普第一次报道了心水病。目前，心水病发生在几乎所有非洲近撒哈拉沙漠地区，那里有各种钝眼蜱属蜱类，如马达加斯加、留尼汪岛、毛里求斯和圣多美岛。该病在加勒比地区也有报道，如瓜德罗普岛和安提瓜岛，引起了美国及西半球其他国家的关注。目前，该病发生于撒哈拉以南的大多数非洲国家和古巴、美国、法国等。

（三）危害

该病死亡率因动物品种而异，美利奴羊的死亡率可达80%，波斯羊和南非羊为6%，牛一般为60%左右。绵羊和山羊的潜伏期一般比牛短，为7~14d，牛为10~16d，易感动物引入疫区后14~18d可出现该病症状。致病性立克次氏体侵入人体后，常在小血管的内皮细胞中繁殖，引起细胞肿大、增生、坏死、形成血栓等病变，导致临床上皮疹的出现。

(四) 风险群体

心水病的易感宿主范围非常广泛。除了家养反刍动物牛、绵羊、山羊等之外，还包括野生反刍动物。已知的野生动物种类有南非白面大羚羊 (*Damaliscuspygargus*)、牛羚 (*Connochaetesgnou and C. taurinus*)、非洲野牛 (*Synceruscaffer*)、非洲旋角大羚羊 (*Taurotragus oryx*)、长颈鹿 (*Giraffa camelpardalis*)、大弯角羚 (*Tragelaphus strepsiceros*)、南非大羚羊 (*Hippotragus niger*)、驴羚 (*Kobus lechekafuensis*)、石羚 (*Raphiecrus campestris*)、跳羚 (*Antidorcas marsupialis*)、泽羚 (*Tragelaphus spekii*)、东帝汶鹿 (*Cervus timorensis*)、白斑鹿 (*Axis axis*)、白尾鹿 (*Odocoileus virginianus*)、黑野羚羊等，其他疑似对心水病易感的动物有蓝牛羚、小鹿、喜马拉雅塔尔羊、大角野绵羊、欧洲盘羊、印度羚、白犀及黑犀。此外，珍珠鸡和豹龟对该病不易感，也不将病原体传给在它们身上吸血的媒介蜱，有可能会作为心水病的病原携带者，成为反刍动物埃里克体的非反刍动物病原携带者。黑线小鼠和多乳头小鼠对反刍动物埃立克体敏感，但它们均不是蜱的宿主，无法造成疫病流行。试验还表明，近亲交配的实验鼠对反刍动物埃立克体较为敏感。

心水病可以导致非洲野牛、南非跳羚死亡，还会给养殖的野生动物鲁莎鹿、白尾鹿、羚、白斑鹿和东帝汶鹿等主要野生反刍动物种类带来显著的经济损失。

(五) 媒介生物

心水病通过其生物媒介钝眼蜱属 (*Amblyomma*)，又称花蜱属的蜱进行传播，蜱是反刍动物埃立克体病原稳定的储存体，病原体在蜱体可维持其感染性至少 15 个月，但是感染不经蜱卵传播。

能够传播该病的蜱有 13 种，即彩饰钝眼蜱 (*A. variegatum*)、希伯来钝眼蜱 (*A. hebraeum*)、*A. gemma*、*A. lepidum*、*A. astrion*、*A. pomposum*、*A. sparsum*、*A. cohaerans*、*A. marmoreum*、*A. tholloni*、斑点钝眼蜱 (*A. maculatum*，或墨西哥湾蜱)、卡延钝眼蜱 (*A. cajennense*) 和 *A. dissimil*。其中，*A. variegatum* 是最重要的一种，它的分布也最广；*A. astrion* 主要寄生于水牛；*A. sparsum* 主要寄生于爬行动物和水牛；

A. cohaerans 寄生于非洲水牛；*A. marmoreum* 的成虫寄生于陆龟，幼期寄生于山羊；*A. tholloni* 的成虫寄生于大象；*A. maculatum* 寄生于有蹄类动物（牛、绵羊、山羊、马、猪、野牛、驴、骡、白尾鹿、水鹿及轴鹿）、各种肉食动物、啮齿类动物、兔类、有袋类动物、鸟类爬行类动物；*A. cajennense* 的宿主和 *A. maculatum* 相似，但是其分布没有那么广泛，而且是一个低效媒介；*A. dissimil* 寄生于爬行类动物和两栖动物。

（六）症状

由于宿主易感性、病原株毒力以及注射剂量的差异，心水病有最急性型、急性型、亚急性型和轻度型 4 种不同类型的临床表现。其中最急性型表现为短暂的发热、严重的呼吸窘迫、感觉敏感、流泪后突然死亡，有可能还会出现严重的腹泻，偶见临死前抽搐。这一类型的心水病较为少见；急性型心水病在反刍动物中最为常见。患急性型心水病的动物一般在 1 周内死亡。该病始于发热，发病后 1~2d 内可超过 41℃。高热持续 4~5 周，并伴有小幅度的波动，死亡前体温骤然下降。发热后出现食欲不振、精神萎靡、腹泻和肺水肿引起的呼吸困难，有时会逐步出现神经症状，动物焦躁不安、绕圈行走，出现吸吮动作，僵硬地站立同时有体表肌肉震颤等；亚急性型心水病，一般情况下比较少见，表现为发热时间延长并伴随咳嗽和轻度运动失调。动物一般在 1~2 周内康复或死亡。这种类型的病例并不一定表现中枢神经系统症状；轻度型也称为亚临床感染，仅表现为短暂的发热。

根据蜱侵染程度、之前接触感染蜱的情况以及杀螨剂保护水平，不同动物种类的患病率差异较大。康复的动物通常可以获得针对同源病株的完全免疫力，但它们仍然是病原携带者。

（七）检测技术

1. 病原学检测方法

该病的病原学检测方法有体外分离培养（不是首选方法）、巢式 PCR 法、实时荧光 PCR 法和多病原体实时荧光 PCR 法。世界动物卫生组织诊断手册第 2.01.9 章描述的病原学检测方法包括体外分离培养、PCR 法巢式、普通 PCR 法及实时荧光 PCR 法，其中世界动物卫生组织手册中推荐的巢式 PCR 法均针对 pCS20 基因的保守序列，引物序列为（U24）5'−

TTTCCCTATGATACAGAAGGTAAC – 3' （L24）：5' – AAAGCAAGGATTGT-GATCTGGACC-3'，（AB128）：5' –ACTAGTAGAAATTGCACAATCTAT–3'R（AB129）：5' –TGATAACTTGGTGCGGGAAATCCTT–3'；以及 F（AB128）：5'-ACTAGTAGAAATTGCACAATCTAT-3'R（AB129）：5'-TGATAACTTGGT-GCGGGAAATCCTT-3'F（AB128）：5'-ACTAGTAGAAATTGCACAATCTAT–3'R（AB130）5'-ACTAGCAGCTTTCTGTTCAGCTAG-3'。

对临床病例确认的检测方法推荐使用实时荧光 PCR 法，针对 pCS20 基因的保守序列，引物序列为 5'-CAAAACTAGTAGAAATTGCACA-3'，5'-TG-CATCTTGTGGTGGTAC – 3'，FAM – 5' – TCCTCCATCAAGATATATAGCAC-CTATTAXT – 3' – PH；以及引物探针序列为：5' – ACAAATCTGGYCCAGATCAC-3'；5'-CAGCTTTCTGTTCAGCTAGT-3'；6–FAM-5'-ATCAATTCACATGAAACATTACATGCAACTGG-3'-BHQ1。

2. 血清学检测方法

该病的血清学检测标准方法有 ELISA。世界动物卫生组织诊断手册第 2.01.9 章推荐的 ELISA，有针对 MAP1-B 蛋白的间接 ELISA 方法，以及 C-ELISA 方法，该方法阻断 MAP1 蛋白，可用于流行病学调查、临床病例确认。

（八）防控

该病尚无商品化疫苗。实际上，还没有广泛有效且安全的反刍动物埃利希体疫苗。有些情况下，控制蜱的侵扰是一种有效的预防措施，但是在其他情况下维持这种状况非常困难且费用昂贵。然而，在该病流行地区，蜱数量过度减少可能会影响通过田间感染所维持的足够免疫力水平，有时可能会造成重大损失。南非仍在使用"感染与治疗"的免疫方法：用含强毒病原的绵羊血液进行感染，随后进行直肠体温监测，出现发热后用抗生素进行治疗。

第二节
媒介生物传播的人畜共患病

—————————◇—————————

一、裂谷热

裂谷热（Rift Valley Fever，RVF）是一种由裂谷热病毒（Rift Valley Fever Virus，RVFV）感染引起的、由蚊子作为媒介传播的、最急性或急性的人畜共患传染病。发病率和死亡率极高。该病能引起怀孕动物流产和幼畜死亡，以流产、肝炎和出血为特征，可造成重大经济损失。RVFV 主要感染绵羊、山羊和牛等反刍动物，其他动物易感性较低。裂谷热被世界动物卫生组织确定为必须申报的动物传染病，我国也将其列为一类传染病，采取严格的预防控制措施，防止其传入。

（一）病原

1. 分类

分类学上，RVFV 属布尼亚病毒科（Bunyaviridae）白蛉热病毒属（*Phlebovirus*），是该属的代表种。该病毒只有一个血清型。布尼亚病毒科的其他属还包括正布尼亚病毒属、汉坦病毒属、内罗毕病毒属、番茄斑萎病毒属。

2. 生物学特性

（1）形态结构

RVFV 粒子直径为 80~120nm，球形，表面被覆有中空柱状的短突起，内含 1 个直径为 80~85nm 的核心，外被由 166 个亚单位组成。据报道，裂谷热病毒经小白鼠或鸡胚传代后，病毒粒子可能发生结构变化。

（2）理化特性

RVFV 耐受冻干，能在冷冻或冻干状态下长期存活。血清中的病毒在 -4℃可存活 3 年，在 4℃可存活 1 个月，在室温可存活 3 个月，在 56℃可存活约 3h。在抗凝全血中的病毒在 22℃可存活 1 周。裂谷热病毒能抵抗

0.5%石炭酸达6个月之久，使用0.25%福尔马林在4℃下需3d才能杀灭该病毒，或56℃下需40min才能灭活病毒。

巴氏消毒法可使该病毒灭活。病毒不耐酸性环境，在pH7.0~8.0时很稳定；在pH低于6.2时，即使保存在-60℃也会很快失去活性；在pH3.0时，病毒将迅速灭活。该病毒对乙醚和去氧胆酸盐等溶液敏感。

（3）培养特性

RVFV易在鸡胚、大白鼠、小白鼠、仓鼠、猴和其他动物的组织培养细胞内增殖。羔羊肾细胞在感染后出现大量嗜酸性核内包涵体。病毒易在鸡胚卵黄囊内和绒毛尿囊膜上增殖。绒毛尿囊膜在接种后变厚，但不见有明显的肉眼病变。病毒呈泛嗜性，对肝脏和肾脏等实质细胞具有特殊的亲和力，但在连续通过鸡胚卵黄囊，特别是小白鼠脑后，经常变为嗜神经性。鸡胚或鼠脑适应该病毒，经培养后的病毒对绵羊的毒力降低，是培育弱毒疫苗株的一个有效途径。

初次分离可采用不同的细胞，如非洲绿猴肾细胞（VERO）、乳仓鼠肾细胞（BHK）、鸡胚网状组织细胞（CER），或牛、羊源的原代细胞。也可用仓鼠、成年鼠或乳鼠、鸡胚、2日龄羔羊进行病毒的初次分离。

（4）基因组结构

RVFV核酸位于病毒的核衣壳内，为单股负链RNA。RNA分为L（大）、M（中）、S（小）3个片段，长度分别为6.4kb、3.9kb和1.7kb。其中L和M片段为负链RNA，S片段为双义RNA。L片段反向编码RNA依赖的RNA聚合酶。M节段反向编码一个聚合蛋白，经翻译后，经剪切作用形成2个大小分别为78ku和14ku的非结构蛋白（NSm）以及2个糖蛋白（GN和GC）。S节段长度为1690nt，利用双向策略，反义链编码核衣壳蛋白（N），正义链编码一个非结构蛋白（NSs），2个相向的开放阅读框之间的基因间区域为91nt。携带毒力因子的基因在S区。

（5）病毒蛋白及功能

①囊膜糖蛋白G

囊膜糖蛋白G是RVFV的主要结构蛋白，由基因组M节段编码，翻译后裂解为GN和GC，其中GN为诱导中和抗体的主要免疫原。包膜糖蛋白G1或G2两者均具红细胞凝集能力与中和试验抗原决定簇。病毒表面的GN和GC蛋白含有中和表位，也能刺激机体产生抗体。利用单克隆抗体定位了 GN 糖蛋白，其含有 4 个抗原决定簇，氨基酸序列分别为 Ⅰ（105～138aa）、Ⅱ（229～239aa）、Ⅲ（362～375aa）、Ⅳ（127～146aa）。表位 Ⅰ、Ⅱ、GN 和 GC 为中和表位，而表位Ⅲ为非中和表位。抗原决定簇Ⅳ与构象有关，相关蛋白经十二烷基硫酸钠变性后不能与相应的单克隆抗体Ⅳ反应。

②N 蛋白

N 蛋白是 RVFV 主要的免疫原。补体结合反应抗原则同部分 S 节段编码的 N 蛋白相关。

③NSs 蛋白

NSs 蛋白能抑制宿主 mRNA（包括 $\alpha/\beta2$ 干扰素 mRNA）的合成，还能加强病毒 RNA 的复制和转录，该蛋白在病毒的复制和病毒在宿主体内的存活过程中发挥重要的作用。

（二）历史、地理分布

裂谷热在 1912 年最先在肯尼亚裂谷（Rift Valley）地区的绵羊中被发现，直至 1930 年在肯尼亚广泛流行。当时科学家分离到病毒，以发现地命名，故称为裂谷热。1977 年前，裂谷热仅在非洲东部和南部动物中流行，此病的流行与该地区大雨后迅速繁殖的伊蚊种群数量陡增相关。近 40 年以来，裂谷热的发生呈上升趋势。1950 至 1951 年和 1974 至 1976 年，裂谷热在南非有 2 次大流行，每次都引起超过 100 万头羔羊死亡。1977 至 1980 年，裂谷热首次在埃及流行，据报道有 20 万人被感染，死亡 598 人，当时许多家畜（主要是牛、羊、骆驼、山羊等）都被感染，也发生大量死亡。1995 年 5 月至 7 月，该病再次在埃及流行，当地的人和绵羊、山羊、牛、水牛等动物都被感染。1998 年，肯尼亚、坦桑尼亚、毛里塔尼亚和津巴布韦 4 个国家均报道发生裂谷热。2000 年 9 月，也门和沙特阿拉伯被证实暴发裂谷热，这是在非洲大陆以外地区首次报道暴发裂谷热。当时，也门 321 人发病，其中 32 人死亡，死亡率高达 10%；沙特阿拉伯有 160 人发病，其中 33 人死亡，死亡率超过 20%。此后，裂谷热在阿拉伯半岛流行，一定程度上威胁着亚洲和欧洲其他国家（地区）。2016 年，我国发现首例输入性裂谷热病例，警示该输入性传染病已对我国的公共卫生安全构成了现实威胁。

(三) 危害

裂谷热是一种最急性或急性的人畜共患传染病。RVFV 主要感染绵羊、山羊和牛等反刍动物，其他动物易感性较低。该病对绵羊、山羊、牛的危害较为严重，可引起怀孕动物流产，在新生畜具有较高的死亡率。大龄非怀孕动物尽管比较易感，但临诊抗病性较强。动物感染裂谷热病毒的重症症状为发热、厌食、流涕、急性腹泻、黄疸，随年龄增加感染性降低，1周龄内的绵羊和山羊羔死亡率可达 95%～100%，怀孕母羊和母牛流产率高达 80%～100%。该病通常继大雨和洪涝灾害后在一个国家（地区）大面积流行，其特征为病畜的高流产率和新生动物的高死亡率。

人对裂谷热易感，可通过接触感染性材料或通过蚊媒叮咬感染。在一些动物宿主较少的国家（地区），通过蚊媒叮咬感染人是其显著特征。在这些地区往往首先发现人感染裂谷热。已有裂谷热导致实验室人员严重感染实例，所以处理病料时应在高等级的生物防护设施内进行，同时建议对实验室工作人员进行免疫接种。人感染后通常无症状或者症状较轻，呈类似登革热的症状，表现为轻度或中度流感样发热，少于 5% 的患者发展为综合征，可能发生致死性出血热、急性肝炎或严重肝病、脑炎或视网膜炎等严重的并发症或死亡。

(四) 风险群体

裂谷热实验感染的宿主范围很广，不同种类的非洲野生啮齿动物的敏感性不同，有的不发生病毒血症，有的发生病毒血症但没有症状，有的在实验接种后死亡。易感性似乎决定于个体的显性基因（有些患者发生出血热或脑炎、某些成年绵羊也死于急性肝坏死，可能也由相似的遗传机制决定）。

实验易感动物包括乳鼠、刚断乳小鼠、长爪沙鼠、棉鼠、大鼠、仓鼠、豚鼠、幼犬、幼猫等。成年犬、猫为轻症或亚临床感染，幼犬和幼猫可能发生致死性感染。怀孕豚鼠感染后可发生流产，乳鼠或刚断乳小鼠可经各种途径感染，脑内或皮下接种病毒后 3d 即可死于肝炎，因此，乳鼠或刚断乳小鼠均是研究大型动物裂谷热病毒感染发病机制的良好模型。

反刍动物是该病毒的宿主。绵羊、山羊、牛、水牛、骆驼是主要感染者。骆驼可发生隐性感染，但流产率和牛一样高，水牛隐性感染也可导致流产。羚羊、驴、马、啮齿动物、狗和猫对裂谷热病毒敏感。精液和胚胎/卵可能存在病原体，但是否能够经精液或胚胎传播，有待进一步研究。

易感动物中绵羊发病最严重，其次是山羊；其他的敏感动物包括羚羊、长颈鹿、驴、啮齿动物、狗和猫。流行区的外来动物品种比当地动物品种更易感。恒河猴皮下接种有轻度发热反应，非洲猴对该病毒比恒河猴更敏感。雪貂感染该病毒有发热反应和肺实质病变等。

（五）媒介生物

传播裂谷热病毒的生物学媒介主要是蚊。该病毒在脊椎动物和蚊子之间循环，许多种类的蚊子均可传播该病毒，而且还是其主要贮存宿主。至20世纪80年代末，已发现至少有26种蚊可能是裂谷热的媒介，包括环附伊蚊、波耳伊蚊、埃及伊蚊、三列伊蚊、环泡伊蚊、非洲伊蚊、窄翅伊蚊、具齿伊蚊、叮马伊蚊、黄圈伊蚊、尖音库蚊、纹腿库蚊、尼弗库蚊、松巴库蚊、五条浆足蚊、金腹鳞足蚊、非洲曼蚊、科斯按蚊等。伊蚊可以从感染动物身上吸血获得病毒，能经卵传播（病毒从感染的母体通过卵传给后代）。因此，新一代蚊子可以从卵中获得感染。在干燥条件下，蚊卵可存活几年。当幼虫孳生地被雨水冲击，如在雨季孵化，蚊子数量增加，在吸血时将病毒传给动物，这是裂谷热病毒可长久在自然界存活的原因。

（六）症状

该病对绵羊、山羊、牛较为严重，可引起怀孕母畜流产和新生仔畜死亡以及肝炎症状。发病率在羊群中可高达100%。1周以内羔羊死亡率可高达95%～100%；断奶羔羊死亡率为40%～60%；母羊的死亡率大概不超过20%，成年绵羊死亡率为15%～30%；各种年龄牛的死亡率平均约为10%，不过怀孕母牛大多数发生流产。

此病在绵羊中是最急性的，绵羊最急性的病例是死亡或驱赶时突然倒地；急性病例潜伏期非常短，然后是发热、脉搏加快、步态不稳、呕吐、流黏液性鼻液，在24～72h内死亡。其他症状可见有出血性腹泻和可视黏膜瘀血斑或瘀血点。

亚急性病例主要发生在成年绵羊。在3～4d潜伏期后，出现发热并伴随有厌食和虚弱。黄疸通常是主要的症状，还有一些羊出现呕吐和腹痛的症状。

羔羊潜伏期为 12~18h，在 24~48h 内死亡。早期表现为高热，41℃的双相热，食欲减少，不愿活动。随后出现步态蹒跚，呕吐，鼻流黏性脓性分泌物，腹泻并发血样下痢。最急性的病例可能不显任何症状而突然死亡。成年羊与羔羊症状相似，但较轻，体温上升，步态不稳，有时流鼻涕，舌、阴囊和皮肤糜烂以至死亡。怀孕母羊常在羔羊死亡前发生流产。

牛发病的临床表现和绵羊的类似，但症状较轻。犊牛常在发生严重症状后死亡。

人主要临床症状是视网膜损伤，个别的病例可导致暂时性或永久性失明，其他并发症有肝炎或脑炎，严重的有出血性体征。潜伏期 3~7d。突然发病，发冷，关节痛和肌痛，头痛更为严重。持续 1 周的双相热，发热后约 3d，体温恢复正常，经 1~2d 间歇，再度发热，持续 2d 左右。病人常恶心、呕吐、便血、进行性紫癜、牙龈出血、结膜充血和肝区触痛。有的病例发生脑出血，伴有截瘫，或因胃肠广泛出血而死亡（伴随裂谷热的出血病例病死率大约为 50%；大多数死亡发生于出血热病例）。

（七）检测技术

裂谷热的诊断可按照我国已发布实施的行业标准《裂谷热检疫技术规范》（SN/T 2707—2010）进行，该标准规定了目前所有的病原学和血清学检测方法。也可参考《OIE 陆生动物诊断试验与疫苗手册》第 3.1.18 章中裂谷热病原学和血清学方法。

1. 病料采集

从发热期动物的抗凝血，死亡动物的肝脏、脾脏、大脑，流产胎儿中可分离到裂谷热病毒。无菌采集发热期动物的抗凝血约 5mL 或 5g 死亡动物的肝脏、脾脏、大脑，或流产胎儿。样品必须保存在 0℃~4℃ 条件下尽快送达实验室。如果超过 24h，样品需冷冻，以干冰运输。样品包装和运输应符合农业农村部《高致病性动物病原微生物菌（毒）种或者样本运输包装规范》要求，或应符合世界动物卫生组织诊断手册第 1.1.1 章诊断用样品的采集和运输要求。

2. 病原学检测方法

（1）病毒分离

初次分离可用细胞进行，如非洲绿猴肾细胞、BHK-21 细胞、鸡胚网状细胞（CER）和牛、羊原代细胞。也可用仓鼠、成年鼠、幼鼠、鸡胚、

2 日龄羔羊进行病毒的初次分离。部分病毒吸附于红细胞上，因此，由血液分离病毒时，最好用肝素抗凝的全血。

①细胞培养分离：一般推荐在实验室用病料接种细胞培养物进行检测更易操作和有效，实验室细胞培养的方法比动物接种更安全。取 1mL 纯化的样品上清液，接种单层培养的细胞如 VERO、BHK、CER、犊牛和羔羊的原代肾或睾丸细胞，37℃孵育 1h 后，加入细胞培养液，5% CO_2，37℃培养；同时，也可准备一些含移动盖玻片的试管，于室温以磷酸缓冲盐水冲洗培养物，加入含 2%无 RVF 特异性抗体的血清培养液，培养 5~6d，显微镜下观察细胞，RVFV 引起的典型细胞病变为细胞轻微圆化后，于 12~24h 内整个细胞单层立即损坏。

②动物接种：使用敏感乳鼠进行病毒接种被认为是最为经典和最敏感的检测方法。取 1g 组织样品，磨碎，按 1/10 的比例加入细胞培养液，同时加入含有青霉素钠（1000IU/mL），硫酸链霉菌素（1mg/mL），制霉菌素（100IU/mL）或两性霉素 B（2.5ug/mL）的 pH7.5 缓冲生理盐水悬浮，混匀后，将悬浮液转入 50mL 离心管中，1000r/min 离心 10min，取上清液脑内接种 1~5d 小鼠或腹腔内接种仓鼠和成年鼠，感染幼鼠可能在 2d 内发病死亡，成年鼠可能在 1~3d 后发病。

（2）抗原检测

免疫荧光染色技术：通过肝、脾、大脑压片或冷冻切片的直接或间接免疫荧光染色。对患病动物肝、脾等进行组织病理学检查可揭示特征性细胞病变，而免疫染色可对感染细胞中的 RVFV 进行特异性鉴定。这是一种重要的诊断手段，肝脏或其他组织可放在福尔马林中以供诊断之用，有利于对距实验室较远地区的样品进行处理和运输。

（3）核酸检测

① RT-PCR 方法：在非传统疫区，快速诊断对疫情的控制至关重要。因此，可采用 RT-PCR 方法快速检测蚊以及人或动物血清、组织等样品中的裂谷热基因。Sall 等建立了用 RT-PCR 方法快速检测 RVFV，其引物为 RVF1-777/5'-GACTACAAGTCAGCTCATTACC-3'/798，RVF2-1327/5'-TGTGAACAATAGGCATTGG-3'/1309，扩增 M 片段 G2 糖蛋白基因 551 bp 的部分编码区。

②实时荧光 RT-PCR 方法：实时荧光 RT-PCR 能够检测细胞培养悬浮

液中 10 TCID$_{50}$/mL 的感染性裂谷热病毒，也能够检测每份样品的 9~16 个裂谷热病毒 RNA 拷贝。Stephan Garcia 建立了针对 RVFV 的非结构蛋白编码区 NS（S）的实时荧光 RT-PCR 检测方法，其上游引物为 S432 5'-AT-GATGACATTAGA AGGGA3'，反转录引物为 NS3m 5'ATGCTGGGAAGTGAT GAG3'，TaqMan 探针为 CRSSAr 5'-FAM-ATTGACCTGTGCCTGTTGCC-TA-MARA-3'，扩增片段长度为 298bp。

虽然实时荧光 RT-PCR 检测病毒只需样品到达实验室后几小时就有结果，但专家建议不能仅仅依靠 RT-PCR 结果诊断或者排除有无病毒存在，而分子生物学技术应该结合病毒分离、抗原捕获 ELISA 或者测定裂谷热特定 IgG 等检测结果来综合判定。

3. 血清学检测方法

常用的血清学检测方法包括：病毒中和试验（VN）、血凝抑制试验（HI）和酶联免疫吸附试验（ELISA）等。

（1）病毒中和试验（VN）

病毒中和试验包括微量病毒中和试验、蚀斑减少试验、小鼠中和试验。这些方法都用于检测动物血清内的 RVFV 或抗体。病毒中和试验特异性高，与其他白岭热病毒属病毒交叉性小或者没有交叉性。作为检测 RVFV 或抗体的经典标准，其具有需要时间长、费用高和劳动强度大的特点，而且只能在具有标准毒株和组织培养物或者小鼠的情况下才能进行试验。同时需要在有适当的生物安全设备和免疫过的工作人员的实验室进行，世界动物卫生组织建议不要在非疫区进行试验。病毒中和试验（VN）还可用于裂谷热自然感染的动物和疫苗免疫动物的抗体水平检测。该方法高度特异，适用于各种动物血清，常用于疫苗效价的测定。

（2）血凝抑制试验（HI）

血凝抑制试验具有高度敏感性和特异性，可以推荐在非疫区进行操作。RVFV 疫苗免疫后，HI 抗体滴度可高达 1∶640，偶尔可达 1∶1280，而病毒自然感染后的滴度明显高于疫苗免疫。值得注意的是，如果被测个体被其他白蛉属病毒感染过，那么其血清和 RVFV 抗原反应的滴度可达 1∶40，少数情况能达到 1∶320，对 HI 的检测结果造成一定的干扰。因此，HI 抗体滴度在 1∶1280 以上才可被认为是自然感染。

（3）酶联免疫吸附试验（ELISA）

用不同形式的 ELISA 检测抗 RVFV 的特异 IgG 和 IgM 抗体均有报道。应用 ELISA 检测裂谷热病毒特异抗体具有高度的敏感性和可靠性。裂谷热病毒在许多哺乳动物以及蚊类体内复制非常迅速，感染病毒的动物体内有足够的诊断目标抗原。由于 ELISA 技术使用灭活的试剂，所以在非疫区可以使用该方法进行裂谷热的诊断和监测。一些学者分别建立了间接 ELISA、IgG 夹心 ELISA 和 IgM 捕获 ELISA 检测人、家养或野生动物体内的裂谷热病毒抗体，检测效果与病毒中和试验和血凝抑制试验具有相同的效果。

在检测裂谷热病毒从蚊子传染给易感鼠时，蚀斑试验和 ELISA 具有相似的检测特异性和敏感性；夹心 ELISA 方法可利用免疫鼠血清检测病毒血症的恒河猴血液内病毒，该检测方法能够检测血液内 103.5pfu/mL 浓度的病毒。该方法在检测试验性感染羔羊体内病毒时，效果非常好。而在接种 BHK-21 细胞至少 12h 后可以在培养液中检测到病毒。试验效果证明，越来越成熟的 ELISA 检测裂谷热病毒抗体技术能够适应日益增长的与临床诊断、风险评估和风险因子研究相关的诊断灵敏性和特异性的评估。

（八）防控

预防这种病的主要措施是注射疫苗，避免蚊虫叮咬，及时喷洒药物灭蚊，控制和铲除蚊蝇孳生地。

免疫接种是预防裂谷热最有效的措施。对动物进行免疫接种不仅可防止动物流行裂谷热，而且可消除人的传染来源，防止人感染此病。大规模动物预防接种时，必须保证每头动物一只消毒针头，以免病毒传播。国际上还没有人用的裂谷热商品化疫苗，仅有兽用疫苗被批准，包括灭活疫苗和弱毒活疫苗。

灭活疫苗虽然安全有效且可用于怀孕动物，但须重复免疫以提高免疫效果。主要有 3 个弱毒疫苗株——Clone 13、Smithburn 和 MP-12，免疫效果良好，可提供较长的保护，但存在安全性风险。其中，Clone 13 弱毒活疫苗已在南非、纳米比亚等国（地区）获批，该疫苗安全有效，正常剂量免疫对怀孕动物也安全，其主要毒力因子 NSs 基因约 70% 缺失。Smithburn 有引起流产和畸胎的风险，不能用于怀孕动物；MP-12 在美国用于动物的免疫，且已进入人用疫苗的临床试验，但动物试验仍发现其对怀孕动物有一定的毒力。因此，许多研究者在 MP-12 的基础上，进一步缺失 NSs 和

NSm 基因构建疫苗候选株，它们的毒力比 MP-12 更弱，且和 Clone 13 一样可以同野毒株区分，实现免疫动物与感染动物的鉴别（Differentiation of infected from vaccinated animals，DIVA），因此这类缺失型疫苗株将是新型疫苗研发的方向，具有的巨大的开发应用潜力。

兽用弱毒冻干疫苗是用经鸡胚和小鼠传代致弱的脑内适应毒株 Smithburn 株制备。早在 1951 年即开始使用，起初为感染小鼠脑组织冻干疫苗，1958 年改用较低代次鼠脑毒制苗，1971 年起开始用细胞培养的病毒制备。该疫苗对绵羊和山羊免疫效果不错，幼羊于 6 月龄时接种一剂，6~7d 即可产生免疫力，且免疫力持久。该疫苗仍有一定毒力，可使某些孕羊流产和胎羊畸形，但不至于妨碍其使用，流行区使用显然利大于弊。对牛免疫原性较弱，对有母源抗体的牛不能产生足够的体液免疫，须在母源抗体消退后免疫；免疫力不持久，必须于首次免疫后 3~6 月再次免疫，以后每年加强免疫一次。

福尔马林灭活疫苗是用野型毒株的细胞培养物或感染小鼠脑制备，细胞培养疫苗价格亦较高。该疫苗安全性好，但免疫力不持久，是唯一一种可供非流行区使用的疫苗。

二、西尼罗热

西尼罗热（West Nile Fever，WNF）是由西尼罗病毒（West Nile Virus，WNV）引起的、经蚊传播的、主要以人和动物发热和脑炎为症状的一种人畜共患传染病。该病毒的天然贮存宿主为鸟和蚊子，临床症状主要出现在感染后人和马。近年来，该病在人和动物中暴发频繁，给发病国家和地区造成了极大的健康威胁和经济损失，已成为全球关注的公共卫生和兽医卫生问题，被世界卫生组织和世界动物卫生组织列为全球重大流行病之一，也是世界动物卫生组织规定为必须报告的动物传染病，我国也将其列为重点防范的外来人畜共患病，需采取严格的预防控制措施，防止其传入。

（一）病原

1. 分类

WNV 属于黄病毒科（Flaviviridae）黄病毒属（*Flavivirus*）中在蚊子体内能够增殖的亚群病毒，除了西尼罗病毒外，这个亚群的病毒还包括黄热病毒（Yellow Fever Virus）、登革病毒（Dengue Virus）、日本脑炎病毒（Japanese Encephalitis Virus）、斯庞德温尼病毒（Spondweni Virus）、圣路易斯病毒（St. Louis Virus）、乌干达病毒（Ugamdas Virus）和韦赛尔斯布朗病毒（Wesselsbron Virus）等病毒。西尼罗病毒与日本脑炎病毒（Japanese B encephalitis Virus）、摩莱河谷脑炎病毒（Murray Valley Encephalitis Virus）、圣路易斯脑炎病毒（St. Louis Encephalitis Virus）同属黄病毒属（*Flavivirus*）的日本脑炎病毒血清群，它们在血清学反应上有交叉性。

根据各地区分离的 WNV 株 E 基因片段核苷酸的同源性，将 WNV 血清型分为血清 I 型和血清 II 型。与人类感染有关的是血清 I 型，流行广泛，并呈世界性分布；而 II 型主要是非洲的撒哈拉地区和马达加斯加地方性毒株。两血清型之间存在明显的基因变异和抗原变异，引起人类严重疾病的毒株均属于 I 型。

根据系统发育分类，WNV 有 7 个主要谱系，其中两个主要谱系的差异在于 25%~30% 的核苷酸同源性。人类疾病仅归因于谱系 1 和谱系 2。谱系 1 通常分布在非洲、欧洲、澳大利亚、亚洲、北美和中美洲以及中东。谱系 1 进一步细分为 1a、1b 和 1c。谱系 1a 在美国的传播最为广泛（NY99 株），以及在非洲、欧洲和中东，并主要在这些地区暴发。谱系 1 毒株通常被认为是新出现的，并与脑炎和脑膜炎的暴发有关。通常谱系 2 毒株的致病性较低，并且在地理上局限于南非和马达加斯加，但最近在欧洲出现了导致严重人类疾病的变种。

2. 生物学特性

（1）形态结构

WNV 粒子呈球形，有囊膜，直径约 50nm，属分节段的单股正链 RNA 病毒，有囊膜，且囊膜为单层结构，在囊膜上有一薄层突起，这些突起呈棒状结构。脂质双分子层包裹着一个直径在 30nm 左右的二十面体核衣壳。

（2）理化特性

WNV 在室温条件下不稳定，易被乙醚、去氧胆酸钠或甲醛灭活。紫外线、56℃以上、pH6.0 以下、脂溶剂（如乙醚、三氯甲烷、乙醛、SDS 等）、尿素、消毒剂（3%~8% 的甲醛，2% 的戊二醛，2%~3% 的过氧化氢，500~5000mg/L 的氯，乙醇、1% 碘）、消化酶等可使病毒灭活。维持病毒稳定的最佳条件是：于 -60℃ 保存，pH 为 8.4~8.8。

（3）培养特性

WNV 可在多种蚊子传代细胞系、哺乳动物传代细胞系和乳鼠细胞上生长，包括兔肾细胞（RK-13）和非洲绿猴肾细胞，也可在鸡胚上生长，但通常不通过新生幼鼠脑内接种该病毒。WNV 也可在多种体外培养体系中生长，包括鸡、鸭胚，各种人、猴、猪、啮齿类动物和昆虫来源的细胞系，并导致细胞病变效应或蚀斑。

（4）基因组结构

WNV 是不分节段的单股正链 RNA，基因组全长 10000~11000 个碱基，基因组 5' 端有帽子结构 m7G5'pp5'A，3' 端缺少多聚腺苷酸尾，但有一段十分保守的核苷酸序列，能形成稳定的发夹结构。5' 端含有 100nt 左右的非编码区，3' 端含有 400~700nt 的非编码区。两端的非编码区能够形成保守的二级结构，在病毒基因组的复制以及病毒的增殖过程中具有重要作用。西尼罗病毒基因组 RNA 可以直接作为 mRNA，从一个开放阅读框内翻译出一条长链前体蛋白，在宿主细胞蛋白酶和一种病毒基因编码的丝蛋白酶作用下，长链前体蛋白被切割成至少十种成熟的蛋白。其中包括 3 种结构蛋白和 7 种非结构蛋白。

（5）病毒蛋白及功能

WNV 的基因组含 1 个 10290 核苷酸的长开放阅读框（ORF），编码一种独特的多蛋白，由 3433 个氨基酸组成，编码的这个独特多蛋白通过细胞和病毒蛋白酶将其裂解为核衣壳蛋白（capsid，C）、包膜蛋白（envelope protein，E）和膜蛋白（prM/M）3 种结构蛋白和 7 种非结构蛋白（NS1、NS2A、NS2B、NS3、NS4A、NS4B 和 NS5），其中包膜蛋白和膜蛋白镶嵌在包膜中，是主要的病毒抗原性结构，可能与病毒的毒力以及亲嗜性相关。

①结构蛋白

核衣壳蛋白（C）为核心蛋白，是一个碱性蛋白，由 123 个氨基酸组成，核心蛋白为病毒衣壳蛋白，与基因组结合构成核衣壳。成熟的 C 蛋白由一个含疏水区域的 C 蛋白前体裂解而成。C 蛋白与病毒的 RNA 结合，对于保护病毒的基因组有重要作用。膜蛋白（prM/M）为膜结合蛋白，由 75 个氨基酸组成，这种蛋白与病毒粒子的成熟和释放有关。

包膜蛋白（E）为病毒包膜中突起的糖蛋白，是西尼罗病毒重要的结构蛋白，由 480 个氨基酸组成，分子量为 55kDa，它决定了病毒感染细胞种类的特异性，具有血凝素活性，并介导病毒与宿主细胞的连接，且具有强大的免疫活性，可诱发产生病毒中和抗体，使病毒可以逃避宿主免疫系统的攻击。包膜蛋白参与病毒与宿主细胞亲和、吸附以及融细胞过程，是病毒亲嗜性以及毒力的主要决定蛋白，以同源二聚体的形式并通过一定的结构域锚定在病毒包膜中，是主要的病毒抗原性结构蛋白。

E 糖蛋白头尾弯曲呈拉长的杆状二聚体结构，平铺于 WNV 粒子的最表面。E 蛋白的外部结构域包含 3 个结构域：中心结构域 I 包括 1 个抗原结构域和 1 个带有 N-糖基化位点的区域；结构域 II 含高度保守的序列，可以促进病毒粒子与宿主细胞的融合，结构域 II 以 2 个基环参与二聚体西尼罗病毒核酸及抗体检测体系的建立与评价的形成；结构域 III 类似于免疫球蛋白恒定区，属于构象表位。结构域 III 推测含有与细胞受体结合的部位，对于介导病毒进入宿主细胞具有很重要的作用，同时结构域 III 可诱导机体产生中和抗体。E 蛋白的突变对于西尼罗脑炎流行的增加具有决定性作用。E 蛋白结构域 III 体外重组疫苗可保护机体免受 WNV 感染。

②非结构蛋白

WNV 的 7 种非结构蛋白直接或间接地参与病毒的复制。其中 NS1 是一种糖蛋白，是病毒复制酶类激活所需的一种辅助因子，由受感染的细胞分泌产生。NS2a 可抑制机体对抗病毒 IFN 的产生，也可能参与病毒的组装。NS3 具有蛋白酶（protease）、核苷三磷酸酶（NTpase）和解旋酶（Helicase）活性。NS2b 对于 NS3 发挥蛋白水解作用具有辅助作用。NS4a 和 NS4b 为较小的疏水蛋白，可促进病毒体的装配和病毒在细胞膜上的定位，可调整 IFN 产生的信号通路。NS5 可编码 RNA 依赖的 RNA 聚合酶和转甲基酶。

（二）历史、地理分布

WNV 最早在 1937 年从非洲乌干达尼罗河地区一名发热成年妇女血液中分离到。1951 年，埃及报道了在人血清中分离到 WNV。1957 年，以色列暴发西尼罗热，并出现脑膜脑炎 12 例。20 世纪 60 年代，在法国和埃及出现马感染 WNV 案例，并引起小范围流行。1964 年，法国报道了在人和库蚊中分离到 WNV。1965 年，在印度西部的库蚊中也分离到该病毒。1974 年，西尼罗热在南非人群中大规模流行，感染达 18000 余例。20 世纪

70 年代中期至 90 年代中期，尽管 WNV 在非洲、亚洲、南欧、中东、澳大利亚等地时有发生，但相对稳定。1991 年，在马达加斯加 5~20 岁青少年中，WNV 抗体阳性率近 30%。

1994 年至 2000 年，北非、欧洲、北美及中东地区频繁暴发西尼罗热，在全世界流行范围明显扩大，俄罗斯（1999）、美国（1999）和以色列（2000）先后发生疫情，流行范围呈扩大蔓延趋势，波及非洲、欧洲、中东、大洋洲和北美洲等地区，从此北美洲每年均有大量病例出现，其发生之突然、感染患者之多、散播速度之快、波及范围之广、持续时间之长和疾病之严重都是前所未有的，引起了全球关注。据统计，截至 2015 年，美国共有 43822 人感染 WNV，其中死亡 1884 人，除阿拉斯加州外，疫情波及全美。

（三）危害

近年来，WNV 在全球范围呈扩散趋势，持续在全球多个国家和地区传播。WNV 作为世界上分布最广泛的虫媒病毒，对畜牧业生产甚至人类健康造成了极大的危害，已成为全球关注的公共卫生和兽医卫生问题。临床症状上，WNV 除了引起以亚临床症状为主的西尼罗热之外，还会引起以神经症状为主的西尼罗河脑炎以及马的神经系统疾病甚至死亡。此外，病毒可通过其他罕见的传播途径包括受感染的供体血液、器官、母乳或经胎盘感染进行传播。

根据西尼罗热的流行历史及现状，分析其流行趋势和可能带来的危害有以下几个方面：首先是流行区域不断扩展，在发达地区中频频发生，鸟类迁徙是病毒远距离扩散的主要途径，病毒进化变异、全球气候变暖等是加速该病扩散的重要原因；高密度居民区更有利于病毒进化加速，旅游业的发展及国际交流的增多也大大加快了该病在发达地区迅速传播；其次是流行频率增加，以往 WNV 一直在非洲、中东和地中海沿岸流行，偶尔感染人和哺乳动物。20 世纪 90 年代中期之后，西尼罗热的暴发范围和流行强度明显增强，发生频率以及在人类和马群中暴发的次数均大大增加；再次是致病性升高，脑炎的发病率增加，随着 WNV 感染的生态学改变，毒株发生变异，毒力增强，人类和马感染的病例越来越多，脑炎的发病率增加，病情严重，重症病例明显增多，且都以严重的神经性疾病为主。

（四）风险群体

通过病毒分离和抗体检测证明大部分哺乳动物都可感染 WNV。除了马科动物以外，其他哺乳动物感染后基本都不发病。哺乳动物的病毒血症不足以感染蚊子。可感染的哺乳动物种类有：奇蹄目、有鼻目、食肉目、灵长目、翼手目、偶蹄目、啮齿目、兔目和食虫目动物。鸟类：在鸟类的 29 个目中，有 24 个目共 225 种鸟类已检测到 WNV 感染。

人、动物和鸟类等都是易感动物。如病毒可感染鸟（主要是乌鸦）、蚊（库蚊、伊蚊和曼蚊）、人、马、狗、猫、猪、松鼠、猩猩、骆驼、鸡、鸭、鹅、鸽子、牛、白尾鹿、驯鹿、绵羊、羊驼、蝙蝠、松鼠、家兔、青蛙、蛤蟆、草蛇、鳄鱼和海豹。据报道，未接触过 WNV 的人普遍易感，但感染 WNV 以后不会都发病，约 80% 的人没有任何临床症状，免疫系统很快清除 WNV 并建立持久的特异性免疫力；约 20% 的感染者会突发 WNF，约有 1% 的 WNV 患者会发展成为以精神错乱等症状为表现的西尼罗河性脑炎，甚至死亡。

（五）媒介生物

WNV 以蚊—鸟—蚊传播的循环方式贮存，雌性蚊子从感染病毒的鸟类的血液中获取该病毒，蚊子是 WNV 传播的载体，鸟是 WNV 的天然宿主，人和马是终末宿主。WNV 病毒的传播媒介主要是嗜鸟血蚊虫和人、鸟血兼嗜蚊虫，鸟类在感染后的 1~4d 内血液中维持着相当高的病毒滴度水平。蚊子叮咬几乎是所有人类感染 WNV 的原因。蚊子在感染的 10~14d 后就可将病毒传播给其他鸟类、人和其他动物。现已从 65 种蚊虫中分离到该病毒。多种蚊类（如埃及伊蚊、疟蚊、芋头库蚊和琵琶库蚊等）和数量丰富的雀形目鸟类（如画眉、麻雀等）使得全球多个地区，尤其是美洲数次暴发大规模疫情。同时，鸟类迁徙的飞行路线也解释了 WNV 传播路径的变化。通过比对分析 GenBank 数据库中 40 种不同来源的 WNV 的 PrM 基因（长度为 1278bp）和一段 E 基因（长度为 255 bp），建立进化树，证实了 WNV 在人、鸟、蚊之间的传播关系。我国 2018 年的蚊类监测结果显示，全国广泛分布的蚊种主要是库蚊、中华按蚊和白纹伊蚊等，提示西尼罗热在国内暴发的风险依然存在。

（六）症状

不同动物感染 WNV 的临床症状表现不一。症状范围从轻度西尼罗热到严重或致命的神经侵袭性疾病，包括急性弛缓性麻痹、脑膜脑炎、脑炎、脑膜炎或这些疾病的某些组合。在大约15%的病例中，脑功能障碍会发展为昏迷。伴随的异常可包括抑郁的深腱反射，弥漫性肌肉无力（通常伴有深度近端肌肉无力），弛缓性麻痹和呼吸衰竭。

大多数鸟类感染后多死亡，临床症状不明显，有的病例表现为脑炎或长期带毒。马感染后相当一部分不表现明显的症状，一小部分主要表现为中枢神经系统损伤，主要是嗜睡、食欲废绝、舌头瘫痪、吞咽困难、共济失调、不能站立、肌肉震颤、视觉损伤，有时会表现出过度兴奋或具有攻击性。

人感染后初期没有明显症状，少数患者会出现脊髓灰质炎样综合征：临床症状表现为高热39℃以上，前期表现为头痛、倦怠，亦有寒战、盗汗、肌痛以及意识混乱等；严重的肌无力也是常见症状，双侧或单侧上肢肌无力呈渐进性发展，下肢无力甚至瘫痪；膀胱功能失调，急性呼吸窘迫。有的会出现西尼罗病毒性脑炎，感染者可发展为无菌性脑膜炎、脑炎或脑膜脑炎，潜伏期为2~14d，临床上表现为发热，头痛，抽搐，意识障碍和脑膜刺激征等脑炎或脑膜脑炎症状。

（七）检测技术

西尼罗热诊断可参考《OIE陆生动物诊断试验与疫苗手册》第3.1.24章中西尼罗热病原学和血清学方法，同时，按照我国已发布实施的海关总署行业标准《西尼罗热病毒核酸液相芯片检测方法》（SN/T 5044—2018）可对WNV进行核酸检测。

1. 病料采集

活体采样主要采集血液分离血清，也可采集脑脊液用于检测WNV感染后诱导产生的特异性抗体。尸体采样主要采集脑组织和脊髓用于病原学诊断。病毒分离时，可以采集禽类的肾脏、脑组织、肠、心脏以及马的脑组织（包括脑干）和脊髓。此外，从库蚊体内也可以分离和检测到WNV。采集样品的人员需穿戴生物安全防护服，以防工作人员感染。

采集的样品应在低温和密封状态下运输到实验室。样品的包装和运输应符合农业农村部《高致病性动物病原微生物菌（毒）种或者样本运输包装规范》要求，以及世界卫生组织的规定和世界动物卫生组织诊断手册第1.1.1章诊断用样品的采集和运输要求。

2. 病原学检测方法

（1）病毒分离

WNV 分离鉴定是经典的病毒检测技术，也是 WNF 感染诊断的"金标准"。用于病毒分离的样品包括患脑炎马匹的脑部和脊髓，各种鸟的组织包括脑、心、肝均可以成功用于病毒分离，从禽组织样品中一般更容易分离到病毒。病毒可以在易感的细胞培养中增殖，比如兔肾细胞（RK-13）和非洲绿猴肾细胞或鸡胚。病毒分离法一般该不单独应用，需要结合其他方法，如免疫荧光、RT-PCR 等对检测结果加以证实。

①细胞分离接种法：主要用 C6/36 细胞、VERO 细胞、兔肾细胞（RK-13）、鸡胚细胞进行，由于西尼罗病毒产生的细胞病变不明显，难以判断，分离阳性率低。在阴性结果时需要再盲传 2~3 代，才可排除可能由于病毒量少而导致的假阴性结果。

②乳鼠脑内接种法：将蚊虫单只或成组研磨处理后，接种一定数量的乳鼠脑内，观察鼠是否出现散窝、弓背、震颤、抽搐、甚至死亡等症状，判断其是否感染。同时，可以根据发病鼠数量测定病毒的滴度。

（2）核酸检测

①反转录聚合酶链反应（RT-PCR）

早在 1993 年，RT-PCR 技术被应用于 WNV 的检测。其引物是根据已发表的 WNV 乌干达 1939 株的基因序列而设计的。不同流行地区 WNV 核酸序列有所不同，乌干达 1939 株的基因序列与纽约分离株只有 79% 的同源性。因此，利用 RT-PCR 进行病毒检测时应引起注意。Lanciotti 等根据 WNV 的 NY99 基因序列，设计了特异性 RT-PCR 引物，正向引物为：5'-TTGTGTTGGCTCTCTTGGCGTTCTT-3'，反向引物为：5'-CAGCCGACAG-CACTG GACATTCATA-3'，扩增片段大小为 408bp。但是，在对成组蚊虫检测的应用中发现常规 RT-PCR 敏感度偏低，可能是由于蚊虫研磨液中存在大量蛋白和脂类物质，抑制了 RT 或者 Taq 酶的活性。

②巢式 RT-PCR

鉴于病毒在马的脑组织中复制数量较低，其核酸含量未达到能被检出的水平。《OIE 陆生动物诊断试验与疫苗手册》推荐以下检测 WNV 的巢式 RT-PCR 方法。第一步引物为：上游引物 5'-ACCAA CTACT GTGGA GTC-3'，下游引物 5'-TTCCA TCTTC ACTCT ACACT-3'；PCR 产物为 445bp。第二步引物为：上游引物 5'-GCCTT CATAC ACACT AAAG-3'，下游引物 5'-CCAAT GCTAT CACAG ACT-3'；PCR 产物为 248bp。

③实时荧光 RT-PCR

针对 E 蛋白基因设计引物和探针，上游引物 5'-TCAGCGATCTCTC-CACCAAAG-3'，下游引物 GGGTCAGCACGTTTGTCATTG-3'，探针 FAM-5'-TGCCC GACCATGGGAGAAGCTC-3'TAMRA，扩增片段为 69bp。

④核酸依赖性扩增 (Nuclear acid sequence - based amplification, NASBA) 检测方法

美国疾病控制与预防中心 (CDC) 认可 NASBA 作为 WNV 的诊断方法，可用于人和鸟样本的 WNV 检测。

3. 血清学检测方法

(1) 酶联免疫吸附试验

①IgM 捕获酶联免疫吸附试验 (IgM capture ELISA)：目前已建立了检测人、马和禽血清、脑脊液中 WNV 抗体的 IgM 捕获酶联免疫吸附试验方法，其原理是检测脑脊液中 WNV 的特异性 IgM 抗体，敏感性高。该方法对新近自然暴发的 WNV 的抗体检测特别有效，尤其是感染后 7~10d 到感染后 1~2 个月的马的 WNV 特异性 IgM 抗体，马体内的 WNV 抗体可持续 1 年以上。

②IgG 捕获酶联免疫吸附试验 (IgG capture ELISA)：但同时应考虑 WNV 的疫苗接种史。

③抗原表位阻断 ELISA (bELISA)：该方法利用 WNV 血清中特定抗原表位的抗体与此抗原表位的单克隆抗体的竞争性结合的强弱来判断 WNV 血清中该抗体的浓度。由于只涉及 1 个表位、1 株抗体，因此可以很好地控制交叉反应。因表位阻断 ELISA 针对的是非中和表位，其检测结果比 PRNT 结果的阳性率高。WNV 感染中分泌少量 NS1 蛋白，能激发产生高滴度的抗体，因此利用重组表达并纯化获得的病毒特异性抗原用于血清学检测。

(2) 蚀斑减少中和试验 (PRNT)

蚀斑形成试验是精确的病毒定量检测方法之一，在许多研究中得到广泛应用，更被视为 WNV 感染血清学检测的"黄金法则"。将处理系列稀释后，多用 VERO 细胞进行，常规制备细胞单层，定量接种系列稀释的样

本，经 1h 孵育，待病毒吸附侵染细胞后，覆盖第一层琼脂糖凝胶，培养数天后，再覆盖第二层含有中性红染液的琼脂糖凝胶，置培养箱中培养观察蚀斑的出现，并计数蚀斑数，计算病毒滴度。在美国，该方法常用于鉴别诊断 WNV 与黄病毒如圣路易斯脑炎病毒感染所诱发的抗体，该方法也常用于鉴别禽血清中的 WNV 抗体，但同时应考虑 WNV 的疫苗接种史。虽然 PRNT 是特异性最强的血清学检测方法，但也存在一些局限性，包括实验技术要求较高，操作烦琐，费时费力，需在 3 级生物安全柜操作，难以应用于大规模普查，同时该方法无法区分 IgM 和 IgG 抗体，无法依据检测结果准确判定 WNV 的感染发展阶段等。

（八）防控

防控 WNV 以切断蚊—鸟—蚊传播循环和蚊—人或马传播途径成为人类对抗 WNV 感染最主要的手段。国际上已批准在马匹中使用一种福尔马林灭活的组织培养 WNV 疫苗、WNV 金丝雀痘病毒活载体疫苗、WNV DNA 疫苗和嵌合疫苗，必要时可对马匹进行疫苗免疫。我国处于多条鸟类迁徙路线的途经之地，存在很大的潜在的流行风险。经调查，我国有 20 多种蚊子能够传播 WNV，其中，实验已证实三带喙库蚊感染和传播 WNV 能力最高。随着经济的发展，国家（地区）之间的交流更加紧密，旅游、贸易更加频繁，加之走私、野生动物跨境活动等因素，我国对 WNV 的防控变得更加复杂。至少应考虑以下几项防控措施：

1. 加强对运输工具的杀虫消毒

来自疫区的入境航班必须认真做好起飞前的灭蚊工作，尤其是集装箱和行李舱，以免带有 WNV 的蚊虫进入我国。对于来自疫区的货物和交通工具，须灭蚊后方准进关入境。

2. 加强口岸动物检疫

对于从疫区进口的鸟类、马匹等易感动物，应检查其检疫证明，必要时抽检进行实验室检测；此外船舶从染疫国家（地区）离港时，应注意驱除船上停留的鸟类，在进港前应注意检查。

3. 加强口岸人员检疫

来自疫区的入境人员，应出具健康证书，证明未感染该病，对可疑人员应进行隔离检查。

4. 加强预警性监测

我国应该针对 WNV 和其他重要虫媒疫病展开综合性的虫媒疫病监测和病媒控制计划，结合大数据技术和地理信息分析等关键技术建立气候，鸟类，蚊子等的综合风险预警平台，做到实时监测，自动预警。对非正常死亡的鸟类进行监测，对医院类似乙脑病人进行鉴别诊断，对西部边境地区、候鸟迁徙停留地区进行鸟类和媒介昆虫带毒情况调查。

5. 加强防蚊虫叮咬的科普宣传教育

避免蚊虫叮咬是避免被 WNV 等虫媒病毒感染的最直接方式，可通过宣传教育等手段提升虫媒病害的公众认知，教育民众如何避免或减少被蚊虫咬伤，例如，个人应该避免在蚊子经常出没的区域活动，在蚊子活跃的地方活动应穿长袖衫裤，并使用驱蚊剂；为门窗上安装纱帘；定期清理屋外的积水（如排水沟、花盆和水桶等）。

三、卡希谷病毒病

卡奇谷病毒病是由卡奇谷病毒引起并由节肢动物传播的一种虫媒病毒性人与动物共患病。以使反刍动物感染胚胎导致胎儿畸形或者流产、死胎等先天性疾病为主要特征。

（一）病原

1. 分类

分类学上，卡希谷病毒（Cache Valley Virus，CVV）为布尼病毒科（Bunyaviridae）正布尼亚病毒属（*Orthobunyavirus*）布尼亚血清型（bunyamwera）。交叉中和试验表明，该病毒存在多个亚型，如 E4 - 3484、CbaAr426、Fort Sherman 等。

2. 生物学特性

（1）形态结构

该病毒颗粒呈球形，直径为 80~90nm，有囊膜，表面糖蛋白锚定于脂质双层中，病毒粒子内部包含 RNA 聚合酶和核衣壳蛋白，核衣壳蛋白与病毒核酸紧密相连，二者交织在一起呈现出纤维状或串珠状。

（2）理化特性

由于该病毒具有囊膜，故用脂溶剂处理病毒可使其失去感染性。

（3）培养特性

猴或大鼠肾脏来源的细胞系可用于病毒的分离培养，包括 BHK、VERO 和 LLC-MK2 细胞。该病毒还可以在昆虫细胞上生长复制，但不表现细胞病变，而且在昆虫细胞上进行传代时容易导致病毒的中和表位丢失或者发生变化。乳鼠脑内或腹腔接种也可用于病毒分离培养。

（4）基因组结构

病毒基因组为含有 3 个节段的负链单股 RNA，分别编码核衣壳蛋白和非结构蛋白（NSs）、两个包膜糖蛋白（G1 和 G2）和其他非结构蛋白（NSm）以及病毒聚合酶。

（二）历史、地理分布

卡奇谷病毒在 1956 年首次从美国犹他州北部卡奇山谷的脉毛蚊中分离得到，并因此得名。该病呈地方流行性，具有明显的季节性，在北美洲广泛流行，于中美洲和南美洲也时有发生，布尼威拉血清群的成员，是最广泛传播北美的布尼威拉病毒。我国尚未有该病报道。卡奇谷病毒是美国固有的一种虫媒病毒，已被牵涉为绵羊致畸形的重要病因。在 1981 年，调查了得克萨斯州绵羊 CVV 的分布和流行，该州 22 个县的 366 只绵羊中 CVV 特异性抗体阳性占 19.1%；在这个州的主要产绵羊县检查了 50 个羊群，其中 34 群具有可与 CVV 反应的抗体。因位于圣安吉洛的得克萨斯州农业实验站（TAES）的绵羊在 1986—1989 年产羔季节发生了 CVV 相关的先天性畸形，所以从该站绵羊采取血清作 CVV 特异性抗体的检查，经监测，该站 1986 年 104 只、1987 年 164 只、1988 年 44 只以及 1989 年 89 只绵羊中，呈血清阳性的分别约为 8.6%、63.4%、11.3% 和 71.9%。资料表明，1981 年感染 CVV 的绵羊广泛传播于得克萨斯州，呈地方性流行。

（三）危害

可对动物和人致病，人感染卡奇谷病毒是通过蚊虫叮咬，与感染动物的一般接触不会造成人的感染。曾有报道从巴拿马一名发热的美国士兵血清中分离到卡奇谷病毒。在一名脑炎并发多器官衰竭的病人血清中也分离到该病毒，该病例临床表现为体表出现水疱脓疱，肌肉疼痛，发热、恶寒、头痛、呕吐，在感染后 7 个月因肺部并发症死亡；通过对该病例的皮肤活组织进行免疫组化分析发现卡奇谷病毒抗原阴性，表明从该病人血液中分离得到的卡奇谷病毒是机会性感染的结果，并非造成上述疾病症状的主要原因。至于孕妈感染卡奇谷病毒后是否会导致胎儿的发育畸形目前尚没有定论。

（四）风险群体

血清学和病毒学研究表明，多种动物可以感染卡奇谷病毒，包括绵羊、山羊、牛、马、猪、鹿、北美产驯鹿、狐、浣熊、黑尾野兔、土拨鼠、龟等。实验动物中乳鼠可以感染该病毒。人也可以感染该病毒。

卡奇谷病毒感染不同发育阶段的动物胚胎会导致不同的疾病发生。感染 28～36d 的胚胎会造成中枢神经系统和肌肉骨骼的缺陷；感染 37～42d 的胚胎只造成肌肉骨骼的畸形；感染 50d 以后的胚胎不会造成胎儿损伤；感染 76d 后的胚胎可激活胎儿免疫系统，并可检测到抗体。

（五）媒介生物

脉毛蚊可能是卡奇谷病毒重要的宿主，研究表明脉毛蚊是以成虫来越冬的，推测其很有可能是寄生在成虫体内来越冬，以维持其循环传播。目前，还没有明确该病毒在自然界中是否有脊椎动物宿主。

（六）症状

大多成年非怀孕动物自然感染卡奇谷病毒后只表现亚临床症状，但怀孕母羊感染后，病毒可通过胎盘感染胎儿，后果较严重。可导致胎儿先天性关节挛缩和积水性无脑畸形、死产、木乃伊化和流产，还可导致胎儿头小、脑穿孔畸形、小脑发育不全、脊柱侧凸等。动物试验表明，给绵羊或山羊静脉或者腹膜腔接种卡奇谷病毒后羊会出现发热、震颤、肌肉痉挛、方向感丧失、进食异常、抽搐和其他中枢系统紊乱症状。

大多数人感染卡奇谷病毒的病例仅表现为亚临床症状。但也有研究认为布尼亚血清型的病毒可能会导致人类中枢神经系统的先天缺陷。目前已经在人体内检测到针对卡奇谷病毒的抗体，而且已经有因为感染面造成死亡的病例。至于孕妇感染卡奇谷病毒后是否会导致胎儿的发育畸形目前尚没有定论。

（七）检测技术

1. 病原学检测方法

该病的病原学检测方法有病毒分离和分子生物学方法。

可从蚊和成年动物的血液中分离到卡奇谷病毒。分离病毒使用仓鼠肾和猴肾细胞，如 BHK 细胞、VERO 细胞或 LLC-MK2 细胞。从发热动物的血液中分离白细胞层，再以 MEM 制成 10% 的悬液作为样品，接种 VERO 细胞分离病毒容易成功。卡奇谷病毒也可用新生或断乳鼠脑内注射接种或腹腔接种分离。

Heng Wang 等利用实时荧光 RT-PCR 方法检测该病毒，具体引物探针序列如下：

Mex-F：5'-GCACTCTGGCAGGCAGGA-3'；Mex-R：5'-GACGTCTGT-TAAGAAGCAAGTTGAGTTT-3'；G1-F：5'-CCAATGCAATTCAGGGCAGT-3'；G1-R：5'-TGAGTCACCACATGCTGTAAGGT-3'；G1-P：5'-FAM-AA-GAATGCCATAATGCA-MGB-3'。

2. 血清学检测方法

该病的血清学检测方法有血凝抑制试验（HI）、补体结合试验（CF）、病毒中和试验（VN）以及 ELISA 检测抗体。其中，卡奇谷病毒的蔗糖/丙酮鼠脑抗原可在 pH6.2 条件下凝集鹅的红细胞，并且该凝集作用可被特异性抗体所抑制，但该试验敏感性较差。

卡奇谷病毒抗体检测的病毒中和试验通常采用蚀斑减少中和试验法，目前采用微量细胞培养板 VERO 细胞上的细胞病变抑制法。其试验步骤为：（1）血清在水浴中 56℃灭活 30min，用 MEM 系列倍比稀释成 1∶2-16，每个稀释度血清与等体积的 1000 $TCID_{50}$/mL 混合，37℃孵育 60min。标准血清对照也按同样方法制备。（2）弃去 96 孔板上长成单（24h）的 VERO 细胞的培养液上清液。（3）每孔加入 50μL 血清混合物，每个稀释度加 3 孔。（4）病毒回归滴定用 3 个 10 倍稀释度，每个稀释度接种 4 孔，每孔 50μL。（5）置 37℃孵育 60min。（6）每孔加入 50μLMEM 维持液。（7）培养板置于 37℃ CO_2 培养箱中，孵育 6d。（8）显微镜下观察细胞病变，确定 50% 终点。（9）病毒对照应为 100 TCID50，最低稀释阴性对照血清应没有中和作用，阳性对照血清滴度应在预先确定的范围内。

四、寨卡病毒病

寨卡病毒病（Zika Virus Diease）是由寨卡病毒（Zika Virus，ZIKV）引起的一种由蚊媒传播的以发热、关节痛、头痛和皮疹为特征的人畜共患疫病。成年人感染 ZIKV 可引起格林—巴利综合征（Guillain-Barre Syndrome，GBS），这种迅速发作的疾病是由于免疫系统破坏外周神经系统，从而引起肌肉无力，并可能发展为瘫痪。孕妇感染 ZIKV 后不表现任何症状，但可能导致出生婴儿小头畸形。

（一）病原

1. 分类

ZIKV 在分类上属于黄病毒科（Flaviviridae）黄病毒属（*Flavivirus*）。自 1947 年 ZIKV 首次分离以来，研究人员从非洲和亚洲的几种蚊种中均分离出 ZIKV。ZIKV 可分为亚洲型和非洲型两个基因型。

2. 生物学特性

（1）形态结构

寨卡病毒粒子呈球形，直径为 40~70nm，有包膜。成熟的病毒体包含两个病毒编码的膜相关蛋白：囊膜蛋白 E（Envelop）和膜蛋白 M（Membrane）。胞内未成熟的病毒体包含 prM 前体，prM 在成熟过程中被蛋白水解酶切割成 M 蛋白，部分成熟或未成熟的病毒粒子在某些情况下也从被感染的细胞中释放出来。E 蛋白是一种棒状的二聚体分子，平行于膜取向分布，并且在中性 pH 构象中不形成穗状突起。在病毒包装过程中，prM 和 E 蛋白相互作用并在内质网中形成异源二聚体，ZIKV 基因组 RNA 被衣壳蛋白 C（Capsid）包裹，并被含有 prM 和 E 蛋白的细胞膜脂质双分子层包裹，以形成未成熟的病毒体，prM 蛋白随后被反式高尔基体中的弗林蛋白酶或弗林蛋白酶样蛋白酶切割为 M 蛋白，从而触发病毒颗粒的释放。

（2）理化特性

成熟的 ZIKV 病毒体沉降系数约为 200S，在蔗糖中的浮力密度约为 1.19g/cm³。易被常规消毒剂（如 70% 的乙醇、1% 次氯酸钠、2% 戊二醛等）灭活，对乙醚和酸敏感，福尔马林、高锰酸钾、离子型或非离子型去污剂能够灭活病毒。病毒对热敏感，干燥或潮湿状态下 60℃30min 可灭活病毒，紫外线照射能够灭活病毒。

（3）培养特性

ZIKV 对 VERO、LLC-MK2 等多种传代细胞敏感，并能够在原代鸡胚或鸭胚细胞上形成病变。

（4）基因组结构

ZIKV 基因组为 10794bp 的单股正链 RNA。基因组 RNA 由 5' 端的 I 型帽结构，5' 非编码区（5' UTR）、一个开放阅读框（ORF）和末端五 Poly A 尾的 3' 非编码区（3' UTR）组成。ORF 形成含有 3423 个氨基酸的多蛋白。该前体蛋白在病毒及宿主蛋白酶的共同作用下被剪切成 3 个结构蛋白（C、E、prM/M）以及 7 个非结构蛋白（NS1、NS2A、NS2B、NS3、NS4A、NS4B 和 NS5）。结构蛋白用于组装病毒粒子的外壳，非结构蛋白参与病毒的复制、蛋白剪切、组装等过程，其中可分泌的 NS1 蛋白是 ZIKV 感染重要的致病因子。NS5 蛋白的 C 端含有 RNA 依赖的 RNA 聚合酶（RNA-dependent RNA polymerase，RdRp）活性位点，N 端具有甲基化酶活性位点。

（5）病毒蛋白及功能

ZIKV 的衣壳蛋白 C 含有 122 个氨基酸，可与病毒 RNA 相互作用，以促进病毒颗粒的包装。prM 蛋白是 M 蛋白的前体，它可以在反式高尔基体中的运输过程中保护 E 蛋白，避免在低 pH 条件下过早融合。E 蛋白是病毒表面的主要组成成分，它在宿主细胞受体的识别、病毒的入侵过程和病毒组装中有着重要作用。

非结构蛋白 NS1 大小约为 48kDa，在基因组复制、病毒致病机制和宿主免疫应答调控的研究中有着重要的作用。NS3 也是组成 ZIKV 复制复合体的成员之一。NS2B-NS3 丝氨酸蛋白酶在黄病毒的生命周期中是必不可少的，它与宿主细胞的蛋白酶一起对病毒 RNA 编码的多聚蛋白进行处理加工，间接负责病毒的组装和复制。NS5 在病毒的复制过程中起着关键作用，也是近年来药物开发的重要靶标之一。

（二）历史、地理分布

ZIKV 最初是 1947 年在乌干达寨卡森林（ZIKA forest）的一只患病成年恒河猴血清标本中分离出来，次年又从同一森林中的伊蚊血液中分离出来。1954 年，尼日利亚报告了第一例有症状的人类感染病例。随后在东南亚地区出现零星感染病例和小规模疫情，但由于感染者的症状较轻微以及流行范围有限，一直未引起太多的关注。2007 年密克罗尼西亚和 2013 年法属波利尼西亚暴发 ZIKV 感染以前，ZIKV 感染人类是分散的、自限性的，已知的案例少于 20 例。2015 年，巴西寨卡疫情大流行，新生儿小头畸形这一严重神经系统发育紊乱疾病的发病率显著增加。随后,疫情迅速在美洲、西太平洋、非洲及亚洲暴发流行。

(三) 危害

ZIKV 自 2015 年在美洲地区大规模暴发流行以来,已呈现广泛传播并迅速扩散,ZIKV 感染所致的寨卡病毒病疫情亦日趋严重。且妊娠妇女 ZIKV 感染与新生儿小头畸形的发生密切相关。2016 年 2 月,世界卫生组织宣布寨卡病毒及寨卡病毒感染可能构成"全球突发公共卫生事件"。同年,我国也及时发布了关于寨卡病毒感染及寨卡病毒病诊断和治疗方案。2016 年 2 月 9 日,我国江西赣州发现首例输入性寨卡病毒感染病例(来自委内瑞拉),此后北京、广东、浙江等省(区、市)相继发生多例输入性寨卡病毒感染病例,备受关注。世界卫生组织已于 2016 年 11 月取消关于寨卡病毒感染的安全警报,但寨卡病毒病及其并发症仍然是今后相当长时间应该持续关注的潜在的公共卫生问题。

(四) 风险群体

人群普遍易感。临床表现潜伏期为 2～12d(也就是叮咬后 2～12d 发病)。隐性感染者占感染者的比例约为 80%。此外,某些啮齿类动物,如小裸掌沙鼠体内偶尔也能分离到 ZIKV。

(五) 媒介生物

ZIKV 是由蚊媒传播,其主要媒介为埃及伊蚊。埃及伊蚊的生物学特性使它成为人类感染虫媒病毒的有效媒介,埃及伊蚊主要通过叮咬并吸食人类血液为生,多孳生在城市中人群密集的地点,并且喜欢在小到中型的容器或有积水的植物中繁殖。除了埃及伊蚊以外,白纹伊蚊在内的其他伊蚊和库蚊等也可以传播包括 ZIKV 在内的其他蚊媒病毒。

ZIKV 可通过脊椎动物宿主(如非人类的灵长类动物)和蚊子之间的森林循环,以及蚊子和人类之间的城市循环发生水平传播。此外,ZIKV 还存在另一种非媒介传播方式,包括输血、骨髓或器官移植、性途径传播以及母婴传播等。

(六) 症状

ZIKV 感染者中,只有约 1/5 会出现临床症状,大多与同为蚊媒传播的登革热和基孔肯雅热类似,较难鉴别。典型的临床表现为急性发热伴斑丘疹、关节痛（主要累及手、足小关节）或结膜炎。其他常见的症状可包括肌痛和头痛。寨卡病毒感染的临床表现一般较轻，症状持续数天到1周，症状严重需要住院者少见，病死率极低。2013年和2015年分别在法属波利尼西亚和巴西塞卡疫情期间，有报道称寨卡病毒病可能会造成神经和自身免疫系统并发症。

2015年巴西的ZIKV暴发流行中，发现了很多小头畸形的新生儿（出生的新生儿头围与匹配的相同性别和孕龄的孩子比，低于平均值超过了两个标准差）。2015年5月至2016年1月，共报道4000例感染ZIKV的孕妇分娩了小头畸形儿，与往年小头畸形的比例相比，上升了20倍。35例小头畸形新生儿的头颅CT及头颅超声提示存在弥漫性脑组织钙化，小部分婴儿出现关节挛缩，提示周围和中枢神经系统受累。调查发现，越来越多的证据表明ZIKV与小头症之间存有关联。然而，在解释婴儿小头症与ZIKV之间的关系之前仍需要做出更多调查。

（七）检测技术

1. 病原学检测方法

该病的病原学检测方法有病毒分离、病毒核酸检测方法。寨卡病毒与黄病毒属其他病毒具有较强的血清学交叉反应，主要采用病毒核酸检测。

（1）病毒分离

病毒的分离培养一直以来都被认为是实验室诊断ZIKV的金标准。一般发病后5d内血液标该病毒分离率较高。可从病人全血、血清、血浆中分离病毒，用全血分离效率较高。将标本接种于蚊源细胞（C6/36）或哺乳动物细胞（VERO、BHK-21）进行分离培养，乳鼠脑内接种、巨蚊胸内接种亦可用于病毒分离。出现病变以后，用检测抗原或核酸方法鉴定病毒。分离到ZIKV可以确诊。该检测技术同时存在花费时间长，且检测阳性率低的缺点，所以在大规模的疾病暴发时并不是一种合适的实时检测方法。

（2）病毒核酸检测

荧光定量RT-PCR方法适用于早期检测ZIKV，有着快速、特异性强、高敏感度的优点。我国出入境检验检疫行业标准《国境口岸寨卡病毒病防控技术规范第3部分：实验室检测》（SN/T 4652.3—2016）推荐了两套荧光RT-PCR引物和探针，可分别用于ZIKV的检测，第一套引物及探针序列：上游引物5′-GTGACGCCACCATGAGCTATGA-3′、下游引物5′-TGAT-

GGCAGGTTCCGTACACAAC-3′；探针 5′-FAM-CCAAGTTGACGTGGTGTTG-CACCAGCA-BHQ1-3′；第二套引物及探针序列：上游引物 5′-CGGATTGT-CAATATGCTAAAACG-3′、下游引物 5′-CCATGACCCAGCAGRAGTCC-3′；探针 5′-FAM-CGGAGTAGCCCGTGTRARCCCCTT-BHQ1-3′。该技术规范同时也推荐了用于检测 ZIKV 的普通 RT-PCR 方法，第一套引物序列：上游引物 5′-GCTGCTATGGAATGGAGATAAGGC-3′、下游引物 5′-GCCAACCAGGC-CAAAGCAA-3′；第二套引物序列：上游引物 5′-AGGAGGCCAGT-GAAATATGARGA-3′、下游引物 5′-CTTTTTCCCATCATGTTGTACACACA-3′，两套反应体系分别出现预期 484bp 和 635bp 大小扩增条带可初步判为核酸 PCR 阳性。

逆转录—链侵入式扩增技术（Reverse Transcription - Strand Invasion Based Amplification，RT-SIBA）将 ZIKV RNA 逆转录成 cDNA，然后进行核酸扩增，该方法相对于普通 RT-PCR 具有较高的特异性和灵敏性。逆转录—环介导等温扩增技术（Reverse Transcription Loop-Mediated Isothermal Amplification，RT-LAMP）是一种可视化的检测方法，可用于快速检测。

2. 血清学检测方法

该病的血清学检测方法主要有 ELISA、蚀斑减少中和试验，此外，还有血凝抑制试验、免疫荧光、补体结合实验等。

（1）酶联免疫吸附试验（ELISA）

ELISA 可以检测 ZIKV 的 IgM 抗体。发病 3 天后可检出病毒特异性 IgM 抗体，但发病 7 天后检出率高。在 2007 年雅浦岛寨卡病毒暴发流行时，美国疾病预防控制中心就已建立了检测寨卡病毒 IgM 特异性抗体的 ELISA 方法。IgM 抗体阳性，提示患者可能新近感染寨卡病毒，但寨卡病毒 IgM 抗体与登革病毒、黄热病毒和西尼罗病毒等黄病毒存在血清学交叉反应，易于产生假阳性。除了 IgM 抗体检测之外，ELISA 也可以定量检测 IgG 抗体。已经研制出针对 ZIKV IgM 和 IgG 抗体的快速诊断试验（RDT）试剂盒，ZIKV 快速诊断试验有较高的准确性，有数据显示，其对 IgG 的敏感性和特异性分别为 99.0% 和 99.3%，而对 IgM 的敏感性和特异性分别为 96.7% 和 98.7%。

（2）蚀斑减少中和试验（PRNT）

蚀斑减少中和试验在应用上特异性有所提高。患者恢复期血清中和抗体阳转或滴度较急性期呈 4 倍及以上升高，且排除登革、乙脑等其他常见黄病毒感染，可以确诊，但该方法费力且耗时。

(八) 防控

目前该病主要通过对症治疗，尚无针对性的药物和疫苗。防蚊和灭蚊是消灭 ZIKV 流行的主要防治措施之一，消除蚊虫的滋生场所，改善生活环境的卫生状况，以切断从蚊虫传染给人和动物的途径。

五、流行性乙型脑炎

流行性乙型脑炎（Epidemic Encephalitis B）又称日本乙型脑炎（Japanese Type B encephalitis），是由日本乙型脑炎病毒（Japanese Encephalitis Virus，JEV）引起的一种由蚊媒传播的以中枢神经系统损伤为主要特征的人畜共患疫病。该病主要发生及流行于远东及大多数东南亚国家和地区，病毒通常在蚊—猪—蚊等动物间循环，大多数动物为隐性感染，只有马可发生严重的脑炎、孕猪可发生流产、公猪发生睾丸炎。该病主要侵害儿童，尤其是学龄儿童，其不仅病死率高，而且后遗症严重，因此乙型脑炎是严重威胁人畜健康的一种人畜共患急性传染病。

(一) 病原

1. 分类

JEV 在分类上属于黄病毒科（Flaviviridae）黄病毒属（*Flavivirus*）。乙型脑炎病毒分为 JaGAr、Nakayama 和 Mie（intermediate types）3 个血清型，它们具有不同的生物学特性，包括生长特性和毒力。JEV 包括 5 种基因型（G1-G5）。G1 来自东南亚、澳大利亚、韩国和日本的分离株；G2 来源广泛，可存在于来自马来西亚、印度尼西亚及澳大利亚的毒株；G3 来自亚洲大部分温带地区的分离株，包括日本、中国和韩国；G4 仅存在于来自印度尼西亚的分离株；G5 来自新加坡一名马来西亚麻坡患者分离出的 JEV 株。

2. 生物学特性

（1）形态结构

JEV 呈球形的 20 面体立体对称结构，有囊膜且表面有刺突，病毒颗粒直径为 45～50nm（核心衣壳的直径约为 30nm），分子量约为 3000kDa，是黄病毒科最小的病毒之一。JEV 的所有结构蛋白和非结构蛋白均来源于一个长的多蛋白前体，由病毒 RNA 直接编码而成，经过翻译后切割加工，产生病毒结构蛋白和非结构蛋白。

（2）理化特性

JEV 在环境中不稳定，易被消毒剂灭活。JEV 沉降系数为 200S。病毒对乙醚、三氯甲烷、蛋白酶、胆汁和脱氧胆酸钠敏感，毒粒经蛋白酶处理，不仅被灭活，且表面突出物及血凝素也全部消失；对热敏感，病毒经56℃30min 或 100℃2min 便被灭活；其最适 pH 环境是 8.5；病毒的稳定性与稀释剂的种类和稀释程度有很大关系，10%脱脂乳、0.5%水解乳蛋白和5%乳糖是较好的稀释剂，例如以 10%脱脂乳为稀释剂时，于 30℃放置120h 后还有病毒存活，但在生理盐水中则迅速失活。乙型脑炎病毒的血凝谱比较广，在一定条件下能凝集雏鸡、鸽、鹅、绵羊等动物的红细胞，但其血凝素易于破坏，而且血凝反应要求比较严格的 pH 域。

（3）培养特性

JEV 可在多种细胞中培养增殖，例如鸡胚成纤维细胞、鼠胚肌和肾细胞、牛胚肾细胞、人胚肺和肾细胞、人羊膜细胞、猪肾原代细胞、狗肾原代细胞（PDK）、白纹伊蚊细胞（C6/36）、金黄地鼠肾原代细胞（PHK）、BHK-21、PK-15、VERO 等原代和传代细胞。病毒在金黄地鼠肾原代细胞、猪肾原代细胞、BHK-21 细胞和 VERO 细胞上可增殖到较高的滴度，而且有明显的细胞病变，其特点主要是圆缩和脱落；在低熔点琼脂糖或甲基纤维素覆盖下，鸡胚成纤维细胞、金黄地鼠肾原代细胞、BHK-21 及VERO 细胞均能形成蚀斑。自 1980 年我国引进 C6/36 细胞，并广泛用于乙型脑炎病毒分离以来，大大提高了检出率，同时观察到乙型脑炎病毒在这系细胞上的增殖滴度比其他培养系统（包括小白鼠、动物细胞、蚊子）都高，是比较理想的乙型脑炎病毒培养细胞。国内外用于增殖乙型脑炎病毒的细胞主要有 PHK、BHK-21 和鼠脑。

蚊虫（巨蚊）已成功地被用于分离病毒，由于它不吸血而更安全，以该蚊头部压片的荧光染色可直接查出病毒抗原，蚊体浸出液也可做补体结合抗原。用蚊子分离病毒还有一个优点，即使血清中有抗体，也能分离到病毒，这点优于动物和组织培养。乙型脑炎病毒对小白鼠、金黄色地鼠、猴、马、绵羊、山羊等动物脑内接种后都发生典型的神经系统症状和病理改变，其中乳鼠对乙型脑炎病毒极易感，脑内接种约 72h 即发生脑炎而死亡，其他途径也易感，但潜伏期延长。

（4）基因组结构

乙型脑炎病毒是单股正链 RNA 病毒，基因组长约 11kb，沉降系数为 42S，裸露的 RNA 亦具有感染性，整个基因组由 5′端非编码区、1 个几乎覆盖整个基因组的单一开放阅读框（ORF）和 3′端非编码区构成，无亚基因组结构。

5′端非编码区由 95 个核苷酸组成，有一个 I 型帽子结构（m7GpppAmp），具有保护基因组 5′端免受核酸酶或磷酸酶降解，且有促进起始翻译的作用，5′末端序列为 Cap-AGAAG。ORF 大小约 10.3kb，编码一个多聚蛋白前体，产生的多蛋白前体经宿主、病毒蛋白酶切割加工后产生 3 个结构蛋白（核心蛋白 C、膜蛋白 prM/M、囊膜蛋白 E）、7 个非结构蛋白（NS1、NS2a、NS2b、NS3、NS4a、NS4b、NS5）和两个多肽切割片段（Pr 和 Anch 片段）。ORF 中编码蛋白的基因排列顺序为：5′-C-prM-E-NS1-NS2a-NS2b-NS3-NS4a-NS4b-NS5-3′，各基因之间无重叠。

3′端非编码区长约 0.6kb，缺乏 Poly（A）尾结构，含有一个杂多聚体序列，其中有一个或多个重复的寡核苷酸，紧靠 3′端的核苷酸序列能折叠成稳定的茎环结构，在茎内有错配的碱基存在，茎和环内都含有短的保守序列。3′端非编码区的分子结构与 RNA 复制有着密切的关系。

（5）病毒蛋白及功能

结构蛋白包括衣壳蛋白 C、膜蛋白 prM/M 和囊膜蛋白 E。衣壳蛋白 C 的分子量为 13.9kDa，由 126 个氨基酸残基组成，是高度碱性的蛋白，富含带正电荷的 Lys 和 Arg（约 20%），这些碱性氨基酸分布在 C 蛋白的全长中，在合成部位由 C 端疏水性氨基酸将其暂时固定在宿主细胞的粗面内质网膜上，以便装配成核衣壳包裹基因组 RNA，使之免受核酸酶等因素的破坏。膜蛋白 M 是第二个被编码的蛋白，由其前体 prM 切割而产生，分子量约为 8.3kDa，约含 75 个氨基酸残基，其前体蛋白 prM（18.5kDa）存在于感染细胞内未成熟毒粒中，病毒借此与细胞相连。M 蛋白是完全疏水性的，是病毒囊膜的主要构成成分之一，被包埋在乙型脑炎病毒毒粒囊膜的脂双层中，其可能与插入脂双层中的 E 蛋白完全疏水性 C 端相互作用。E 蛋白为主要结构蛋白，其分子量约为 53kDa，含 500 个氨基酸残基，Gly 和 Ala 含量高，其是含有高甘露糖寡糖侧链的糖蛋白，含有一个糖基化位点，该位点在多数黄病毒中具有保守性。E蛋白是乙型脑炎病毒毒粒表面最重要的成分，与病毒的吸附、穿入、致病和诱导宿主的免疫应答等作用紧密相关。

非结构蛋白中的NS1蛋白是一种分泌型糖蛋白，约含350个氨基酸残基，其分子量约为35kDa，但由于在130位和207位存在N-连接糖链，在感染细胞内其实际分子量为46kDa左右。它具有可溶性补体结合活性，在感染细胞表面成为杀伤感染的靶子，因此它可在不出现中和抗体的情况下诱导产生免疫保护力，且不产生抗体依赖性增强，NS1还具有高度保守性，可作为具有广泛作用的亚单位疫苗研制的材料。NS2蛋白包括NS2a蛋白和NS2b蛋白，分子量分别约为17kDa和13kDa，均为疏水性蛋白，在所有黄病毒中其同源性最低。NS2蛋白可能与膜功能有关。NS3蛋白的分子量为64kDa，其C末端和N末端的氨基酸组成已研究清楚，具有亲水性基团，其为一个具有激酶和解旋酶特性的多功能蛋白，主要存在于乙型脑炎病毒感染的细胞膜上。NS3蛋白与病毒感染细胞后的病毒RNA复制密切相关。NS4蛋白包括NS4a蛋白和NS4b蛋白，其均为疏水性蛋白，分子量分别约为28kDa和14kDa，有关其结构与功能方面的研究未见报道。NS5蛋白的分子量为105kDa，在黄病毒中其氨基酸序列同源性最高，其可能参与病毒RNA聚合酶的结合而与病毒RNA的合成有关。

（二）历史、地理分布

乙型脑炎最早被发现于日本，于1924年在日本首次大流行，大流行期间有数万人感染，6000余人死亡；1935年，日本学者从死亡病人的脑组织分离到病毒，发现其抗原性与圣路易脑炎不同，首次确定了乙型脑炎病原，故乙型脑炎又被称为日本乙型脑炎。1948年，乙型脑炎再次在日本暴发流行，有4757人感染患病，2620余人死亡，病死率约为55.10%，同时有367匹马发病；1958年，越南发现患乙型脑炎的人数为6897人；1965年，日本乙型脑炎患者有3000~5000人；在马来西亚大规模暴发流行性乙型脑炎时，有大量患者死亡，至今马来西亚人仍心有余悸；我国是乙脑发病人数最多的国家，占世界总发病数的80%以上，从各地卫生防疫站统计的流行情况看，我国每年乙脑疫苗接种人数超过5000万人份，但乙型脑炎病例尚无较确切的统计数字。进入20世纪90年代后，新加坡、日本、朝鲜等乙型脑炎流行的规模和次数在逐年减少，在中国和其他一些亚洲国家，除免疫率较高的地区外，还有乙型脑炎流行。

乙型脑炎流行范围很广，已经确认有该病发生的国家（地区）有日本、俄罗斯、中国、韩国、泰国、印度、菲律宾、印度尼西亚、巴基斯坦、越南、老挝、孟加拉国、尼泊尔、缅甸、斯里兰卡、新加坡、澳大利亚、新西兰、马来西亚、蒙古国以及太平洋群岛等。我国除新疆、西藏外，其他省（区、市）都有乙型脑炎流行和发病的报道，河南、安徽、江苏、江西、湖北、湖南等省（区、市）是发病较高的地区，而海南、台湾、广东和福建等省（区、市）常年有此病发生。

(三) 危害

乙型脑炎病毒的血凝性与毒力相关，有人认为其溶血性和血凝性都是乙型脑炎病毒强毒株的共性，研究发现减毒毒株的血凝性相当低，甚至完全丧失。在所有发病地区，人发病年龄以儿童为主，特别是学龄儿童，在新加坡曾有 12 岁儿童感染率高达 70% 的报道，在一些儿童中会发生致死性脑炎。40~45 岁的成人也易感，怀孕妇女感染后会导致流产，在大多数的流行中，男性发病率较女性高。患者以由脑炎所致的高热和狂暴或沉郁等神经症状为特征，潜伏期 5~15d，临床表现及病程可分为 3 个阶段：(1) 初期：主要表现为全身不适、头痛、发热、常伴有寒战，头痛通常较剧烈，体温 38℃~39℃，脑膜刺激征不明显，此期持续时间一般 1~6d；(2) 急性脑炎期：最突出的特征是持续发热，体温高达 39℃~40℃ 及以上，通常持续 5~10d，随后呈梯度下降。中枢神经感染加重，出现意识障碍，如神志恍惚、昏睡和昏迷等。惊厥或抽搐也比较常见，80% 的病例都有颈强直，有些儿童脑膜刺激征可持续儿周，受影响的肢体表现出痉挛、麻痹，有的出现呼吸衰竭；(3) 恢复期：神经系统症状停止、逐步缓解，体温和脉搏完全恢复正常。

患病马发病急，发热 2~3d 后出现不同程度的意识障碍，如昏迷、惊厥、抽搐、肢体痉挛性麻痹等中枢神经系统，或发展至中枢性呼吸循环衰竭。

大多数猪感染后不表现明显症状，发病猪主要表现为妊娠母猪流产、产畸形或死胎，公猪睾丸肿大，少数猪有神经症状。

(四) 风险群体

多种动物，包括人、猪、马、羊、狗、鸡、鸭都可以感染日本脑炎病毒，但是不一定发病。人群对 JEV 普遍易感，多为隐性感染，显性发病与隐性感染的比例为 1：500~1：2000，在流行地区进行血清学调查时，发现阳性率随年龄增长而增高，表明成年人已经获得了稳固的免疫力，易感者多为 10 岁以下的儿童。在新疫区，所有人均为易感者，病后可产生免疫力。当人群免疫水平下降，或易感人群增加时，存在乙型脑炎流行的潜在风险。男性略高于女性。首次感染时，感染后几天在血清中就会产生快速且效价高的 IgM 反应，大多数病人在第 7 天 IgM 滴度达到最高，而从这些病人体内常常分离不到病毒。在病毒血症阶段，抗乙型脑炎病毒抗体可能通过限制病毒复制而保护宿主。

（五）媒介生物

家畜、野生脊椎动物、鸟类、蚊、两栖类、爬虫类以及蝙蝠都可作为乙型脑炎病毒的宿主，国内外学者发现有蹄类家畜的乙型脑炎抗体阳性率都很高，在家禽中成鸡的阳性率比较低，而鸭的阳性率比较高。猪感染和人感染之间的相关性是显然的，乙型脑炎病毒感染呈猪—蚊—人链状传播，一般猪的自然感染高峰比人乙型脑炎流行高峰早 3~4 周。另外，鸟类诸如苍鹭和白鹭等水鸟能终年保持血清学阳性，乙型脑炎病毒抗体阳性率有时高达 40% 以上，且都有高滴度的病毒血症，其他鸟如家燕、树麻雀和百灵鸟等均有一定的抗体阳性率并分离到乙型脑炎病毒，表明鸟类在乙型脑炎病毒自然循环中有一定流行病学意义，但至今还没有证实鸟能将该病毒跨地域传播。狗、绵羊、牛、鸡、观赏鸟及啮齿动物都可感染，但病毒血症不高，起不到扩增病毒的作用。冷血脊椎动物在整个冬季也能携带乙型脑炎病毒。蚊体内病毒能经卵传代越冬，可成为病毒的长期贮存宿主。

蚊虫是乙型脑炎的重要传播媒介，能传播该病的蚊种很多，世界范围内分离到乙型脑炎病毒的蚊种有 5 个属（库蚊、按蚊、伊蚊、曼蚊和阿蚊）共 30 余种，国内也有 20 余种，主要带毒蚊种有三带喙库蚊、二带喙库蚊、中华按蚊、致乏库蚊、白纹伊蚊、霜背库蚊、伪杂鳞库蚊、棕头库蚊、环带库蚊、雪背库蚊、东方伊蚊和凶小库蚊等。从三带喙库蚊分离到的病毒最多，约占毒株总数的 90%，自然感染率也很高。大量的生态学调查和流行病学观察证实，三带喙库蚊在乙型脑炎病毒自然循环中和传播上都起着重要作用，同时了解到该蚊与乙型脑炎流行密切相关，并是乙型脑炎疫区内优势蚊种之一，其嗜吸人及动物血液，特别是猪血，其季节消长与乙型脑炎的流行相吻合，因此三带喙库蚊具备了主要传播媒介的条件。在温带地区，三带喙库蚊都是乙型脑炎主要传播媒介，在东南亚热带地区，除三带喙蚊外，雪背库蚊的感染率略高于三带喙库蚊，可能在维持动物间乙型脑炎病毒循环中起着重要作用。在我国台湾地区，环带喙库蚊、印度伪杂鳞库蚊都是当地乙型脑炎主要传播媒介。

（六）症状

乙型脑炎患者以由脑炎所致的高热和狂暴或沉郁等神经症状为特征，潜伏期 5~15d，临床表现及病程可分为 3 个阶段：（1）初期：主要表现为全身不适、头痛、发热、常伴有寒战，头痛通常较剧烈，体温 38℃~39℃，脑膜刺激征不明显，此期持续时间一般为 1~6d；（2）急性脑炎期：最突出的特征是持续发热，体温高达 39℃~40℃ 甚至以上，通常持续 5~10d，随后呈梯度下降。中枢神经感染加重，出现意识障碍，如神志恍惚、昏睡和昏迷等。惊厥或抽搐也比较常见，80% 的病例都有颈强直，有些儿童脑膜刺激征可持续几周，受影响的肢体表现出痉挛、麻痹，有的出现呼吸衰竭；（3）恢复期：神经系统症状停止、逐步缓解，体温和脉搏完全恢复正常。

患病马发病急，发热 2~3d 后出现不同程度的意识障碍，如昏迷、惊厥、抽搐、肢体痉挛性麻痹等中枢神经系统，或发展至中枢性呼吸循环衰竭。

大多数猪感染后不表现明显症状，发病猪主要表现为妊娠母猪流产、产畸形或死胎，公猪睾丸肿大，少数猪有神经症状。

（七）检测技术

1. 病原学检测方法

该病的病原学检测方法有病毒分离与鉴定、RT-PCR 方法。从适宜的样品中进行病毒分离对确诊至关重要，但检测感染组织脑、胎盘、木乃伊化的胎儿及体液中病毒抗原也具有重要的诊断意义，其方法包括反向被动血凝试验、免疫细胞化学法、荧光抗体染色法和 RT-PCR 方法。

（1）病毒分离

乙型脑炎病毒的分离和鉴定是诊断乙型脑炎最直接最经典的方法，乳鼠是应用最多的实验动物，应用脑内、皮下同时接种，其分离率比腹腔接种高，也可将病料接种于 7~9 日龄鸡胚的卵黄囊内分离病毒。近年来还常用 BHK-21 细胞分离乙型脑炎病毒，在已长至单层的 BHK-21 细胞内加入适量处理过的待接种病料，37℃吸附 30~60min 后，加入细胞培养维持液，置于 37℃培养，连续观察 1 周，若发现有细胞病变即可收获。1 周后若无细胞病变，可盲传三代进行分离，如还没有细胞病变则判为阴性。将分离获得的疑似病毒，用乙型脑炎病毒标准免疫血清和标准毒株与新分离病毒进行，鉴定其方法通常为交叉补体结合试验、交叉中和试验、交叉血凝抑制试验、酶联免疫吸附试验和小白鼠交叉保护试验等。1987 年，陈伯权等用乙型脑炎病毒单克隆抗体致敏的羊血球作反向间接血凝试验检测乙型脑炎病毒抗原，结果发现该法有较高的特异性，只与乙型脑炎病毒发生反应而不和有共同抗原的 WNV 和 DENV 发生反应。M-RBC 制剂保存 1 年仍保持稳定，标本不用处理，反向间接血凝试验操作简便，可作快速诊断用。1989 年，Ravi 等用此法检测脑脊液中乙型脑炎抗原获得成功。

（2）病毒核酸检测

RT-PCR 是病原学诊断方法中最有效的早期诊断方法，该技术具有敏感，特异，操作简便，产率高，易自动化等特点。我国李刚等（1993）用 RT-PCR 检测乙型脑炎病毒核酸，设计引物在 E 基因区段内，引物 1 位于基因组碱基序列的第 1953~1972 位，引物 2 位于碱基序列的 1788~1806 位，反应产物为 185bp，内含 HaeIII 限制性内切酶位点，该法可特异性的检测乙型脑炎病毒核酸并可检出少至 5 $TCID_{50}$ 的病毒 RNA。用 RT-PCR 技术检测 55 例乙型脑炎患者脑脊液，认为用此法进行检测时，所需时间短，为早期诊断赢得了时间。还有人应用逆转录—套式—聚合酶链反应（RT-Nested-PCR）快速诊断乙型脑炎病毒感染，并用该法与组织分离病毒法相比较，结果表明此法敏感性更好，能直接检测患者发病早期血清样本或脑脊液内乙型脑炎病毒核酸，整个过程可在 1d 内完成，较需 2 周时间的常规病毒分离法明显缩短了检测时间，为乙型脑炎病毒的早期诊断提供了有力的工具。我国国家标准（GB/T 22333-2008）推荐用于检测乙型脑炎病毒的 RT-PCR 方法引物为：上游引物 5′-CATTCCAAGCGAAGCAGGAGATCC-3′、下游引物 5′-GACGTCCAATGTTGGTTTGTCG-3′。国外也有学者建立了检测乙型脑炎病毒核酸的荧光 RT-PCR 检测方法，具体引物和探针序列为：上游引物 5′-GGTGTAAGGACTAGAGGTTAGAGG-3′、下游引物 5′-AT-

TCCCAGGTGTCAATATGCTGTT-3′、荧光探针 5′-CCCGTGGAAACAACAT-CATGCGGC-3′。

2. 血清学检测方法

该病的血清学检测方法有补体结合试验、血凝抑制试验、病毒中和试验、乳胶凝集试验和 ELISA。血清学试验对检测马群中该病的流行、病原的地理分布以及马接种疫苗后抗体水平都很有用。用血清学方法诊断感染个体时，务必考虑在流行地区的易感动物可能已隐性感染一段时间，或已接种疫苗。康复期血清中和抗体滴度比急性期明显上升是确定感染的有效证据。此外还需考虑每一种血清学试验的特异性。

（1）补体结合试验

该方法特异性较高，是流行病学上确认乙型脑炎的一种常用方法，但因补体结合抗体出现较晚，于发病后 2 周左右才呈现阳性反应，在体内维持时间通常为 4~6 月，取发病早期和恢复期双份血清进行抗体效价比较，才有诊断价值。一般是在初诊时和恢复期（病后 2~3 周或以上）各采血 1 次，并在同一次补体结合试验中进行测定，如恢复期血清比初诊血清的效价增高 4 倍以上，即可表明患者曾经感染过乙型脑炎。

（2）血凝抑制试验

该方法是流行病学调查和临床诊断中最常用的方法，被检血清即使有污染，经高岭土处理后均可用于试验。乙型脑炎的血凝抑制抗体出现较早，一般在病后 4~5d 开始出现，2 周左右达高峰，并可维持 1 年左右，因此检测血凝抑制抗体可用于早期诊断，对临床上单个病例也应按双份血清判定才有意义。血凝抑制抗体一般为 IgM 和 IgG 两种免疫球蛋白，在发病后 4~7d 内，几乎所有患者的脑脊液或血液中都可检出特异性 IgM，有的患者发病当天即可查获，IgM 是较大分子，不能透过血脑屏障，脑脊液中检测到乙型脑炎病毒 IgM 抗体表示乙型脑炎病毒已侵入中枢神经系统。血清中最先产生 IgM 抗体，数周后才出现 IgG 抗体，此时 IgM 抗体已经减少乃至逐渐消失，因此，鉴定动物血凝抑制抗体是 IgM 还是 IgG 有着早期诊断的意义。如果血凝抑制抗体是 IgM，则表示动物是新近感染，若不是 IgM，则表示动物是早先感染。

（3）中和试验

乙型脑炎病毒中和抗体在发病后 7d 左右出现，在体内存在可达 1 年以上，同样也需要用双份血清检测才有诊断价值。有人报道用 PHK 细胞进行中和试验，方法是将各种稀释度的待检血清 0.1mL，10 个 $TCID_{50}$ ~ 100 个 $TCID_{50}$ 的病毒 0.1mL 和维持液 0.8mL 充分混合，不用感作，直接加入细胞瓶，于 5~6d 后判定结果。

（4）乳胶凝集试验

贾杏林等（2000）建立了用于检测乙型脑炎病毒抗体的 LAT 方法，该法具有特异、敏感、微量、快速、稳定、简易的特点，特别适合于大规模流行病学调查。

（5）酶联免疫吸附试验

我国有研究人员用 Mac-ELISA 进行了乙型脑炎的 IgM 抗体检测，解决了由于 IgM 抗体在体内含量较少，用常规 ELISA 测定不能获得满意结果的问题。Mac-ELISA 可以免除同时存在于血清中其他抗体的干扰，而且可以避免类风湿因子（RF）的干扰，已普遍应用于人类乙型脑炎的早期诊断。应用标记抗原的夹心 ELISA（BLA-S-ELISA）检测人及多种动物的乙型脑炎病毒抗体，结果表明，BLA-S-ELISA 相同条件下可应用于人、猪、狗、鸡等的检测，从而克服了抗体种属特异性障碍，所有血凝抑制试验阳性血清标本在 BLA-S-ELISA 中均为阳性，且后者的敏感性比前者高 10 倍，而非特异性很低。ELISA 的敏感性远高于血凝抑制试验，但该法不足之处在于步骤多、时间较长。

（八）防控

免疫接种是预防乙型脑炎最有效的预防措施之一。乙型脑炎是自然疫源性疾病，只有大规模地接种高质量的乙型脑炎疫苗，才能最大限度地降低乙型脑炎发病率。在该病流行地区，普遍对猪群进行乙型脑炎疫苗的免疫接种。一般在蚊子开始活动的前 1 个月对抗体阴性猪或 4 月龄以上种猪接种乙型脑炎疫苗，或在配种前 1 个月注射疫苗，第 1 年最好在 2 周后加注 1 次，以后每年在蚊活动季节开始前或配种前注射 1 次，发病后立即隔离治疗。

国内外大规模生产和使用的人用乙型脑炎疫苗有：鼠脑灭活疫苗、原代地鼠肾灭活病苗和原代地鼠肾减毒活疫苗 3 种。我国猪用乙型脑炎疫苗主要是鼠脑灭活苗，也有研究人员在研发减毒活疫苗。

灭蚊是控制乙型脑炎流行的一项重要措施。三带喙库蚊是乙型脑炎主要媒介，其主要孳生于稻田和有水生植物的水中。一般认为不能依赖于单独媒介控制办法预防乙型脑炎，但在一个地区暴发流行时应采取这种应急措施。在发达国家（地区），如日本，近年来乙型脑炎发病率极低，这得归功于大规模免疫接种、生活水平较高、耕地减少和其他一些农业结构的改变，尤其是大量使用杀虫剂和猪群的集约化饲养。

猪是乙型脑炎病毒的储存宿主，猪的饲养时间短、繁殖快，每年生产大批仔猪更新猪群，初次感染该病（包括无症状的隐性感染）时，引起病毒血症数天，供吸血昆虫吸取病毒血液，再由这些昆虫叮咬人畜，扩散病原，使该病流行，因此预防猪感染该病也是防止人患乙型脑炎的重要措施之一。

六、森林脑炎

森林脑炎（Forest Encephalitis）是由蜱传脑炎病毒（Tick-borne En-cephalitis Virus，TBEV）引起的一种由蜱传播的以中枢神经系统病变为特征的人畜共患疫病。典型临床症状为高热、意识障碍、脑膜刺激特征及瘫痪等。

（一）病原

1. 分类

TBEV 在分类上属于黄病毒科（Flaviviridae）黄病毒属（*Flavivirus*）。TBEV 可分为西伯利亚亚型、远东亚型、欧洲亚型三个亚型。西伯利亚亚型和远东亚型 TBEV 主要分布于俄罗斯位于的亚洲区域及中国的东北，传播媒介主要为全沟硬蜱，经羊、猴脑内试验发现远东型森林脑炎病毒比中欧型森林脑炎病毒的致病性强，导致的临床症状更为严重，脑神经症状明显，病死率达20%，存活的病人可有较长的恢复期，常伴有肩和臂瘫痪的后遗症。欧洲亚型 TBEV 主要分布于俄罗斯在欧洲的区域及欧洲的多数国家，其传播媒介主要为蓖子硬蜱，导致的临床症状轻，25%~50%的病人主要表现为脑膜炎，发热呈双峰热，致死率低，一般死亡率为1%~5%，预后较远东型森林脑炎好，只有较少的病例出现后遗症。

2. 生物学特性

（1）形态结构

TBEV 是具有包膜的单股正链 RNA 病毒，在电镜下呈球形颗粒，直径为 40~70nm，有囊膜，囊膜表面可见棘突，膜内有 25~35nm 的高电子密度的核衣壳。

（2）理化特性

TBEV 沉淀系数为 42S，在 CsCL 中的密度为 1.24g/cm^3。TBEV 的囊膜含有脂质，对乙醚、三氯甲烷、脱氧胆酸和胰蛋白酶均敏感；对热敏感，在 60℃10min 即可被灭活，在生理盐水中 55℃15min 可被灭活，在含 10% 兔血清的生理盐水中 60℃可被灭活，煮沸 2min 可被灭活；在 pH 值 7.6~8.2 中保持稳定；使用 1% 的石炭酸需 10d 才能灭活该病毒；10% 的鼠脑悬液中加 1/3000 的福尔马林，于 4℃20d 或 37℃3d 可灭活悬液中的森林脑炎病毒；在 50% 的中性甘油中，可低温保持数年仍具有感染性。

TBEV 在 pH 值 6.2~7.0 范围内具有凝集鸽、鹅、鸭、鸡和绵羊红细胞的活性，红细胞凝集的最适 pH 值为 6.6。TBEV 的 E 蛋白在酸性环境中会发生特异性构型变化而减弱病毒的感染性，但有其对酸奶和胃液的酸性环境有明显抵抗力的报道，这也解释了该病毒可由奶经消化道传播的现象。

（3）培养特性

TBEV 对鸡胚成纤维细胞、人胚肾细胞、猪胚肾细胞、鼠胚细胞、羊胚细胞、地鼠肾原代细胞以及爬行类和两栖类动物的原代细胞都很敏感；能在 VERO、VERO-E6、BHK-21、Detroit-6、Hela、Hep2、F1 和 LLC-MK2 等传代细胞中生长并产生细胞病变，能在 BHK-21、LLC-MK2 和鸡胚成纤维细胞及猪肾细胞中形成蚀斑。

鸡胚对 TBEV 敏感，无论以何种途径接种均能很好的增殖病毒，其中经卵黄囊接种可引起死亡，但绒毛尿囊膜接种，仅在膜上形成小的病变，影响鸡胚的发育而不引起死亡。接种较幼稚的鸡胚后，在 34.4℃孵育时毒力最大。此外多种动物对森林脑炎病毒也敏感。乳鼠和断奶小鼠经各种途径接种森林脑炎病毒均可引起致死性脑炎；成年小鼠对森林脑炎病毒的高度易感性，使得无论脑内、腹腔、皮下或鼻腔接种均可引起病毒血症和脑炎；小鼠也可经口感染，并通过粪便和奶排毒；大鼠、豚鼠、绵羊、猴和猪经脑内接种可引起致死性脑炎；地鼠对脑内和外周攻毒的敏感性较小鼠低；实验接种野生脊椎动物（包括啮齿类动物、食虫动物、狐狸、野鸟、野兔和蝙蝠），均可引起病毒血症并诱导产生抗体；奶牛、山羊和绵羊经接种或通过蜱叮咬实验感染后，可发生病毒血症并通过奶向外排毒。

（4）基因组结构

TBEV 有核衣壳蛋白 C、膜蛋白 prM 和囊膜蛋白 E 三个结构蛋白。核衣壳蛋白（C）的分子量大约为 15kDa，具有 2 个疏水区，位于羧基端的可能是膜蛋白 prM 翻译后转运的内源信号序列，位于中部的可能与病毒粒子装配有关，C 蛋白的 aa28~aa43 区段缺失后可导致病毒毒力减弱，但保持良好的免疫原性和感染性，而 aa28~aa48 区段缺失则使病毒丧失复制能力。膜蛋白 prM 是分子量大约为 9kDa 膜蛋白 M 的前体，存在于未成熟的病毒粒子中，与 E 蛋白形成异构二聚体，膜蛋白 prM 与 M 蛋白共表达能产生直径约 30nm 的球形病毒样颗粒，具有天然病毒粒子相似的成熟过程、血凝活性、融合活性和良好的免疫原性。E 蛋白的单体分子量为 53~55kDa，在成熟病毒粒子表面的 E 蛋白为头尾相对的二聚体，在酸性环境（pH<6.5）中能形成不可逆的重排三聚体。E 蛋白在病毒入侵时与宿主细胞受体结合并与细胞膜融合，有利于病毒核酸进入细胞，其影响病毒的感染毒力，此外该蛋白与病毒的血凝活性也有关，还可诱导产生体液免疫反应。

（5）病毒蛋白及功能

TBEV 基因组长度大约为 11kb。基因组 RNA 包括一个约 10kb 的开放阅读框（ORF），编码多聚蛋白前体，其 5' 端约 25%编码结构蛋白（包括 C 蛋白、膜蛋白 prM 和 E 蛋白），其余部分编码非结构蛋白（包括 NS1、NS2a、NS2b、NS3、NS4a、NS4b 和 NS5），结构蛋白和非结构蛋白在基因组中的编码顺序为 5'-C-PrM-E NS1-NS2a-NS2b-NS3-NS4a-NS4b-NS5-3'。基因组的非编码区位于开放阅读框架的两侧，5' 末端的大约为 2450nt，具有长 131~134kb 的 I 型帽状结构，3' 端的无 poly（A）结构。

（二）历史、地理分布

森林脑炎分布范围相当广泛，横跨欧亚大陆的广阔地域。早在 1910 年，现俄罗斯位于亚洲的区域就发现以中枢神经系统病变为主要特征的急性传染病。1936 年，首次用小白鼠从患者病料中分离到 TBEV。1937 年，从当地主要蜱种全沟硬蜱体内分离到同一种病毒，提出并证实蜱为森林脑炎传播媒介。1938 年，证实了森林中的啮齿类动物为该病贮存宿主。

森林脑炎主要流行于中欧、北欧、东欧、日本、中国，其中奥地利的森林脑炎发病率曾在欧洲最高，但是由于采取成功的接种疫苗预防措施，发病率趋于稳定并下降；而在立陶宛、拉脱维亚的森林脑炎疫情仍很严重，拉脱维亚存在 3 种亚型的森林脑炎病毒混合传播流行。我国于 1943 年有病例报告，1952 年王逸民等从我国东北林区的脑炎患者及蜱中分离到 TBEV。我国森林脑炎主要分布于东北长白山和小兴安岭地区，在云南西部、西南部及新疆天山地区也报道有森林脑炎自然疫源地存在，在陕西、甘肃、内蒙古的某些林区也可能存在该病的自然疫源地。亚洲的印度也有该病发生的报道。

(三) 危害

病毒进入人体后，在各个内脏系统中进行复制，经过 3 ~ 7d，病毒随血液进入大脑毛细血管，从而侵入大脑中枢神经系统，脊髓和大脑处的病毒含量最高，在细胞中进行大量繁殖，使其发生病变而发病，进而导致死亡。感染病人机体的受损程度，主要取决于感染的病毒含量以及人体自身免疫系统的状态。如果病人体内病毒含量低且自身免疫好，则大多只是出现轻微的病症，若病人体内病毒含量高且自身免疫差，就有可能引起大脑中枢神经的病变。根据临床病例可将患者病情分为四种，第一种为顿挫型，此类患者症状表现为轻度发热，1 ~ 3d 后体温逐渐恢复正常，还伴随头痛、恶心呕吐的症状；第二种为轻型，主要症状表现为中度发热，7d 后体温恢复正常，伴随脑膜刺激征，但患者并不会出现意识模糊和瘫痪的症状；第三种是普通型，主要症状表现为高度发热、脑膜刺激征，还伴随着颈部及四肢肌肉不同程度的瘫痪；第四种为重型，主要症状表现为高度发热，迅速出现头颈部、四肢瘫痪及脑膜刺激征，还伴随着昏迷和脑神经实质性的伤害。大多患者在接受治疗后都能康复，少数重型患者会伴随终身瘫痪以及脑神经异常疾病的症状甚至死亡，致残率为 10% ~ 15%，死亡率约为 20%，因其对人类及牲畜有严重健康威胁而备受关注。

牲畜感染上该病毒后机体也会受到损害。比如马被感染后，初期会出现短暂的体温升高、精神萎靡、出汗、易疲劳等症状，并不会长期出现脑神经疾病；牛感染后只出现体温升高和食欲不振的症状，一般也不会出现脑神经疾病；羊感染后出现肢体麻痹的症状，奶牛和山羊感染后乳液里均可携带该病毒，人饮用后便会感染，从而患病。主要影响表现为威胁到牲畜的身体健康，而且人群与牲畜的接触较多，这样便会直接或间接的将病毒带给人群，从而对人类的身体健康造成严重威胁。

（四）风险群体

人群对 TBEV 普遍易感，感染人群多为与森林作业关系密切。但近几年随着自然环境的变化，旅游人员、务农人员和旅游者感染 TBEV 的占比逐年增加。感染 TBEV 后，机体可产生持久的免疫应答，一般中和抗体于感染后的第 7d 出现，持续 25 年左右。血凝抑制抗体于感染后第 5d 出现，与中和抗体的增长呈正相关。IgM 抗体的出现甚至早于血凝抑制抗体。补体结合抗体出现较晚，且持续时间短，仅半年左右。

（五）媒介生物

TBEV 在蜱—野生脊椎动物宿主间自然循环，其贮存宿主是小型脊椎动物及啮齿动物，它们均是蜱的寄生宿主，而蜱也是森林脑炎病毒最重要的贮存宿主。幼蜱通过吸血从宿主体内（小型野生哺乳类及鸟类）获得森林脑炎病毒，并通过卵在蜱间传播，当人类接触到带毒蜱并被叮咬时会感染此病毒。研究发现，检测到病毒血症并分离到病毒的动物有狼、猪、鹿、各种鼠类动物、草原旱獭、北鼠兔、蒙古鼠兔、野兔、大马蹄蝠。能感染森林脑炎病毒并产生抗体的动物还有灰颈鼠兔、山羊、恒河猴、火鸡、秃鸡、柳莺、三指鸡、虎皮斑鸡、绿斑鸡和棕果蝠等。我国东北、西北森林脑炎疫源地林区以花鼠、大林姬鼠、棕背鼠为主要贮存宿主，此外，曾从灰鹊、鸽、黑冠山雀及大马蹄蝠中分离到病毒。

鸟类是蜱最活跃的宿主，带病毒率很高。已从许多鸟类中分离到病毒。其中交喙鸟、金翅雀感染森林脑炎病毒后，可出现明显的临床症状。

该病以蜱类为主要传播媒介，人或易感动物被带毒的蜱叮咬时，蜱在吸血过程中，伴随其唾液将病毒注入人体而引起感染。研究发现，已知自然感染 TBEV 的蜱种有全沟硬蜱、蓖子硬蜱、草原硬蜱等 19 种；具有感染与传播森林脑炎病毒能力的蜱种有全沟硬蜱、蓖子硬蜱、嗜鸟硬蜱等 20 种；具有经卵传播森林脑炎病毒的蜱种有全沟硬蜱、蓖子硬蜱、六角硬蜱等 10 种。仅具有感染能力的蜱种有囊形扇头蜱、图兰扇头蜱、安氏革蜱、牡巴它钝缘蜱等。研究结果还表明，远东亚型的主要媒介蜱种为全沟硬蜱，其次为森林革蜱、嗜群血蜱及日本血蜱；欧洲亚型的主要媒介为蓖子硬蜱，其次是边缘革蜱、网纹革蜱、刻点血蜱、缺角血蜱、嗜群血蜱和六角硬蜱等。另外，从其他媒介如螨和蚊中也分离到森林脑炎病毒，但其传播作用还不清楚。此外，该病还可以经消化道和呼吸道造成感染并传播，如欧洲常见饮用含病毒的生山羊奶造成感染，患者多呈双峰热型，而实验室感染常由感染性气溶胶引起。

（六）症状

森林脑炎的潜伏期大多为 10~15d，一般无任何前驱症状，仅少数病例有高热、全身不适、关节酸痛及头晕等前驱症状。该病的急性期通常为 14~21d，并可转变为慢性森林脑炎。常见临床症状以高热、神经系统症状（如瘫痪、病理反射、意识障碍、脑膜刺激征）及呼吸循环系统障碍为主要特征。发热是该病的必备症状，一般在 38.5℃~41.5℃，多为稽留热，热程一般维持 5~12d，重症病人体温骤降预示即将死亡。神经系统症状多在发病后 1~2d 即开始出现，表现出昏睡、狂躁、重症病例多呈昏迷状态的意识障碍，出现抽搐惊厥现象则预示预后不良，90%病例随体温逐渐下降而恢复意识；脑膜刺激征表现为出现头痛、恶心、呕吐及颈部强直；脑神经症状主要表现为瘫痪，多为弛缓性瘫痪，发生部位主要是颈肌瘫痪（占 34.2%），其次为上肢瘫痪，仅有少数病例出现吞咽困难、发音困难和言语障碍，愈后出现的后遗症主要是颈部和上肢肌肉的萎缩性麻痹；反射功能异常，绝大部分病人出现深反射减弱或消失，也有少数病例出现手足抽搐、耳聋、咀嚼肌瘫痪等症状。

（七）检测技术

1. 病原学检测方法

该病的病原学检测方法有病毒分离与鉴定、RT-PCR 方法。将采集的病料进行处理后接种乳鼠、鸡胚或敏感细胞（鸡胚成纤维细胞、猪肾细胞、羊肾细胞），分离获得的病毒可用 PCR、中和试验、补体结合试验鉴定。

（1）病毒分离

接种乳鼠：乳鼠是分离森林脑炎病毒最敏感的动物，一般以脑内、腹腔同时接种的效果较好。小鼠感染后的潜伏期一般为 7~14d，经过连续传代后可逐渐缩短到 3~4d。此外，出生后 3~4 周的小鼠也可用于该病毒的分离，但分离效果不及乳鼠，经脑内、鼻腔、腹腔、皮下接种小鼠均可发生脑炎而致死。在不同接种途径中，以脑和鼻腔接种后的潜伏期较短，腹腔接种次之，皮下接种的潜伏期最长，各种途径接种后引起的症状相同。

接种鸡胚：森林脑炎病毒在鸡胚中生长良好，一般可选择 7 日龄左右的鸡胚进行卵黄囊接种，接种剂量为 0.2~0.5mL/只，接种后置 35℃ 孵育 72~96h，一般接种后的鸡胚并不死亡，森林脑炎病毒在鸡胚中广泛发育，其中脑组织和肌肉的病毒量最高。然而适应于鼠脑的森林脑炎病毒悬液在接种鸡胚卵黄囊后，接种后 24h 即可在鸡胚的皮肤、胃、肝和脑中出现病毒，接种 48h 后在横纹肌（包括心肌）中有病毒的广泛分布，在脑组织中的病毒含量也增高，大部分鸡胚在接种后第 4~5d 死亡。适应鼠脑的森林脑炎病毒在接种于鸡胚的尿囊腔或羊膜腔时，病毒增殖发育同样良好。由于鸡胚耐受抗生素的能力较强，在污染严重的标本悬液中即使添加青霉素 2000IU/mL 及链霉素 2000μg/mL，对鸡胚的生长发育也无影响，故特别适用于从污染严重的样本中分离病毒。

接种细胞：由于鸡胚成纤维细胞及猪肾细胞比小鼠对森林脑炎病毒敏感，在两种细胞上接种，能使经脑内接种小鼠而不发病的微量病毒培养成功，并能产生细胞病变及蚀斑。此外，羊肾细胞与小鼠的敏感性无差异，也可用于分离病毒。

（2）病毒核酸检测

国内外均有利用 RT-PCR 及荧光 RT-PCR 方法检测森林脑炎病毒的报道。我国研究人员根据森林脑炎病毒的已报道核酸序列设计引物，建立了检测该病的 RT-PCR 方法，其具有高度特异性，扩增目的产物大小为 175bp 的核酸片段，引物序列分别为：上游引物 5'-GCGTTTGCT（C，T）CGGA-3'、下游引物 5'-CTCTTTCGACACTCGTCGAGG-3'。Schwaiger M 对已报道的森林脑炎病毒核酸序列进行保守区域分析，设计了一对引物和探针进行森林脑炎病毒的实时荧光 RT-PCR 检测，引物和探针序列为：上游引物 5'-GGGCGGTTCTTGTTCTCC-3'、下游引物 5'-ACACATCACCTCCTT-GTCAGACT-3'、荧光探针 5'-TGAGCCACCATCACCCAGACACA-3'。该方法成为日常实验室检测森林脑炎病毒 RNA 核酸的重要手段。我国胡玉洋等（2006）也建立了快速检测 FEV 的实时定量 TaqMan RT-PCR 方法，该检测方法的灵敏度可达到 100 拷贝/反应或 0.1 $TCID_{50}$，引物和探针序列分别为：上游引物 5'-CCACAGTGCGGAAAGAAAGG-3'、下游引物 5'-GGTTGC-

CGCATCTTTTCCT-3'、荧光探针 5'-ATGGCACTACCGTGATCAGAGCTG-3'。陆兴洁等（2020）建立了 TBEV SYBR Green Ⅱ 荧光定量 PCR 检测方法，上游引物 5'-AATGACTGGATTCTGGAA-3'、下游引物 5'-GGATTTCACTTTCGCTAT-3'，检测下限可达 10^1 cpies/μL。

2. 血清学检测方法

该病的血清学检测方法有血清中和试验、补体结合试验、血凝试验及血凝抑制试验和酶联免疫吸附试验。

（1）血清中和试验

森林脑炎的中和试验可采用乳鼠中和试验法和蚀斑减少中和试验法，但是由于森林脑炎病毒的 LD_{50} 通常较高，在选择稀释度时应注意。此外，森林脑炎病毒与科萨努尔森林病病毒、兰加特病毒存在不同程度的交叉中和反应，在确定森林脑炎病毒的抗原性时最好选用蚀斑减少中和试验法，通常选用原代猪肾细胞和 BHK-21 细胞，采用中性红琼脂覆盖法和半微量甲基纤维素蚀斑法进行，其中半微量甲基纤维素蚀斑法具有简单、快速、重复性好、蚀斑形成率高及结果易于判读的优点。研究发现，森林脑炎病毒阳性血清在中和该病毒时，常比中和科萨努尔森林病病毒、兰加特病毒时高 2 个滴度左右，如果血清的稀释度相同，则以蚀斑减少 90% 来确定其病毒抗原性。

（2）补体结合试验

检测森林脑炎的补体结合试验的反应温度应以室温最为理想。由于易感动物或人感染森林脑炎病毒后，诱导产生的补体结合抗体只能维持半年左右，在未免疫动物或人血清中检测到补体结合抗体可以表明其半年内曾感染森林脑炎病毒。因此，不仅双份血清效价相差 4 倍以上时具有诊断价值，而且单份血清的补体结合试验检测结果呈阳性也有一定的诊断意义。

（3）血凝试验及血凝抑制试验

森林脑炎与乙型脑炎均是引起脑神经病变的疾病，其病原也均具有血凝活性，森林脑炎病毒对鸽红细胞的凝集效果较鹅红细胞要好，利用血凝及血凝抑制试验诊断时应重点加以鉴别。制备森林脑炎病毒的血凝素，可通过接种病毒感染鼠脑后用蔗糖—丙酮法提取。血凝试验可用于检测森林脑炎病毒的滴度，而血凝抑制试验检测的血清抗体水平消长与中和抗体呈正相关。在补体结合试验和血凝抑制试验中，森林脑炎病毒同复合群的病毒均存在一定程度的交叉反应，诊断时需要加以鉴别。

（4）酶联免疫吸附试验

森林脑炎病毒感染后，在发病后 1 周内存在高滴度的特异性 IgM 抗体，在 2 周左右达到高峰，然后迅速下降，至发病 5 个月后基本消失，因此可以用 ELISA IgM 捕获法检测森林脑炎 IgM 抗体，其适用于森林脑炎的早期诊断，是一个简单、敏感、特异的抗体检测方法。

（八）防控

疫苗免疫是森林脑炎流行地区人群的有效预防措施，重点免疫对象包括林区人员、伐木工人、农民、实验室研究人员以及到森林脑炎威胁地区的旅游者（尤其是参加郊游、野营等活动的人员）。临床使用的疫苗主要是灭活疫苗，其优点是安全性好，缺点是注射剂量大，有发热、流感样症状、注射部位疼痛等不良反应，在第一次接种时注射特异性抗体、降低接种剂量能减轻不良反应。国外应用鸡胚细胞增殖森林脑炎病毒后制备的灭活疫苗接种 3 次后，保护力可达 99%，我国应用地鼠肾细胞增殖森林脑炎病毒后制备灭活疫苗，多年的应用证实有一定预防效果，但是并不能令人满意。研究人员还在研制森林脑炎的弱毒活疫苗及新型疫苗，LGT E5 弱毒活疫苗能保护接种动物抵抗森林脑炎病毒的攻击，人接种 LGT E5 减毒活疫苗后可以产生高水平的抗体应答并维持较长时间，但还没有商品化制品用于人体预防接种用，其他新型疫苗也还未得到临床应用。此外，在某些国家和地区还采用森林脑炎的特异性抗体进行被动免疫，例如在欧洲的某些国家采用特异性免疫球蛋白进行暴露前和暴露后的紧急预防，研究发现在蜱叮咬后 4d 内使用，保护率为 60%~70%。

消灭该病的传播媒介蜱，可以在有蜱出没的场所、路旁、小径旁喷洒杀虫剂等药物来杀灭蜱。同时，也要消灭携带有蜱幼虫和稚虫的啮齿动物。对需要进行森林作业的人员，要穿防护服，并将领口、袖口及裤脚扎紧防止带毒蚊虫叮咬，完成工作后，要检查衣服和身体有无带虫及被叮咬。此外，要杜绝不良饮食习惯，严禁喝生奶，防止感染森林脑炎及传播病原。

七、伊尔乌斯病毒病

伊尔乌斯病毒病（Ilheus Virus Disease）是由伊尔乌斯病毒（Ilheus Virus，ILHV）引起的一种由蚊媒传播的人畜共患疫病。人感染 ILHV 后临床症状为轻度发热、关节痛、头痛和脑炎等。野生鸟类、绒猴和长鼻浣熊也可感染该病毒，但临床上表现为隐性感染。

（一）病原

1. 分类

ILHV 在分类上属于黄病毒科（Flaviviridae）黄病毒属（*Flavivirus*）。

2. 生物学特性

（1）形态结构

ILHV 是具有包膜的单股正链 RNA 病毒。病毒粒子呈球形，直径约50nm，含有囊膜，为二十面体对称结构。ILHV 形态学特征与 WNV 极为相似，原被纳为西尼罗抗原复合群，后与西尼罗病毒一起被划为日本脑炎抗原复合群。

（2）理化特性

病毒粒子对外界环境敏感，对温度、pH 值及紫外线敏感，病毒可被一般的消毒剂（75%乙醇溶液、1%次氯酸钠、2%过氧化氢等）灭活。黄病毒可在-80℃条件下长期存活。

（3）培养特性

ILHV 可在恒河猴原代肾细胞和其他传代细胞如 VERO、BHK-21、LLC-MK$_2$、PS 细胞系中增殖，并可产生蚀斑。该病毒也可以在鸡胚中繁殖，但不会使鸡胚死亡。新生小鼠和刚断乳小鼠脑内或腹腔接种可使小鼠出现脑炎。

（4）基因组结构

ILHV 基因组大约为 11kb，由单一开放阅读框（OFR）编码全部蛋白，靠近 5' 端 25%编码三个结构蛋白（C、PrM、E），剩余 75%编码七个非结构蛋白（NS1、NS2A、NS2B、NS3、NS4A、NS4B、NS5）。

（5）病毒蛋白及功能

通过变性凝胶电泳等试验证实该病毒与日本乙型脑炎病毒最为相似，尤其是其 NS3 蛋白的部分序列与日本乙型脑炎病毒相应序列同源性较高。

（二）历史、地理分布

伊尔乌斯病毒病主要在巴西、特立尼达和多巴哥、哥伦比亚和巴拿马等国家（地区）流行。人感染伊尔乌斯病毒的病例主要分布于巴西亚马孙平原和特立尼达和多巴哥部分地区。近来没有伊尔乌斯新发病例的报告，但在亚马孙河及巴西东南地区人身上均可检测到 ILHV 的中和抗体，表明上述地区可能仍存在该病毒。

（三）危害

我国目前尚未发现伊尔乌斯病毒感染，必须严防该病毒从其他地区传入，因此，加强海关入境检验检疫工作对防止该病传入我国具有重要意义。

（四）风险群体

人对伊尔乌斯病毒较为易感，但多为隐性感染。部分患者发病后，临床症状可表现为发热和脑炎。研究人员已从一些野生鸟类、长鼻浣熊和绒猴体内分离到 ILHV，但这些动物仅表现出较短期的病毒血症，无明显的临床症状。实验动物中只对新生小鼠和刚断乳小鼠有致病性。

（五）媒介生物

多种节肢动物均可成为其传播媒介，蚊媒是 ILHV 在自然界中主要的传播媒介。至少已经从 5 个属的蚊中分离到伊尔乌斯病毒，其中凶恶骚蚊、磷蚊和埃及伊蚊是主要的传播媒介。蝙蝠和鸟类是该病毒在自然界中的主要宿主。

（六）症状

人感染伊尔乌斯病毒后，50%~60%的患者表现出轻度的发热、头痛、关节痛，症状表现较轻，无须治疗就可痊愈。重型病例身体变得虚弱，伴有剧烈头痛及肌痛等症状，这种症状一般持续 3~5d。大约 10%的病例可出现脑炎症状，但经对症治疗一般可以痊愈，且不留后遗症。病人感染后 ILHV，由于机体抵抗力相对较弱，有可能出现继发感染。

（七）检测技术

伊尔乌斯病毒的实验室诊断方法主要依靠从患者血液中分离病毒和血清学检查，由于该病毒与其他黄病毒属部分病毒在血清学方面存在交叉反应，故血清学方法的准确性不高。

（八）防控

尚无用于预防 ILHV 感染的疫苗。预防措施主要是做好防蚊和灭蚊工作，消灭蚊虫滋生场所。同时应加强流行病学调查与监测。

八、鄂木斯克出血热

鄂木斯克出血热（Omsk Hemorrhagic Fever，OHF）是由鄂木斯克出血热病毒（Omsk Hemorrhagic Fever Virus，OHFV）引起以发热、头痛、恶心、严重的肌肉疼痛、咳嗽及明显的出血性综合征为特征的人畜共患疫病。在野生动物中，OHFV 的主要媒介是网纹革蜱，但人类主要是在接触被感染的麝鼠后被感染。

（一）病原

1. 分类

OHFV 在分类上属于黄病毒科（Flaviviridae）黄病毒属（*Flavivirus*）。该病毒与同属的蜱传脑炎病毒（TBEV）密切相关。

2. 生物学特性

（1）形态结构

鄂木斯克出血热病毒颗粒呈球形，直径约 40nm，有囊膜。

（2）理化特性

OHFV 对热、脂溶剂和去氧胆酸盐敏感，煮沸 2～3min、56℃ 加热 30min、2%戊二醛、1%次氯酸钠 70%酒精均可将 OHFV 灭活。病毒在各种物理和化学条件下的生存能力取决于其所在的基质：在 50%甘油磷酸缓冲溶液（pH 7.2）中可存活几个月，在冻干状态下可甚至能存活几年。低温有利于感染材料中病毒的存活，在-10℃～14℃条件下，于死亡动物未固定的脏器中病毒可存活 3 个月。在自然界的湖水中，夏天可存活 2 周，冬天可存活 3 个半月。此外，OHFV 对 3%～5%来苏儿敏感，对紫外线和干燥也敏感。

（3）培养特性

OHFV 可在 VERO、VERO-E6、LLC-MK$_2$ 等细胞中培养并产生细胞病变，在鸡胚上生长良好。鄂木斯克出血热病毒对许多野生动物和实验动物有致病性。麝鼠对鄂木斯克出血热病毒非常敏感，容易感染该病毒，这种感染经常是致命的，感染后会出现高病毒血症和发热的出血性疾病，可持续 3 周或更长时间。病毒通过尿液、粪便和血液排出。西伯利亚本土其他物种的实验感染表明，只有挪威大鼠对鄂木斯克出血热病毒敏感；白鼠、野生鼠和棉鼠、兔和狗不敏感；刺猬易感并发展为急性疾病，猴子、绵羊、羔羊、小牛和仔猪易感，但通常会发展为无症状感染。鄂木斯克出血热病毒在山羊中可存活约3天，并可从血液进入乳腺并在牛奶中存在数天，然而尚未报告鄂木斯克出血热的乳源性暴发。从不同自然疫源地不同对象分离的鄂木斯克出血热病毒株具有不同的遗传性，它们在蚀斑的大小、血凝活性和神经毒力方面存在差异。实验动物如小鼠、豚鼠、猫和猴均可感染该病毒，并可产生脑炎症状。

（4）基因组结构

OHFV为单股正链RNA病毒，基因组长度大约为11kb，包含一个大的开放阅读框，编码3414个氨基酸。开放阅读框的两侧是5'端和3'端非编码区。OHFV的5'端非编码包含一个帽状结构，并有一段约30个核苷酸的延伸，这在其他蜱传黄病毒中很少见，3'端无Poly（A）。开放阅读框编码一种大的多聚蛋白，在翻译过程中和翻译后被细胞和病毒蛋白酶切割成三种结构蛋白（C、prM、E）和七种非结构蛋白（NS1、NS2A、NS2B、NS3、NS4A、NS4B和NS5）。OHFV开放阅读框中病毒蛋白之间的切割位点是完全保守的。

（5）病毒蛋白及功能

鄂木斯克出血热病毒颗粒内层为衣壳蛋白和RNA基因组组成的核衣壳结构，直径约25nm；外层被宿主细胞衍生的脂质双层包裹。从不同自然疫源地、不同动物分离的鄂木斯克出血热病毒株具有不同的遗传特性，其蚀斑大小、血凝活性和嗜神经性也不同。

（二）历史、地理分布

OHFV主要分布于东欧和俄罗斯的鄂木斯克地区。1941年，鄂木斯克地区北部湖泊草原和森林草原地区开始出现一种不寻常的急性发热性疾病的散发病例，患者症状表现为鼻子、嘴巴和子宫大量出血，以及皮肤出血、出血性皮疹和白细胞减少症。该病最初被误诊为各种其他疾病，如土拉菌伤寒、斑疹伤寒、副伤寒、支气管炎、肺结核或消化毒性白细胞介素。1947年，苏联科学家到鄂木斯克地区考察期间，在当地医务人员参与下首次分离出鄂木斯克出血热病毒。继而该病毒在鄂木斯克、新西伯利亚、秋明和库尔干等西伯利亚西部地区流行。1946—1958年，官方记录了972例OHF病例。蜱的季节性活动与病例数之间存在显著的相关性，然而，后来在新病例中发现了与麝鼠的显著接触模式：麝鼠猎人及其参与去除麝鼠皮的家人最常感染该病毒。20 世纪 60~70 年代，发病率显著下降。1988 年，官方记录了 3 起病例，都发生在西伯利亚西部的麝鼠猎人身上。1988—1997 年共报告了 165 例鄂木斯克出血热病例，其中 10 例与蜱虫叮咬有关，155 例发生在麝鼠猎手和偷猎者身上。在 1998 年报告的 7 个病例中，1 例死亡，3 例严重，然而，每年正确的感染人数仍然不清楚，因为轻微的 OHF 病例经常被误诊或仍未报告。

（三）危害

我国尚未发现 OHF 病例，国外近年来也无新发病例的报道，但由于 OHFV 可依赖多种方式传播及蜱虫的广泛分布，OHFV 仍具有在全球范围内广泛暴发的可能，仍需加强对该病毒的监测和预防。在有 OHF 新发病例或检疫出相应可疑病例时，要着重加强对传播媒介——蜱的截获，该病主要是通过革蜱等媒介来传播。密切接触也是传播途径之一，加强对可疑病例的检出及隔离留验。

（四）风险群体

人群不分年龄和性别对 OHFV 普遍易感；麝鼠捕猎者、剥皮者、制革工是鄂木斯克出血热病毒感染的高危人群。他们长期接触麝鼠，接触病毒的机会也随之增加。

（五）媒介生物

OHFV 的传播途径主要包括：蜱虫叮咬、与受感染的田鼠和麝鼠接触、气溶胶、受污染的水等。正是由于 20 世纪 30 年代麝鼠被人为引进到鄂木斯克地区，并且该物种对 OHFV 易感，才使得 OHFV 在该地区得到流行和扩散，这是由于人类对生态的干扰而出现的人类疾病的一个例子。

（六）症状

鄂木斯克出血热的潜伏期平均为 3~7d，有时伴有前驱症状，如不适、疼痛和疼痛。所有病例均可出现 39℃~40℃ 的持续高热，其他常见症状为头痛、咳嗽、肌肉疼痛、胃肠道症状、脱水和鼻、口和子宫出血，并伴有皮肤出血。发烧可能伴有持续 8~15d 的寒战。各种特征性的临床体征：动脉性低血压和心动过缓，面部、颈部和乳房充血，急性巩膜注射，口腔和喉咙黏膜明亮的颜色和轻微水肿，不寻常的黏膜干燥，特别是在舌头上，鼻、口出血，或在一个或多个情况下，嘴里散发出一股腐烂的气味，最明显的是肝脏肿大。这些症状，特别是充血（特别是感染咽部）和巩膜注射，在临床疾病的前 3~4d 会恶化。此外，脸部变得略微浮肿，唇裂和结痂出现。在大多数病例中，皮肤感觉过敏和肌肉疼痛，随后迅速增加出血迹象，特别是口腔、子宫、皮肤和黏膜出血，在严重的病例中，胃肠道出血和肺出血。患者发热常显双期性，第一期发热阶段可伴发虚性脑膜脑炎。第二期发热阶段亦可发生脑膜炎或脑膜脑炎，且比第一期严重，表现为发热、剧烈头痛、神志不清和震颤。

（七）检测技术

1. 病原学检测方法

该病的病原学检测方法有病毒分离与鉴定、RT-PCR 方法。

（1）病毒分离

OHFV 只能从该患者最初几天采集的血液样本中分离出来。该病毒是通过接种到 VERO 细胞系培养物和 2~4d 的哺乳小鼠中分离出来的。研究数据表明，在该病第二阶段分离病毒从未成功。OHFV 在一些国家（地区）被列为 4 级病原体，我国卫健委 2006 年印发的《人间传染的病原微生物名录》要求，鄂木斯克出血热病毒培养/动物感染试验需在生物安全四级实验室中进行。

（2）病毒核酸检测

已有检测黄病毒的实时荧光 RT-PCR 和普通 RT-PCR 通用方法。然而，这些方法在 OHF 诊断中尚未得到专门评估。如上所述，OHFV 似乎在该病的第一阶段存在于血液中，但在第二阶段没有。由于第一阶段与非特异性的轻度症状相关，患者最常在第二阶段求医，此时血清中病毒的分子检测可能不成功。RT-PCR 似乎更适合于蜱和宿主动物 OHFV 的筛选，或用于死亡病例的调查。

2. 血清学检测方法

该病的血清学检测方法有 ELISA、血清中和试验、补体结合试验。血清学检测仍然是人类 OHF 诊断的金标准方法。OHFV 抗体可通过 ELISA 检测到。用血凝抑制、补体固定和中和试验检测配对血清的血清转化。ELISA 最有效的方法是在发病第一周和 2~3 周后的血清样本中测定抗体滴度。血凝抗体滴度在疾病的第一周内迅速上升，并长期存在。

补体固定试验特异性中等，但灵敏度不高，不宜单独使用。中和试验被认为是识别虫媒病毒感染的最特异性试验。中和抗体通常在发病后1周内可被检测到，并在人体内持续数年，甚至可能终身存在。然而，值得注意的是，对其他蜱传病毒（主要是蜱传脑炎病毒）的抗体也有交叉中和OHFV的能力。

（八）防控

OHF的预防重点在于加强个人防护以防止媒介蜱类的叮咬。首先是做好灭鼠灭蜱工作，减少自然环境中传播媒介的密度，其次是降低OHFV宿主动物的数量，以最大限度地减少自然病毒宿主之间的接触，尤其在麝鼠水洼地内消灭鼠和其他小型哺乳动物，中断生物群落中病毒循环的动物传递链，使之达到不足为害的程度。加强麝鼠饲养繁殖、皮毛加工过程中的科学管理等是预防控制OHF流行的有效措施；在自然环境开发区或旅游景区林间道路上喷洒杀虫药灭蜱等，确保工作人员和旅客健康安全。

早在1948年，Chumakov就从人工感染小鼠的脑组织中研制出了福尔马林灭活疫苗。该疫苗在实验和人体研究中对鄂木斯克出血热病毒表现出良好的保护作用；然而，由于对疫苗中的鼠脑成分产生不良反应，已停止生产。根据OHFV和蜱传脑炎病毒的抗原相似性，蜱传脑炎病毒的疫苗被用作1991年暴发期间OGFV感染的预防措施。然而，它的使用是在当地政府的特别指令下允许的；没有针对这种用途的官方政策，也没有实验数据支持这种方法的有效性。

九、兰加特病毒病

兰加特病毒病（Langat Virus Disease）/兰格特病毒感染（Langat Virus Infection）是由兰加特病毒（Langat Virus，LGTV）引起的一种由蜱传播的人畜共患疫病。

（一）病原

1. 分类

LGTV在分类上属于黄病毒科（Flaviviridae）黄病毒属（*Flavivirus*）。LGTV与蜱传脑炎病毒（TBEV）、波瓦桑病毒（POWV）等抗原关系密切。

2. 生物学特征

（1）形态结构

兰加特病毒颗粒呈球形，直径 35~45nm，有囊膜。

（2）理化特性

LGTV 与其他囊膜病毒相似。对乙醚敏感，在 pH 值 3.0 的条件下不稳定，但对 5-溴-2 脱氧尿嘧啶（BUdR）不敏感。22℃，pH 值 6.7 左右的条件下具有最佳血凝活性。

（3）培养特性

LGTV 在鸡胚成纤维细胞（CEF）、猪肾上皮细胞（PK15）和恒河猴肾细胞（LLC-MK$_2$）上可以较好增殖，培养最适温度为 35℃~37℃，能够形成蚀斑，细胞病变明显。兰格特病毒可适应多种蜱源细胞系。与其他蜱传病毒不同，该病毒接种蚊源细胞系 C6/36 细胞时也表现出明显的感染性。经仓鼠肾细胞（BHK-21）传代后病毒的毒力增强，但经鸡胚连续传代后毒力减弱，疫苗株 E5 即为经鸡胚传代筛选出的致弱毒株。

（4）基因组结构

基因组为不分节段的单股正链 RNA，长度约为 11kb。基因组 RNA 可直接作为信使 RNA（message RNA，mRNA）翻译为多聚蛋白，也是病毒负链 RNA 复制的模板。病毒基因组编码一个大的多聚蛋白，在病毒自身蛋白（NS2B-3 蛋白酶）及细胞内蛋白酶的共同作用下，切割为 3 个结构蛋白（C、prM、E）和 7 个非结构蛋白（NS1、NS2A、NS2B、NS3、NS4A、NS4B、NS5）。

（5）病毒蛋白及功能

LGTV 的结构蛋白主要参与病毒的吸附、进入及包装过程，非结构蛋白可形成复制复合体（影响病毒基因组的翻译、复制、包装及先天性免疫反应逃逸过程）。

（二）历史、地理分布

1956 年首次在马来西亚兰加特地区寄生于森林鼠身上的硬蜱中分离到该病毒，并以发现地命名为兰加特病毒。1973—1974 年泰国在对 Khao Yai 国家公园进行蜱传病毒普查时分离到新的兰加特病毒毒株。后来在西伯利亚地区也检测到该病毒。LGTV 主要分布于东南亚的森林地区。我国尚未发现存在该病毒。

(三) 危害

兰加特病毒致病力低，正常人群感染该病毒后几乎不表现出临床症状，但该病毒对癌症以及艾滋病等患者有潜在致病性，这在某种意义上也加大了疫区特殊人群预防该病的难度。

(四) 风险群体

自然条件下对健康人群几乎没有致病力，但对癌症以及艾滋病等特殊人群有潜在致病性。小鼠、仓鼠和猴子较为易感，常常作为实验动物进行攻毒和免疫保护试验。

(五) 媒介生物

硬蜱（*Granulatus*）是 LGTV 重要的传播媒介。已从全沟硬蜱（*Ixodes persulcatus*）、粒形硬蜱（*Ixodes granulatus*）、巴布亚血蜱（*Haemaphysalis papuana*）、蓖子硬蜱（*Ixodes ricinus*）、嗜群血蜱（*Ixodes persulcatus*）、距刺血蜱（*Haemaphysalis spinigera*）和边缘革蜱（*Dermacentor marginatus*）等多种硬蜱中分离到该病毒。病毒通过硬蜱的幼虫感染森林鼠，森林鼠是主要的传染源。携带病毒的硬蜱叮咬人或动物时，可通过血液传播病毒。

(六) 症状

LGTV 对健康人群致病力低，临床症状不明显；对白血病等癌症患者、艾滋病患者等免疫力低下人群有致病性，潜伏期约 3 周，感染后可引起引发脑膜炎、脑脊髓炎症状，有的可伴发淋巴细胞减少等，症状明显时表现为中枢神经功能紊乱。

(七) 检测技术

1. 病原学检测方法

该病的病原学检测方法有病毒分离与鉴定、RT-PCR 方法。通过 CEF、PK15 或 LLC-MK$_2$ 分离病毒，分离获得的病毒可用 PCR 进行鉴定。

Muhd Radzi SF 等根据 LGTV E 基因设计引物探针，建立了 TaqMan 荧光 RT-PCR 检测方法，上游引物 5'-TGGCAGGTGCATCGTGACT-3'，下游引物 5'-GCCTCAGCTCCATCATGCTT-3'，探针 5'-FAM-TTTAATGATCTG-GCCCTCC-NFQ-MGB-3'。

2. 血清学检测方法

通常采用血清学检测方法有血凝抑制试验、中和试验和酶联免疫吸附试验。

(八) 防控

实验动物和志愿者接种 E2 致弱毒株制备的疫苗后可产生持久的体液免疫和细胞免疫，但由于疫苗株具有较高的中枢神经嗜性，可能会影响接种者身体健康。研究人员已开始进行基因工程疫苗的开发，利用兰加特病毒非致病性保护基因结合其他蜱传脑炎病毒的非致病性基因研制新型疫苗，以期更有效地预防蜱传脑炎病毒组病毒感染。有研究显示，抗血清能识别细胞内兰加特病毒 prM 和 M，并分别与全细胞裂解物和纯化病毒的蛋白质印迹中的 prM 和 M 结合，这表明 prM 和 M 蛋白在天然条件下结构相似；且针对病毒 M 蛋白的单克隆抗体可有效保护断奶小鼠抵抗致病性兰加特病毒的攻击。

十、波瓦桑病毒病

波瓦桑病毒病是由波瓦桑病毒（Powasson Virus，POWV）引起的一种由蜱传播的人畜共患疫病，其特征是引发感染人或动物出现以脑炎、脑膜脑炎等中枢系统症状。

(一) 病原

1. 分类

分类学上，POWV 是黄病毒科（Flaviviridae）黄病毒属（*Flavivirus*）蜱传性脑炎病毒（Tick-borne Encephalitis Virus，TBEV）成员。遗传进化分析显示，POWV 可分为两个基因型，分别为 POWV-L1 和鹿蜱病毒（Deer-tick Virus，DTV），两者的基因序列同源性为 84%，氨基酸序列同源性高达 94%，因此两者无法通过血清学方法进行鉴别。POWV 的两个基因型虽然均是通过蜱进行传播，但两者在动物间传播周期存在较大差异。

2. 生物学特性

（1）形态结构

POWV 属于有囊膜病毒，表面有纤突，囊膜内二十面体对称的核衣壳。整个病毒在电镜下观察呈球形，直径在 40~70nm。

（2）理化特性

由于具有脂质囊膜，POWV 对乙醚、三氯甲烷、脱氧胆酸和胰蛋白酶等敏感；可通过热灭活，在 60℃ 10min 即可有效灭活；也可通过生理盐水中 55℃ 15min 等方式灭活。与其他蜱传性脑炎病毒类似，POWV 在 pH6.2~7.0 范围内具有凝集鸽、鹅、鸭、鸡和绵羊红细胞的活性，红细胞凝集的最适 pH 值为 6.6。

（3）培育特性

POWV 可通过乳鼠脑内接种培养；POWV 的细胞分离接种，主要采用 C6/36、AP-61 和 TRA-284 等蚊虫细胞系，28℃ 孵育 3~4d，为观察到细胞病变，常需要用 VERO、BHK、PS 等细胞系或鸡胚进行盲传。

（4）基因组结构

POWV 为单股正链 RNA 病毒，基因组全长为 11Kb。整个基因组序列中核苷酸 A、C、G 和 T 含量分别为 25.2%、22.12%、31.20% 和 21.51%，G+C 占比 53.33%，A+T 占比 46.67%。5' 端有 111nt 非编码区，3' 端的非编码区长 483nt；两非编码区之间为病毒唯一的开放阅读框，长约 10Kb，编码 3 个结构蛋白：C 蛋白、prM/M 蛋白和 E 蛋白和 7 个非结构蛋白：NS1、NS2a、NS2b、NS3、NS4a、NS4b、NS5，其顺序 C-prM-E-NS1-NS2a-NS2b-NS3-NS4a-NS4b-NS5。

（5）病毒蛋白及功能

3 个结构蛋白中，C 蛋白即 POWV 的核蛋白，是病毒核衣壳的主要组成组分，为一种碱性蛋白，具；有蛋白酶活性可结合病毒 RNA，具有一定的免疫原性；M 蛋白为一种包膜糖蛋白，其前体为膜蛋白 prM，研究证实 prM 蛋白与 E 蛋白的正确折叠密切相关。此外，prM 与 E 蛋白结合在一起构成异源二聚体，从而组装形成未成熟的病毒粒子。只有在病毒被释放出来的时候，prM 蛋白被裂解切割成为成熟的 M 蛋白，进而形成成熟的具有感染性的病毒粒子；E 蛋白主要由三个不同部分组成（Domain Ⅰ、Ⅱ、Ⅲ），为病毒最重要的免疫原性蛋白，可诱导中和及凝集抑制性抗体的产生，参与与靶细胞结合、膜结合、病毒组装以及出芽释放等过程，是影响病毒亲嗜性及其毒力的主要决定蛋白。非结构蛋白中，NS1 蛋白存在于膜上，也存在于分泌蛋白中，具有辅助病毒 RNA 复制的功能；NS2b 和 NS3 以 NS2b-NS3 复合体形式存在，具有蛋白酶功能；NS5 是病毒合成的蛋白中质量最大的，同时也是最保守的一个蛋白，与病毒 RNA 依赖性 RNA 多聚酶的活性有关。

（二）历史、地理分布

POWV 于 1958 年从加拿大安大略省波瓦桑镇的一位死于脑炎的小男孩病料中首次分离到。大部分人类感染 POWV 的病例发生在美国五大湖区和东北地区，以及加拿大的东部地区。美国疾病控制与预防中心数据显示，缅因州、马萨诸塞州、明尼苏达州、新罕布什尔州、新泽西州、纽约州、北卡罗来纳州、宾夕法尼亚州、罗得岛州、弗吉尼亚州和威斯康星州均发生过 POWV 感染人的病例。在加拿大安大略省、新不伦瑞克省和魁北克省，时有 POWV 感染人的报道。1972 年在苏联东部沿海地区从一种血蜱（*Haemaphysalis numanni Domtz*）体内分离到一株病毒，经相关试验证明，所分离的病毒为 POWV。全球其他地区极少有 POWV 感染人的案例。由于缺乏监测数据，POWV 在野外分布情况不清楚，大体与其传播媒介生物分布以及感染人的病例出现的地区一致，主要在北美地区。

（三）危害

POWV 的主要危害在于威胁人的健康和生命安全。感染 POWV 的人起初并不会有任何症状，之后才会出现诸如发烧、头痛、呕吐以及肌肉无力等症状，随后可能发展为严重的神经系统感染，造成脑炎、脑膜脑炎等。引发神经系统感染后，其致死率为 10%，其中 50% 留下神经系统的后遗症。1958—1998 年，加拿大东部和美国东北部只报告了 27 例人类 POWV 病例。2003—2017 年，仅在美国就有 85 例人感染 POWV 的记录。这一数据表明，近些年 POWV 病毒感染病例不断增加。随着全球气候不断变暖以及国际贸易频密，POWV 媒介生物活动范围不断扩展，人或动物感染 POWV 风险越来越大。

还没有针对 POWV 特定的疗法和疫苗。POWV 另一个潜在危害可能随着动物或动物皮毛国际贸易进行传播。研究者将俄罗斯分离到的病毒株与加拿大的毒株进行比对，认为该病毒有可能在 19 世纪的一次北美貂贸易中传播至俄罗斯。这一案例充分说明在国际贸易中应做好风险分析和检疫工作，特别是在引进来自 POWV 流行地区的动物及动物皮毛产品时，有必要做好蜱虫等传播媒介检疫监测工作。我国迄今未见 POWV 分离的报道，但因 POWV 与 TBEV 同属黄病毒属蜱传脑炎亚组，它们之间存在抗原交叉反应，同时二者均为蜱传脑炎病毒，我国东北部地区广泛存在 TBEV，而且我国存在大量能够传播该病毒的媒介生物，具有符合病毒流行的生态学条件，因此不排除我国存在 POWV。

（四）风险群体

POWV 主要风险人群为 POWV 流行地区人群以及到该地区的旅行者。

POWV 易感动物广泛。美国、加拿大以及俄罗斯野外监测结果显示，在松鼠、花栗鼠、鹿、老鼠、狗、猫、野鸟、野兔、臭鼬、豪猪、狐狸、土拨鼠、田鼠、木鼠、负鼠、长鼻袋鼠、鼬鼠、土狼、白尾鹿和浣熊体内均能检测到 POWV 抗体。动物实验表明，POWV 通过蜱叮咬可感染鸡、马、猴等动物，但其症状表现不一。

（五）媒介生物

科克硬蜱（*I. cookie*）、马科斯硬蜱（*I. marxi*）、刺须硬蜱（*I. spinipalpis*）、安氏革蜱和森林革蜱等硬蜱是目前文献报道 POWV 唯一的有效传播媒介。虽然研究者可从 I. scapularis、*I. cookei*、*I. marxi*、*I. spinipalpu*s 和 *D. andersoni* 等硬蜱体内分离到病毒，但进一步研究发现，*I. scapularis* 和 *I. cookei* 两种硬蜱是 POWV 最主要的有效传播媒介。POWV 的两个基因型虽然均是通过蜱进行传播，但两者在动物间传播周期存在较大差异。POW-L1 的野外感染循环主要在 *I. cookei* 和土拨鼠或鼬科动物之间、*I. marxi* 和松鼠之间；而 DTV 的野外感染循环主要在 *I. scapularis* 和白足鼠之间。POWV 感染宿主较为广泛，经带毒硬蜱叮咬的大多数哺乳动物均可被感染，其可能的主要贮存宿主为缟臭鼬、草甸田鼠、白足鼠和黑尾长耳大野兔等。

（六）症状

POWV 病毒感染人，其潜伏期为 7～14d。初期没有任何症状，7～14d 后出现发烧、头痛、呕吐以及肌肉无力等症状，有可能进一步发展为严重的神经系统感染，造成脑炎、脑膜脑炎等重症。引发神经系统感染后其致死率将达到 10%，其中 50% 留下严重神经系统损坏后遗症。

动物感染 POWV 后，其潜伏期因动物种类、年龄等不同存在较大差异，同时也与感染的 POWV 基因型有关。实验数据显示，感染小鼠从暴露到出现临床症状需要 2～6d；马属动物潜伏期为 6～12d；猫接种后 1～15d 出现发热、抑郁等症状；恒河猴的潜伏期 5～15d，与人相近。感染 POWV

的动物临床症状主要表现为：毛发皱褶、全身不适、体重减轻、抓地力弱、弯腰驼背和活动受限，也会出现发热、肌肉震颤、抑郁、食欲下降等，随后发展为脑膜脑炎等神经疾病包括共济失调、四肢瘫痪等症状。

(七) 检测技术

1. 病原学检测方法

在人或动物感染 POWV 的初始阶段，即发生阳转之前病毒血症时，可以通过病毒分离或分子生物学方法检测感染动物或人的血液和脑脊髓液中的 POWV。

（1）病毒分离鉴定

常用的病毒分离方法包括两种，分别为乳鼠脑内接种和细胞分离接种。最早采用的方法是乳鼠脑内接种法，也有报道对人或动物的血液、脑脊髓液等，经处理后接种至乳鼠脑内，观察是否出现典型的临床症状，判断是否感染；而细胞分离接种，主要采用 C6/36、AP-61 和 TRA-284 等蚊虫细胞系，28℃孵育 3~4 天，为观察到细胞病变，常需要用 VERO、BHK、PS 等细胞系或鸡胚进行盲传。病毒分离操作烦琐，实验周期长，并且需通过免疫荧光、RT-PCR、PRNT 等方法加以鉴定。

（2）核酸检测

当前，已经建立了该病的快速、敏感和特异的核酸方法，其中建立的 RT-PCR 和实时荧光 RT-PCR 方法可以敏感、特异地检测媒介生物和病毒宿主中的 POWV，不仅可以用于人和动物的早期感染诊断和流行病学调查。目前常用的半巢式 RT-PCR 方法和实时荧光 RT-PCR 方法检测 POWV 核酸。半巢式 RT-PCR 方法的引物组合包括，上游引物 1：5'-GTAAG-GATGTGGGCGAGT-3'，上游引物 2：5'-TCACAGCCTGGGAAGAAGTG-3'，下游引物：5'-CCATGTGAGGGTTGTCCAAA-5'，先以上游引物 1 和下游引物进行扩增，随后以上游引物 2 和下游引物对扩展产物进行扩增，从而提高了检测的敏感性和特异性。实时荧光 RT-PCR 方法的引物探针包括：Pow9466-F：5'-CCATCACAAACATGAAAGTCCAACT-3'，Pow9537-R：5'-CTGTGAGTCAGCTGGTCCTATGAC-3'，Pow9493-P：5'-6FAM-CCTTCCAT-CATGCGGAT-MGB-3'。

2. 血清学检测方法

该病的血清学检测方法包括血凝抑制试验（HI）、补体结合试验

（CF）、蚀斑减少中和试验（PRNT）、ELISA、免疫荧光以及微球免疫分析等。血清学检测一般在病毒血症消失后进行，主要通过 ELISA、免疫荧光或微球免疫方法对患者血液和脑脊髓液中 POWV 特异性的 IgM、IgG 抗体进行检测，但需以蚀斑减少中和试验检测出 POWV 特异性中和抗体进行最终的确认。

（1）酶联免疫吸附试验（ELISA）

商品化 ELISA 试剂盒已在美国、加拿大地区推广使用，是应用最为广泛的检测方法。ELISA 方法包括 IgM 抗体捕捉 ELISA（MAC ELISA）、间接 ELISA、阻断 ELISA 等。其中 MAC ELISA 可用于 POWV 感染的早期诊断，该方法可以鉴别近期感染还是免疫接种产生的抗体；Miki Nakayasu 等人以病毒 M 和 E 蛋白构建制备出 POWV 亚病毒颗粒，在此基础上建立了一种夹心 ELISA 方法，可用于检测血清或脑脊髓液中的 POWV 特异性 IgM，与检测 POWV 特异性中和抗体的蚀斑减少中和试验具有很高的符合性。

（2）蚀斑减少中和试验（PRNT）

PRNT 是 POWV 确诊的金标准，可解决交叉反应和持续感染条件下的抗体长期存在等难以确诊的病例，但该方法存在一定的缺陷例如涉及病毒操作需要在生物安全 3 级实验室中进行、需要熟练的检测人员并且检测时间较长等。

（3）微球免疫试验（MIAs）

微球免疫试验（MIAs）是一种新的血清学检测技术，通过将不同的病毒抗原包被在不同序号的微球上建立多重病毒抗体检测方法，也同时检测 IgM 和 IgG，从而达到同时检测多种病毒抗体的目的。

（八）防控

还没有针对 POWV 特定的疗法和疫苗。但随着全球气候不断变暖以及国际贸易频密，POWV 媒介生物活动范围不断扩展，人或动物感染 POWV 风险越来越大。对于去往 POWV 流行地区的旅客，需做好个人防护，通过穿戴和使用驱虫药等手段避免发生蚊虫叮咬。为防止 POWV 通过国际贸易传入，应对来自 KUNV 流行地区的货物做相应的除虫处理；同时，对于各入境口岸应定期开展蜱等媒介生物调查和除虫处理工作。

十一、昆津病毒病

昆津病毒病是由昆津病毒（Kunjin Virus，KUNV）引起的一种由蚊虫传播的人畜共患病，其特征是人或动物感染 KUNV 后大多数无临床症状，少数伴有发热、头痛、肌痛等症状，极少数出现脑炎或脑膜脑炎症状。

（一）病原

1. 分类

昆津病毒（Kunjin virus，KUNV）属于黄病毒科（Flaviviridae）黄病毒属（*Flavivirus*），与西尼罗病毒（WNV）、圣路易斯脑炎病毒（Venezuelan Equine Encephalomyelitis Virus，VEEV）、墨累河谷脑炎病毒（Murray Valley Encephalitis Virus，MVEV）等存在一定的血清学交叉反应，因此均归属于日本脑炎血清群（Japanese encephalitis antigenic group）。国际病毒分类委员会第七次报告上将昆津病毒归类为 WNV 的亚型，其 E 基因与 WNV 谱系 I 的同源性可达 80%。

2. 生物学特性

（1）形态结构

KUNV 属于有囊膜病毒，在电镜下观察呈球形，病毒颗粒直径 40～60nm，在囊膜上有一薄层突起，内含呈二十面体核衣壳。

（2）理化特性

KUNV 颗粒或仅含有 E 和 M 蛋白的亚病毒颗粒在 pH 6.6 时可引起鹅红细胞凝集。病毒在室温条件下不稳定，易被乙醚、去氧胆酸钠或甲醛灭活。紫外线、56℃以上的温度、pH 值 6.0 以下、脂溶剂（如乙醚、三氯甲烷、乙醛、SDS 等）、尿素、消毒剂（3%～8% 的甲醛、2% 的戊二醛、2%～3% 的过氧化氢，500～5000mg/L 的氯，乙醇、1% 碘）、消化酶等可使病毒灭活。维持病毒稳定的最佳条件是：于 -60℃ 保存，pH 值为 8.4～8.8。

（3）培养特性

KUNV 的培养特性与 WNV 相同，可在多种蚊子传代细胞系、哺乳动物传代细胞系和乳鼠细胞上生长，也可通过鸡胚接种等进行培养。

（4）基因组结构

KUNV 核酸为单股正链 RNA，其基因组全长约为 11Kb。病毒基因组结构顺序为：5' 端非编码区-ORF-3' 端非编码区。其中 5' 端非编码区含 96

个非编码核苷酸，为Ⅰ型帽（m7GpppAmp）结构；3'端非编码区，全长624个核苷酸，无poly（A）尾。这两端的非编码区能够形成保守的二级结构，在病毒基因组的复制以及病毒的增殖过程中具有重要作用。KUNV基因组ORF区全长约10kb，编码3个结构蛋白：C蛋白、prM/M蛋白和E蛋白和7个非结构蛋白：NS1、NS2a、NS2b、NS3、NS4a、NS4b及NS5，其顺序C-prM/M-E-NS1-NS2a-NS2b-NS3-NS4a-NS4b-NS5。

（5）病毒蛋白及功能

C蛋白（14kDa）为衣壳蛋白，是一个碱性蛋白，与基因组结合构成核衣壳。成熟的C蛋白由一个含疏水区域的C蛋白前体裂解而成。C蛋白与病毒的RNA结合，对于保护病毒的基因组有重要作用。M蛋白（8kDa~9kDa）为膜结合蛋白，这种蛋白与病毒粒子的成熟和释放有关。prM蛋白是成熟病毒颗粒中M蛋白的前体形式，在病毒释放前，胞浆内的病毒颗粒中含有prM蛋白。prM蛋白有助于包膜蛋白在内质网膜中的定位以及空间构象的形成，并且防止包膜蛋白在细胞浆中被蛋白酶切割。E蛋白（50kDa~60kDa）为病毒包膜中突起的糖蛋白，它决定了病毒感染细胞种类的特异性。E蛋白的外部结构域包含3个结构域（Domain Ⅰ，Ⅱ，Ⅲ），其中Domain Ⅲ推测含有与细胞受体结合的部位，对于介导病毒进入宿主细胞具有很重要的作用，可诱导机体产生中和抗体。E蛋白和M蛋白镶嵌在包膜中，是主要的病毒抗原型结构蛋白，具有血凝素活性，能够诱导机体产生中和抗体。

非结构蛋白中，NS1是一种糖蛋白，是病毒复制酶类激活所需的一种辅助因子，由受感染的细胞分泌产生。NS2a可抑制机体对抗病毒IFN的产生，也可能参与病毒的组装。NS3具有蛋白酶、核苷三磷酸酶和解旋酶活性。NS2b对于NS3发挥蛋白水解作用具有辅助作用。NS4a和NS4b为较小的疏水蛋白，可促进病毒体的装配和病毒在细胞膜上的定位，可调整IFN产生的信号通路。NS5可编码RNA依赖的RNA聚合酶和转甲基酶。

（二）历史、地理分布

KUNV于1960年从澳大利亚昆士兰北部的环喙库蚊（*Culex Annulirostris*）中首次分离到，其名字来自该地区一个土著部落名字。目前KUNV仅流行于澳大利亚，主要分布在澳大利亚北部昆士兰地区、东南部的墨累谷河和西部的奥得河流域，偶尔扩散到澳大利亚东南地区。一般认为，KUNV 在澳大利亚北部有一个自然的地方流行环节，病毒在自然界蚊虫和脊椎动物间循环，以环喙库蚊作为主要传播媒介。也存在因流行地区发生洪水造成 KUNV 贮存宿主——鸟类（以水鸟为主）迁徙，从而出现在上述地区以外的区域发生 KUNV 感染的病例。马来西亚和泰国也曾分离到该病毒，但病例主要发生在澳大利亚。通过血清学调查推断，KUNV 可能分布在巴布亚新几内亚、印度尼西亚和东南亚的其他地区。

（三）危害

人和动物感染 KUNV 后大多数无临床症状，但少数会出现发热及身体不适等症状；对于家畜，也可能影响感染动物食欲和生产性能；在疏于照料的情况下，会出现脑炎症状从而导致感染人或动物死亡。2011 年澳大利亚东南地区发生一起马感染 KUNV 事件，造成数百匹马出现严重的脑炎症状。我国尚未分离到 KUNV。但是，我国存在大量能够传播该病毒的媒介蚊虫，如致倦库蚊和伪杂鳞库蚊，符合 KUNV 流行的生态学条件，为此 KUNV 传入我国的风险很大，可能威胁到我国的公共卫生安全，并且可能对我国畜牧业带来重大损失。

（四）风险群体

人、动物和鸟类等均是易感动物。由于 KUNV 的传播媒介生物为蚊虫，主要通过蚊虫叮咬传播。蚊虫叮咬带毒鸟类后再叮咬人或其他动物从而引起人或动物感染。KUNV 的风险群体包括：生活在 KUNV 流行地区的人或动物；途经 KUNV 流行地区的旅行者；来自 KUNV 流行地区的货物中可能携带有带毒蚊虫，因此口岸工作人员以及口岸附近居民及动物均有可能成为风险群体。

（五）媒介生物

KUNV 的主要传播媒介生物包括环喙库蚊、伪杂鳞库蚊、致倦库蚊、澳大利亚库蚊和鳞状库蚊等。环喙库蚊主要分布在澳大利亚，是澳大利亚北部湿地潮湿季节中最常见的蚊种。在澳大利亚 90% 以上的 KUN 病毒株是从环喙库蚊中分离出来的，分离成功的季节主要在 3—5 月。

鸟类为 KUNV 的贮存宿主，其中水鸟特别是棕夜鹭（Nycticorax caledonicus），是 KUNV 的重要自然储存宿主。已有的血清学证据表明鸟类、家禽、猪、牛可能是该病的脊椎动物宿主，而且马、野猪和牛也可能作为储存宿主或放大宿主起作用。蚊虫叮咬带毒鸟类后再咬人或其他动物从而引起人或动物感染。目前未发现人传人的证据。

（六）症状

KUNV 感染后，人或动物主要表现为发热和轻度脑膜炎症状。人在感染 KUNV 后大多数无临床症状，少数出现发热、头痛、淋巴结肿大、皮疹、关节疼痛肿大、肌肉无力和身体不适症状，极少数可表现为轻度脑炎症状，如患者出汗发冷，约 5d 后开始出现严重头痛，意识模糊，定向力障碍，共济失调、倦睡、眼球震颤、颈强直不明显，随后发展为延髓、躯干和近端肌肉的明显虚弱，严重的运动无力等，极少数出现严重的脑炎。

动物感染 KUNV 后大多数物临床症状，少数出现发热、食欲下降、生产性能下降等以及轻度脑炎症状。1983—1984 年期间，澳大利亚维多利亚州感染 KUNV 的马匹出现严重的神经系统症状，如皮肤麻木、明显迟钝、惊厥、共济失调或进行性麻痹。

（七）检测技术

1. 病原学检测方法

该病的病原学检测方法有病毒分离、RT-PCR、实时荧光 RT-PCR、基因芯片和宏基因测序等方法，其中病毒分离技术、RT-PCR 和实时荧光 RT-PCR 等最为常用。

（1）病毒分离

KUNV 分离的标本主要包括蚊、水鸟的脑组织（包括脑干）和脊髓组织，也可用患者的血清或脑脊液。蚊类病毒分离率在 10%～20%，比脑组织分离率略低。常用的病毒分离方法包括两种，分别为乳鼠脑内接种和细胞分离接种。最早采用的方法是乳鼠脑内接种法，即将组织病料，最好是脑组织，也有报道对人、鸟类或其他动物的血液、脑脊髓液等，经处理后接种至乳鼠脑内，观察是否出现典型的临床症状，判断是否感染；而细胞分离接种，主要采用 C6/36、AP-61 和 TRA-284 等蚊虫细胞系，28℃孵育 3~4d，为观察到细胞病变，常需要用 VERO、BHK、PS 等细胞系或鸡胚进行盲传。病毒分离操作烦琐，实验周期长。KUNV 曾引起过多起实验室感染事件，因此病毒分离过程中应特别注意实验室生物安全。

（2）核酸检测

常规的分子生物学检测方法包括 RT-PCR、实时荧光 RT-PCR、微流控基因芯片等技术，针对 KUNV 病毒核酸的结构区、非结构区和 3'UTR 等保守序列设计不同的引物探针。其中，澳大利亚研究者 Studdert 等人根据 KUNV NS5 基因序列设计一对保守引物（KUNFP：5'-GGAAAACGAGAG-GACATCTGGTGTGG-3'、KUNFP：5'-CGAGACGGTTCTGAGGGCTTAC-3'）建立的 RT-PCR 方法，具有良好的敏感性。

实时荧光 RT-PCR 方法，Alyssa T. Pyke 等针对 KUNV NS5 基因序列设计引物探针组合并建立的一步法实时荧光 RT-PCR 方法，可检测出稀释至 0.046 PFU 的 KUNV 核酸，引物探针组合为：上游引物 5'-AACCCCAGTG-GAGAAGTGGA-3'，下游引物 5'-TCAGGCTGCCACACCAAA-3'，荧光探针 5'-FAM-CGATGTTCCATACTCTGGCAAACG-TAMRA-3'。海关总署于 2017 年公布了一项检验检疫行业技术规范《国境口岸昆津病毒荧光 RT-PCR 检测方法》（SN/T 4613—2016）对国境口岸人血清标本和蚊虫样品中昆津病毒荧光 RT-PCR 方法进行了规定，其引物探针分别为：上游引物 5'-TGGAGAGTAT-GGAGAAGTAACAGTG-3'，下游引物 5'-TCCTCCAAACATTACTTTCAGCAC-3'，荧光探针 5'-FAM-ACCACGCTCAGGGATAGACACCAGT‐TAMRA-3'。

2. 血清学检测方法

该病的血清学检测方法包括血凝抑制试验（HI）、补体结合试验（CF）、蚀斑减少中和试验（PRNT）、ELISA、免疫荧光等技术。其中血凝抑制试验、蚀斑减少中和试验和 ELISA 最为常用，用于检测病人或感染动物的血液和脑脊髓液中 KUNV 特异性的 IgM 和 IgG 抗体。IgM 捕捉 ELISA 可用于 KUNV 感染的早期诊断；PRNT 是 KUNV 检测的金标准。在进行血清学检测时，感染初期血清和康复期血清中 KUNV 特异性抗体滴度存在 4 倍或以上的增长，更具有确诊价值。

由于 KUNV 为 WNV 的亚型，其抗原性与 WNV、MVEV 关系非常密切。三者有明显交叉反应，特别是 KUNV 和 WNV 间有更强的交互中和作用。为此，近年来，各实验室研制出多种 KUNV 单克隆抗体，主要针对 KUNV 结构蛋白 E，也有少数针对 KUNV 非结构蛋白 NS1，并在这些单克隆抗体的基础上建立了抗原表位阻断 ELISA 方法，用于 KUNV 抗体检测。

（八）防控

作为 WNV 的亚型，针对 WNV 的防控策略同样适用于 KUNV。主要的防控手段为切断其传播路径，即通过加强口岸检疫工作，对来自疫区的交通工具、货物等进行蚊虫检查和灭蚊处理；同时在口岸，定期开展蚊虫监测和灭蚊处理等。

十二、罗西欧病毒病

罗西欧病毒病是由罗西欧病毒（Rocio Virus，ROCV）引起的一种由吸血节肢动物传播的人畜共患病，其特征是引发脑炎，包括急性发热、头痛和一系列中枢神经系统体征和症状。

（一）病原

1. 分类

罗西欧病毒（Rocio Virus，ROCV）属于黄病毒科（Flaviviridae）黄病毒属（*Flavivirus*），与西尼罗病毒（WNV）、圣路易斯脑炎病毒（VEEV）、墨累河谷脑炎病毒（MVEV）、昆津病毒（KUNV）、伊尔乌斯病毒（ILHV）等同属于日本脑炎血清群，在血清学反应中存在一定的交叉反应。其中，ROCV 与 ILHV 的基因序列和蛋白序列的同源性更高；国际病毒分类委员会曾在 2005 年将 ROCV 归类于 ILHV 的一个亚型，同属于恩塔亚病毒群（Ntaya virus group）。2007 年，Medeiros 等人对分离的 ROCV 全基因包括核苷酸序列、氨基酸序列、潜在的酶切位点、独特或唯一性基序、半胱氨酸残基、可能的糖基化位点等特征进行了分析，并结合 ROCV 和 ILHV 致病性等差异，认为虽然 ROCV 和 ILHV 在系统发生学上存在一定的联系，但 ROCV 是一种独特的病毒，不应归属于 ILHV 的一个亚型。

2. 生物学特性

（1）形态结构

ROCV 病毒形态与日本脑炎血清群的其他病毒相同，电镜下呈球形，直径在 40~60nm，有单层结构的囊膜结构，表面突起。

（2）理化特性

与其他有囊膜的病毒类似，在室温条件下不稳定，且容易被乙醚、甲醛或去氧胆酸钠等脂溶试剂灭活。ROCV 对热、紫外线等敏感。维持病毒稳定的最佳条件是 pH 值为 8.4~8.8，通常-60℃下保存。

（3）培养特性

ROCV 可在多种体外培养体系中生长，包括鸡、鸭胚，各种哺乳动物、啮齿类动物和昆虫来源的细胞系，并产生细胞病变。

（4）基因组结构

ROCV 与其他的虫媒性黄病毒一样，为有囊膜病毒，病毒粒子呈大小为 40~60nm 的球形。其基因组长度为 10794nt，5' 端和 3' 端的非编码区长度分别为 92nt 和 427nt，中间的开放阅读框大小为 10275nt，编码 3425aa 蛋白，经翻译后剪切等加工处理后形成 10 种蛋白，分别为 3 种结构蛋白：C 蛋白（Capsid）、prM/M 蛋白（Membrane）和 E 蛋白（Envelope）和 7 种非结构蛋白（NS1、NS2a、NS2b、NS3、NS4a、NS4b 以及 NS5），其顺序为 C-prM-E-NS1-NS2a-NS2b-NS3-NS4a-NS4b-NS5。

（5）病毒蛋白及功能

ROCV 有 3 种结构蛋白，分别为核衣壳蛋白（Capsid，C）、包膜蛋白（Envelope protein，E）和膜蛋白（prM/M）。核衣壳蛋白 C 与基因组结合构成核衣壳；结构蛋白 M 为膜结合蛋白，与病毒粒子的成熟和释放有关；前膜蛋白（PrM）是成熟病毒颗粒中 M 蛋白的前体形式，在病毒释放前，胞浆内的病毒颗粒中含有 PrM。E 蛋白为病毒包膜中突起的糖蛋白，决定了病毒感染细胞种类的特异性。

ROCV 基因组表达 7 种非结构蛋白，即 NSI、NS2a、NS2b、NS3、NS4a、NS4b、NS5。这些非结构蛋白都直接或间接地参与病毒的复制。

（二）历史、地理分布

ROCV 于 1975 年从巴西圣保罗东南地区里贝拉河谷的一位脑炎死亡病例的脑组织中首次分离到。ROCV 流行于巴西东南区域。ROCV 于 1974—1976 年巴西流行期间，造成 1000 多例脑炎病例，致死率高达 13%，幸存者中有 20% 出现长期的严重神经系统后遗症。首次暴发后未再有 ROCV 感染引起的脑炎病例报道。2014 年 Silva 等人对从 2004 年到 2009 年在巴西 5 个州收集到的 753 匹马的血清样本进行检测，结果发现有 46 份血清为 ROCV 阳性，占比 6.1%；Saivish 等对 2011—2013 年巴西登革热疫情期间采集的 647 份病人血清进行检测，结果从 2 份血清中检出 ROCV 核酸，经测序确定为 ROCV SPH 34675 毒株。这些调查提示，在巴西的不同地区，

ROCV 可能在人和动物间存在较为活跃的传播活动。

（三）危害

ROCV 感染致死率高达 13%，且幸存者会出现长期的严重神经系统后遗症。虽然 ROCV 自 1974—1976 年首次暴发流行后未再次出现流行，但多次血清学调查显示在不同的人群、鸟类、马和水牛体内检测到了 ROCV 特异性抗体，提示 ROCV 可能在人和动物间存在较为活跃的传播活动，预示着 ROCV 有可能会类似寨卡病毒一样重新出现大暴发从而造成重大影响。

（四）风险群体

ROCV 的易感动物尚不明确，未发现有在自然条件下动物因感染 ROCV 而出现脑炎的案例，但血清学调查结果显示可在鸟类、马和水牛等动物体内检测到了 ROCV 特异性抗体。动物实验表明，接种 ROCV 后，幼年鼠、田鼠、成龄鼠出现典型的罗西欧脑炎症状，但豚鼠则不致病；雏鸡可感染 ROCV 并形成病毒血症，但不致病。

1974—1976 年巴西 ROCV 疫情显示，ROCV 流行发生在 5—7 月潮湿雨季，尤其在贫穷农村中易发生流行，并且主要以野外林区从事体力劳动青年男性为主

（五）媒介生物

库蚊是 ROCV 的传播媒介生物。虽然研究者可从鳞蚊属（*Psorophora ferox*）分离到 ROCV，实验证实环跗库蚊（*Culex tarsalis*）和尖音库蚊（*C. pipiens*）为 ROCV 有效的传播媒介。巴西 ROCV 疫情期间，研究者从一种绿翅灰斑鸭（*Zenothrichia capens*）分离到 ROCV，并且随后的血清学调查结果也显示，野鸟为 ROCV 可能的贮存宿主。

（六）症状

ROCV 感染导致的脑炎主要症状表现为急性发热、头痛和一系列中枢神经系统症状，其致死率超过 10%，且约 20% 的幸存者会出现严重的中枢神经系统后遗症。最常见的中枢神经系统症状是脑膜刺激（57.3%）、意识改变（51%）和运动异常（49.65%），特别是步态和平衡受损，但也有致盲和致聋的报道。ROCV 主要感染野外林区从事体力劳动青年男性，潜伏期为 7~14d。病人初期表现为发热、头痛、厌食、恶性、呕吐、肌痛和心神不安。随后出现脑炎症状，包括意识混乱、反射异常、运动障碍、脑

膜刺激、小脑综合征和癫痫。其他症状还包括腹胀和尿潴留等。ROCV 导致的脑炎后遗症：视觉、嗅觉和听觉障碍、缺乏运动协调能力、平衡障碍、吞咽困难、失禁和记忆缺陷。

尚未有动物感染 ROCV 后出现脑炎的报道。动物实验显示，接种 ROCV 后，幼年鼠、田鼠、成龄鼠出现典型的罗西欧脑炎症状如后肢瘫痪、肌肉无力、颤抖、丧失平衡，但豚鼠则不致病；雏鸡可感染 ROCV 并形成病毒血症，但不致病。

（七）检测技术

1. 病原学检测

由于 ROCV 仅流行于巴西东南部的圣保罗州，且 1974—1976 年首次流行后未再出现有感染病例，因此其检测方法研究较少。其病原学检测方法包括病毒分离和分子生物学检测方法。

（1）病毒分离

有关病毒分离报道主要包括从死亡病人的脑组织、脑脊髓液和血液、鳞蚊属、环跗库蚊和尖音库蚊等媒介生物以及野生鸟类等贮存宿主中分离获得。该方法耗时长，且需要血凝抑制试验、补体结合试验或者病毒中和试验等方法进一步确定。

（2）核酸检测

有关 ROCV 分子生物学检测方法的研究，仅见于巢式 RT-PCR 方法。Roberta 等人通过以非结构蛋白 NS5 基因序列为目标序列，利用属特异性引物和种特异性引物组合，建立了一种巢式 RT PCR 方法可以鉴别检测出包括 VEEV、EEEV、WEEV、DENV、SLEV、BSQV、ILHV、ROCV 和 YFV 等多种虫媒病毒。其中涉及 ROCV 的引物组合有三条，其中两条属特异性引物（上游属特异性引物 FG1：5'-TCAAGGAACTCCACACATGAGATGTACT-3' 和下游属特异性引物 FG2：5'-GTGTCCCATCCTGCTGTGTCATCAGCATACA-3'）和一条 ROCV 特异性引物（nROCV：5'-TCACTCTTCAGCCTTTCG-3'），首先 FG1 和 FG2 为引物进行初次扩增，扩增出约 958 bp 的目的基因，随后再以 FG1 和 nROCV 为引物、以前次扩增产物为模板进行二次扩增，最终获得的扩增产物约为 230bp。该方法的特异性和敏感性较高，最低可检出 10^3 TCID$_{50}$ 的病毒量。

2. 血清学检测方法

血清学检测方法有血凝抑制试验、补体结合试验、蚀斑减少中和试验、ELISA、免疫荧光试验等。其中蚀斑减少中和试验和 ELISA 方法最为常用。

（1）蚀斑减少中和试验

主要用于检测 ROCV 特异性的中和抗体水平。该方法涉及培养 VERO 等敏感细胞，需要操作 ROCV 活毒，存在生物安全风险，同时耗时长等缺点。

（2）ELISA 方法

ELISA 为最常用的 ROCV 血清学检测方法。最初采用 ROCV 全病毒作为包被抗原，结果发现 ROCV 与同属于日本脑炎病毒血清群的其他病毒特别是 ILSV 存在明显的血清学交叉反应，以 ROCV 全病毒作为包被抗原建立的 ELISA 方法不能区分 ROCV 和 ILSV 感染。最为常用的用于检测 ROCV 特异性抗体的 ELISA 方法，是以原核表达的 ROCV E 蛋白结构域Ⅲ（rDⅢ）为包被抗原建立的阻断 ELISA 方法，该方法可以区分 ROCV 和 ILSV 及其他日本脑炎病毒血清群的其他病毒感染，具有很好的特异性。

（八）防控

虽然 ROCV 流行区域仅限于巴西，但其感染致死率高达 13%，且幸存者会出现长期的严重神经系统后遗症。而且研究者调查发现 ROCV 有可能会类似寨卡病毒一样重新出现大暴发，从而造成重大影响。为此应做好防控工作，包括做好相关检测技术和疫苗储备，对来自巴西疫区的包括船舶、飞机等交通工具以及货物做好灭蚊除虫处理，以及相应口岸定期开展蚊虫监测和除虫灭蚊处理。

十三、东方马脑脊髓炎

东方马脑脊髓炎（Eastern Equine Encephalitis，EEE）是由东方马脑脊髓炎病毒（Eastern Equine Encephalitis Virus，EEEV）引起的一种由吸血节肢动物传播的急性、病毒性、人畜共患的自然疫源性传染病，其特征是主要侵犯中枢神经系统，临床表现为高热和中枢神经系统症状，具有发病急、传染性强、病死率高等特点。

（一）病原

1. 分类

EEEV 属于披膜病毒科（Togaviridae）甲病毒属（*Alphavirus*），为单股正链 RNA 病毒。EEEV 只有一个血清型，但存在抗原变异株。在中美洲、南美洲已从蚊、鸟和哺乳类小动物体内分离到 EEEV 不同的抗原变异株。根据抗原和系统发育分析，EEEV 可分为四个亚型（Ⅰ~Ⅳ），其中Ⅰ型主要流行于北美和加勒比地区，因此归为北美型 EEEV；Ⅱ、Ⅲ和Ⅳ流行于中美、南美地区，归为南美型 EEEV。血清学研究显示，病毒变异型内各毒株之间的交叉反应明显，而南北美型之间相对较弱。

2. 生物学特性

（1）形态结构

EEEV 在电子显微镜下观察时呈球形颗粒，有囊膜，表面有纤突，直径为 60~80nm，囊膜内包裹着呈二十面立体结构的核衣壳。EEEV 在蚊体唾液腺细胞内，则只有少量核衣壳，无囊膜。

（2）理化特性

EEEV 对紫外线、甲醛和乙醚敏感，但胰酶、胰凝乳蛋白酶、番木瓜酶等不敏感。一般 60℃ 10~30min 可被灭活。EEEV 在碱性条件（pH 值 7.0~8.0）下有良好的抗原性。在 0.1% 胱氨酸盐酸盐豚鼠血清中，置于 4℃ 该病毒可存活 10 年以上。

（3）培养特性

EEEV 可通过鼠肾、猴肾、鸡胚及鸭胚细胞等培养，且能产生明显的细胞病变。EEEV 可蚊子细胞中增殖，细胞病变不明显。

（4）基因组结构

EEEV 的基因组结构为单股正链 RNA，大小约 11.7kb。基因组 5' 端长约 40~50nt，为一帽子结构 m7GpppA，3' 端长 300~400bp 的非编码区且有一个 Poly（A）尾。EEEV 颗粒只含一种 42S RNA，而感染 EEEV 的细胞中除包含 42S RNA 病毒基因组外，还含有一种 26S RNA。EEEV 基因组中具有四个核酸序列保守区：第一个 5' 端帽子结构之后的 39nt，为带柄的环状结构，与起始负链 RNA 的合成有关；第二个保守区位于第一个之后，是由 51nt 组成的环状结构，其功能不清楚；第三个是 26S RNA 的起始，由 24nt（ACCUCUACGGCGGUCCUAAAUAGG）组成，与启动 26S RNA 转录有关；

第四个位于基因组 3' 端，由 19nt 组成，是正链模板合成负链 RNA 的启动子。

EEEV 整个基因组根据开放阅读框架不同分为两个区，分别是靠近基因组 5' 端前 2/3 的非结构蛋白编码区，编码 4 种非结构蛋白（NSP1~4）；靠近基因组 3' 端后 1/3 的结构蛋白编码区，编码包括衣壳蛋白 C、膜糖蛋白 E1、E2、E3 和 6K 等 5 种结构蛋白。病毒基因组编码各蛋白的顺序为 5'-Cap-NSP1-NSP2-NSP3-NSP4-C-E3-E2-6K-E1-3'-PolyA。

（5）病毒蛋白与功能

EEEV 基因组 3' 端的编码结构蛋白区域，先产生 26S RNA，为一种 mRNA，经翻译生成多蛋白前体，随后编辑、加工、剪切后产生病毒的结构蛋白 C、E1、E2、E3 和 6K。其中 C 蛋白（核衣壳蛋白）N 端 101 个氨基酸中富含脯氨酸，具有丝氨酸蛋白酶活性，参与核衣壳的组装；E1 蛋白是 EEEV 最大的结构蛋白，有 4 个非重叠的抗原表位可以诱导交叉反应和特异性抗体，参与病毒融合；E2 蛋白 N 端 2/3 区域在甲病毒属中最易变异，膜内序列同衣壳蛋白特异结合，而膜外序列含有糖基化位点，带有 EEEV 主要的中和抗原决定簇，具有红细胞凝集功能；E3 蛋白前 16 个氨基酸为 E3+E2 杂合体的进入内质网的信号肽，第 11 位氨基酸的潜在糖基化位点为所有同属病毒共同的特点；6K 蛋白是 EEEV 结构蛋白中最强的疏水蛋白，是 E1 蛋白跨膜转运的信号肽。

非结构蛋白：NSP1 蛋白高度保守，疏水性强，参与病毒复制及壳体化。NSP2 蛋白是最大的非结构蛋白，其 C 端为病毒特异的蛋白酶，参与切割非结构蛋白前体。NSP3 蛋白在甲病毒属中最易变异，富含脯氨酸、丝氨酸，而且有氨基酸重复序列出现，在其 C 端比其他区段更能体现进化历程。NSP4 蛋白是甲病毒属非结构蛋白中最保守的蛋白，属于 RNA 依赖的 RNA 聚合酶。

（二）历史、地理分布

EEEV 最早于 1933 年从死于脑炎的马脑组织中分离获得，因在美国东部的新泽西州和弗吉尼亚沿海地区马群中造成大流行而得名。1938 年首次从病人脑组织中也分离到 EEEV。EEEV 可引起病人出现十分严重的脑炎症状，其临床症状类似于乙型脑炎，病死率约在 50% 以上。据报道，1935—1976 年美国共发生 533269 例节肢动物传播的 EEE 病例，死亡 41968 例，死亡率为 28.50%；1947 年 EEEV 在路易斯安那州大流行，造成 14334 匹马发病，死亡 1192 匹，病死率高达 83.00%，同期有数百例人感染东方马脑炎的报告。1948—1949 年在多米尼加、1962 年在牙买加也曾发生该病大流行和人感染病例。2008 年 5 月—2009 年 8 月期间，巴西有 229 匹马感染 EEEV，病死率 72.92%。2009 年以来在巴拿马、哥斯达黎加、厄瓜多尔、委内瑞拉和伯利兹等国家（地区）时有 EEEV 小规模暴发。2013 年美国 22 州共报道有 192 例马匹感染 EEEV 的病例。近些年来，美国每年平均有 6~8 例 EEEV 感染病人。

EEE 的分布范围较广，主要在美洲大陆。美国、加拿大、墨西哥以及加勒比地区主要流行北美型 EEEV；此外还在南美洲北部和东海岸地区，以及亚马孙河流域，如巴西、阿根廷、特立尼达和多巴哥、圭亚那、哥伦比亚和秘鲁等地的 EEEV 为南美型，多呈亚临床症状或较为温和。北美北部地区的疫情一般在夏秋季节 7 至 10 月间发生，而南部地区常年均可见发生。加勒比海地区的疫情通常与迁徙经过的候鸟相关联。在人类发病之前，马的 EEE 疫情通常会先期出现。在无免疫状态下，平均每 5~10 年会发生一次 EEE 疫情，一般影响范围较小。

此外，世界上许多地方均有该病的疫源地，如菲律宾、波兰、俄罗斯等。1990 年，我国首次在从新疆采集到的全沟硬蜱中分离到该病毒，初步鉴定符合 EEEV 特征，证实我国亦存在该病。

（三）危害

EEEV 是披膜病毒科中致病力最强的病毒，其对人畜均有较高的致病性，且具有明显的组织嗜性，专门侵害神经系统引发脑炎，其对神经系统的侵害性和毒力非常强，可引起人、畜、禽、鸟等严重的流行性脑炎，死亡率很高。我国尚未有马匹感染 EEEV 的报道。但随着我国马业的快速发展，尤其是马术运动和赛马行业的深入开展和国际化程度越来越高。EEEV 传入的风险将进一步加剧。EEEV 一旦传入，将对我国的养马业造成不可估量的打击。

EEEV 具有高致病性和高致死率。人感染后的潜伏期短（1~2d），出现高热（40℃~41℃）、严重头痛、颈强直、呕吐、昏睡、昏迷和惊厥等脑炎症状，并迅速发展而致死。儿童和婴儿感染死亡率高于成人，且有 30% 可能留有严重的后遗症。同时，有证据表明，EEEV 可通过气溶胶传播以及存在通过器官移植进行传播的风险。恐怖分子可能将 EEEV 作为生物炸弹引发更大范围的传染病暴发，从而给人类和动物带来不可估量的灾难。

（四）风险群体

马属动物是自然条件下对 EEEV 最敏感的感染对象，人对 EEEV 也比较敏感，除可因被感染蚊叮咬而感染外，存在因实验室操作造成气溶胶污染而使感染的报告，2017 年出现首例因器官移植而感染 EEEV 的病例。野鸡（雉）是自然界中除人、马以外的第三种易感动物，此外，EEEV 还可感染灵长类、禽类、鸟类、啮齿类、爬行动物和两栖动物等。大多数家禽脑脊髓炎由 EEEV 引起，已在美国东海岸的一些州发生。病毒通过蚊子传入，但在禽群内主要通过啄羽和打架传播。EEEV 能引起平胸类禽鸟死亡。鸸鹋感染 EEEV 后引起出血性肠炎，发病率和病死率都可高于 85%。有报道称 EEEV 可引起牛、羊、猪、白尾鹿和狗发病，症状不明显但能刺激机体产生较高滴度的抗体。

赛蚊、伊蚊、鳞蚊、曼蚊、库蚊和直脚蚊属均对 EEEV 敏感，库蚊属中有的种不敏感，按蚊传播能力差。

（五）媒介生物

研究者已发现涉及 EEEV 传播的蚊虫至少有 20 种。黑尾赛蚊、骚扰伊蚊和带喙伊蚊是 EEEV 的主要传播媒介。白纹伊蚊对 EEEV 的易感性较高，在 EEEV 生态圈（黑尾赛蚊—燕雀类鸟）和易感哺乳动物之间起桥梁作用，尚未发现 EEEV 能在蚊体垂直传播。不同地区存在不同的传播生态，在北美洲，该病毒自然流行于沼泽的黑尾赛蚊和鸟类之间。加勒比地区的病毒媒介是带脚库蚊。在中、南美洲潮湿的森林地区的黑尾赛蚊是 EEEV 的媒介。

野生鸟类是 EEEV 的主要贮存宿主，其次是家畜、家禽和各种野生动物；EEEV 的越冬贮存宿主有可能是蝙蝠、两栖类和爬行类等，但具体作用和意义仍需要进一步研究。人类和马在感染 EEEV 后存在不发病和发病的可能，但其病毒血症程度低，不足以将病毒传染至叮咬的蚊虫，因此被认为是 EEEV 的终末宿主。

在自然条件下，EEEV 主要以蚊—鸟传播循环存在。蚊虫是病毒的传播媒介，野生鸟类是病毒的贮存与扩大宿主。EEEV 的流行与季节变化有关，北美北部地区的疫情一般在夏秋季节发生，而南部地区常年均可见发生。加勒比海地区的疫情通常与迁徙经过的候鸟相关联。通常马的 EEE 疫情先于人类之前。在特殊情况下，EEEV 也可以气溶胶的形式通过呼吸道传播，可以作为一种生物战剂，因此各国对该病毒都很重视。

（六）症状

人类对 EEEV 高度易感，15 岁以下儿童和 55 岁以上的老人多发，约占病例总数的 70%。感染后的潜伏期短（1~2d），出现高热（40℃~41℃）、严重头痛、颈强直、呕吐、昏睡、昏迷和惊厥等脑炎症状，并迅速发展而致死，尤其是年幼儿童，病死率为 10%~20%，康复者常有严重的后遗症。

马属动物感染 EEEV 后的潜伏期一般为 1~3 周。感染动物发热及呈现不同程度的病毒血症，持续 1~3d，随之出现中枢神经系统症状，如兴奋不安、绕圈、冲撞障碍物、拒食等，然后出现嗜睡、垂头靠墙站立，可有瞬间警觉，继而呈昏睡状。常见的异常姿势是呈犬坐状，待出现下唇下垂、舌垂于口外，步履蹒跚等麻痹症状后迅速倒毙。病程一般为 1~2d，病死率达 90%。

（七）检测技术

1. 病原学检测方法

（1）病毒分离鉴定

EEEV 病毒分离主要通过对病毒敏感的乳鼠、新孵出的鸡雏和鸡胚或原代鸡胚和鸭胚成纤维细胞、非洲绿猴传代肾细胞系（VERO）、RK-13或 BHK-21 细胞等敏感细胞进行接种分离。

通常可从死马脑组织分离到 EEEV，有时也可从其他组织中分离。可通过将野外样品接种新生小鼠、鸡胚、细胞培养物和刚孵出的小鸡来分离EEEV，并通过补体结合试验（CF）、免疫荧光试验或蚀斑减数中和试验（PRNT）鉴定病毒，也可通过 RT-PCR 检测 EEEV 和 WEEV RNA。具体的病毒分离技术以及病毒鉴定方法可参考世界动物卫生组织《陆生动物卫生法典》以及检验检疫行业技术规范《马脑脊髓炎（东部型和西部型）检疫技术规范》（SN/T 2863—2011）。

（2）核酸检测

当前，已经建立了该病的快速、敏感和特异的分子生物学诊断方法，其中建立的 RT-PCR 方法可以敏感、特异地检测蚊和鸟类组织器官中的 EEEV，不仅可以用于人和动物的早期感染诊断和流行病学调查，而且可作为鉴别其他几种脑炎病毒的最佳方法。世界动物卫生组织推荐用于检测 EEEV 的 RT-PCR 引物序列为：上游引物 5'-CGGCAGCGGAATTTGACGAG-3'、下游引物 5'-ACTTTGACGGCCACTTCTGC TGATGA-3'，扩增片段 433bp；推荐用于检测 EEEV 的荧光 RT-PCR 引物和探针序列为：上游引物 5'-ACACCGCACCCTGATTTTACA-3'、下游引物 5'-CTTCCAAGTGACCT-GGTCGTC-3'、荧光探针 5'-TGCACCCGGACCATCCGACCT-3'，扩增片段 69bp。海关技术规范《马脑脊髓炎（东部型和西部型）检疫技术规范》（SN/T 2863—2011）推荐使用巢式 RT-PCR 方法，通过两轮 RT-PCR 扩增进行检测，第一轮 RT-PCR 引物序列为：上游引物 5'-AGGGCTTACCT-GATTGAC-3'、下游引物 5'-GTAACGCCAGGAGTATTG-3'；第二轮引物序列为：上游引物 5'-GGCTCAAGAGTCAGGAGA-3'，下游引物 5'-CGGATGT-GACACAAGGA-3'，最终的 PCR 扩增片段 140 bp。另外，郑小龙等人利用 PCR 结合变性高效液相色谱技术（DHPLC）建立了一种 EEEV PCR-DHPLC 检测方法，对梯度稀释的标准阳性模板的检测限可达到 10 拷贝/μL，其引物序列为：上游引物 5'-GCGACACTGTGCGACCAGAT-3'，下游引物 5'-GTATTTGTGTTACGTTGTGT-3'。

2. 血清学检测方法

检测 WEEV 的常规血清学方法包括补体结合试验（CF）、血凝抑制试验（HI）、蚀斑减少中和试验（PRNT）和 ELISA 等。在临床病例诊断时，常需采集感染急性期和恢复期的双份血清进行检测，通过比较两者的抗体效价差异来进行诊断，一般对抗体效价差异增高 4 倍以上者才具有诊断意义。

（1）补体结合试验（CF）

一般在动物感染 EEEV 后补体结合抗体出现较晚，须在发病 10d 以后才能检出，因此持续时间也较短（约几周），因此均会产生血凝抑制抗体和中和抗体因此进行 CF 试验意义不大。但由于 CF 试验操作简单，仪器设备需求少，因此基层或贫困地区常用 CF 来检测 WEEV 抗体。CF 试验抗原通常采用感染鼠脑的蔗糖/丙酮抽提液，这种阳性抗原要经 1%β-丙内酯灭活处理，在缺乏国际标准血清的情况下，需要用当地制备的标准阳性血清对抗原进行滴定。

（2）蚀斑减数中和试验（PRN）和血凝抑制试验（HI）

蚀斑减数中和试验和血凝抑制试验结合使用，是检测 EEEV 抗体的最常用的方法。HI 试验的抗原与上述的 CF 试验中的抗原相同，使用 4~8 个血凝单位（HAU）的抗原量。HI 试验结果判定一般是滴度为 1∶10~1∶20 的为可疑，1∶40 及以上的为阳性。PRNT 是 EEEV 检测的金标准。其特异性很高，可用于鉴别 WEEV 和 EEEV 感染。PRNT 常规使用鸭胚成纤维细胞、VERO 或 BHK-21 细胞等 EEEV 敏感细胞。

（3）IgM 抗体捕捉 ELISA

IgM 抗体捕捉 ELISA（MAC ELISA）可作为血凝抑制试验和中和试验的补充，用于马群中 EEEV 感染的诊断，该方法可以鉴别近期感染还是免疫接种产生的抗体。在抗体捕捉 ELISA 中检测的 IgM 抗体是该病毒特异的，其不与西方马脑炎病毒和委内瑞拉马脑炎病毒发生交叉反应。

（八）防控

目前应用于动物的疫苗大多为 EEE 和 WEE 的二联疫苗以及 EEE、WEE 和 VEE 的三联疫苗。但该疫苗主要针对马属动物，不适用于家禽和鸟类。用于人群免疫的是 PE-6 株病毒鸡胚福尔马林灭活疫苗。

消灭传播媒介是控制虫媒病毒性疫病的有效措施。加强来自疫区交通工具及货物的灭蚊处理，改善相关口岸的环境卫生，减少媒介蚊虫的孳生环境条件，定期开展媒介蚊虫监测以及消杀灭蚊工作。对于去往 EEEV 疫区的人员，应做好个人防护，使用驱蚊药物、穿戴防蚊衣物等。

十四、西方马脑脊髓炎

西方马脑脊髓炎（Western Equine Encephalomyelitis，WEE）是由西方马脑脊髓炎病毒（Western Equine Encephalomyelitis Virus，WEEV）引起的、经蚊虫传播的人畜共患急性病毒性传染病，其特征是以发热和中枢神经症状为主要临床特征，但较东方马脑脊髓炎轻，且病死率低。

（一）病原

1. 分类

WEEV 属于披膜病毒科（Togaviridae）甲病毒属（*Alphavirus*），与辛德毕斯病毒、奥拉病毒、摩根堡病毒、高地 J 病毒同属于西方脑脊髓炎抗原复合群。分子生物学研究发现，西方马脑炎病毒有 5 个主要种系：第 1 个种系是在 1982—1983 年阿根廷动物流行期间分离获得的；第 2 个种系与 1930—1972 年发现于南美洲、北美洲和古巴的麦克米伦毒株有关；第 3 个种系是 1964—1993 年于南美洲、北美洲和古巴发现的病毒株；第 4 个种系是在巴西和阿根廷发现的毒株；第 5 个种系是近年在美国加利福尼亚州南部及中部河谷地区发现存的 1 个独立进化的种系。WEEV 所有种系均具有较高的基因和抗原同源性，其糖蛋白的氨基酸同源性大于 94%。

2. 生物学特性

（1）形态结构

病毒粒子与其他同属病毒相同，呈球形，有囊膜和纤突，直径约为 40nm。

（2）理化特性

WEEV 表面有血凝素，可凝集红细胞，凝集反应最适酸碱度和温度分别为 pH6.3、37℃。WEEV 对酸、紫外线、甲醛、三氯甲烷、乙醚和去氧胆酸钠敏感，可耐热 60℃~70℃10 min，可在-70℃保存。

（3）培养特性

WEEV 可通过接种原代鸡胚/鸭胚细胞、地鼠肾细胞、猴肾细胞等进行培养，亦可在蚊虫细胞如白纹伊蚊、环跗库蚊细胞中增殖。

（4）基因组结构

WEEV 基因组为单股正链 RNA，其结构和特征类似于 EEEV 的基因组，大小约为 12 kb，在 5' 端有一帽结构、3' 端含 Poly（A）尾，近 5' 端的核酸区域编码非结构蛋白，近 3' 端的核酸区域编码结构蛋白。

（5）病毒蛋白与功能

WEEV 的结构蛋白由 26S RNA 翻译为多聚蛋白前体，再由病毒和细胞中的蛋白酶切割加工为 El 蛋白、E2 蛋白、E3 蛋白、C 蛋白及 6K 蛋白五种，其中 El 蛋白和 E2 蛋白为糖蛋白，是构成病毒囊膜的主要成分，E3 蛋白也为糖蛋白，为病毒感染细胞是必需的；C 蛋白与病毒基因组 RNA 组成核衣壳；6K 蛋白与病毒粒子发育有关，可促进病毒粒子的组装。

WEEV 基因组非结构蛋白编码区编码 4 种非结构蛋白（NSP1~4）。其中 NSP1 蛋白高度保守，参与病毒复制及壳体化；NSP2 蛋白是最大的非结构蛋白，具有蛋白酶特性，参与切割所有的非结构蛋白前体；NSP3 蛋白在甲病毒属中最易变异；NSP4 蛋白是甲病毒属非结构蛋白中最保守的蛋白，属于 RNA 依赖的 RNA 聚合酶。

（二）历史、地理分布

1930 年，WEEV 首先分离自美国加利福尼亚州默克郡的马脑内。经确认，早在阿根廷于 1908 年报道的马病毒性脑炎，美国于 1912 年发生的引起大量马匹死亡的马脑炎的病原为 WEEV。1937—1975 年间在美洲多次有该病的流行，其中 1938 年在加拿大发病的马数量达 52500 匹，死亡 15000 匹以上。第一次 WEEV 在人群中的大流行是在 1941 年加拿大的马尼托巴、萨斯喀彻温以及美国北部，其病死率为 8.1%~13.5%；1952 年在美国加利福尼亚州发病的人 348 例。1977 年、1981 年和 1983 年，该病分别在北美西部呈地方性流行，以无规律的时间间隔在马和人群中发生流行。

目前，该病主要分布于加拿大、美国中西部、墨西哥，南美洲的巴西、阿根廷、秘鲁、智利、乌拉圭、圭亚那等国家（地区）；此外在波兰等地有报道从正常人血中测得该病的抗体，苏联于 1962 年首次分离到 WEEV；我国于 1990 年在新疆分离到 WEEV，血清学调查发现，我国有人血清抗体呈阳性，表明 WEEV 在我国的存在。

（三）危害

WEE 作为蚊虫传播的急性病毒性疾病，主要分布在美洲地区。该病对马的致死率为 20%~30%，有时超过 50%；对人的致死率为 3%~5%，最高可达 10%。婴幼儿感染者愈后常出现严重的后遗症，导致智力低下、行为失常等。我国于 1957 年曾分离到两株近似 WEEV；1990 年在新疆分离到 WEEV。同时通过血清学调查，发现我国国内人群 WEEV 抗体阳性率为 2.71%。这些情况都表明了 WEEV 在我国的存在，并可能成为我国感染性疾病的新病原之一。

WEEV 存在作为一种生物恐怖试剂被恐怖分子利用的风险。近年来恐怖事件事实发生，恐怖分子的手段不断更新。研究表明 WEEV 可通过气溶胶传播，并且随着媒介昆虫养殖和储存方法的发展以及感染病原体的技术的日臻完善，恐怖分子可通过气溶胶或者带毒蚊虫散布 WEEV 造成更大范围的传染病暴发，从而给人类和动物带来不可估量的灾难。

(四) 风险群体

马、野鸟、家禽、小鼠、地鼠、豚鼠、家兔和猴及人对该病易感，但是致病性不同。WEEV 可引起马、雏鸡、小鼠、地鼠、豚鼠、家兔和猴死亡；人感染主要是在婴幼儿中更常见重症病例，家禽感染后通常不发病。绵羊、犬、猫等对 WEEV 不敏感。

(五) 媒介生物

环跗库蚊是鸟类中 WEEV 的主要传播媒介，尤其是在北美西部 WEE 疫源地内鸟与鸟、鸟与人和鸟与马之间病毒传播的重要媒介。此外，其他库蚊（*Culex*）、按蚊（*A nopheles*）、伊蚊（*Aedes*）等 7 个属 20 多种蚊虫可感染或传播 WEEV；也有从虱、蜱、螨等分离 WEEV 的报道。在美国 WEEV 媒介除环跗库蚊外重要的还有黑色伊蚊、背点伊蚊（*Ae. dorsalis*）、浅色伊蚊（*Ae. campestris*）等。Aedesalbif asciatus 是 WEEV 在阿根廷的主要传播媒介。

野鸟是 WEEV 的主要贮存宿主，其中家雀（*Carpodacus mexicanus*）和家麻雀（*Passer domesticus*）是最主要的宿主，其不仅对该病毒易感，而且感染后血中病毒滴度很高，通常可持续 3~6d。在野鸟中的雏鸟比成年鸟更为重要，雏鸟对 WEEV 高度易感，是主要的病毒扩大宿主，因此是监测 WEEV 活动的最合适的动物。此外，有从理氏黄鼠（*Spermophilus richardsoni*）、美洲兔（*Lepus americanus*）、带蛇（*Thamnophis* sp.）和豹蛙（*Ranapipiens*）中分离出 WEEV 的报道。人和马类是 WEEV 的终末宿主。人和马类感染后出现病症一般需要 4~15d。但也有可能在被感染后的第 1 天出现发热；而病毒血症通常会在 1~5d 出现，病毒滴度不足以感染蚊虫。

WEEV 以蚊虫—野鸟方式进行传播。蚊虫是病毒的传播媒介，野鸟是病毒的贮存与扩大宿主。其中主要的传播循环为环跗库蚊—野鸟，另外在美国东部和大西洋沿岸地区可能存在于黑尾赛蚊—鸟的传播循环。除蚊—鸟传播方式外，病毒可能还存在蚊—蚊传播方式，以及黑色伊蚊-野兔传播循环，该循环发生在美国加利福尼亚，为一种次要的 WEEV 传播方式。

（六）症状

与 EEEV 相比，WEEV 毒力相对较低，对马的致死率一般为 20% ~ 40%，有时可高达 50%。马感染后的潜伏期为 1 ~ 3 周。WEEV 主要侵害神经系统，主要症状表现为困乏、嗜睡、暴躁不安、肢体运动不协调、磨牙等症状等神经症状；严重的可出现脑炎症状，包括不能吞咽、唇麻痹、视力严重下降、共济失调、不能站立、抽出等，最后可能引起马匹死亡。

人类感染 WEEV 后的潜伏期为 2 ~ 7d，多为无症状或发病轻，表现为发热、头痛、恶心、呕吐、厌食、不适等非特异性症状。部分病例出现精神状态改变的症状；少数发生脑炎或脑脊髓炎。人类的总病死率为 3% ~ 7%。婴儿发病的特点是发热和惊厥，可表现为躯体僵直、震颤；4 岁以下儿童多为发热、烦躁和头痛。在婴幼儿患者中常见脑损伤，一般会有智力低下，行为失常为主的后遗症。

（七）检测技术

1. 病原学检测方法

（1）病毒分离

脑组织是分离 WEEV 的首选组织。WEEV 病毒分离通过乳鼠、新孵出的鸡雏和鸡胚进行接种分离，也可通过通常原代鸡胚和鸭胚成纤维细胞、非洲绿猴肾细胞（VERO）、RK-13 或乳仓鼠肾细胞（BHK-21）等敏感细胞接种分离。乳鼠敏感性最高。用鸡胚初次分离 WEEV 时，其敏感性比新生鼠低。

细胞分离 WEEV 通常将 1.0mL 组织悬液接种至单层细胞（一般采用 25cm² 细胞瓶），吸附 1 ~ 2h 后，加入细胞培养维持液并于 37℃培养，连续观察 7d 并盲传一代。将在细胞培养物中产生细胞病变的培养物收集后作病毒鉴定。通常可采用补体结合试验、微量抗体中和试验、RT-PCR、直接或间接荧光抗体试验等方法来鉴定感染小鼠或鸡雏脑组织、细胞培养液、羊膜尿囊液中的可疑病毒。

具体的病毒分离技术以及病毒鉴定方法可参考世界动物卫生组织《陆生动物卫生法典》以及检验检疫行业技术规范《马脑脊髓炎（东部型和西部型）检疫技术规范》（SN/T 2863—2011）。

（2）核酸检测

目前常用于快速检测 WEEV 的分子生物学方法主要包括 RT-PCR、实时荧光 RT-PCR 等。世界动物卫生组织推荐用于检测 WEEV 的 RT-PCR 引物序列为：上游外引物 5'-GTTTGGCGGCGTCTCGTTCTCTA-3'、下游引物 5'-TCCGTGGTGCTGGTACTGGTCTGT-3'，扩增片段 338bp；推荐用于检测 WEEV 的荧光 RT-PCR 引物和探针序列为：上游引物 5'-CTGAAAGTCGGC-CTGCGTAT-3'、下游引物 5'-CGCCATTGACGAACGTATCC-3'、荧光探针 5'-ATACGGCAATACCACCGCGCACC-3'，扩增片段 67bp。检验检疫行业技术规范《马脑脊髓炎（东部型和西部型）检疫技术规范》（SN/T 2863—2011）推荐的巢式 RT-PCR 方法，其引物组合是：第一组引物（上游引物 5'-AGGGCTTTACCTGATTGAC-3'，下游引物 5'-GTAACGCCAGGAGTATTG-3'），第二组引物（上游引物 5'-GGCTCAAGAGTCAGGAGA-3'，下游引物 5'-CGGATGTGACACAAGAGA-3'）。郑小龙等人建立 WEEV 实时荧光 RT-PCR 具有良好的特异性和敏感性，其引物探针序列为：上游引物 5'-GCGGGTCCCTCGAGTGTAA-3'，下游引物 5'-CAAAAACGCGGCATGTGTAA-3'，探针为 5'-NED-CATCCTCAAGGCG-MGB-3'。另外，有研究者开发出多重 RT-PCR 或实时荧光 RT-PCR 方法可同时检测包括 WEEV 在内的三种或者四种虫媒病毒。

2. 血清学检测方法

检测 WEEV 的常规血清学方法包括补体结合试验（CF）、血凝抑制试验（HI）、蚀斑减少中和试验（PRNT）和 ELISA 等。具体操作步骤可参考世界动物卫生组织《陆生动物卫生法典》以及检验检疫行业技术规范《马脑脊髓炎（东部型和西部型）检疫技术规范》（SN/T 2863—2011）。

（1）血凝抑制试验（HI）和蚀斑减少中和试验（PRNT）

蚀斑减数中和试验，或最好将 PRNT 与 HI 试验结合使用，是检测 WEEV 病毒抗体的最常用方法。PRNT 试验特异性很高，可用于鉴别 WEEV 和 EEEV 毒感染。PRNT 用鸭胚成纤维细胞、VERO 或 BHK-21 细胞在 25cm2 细胞瓶或 6 孔细胞培养板上进行。PRNT 的结果判定通常是：蚀斑数比病毒对照瓶减少 90% 的为被检血清的终点滴度。

（2）补体结合试验（CF）

CF 试验操作简单，仪器设备需求少，因此基层或贫困地区常用 CF 来检测 WEEV 抗体。CF 试验抗原通常采用感染鼠脑的蔗糖/丙酮抽提液，这种阳性抗原要经 1%β-丙内酯灭活处理，在缺乏国际标准血清的情况下，需要用当地制备的标准阳性血清对抗原进行滴定。

（3）ELISA

IgM 捕捉 ELISA（MAC ELISA）是最常用的 ELISA 方法，可第一时间检出病人或感染马匹的血液和脑脊髓液中 WEEV 特异性的 IgM 抗体。

（八）防控

防控措施与 EEEV 相同，主要通过疫苗接种和控制媒介蚊虫。常用的灭活疫苗是 B-11 株病毒鸡胚增殖灭活疫苗以及东西方马脑炎二联苗，免疫程序同东方马脑炎。

十五、委内瑞拉马脑脊髓炎

委内瑞拉马脑脊髓炎（Venezuelan Equine Encephalitis，VEE）是由委内瑞拉马脑脊髓炎病毒（Venezuelan Equine Encephalitis Virus，VEEV）引起的一种由蚊虫传播的引起人与马及其他动物发病的人畜共患病，其特征是能引起轻度至严重发热、头痛等症状，偶尔发生致死性脑炎疾病。

（一）病原

1. 分类

VEEV 属于披膜病毒科（Togaviridae）甲病毒属（*Alphavirus*）。VEEV 并非单一的病毒，各分离病毒株间存在血清学差异，且病毒株间也存在比较明显的毒力差异，因此统称为委内瑞拉马脑炎病毒复合群，包括 6 种抗原相关的亚型（Ⅰ、Ⅱ、Ⅲ、Ⅳ、Ⅴ、Ⅵ），分别是 VEEV、Everglades、Mucombo、Pixuna、Cabassou、AG80663。其中 Ⅰ 型 VEEV 又可分为 Ⅰ-AB（代表株为 Trin. D）、Ⅰ-C（代表株为 P676）、Ⅰ-D（代表株为 3880）、Ⅰ-E（代表株为 PA62-MenaI）和 Ⅰ-F（代表株为 78V3531）等 5 种类型，Ⅲ亚型包括 3 种类型（Ⅲ-A、Ⅲ-B、Ⅲ-C）。通常引起人和马发病流行的主要是 VEEV Ⅰ-AB 和 Ⅰ-C 亚型；VEEV 其余地方株包括 VEEV Ⅰ-D，VEEV Ⅰ-E 和亚型 Ⅱ-Ⅵ，主要引起 VEE 地方散发发生。

2. 生物学特性

（1）形态结构

VEEV 粒子有囊膜带纤突，直径 60~70nm，囊膜内的核衣壳直径为 30~35nm，呈 20 面体对称。

（2）理化特性

VEEV 对紫外线、热、酸和脂溶剂（如三氯甲烷和乙醚）敏感，60℃ 可在短期内使病毒灭活。该病毒具有凝集鹅、鸽和鸡雏红细胞的能力，最适 pH 值为 6.2，最适温度为 37℃。

（3）培养特性

VEEV 可通过原代鸡胚细胞、鸭胚细胞、VERO 细胞、BHK-21 细胞、LLC-MK2 细胞、Hela 细胞、豚鼠和大鼠肾细胞等细胞培养。其中原代鸡胚细胞可用于生产致弱毒疫苗（TC-83 株）。鸡胚对 VEEV 敏感，接种 48h 内死亡。

（4）基因组结构

VEEV 基因组为单股正链 RNA，全长 11.3~11.5kb，其结构和特征类似于同属的 EEEV、WEEV，在 5' 端有帽子结构，3' 端含 PolyA 尾。不同亚型病毒的基因组大小差异主要是由于 5' 端非结构蛋白编码区与 3' 端非翻译区重复序列的数量和长度不同而导致。

（5）病毒蛋白与功能

VEEV 结构蛋白包括 C、E3、E2、6K 和 E1 等五种蛋白。其中，C 蛋白与病毒基因组 RNA 结合，形成核衣壳；E2 和 E1 形成功能性异二聚体，构成了病毒囊膜的纤突；K 蛋白位于 E2 和 E1 之间，是一个内部的信号序列，可使 E1 进入内质网。

VEEV 基因组编码 4 种非结构蛋白分别为 NSP1、NSP2、NSP3 和 NSP4。NSP1 蛋白高度保守，可能参与病毒 RNA 帽结构的形成以及起始负链 RNA 合成；NSP2 为病毒最大的非结构蛋白，可能是病毒 RNA 复制所需的蛋白酶和螺旋酶；NSP3 是甲病毒属最易变异的蛋白，参与病毒 RNA 复制；NSP4 是甲病毒属非结构蛋白中最保守的蛋白，被认为是病毒 RNA 聚合酶。这 4 种蛋白质构成了病毒复制酶/转录酶系统。

（二）历史、地理分布

VEEV 于 1938 年从委内瑞拉的一头病驴组织中首次分离到。该病最早于 1935 年在哥伦比亚暴发，第二年传播至委内瑞拉。1961—1971 十年期间，VEE 曾在美国等 11 个国家（地区）大流行，并造成大量马匹死亡。1952 年首次确认 VEEV 可感染人类并引发脑炎。其中 1995 年于委内瑞拉和哥伦比亚发生大暴发，引起 10 万人发病，其中 3000 人出现神经症状，300 人死亡，并造成 4000 匹马死亡。最近的一次 VEEV 感染事件为 2011 年哥伦比亚发生 4 起马的脑炎，其中 3 起确认为 VEEV 感染。

VEEV 复合群病毒作为一种地方性动物疫病病原长期存在于美洲亚热带和热带地区，其发病流行仅限于美洲，除委内瑞拉和哥伦比亚外，有报道该病发生的国家（地区）还有特立尼达和多巴哥、巴拿马、厄瓜多尔、圭亚那、哥斯达黎加、尼加拉瓜、萨尔瓦多、洪都拉斯、墨西哥、巴西、阿根廷、秘鲁和美国。

（三）危害

VEE 自发现以来已发生多次暴发流行，造成超过 300 万人感染，4% 的患者出现严重中枢神经系统症状，大量人员和马匹出现死亡，给发生疫情的国家（地区）造成了巨大的经济损失，严重威胁公共安全。该病尚无特效药及疗法。另外，VEEV 是潜在的生物恐怖病原体，可被用作生物武器。我国虽然尚未发现 VEE 病例，但有些地区陆续分离到与其同属的东、西方马脑脊髓炎病毒或在人群和动物中检测到相关抗体，且随着频繁的国际贸易往来与交流及广泛分布的生物媒介，该病传入我国的风险大大增加。因此，我们必须严格防控，阻止该病传入我国。

（四）风险群体

不同年龄、性别的人对 VEEV 均易感，常见的高危人群有马、骡、驴等的饲养员、兽医、屠宰人员及实验室工作人员，但是否发病则与感染者年龄有关。

马属动物是自然条件下对 VEEV 最敏感的动物，除马、驴、骡外，还曾从许多野生脊椎动物和鸟类分离出 VEEV。通过人工实验感染发现，豚鼠、小鼠和家兔对 VEEV 特别敏感，此外，鸽、猴、大鼠对 VEEV 也有易感性，猪、狗、猫和小反刍兽对 VEEV 也有一定易感性，但感染后大多不出现症状或仅轻度发热，病毒血症的效价也不高。

（五）媒介生物

VEEV 的传播媒介是蚊，主要是库蚊、伊蚊、按蚊、鳞蚊和曼蚊五个属的蚊，在疫病流行区，主要从库蚊获得蚊分离株。病毒在感染蚊体内的潜伏期随着蚊种和环境气温不同而不同，一般气温高时潜伏期短，26℃～27℃时在伊蚊、曼蚊的潜伏期为8～12d，感染鳞蚊后的潜伏期可能稍短些。

啮齿类动物是VEEV地方株的贮存宿主和扩大宿主，马是VEEV流行株的扩大宿主，一般病马是媒介蚊的主要病毒来源，其病毒血症的病毒滴度可达到并超过蚊的感染域。人、猴感染后形成病毒血症时，血中病毒量可达蚊的感染域，从而在病毒传播中起到辅助作用。

VEEV的传播循环存在啮齿类动物—蚊—啮齿类动物、马—蚊—马和人—蚊—人三种方式，这三种方式相互有关联，人、猴等动物在该病毒的传播中起辅助作用，而动物间VEE的流行是人群中流行的先兆。有研究表明，气溶胶也是VEEV一种重要的传播途径。

（六）症状

VEE常呈双相热型，除高热外还表现为中枢神经症状。马属动物对VEEV比较敏感，感染后的潜伏期为1～5d，随之出现体温上升、高热、拒食、肢体僵硬、软弱无力、运动失调等临床症状，进一步发展可出现明显的脑炎症状，如肌肉痉挛、咀嚼运动和抽搐等，病死率一般为75%～83%。人感染VEEV，潜伏期2～5d，多呈现流感样症状，4～6d上述症状消失，部分患者特别是儿童可能出现神经症状包括嗜睡、昏迷、抽搐、痉挛性瘫痪及中枢性呼吸型衰竭等脑炎的典型表现。VEEV强毒株的溶淋巴细胞效应，可导致全身性疾病迅速发展为休克、昏迷。VEEV的地方性病毒株在实验室意外感染青年人后，常在3～5d内出现发热、寒战、头痛、肌痛、嗜睡、呕吐、腹泻和咽炎，不久即可逐渐恢复，很少发生脑炎。

（七）检测技术

1. 病原学检测方法

（1）病毒分离鉴定

主要通过将动物接种和细胞培养进行病毒分离。从脑内接种1～4日龄小鼠、仓鼠或其他实验动物（如豚鼠、断奶鼠等）等感染动物的血液或血清中可分离到病毒。接种细胞（如VERO、RK-13、BHK-21、鸭胚或鸡胚成纤维细胞）或鸡胚也可分离到病毒。获得病毒后，需选择合适的方法如补体结合试验（CF）、血凝抑制试验（HI）、蚀斑减数中和试验（PRN）、ELISA 或者 PCR 方法进行鉴定。具体病毒分离和鉴定技术可参考世界动物卫生组织《陆生动物卫生法典》或者海关技术规范《委内瑞拉马脑脊髓炎检疫技术规范》（SN/T 2833—2011）。

（2）核酸检测

VEEV 不同亚型在基因组核酸序列上存在较大差异，因此世界动物卫生组织推荐巢式 PCR 方法中，采用简并引物的方式检测委内瑞拉马脑脊髓炎病毒复合群 RNA，其引物组合为：第一阶段引物（上游引物 5'-ATG-GAGAARGTTCACGTTGAYATCG-3'，下游引物 5'-YTCGATYARYTTNGANG-CYARATGC-3'）；第二阶段引物（上游引物 5'-ARGAYAGYCCNTTC-CTYMGAGC-3'，下游引物 5'-CRTTAGCATGGTCRTTRTCNGTNAC-3'）；用于检测 VEEV I-AB/C/D 的引物组合：第一阶段引物（上游引物 5'-AGC-CAGTGCACAAAGAAG-3'，下游引物 5'-TAGGTGTTAGCCGGTAAG-3'），第二阶段引物（上游引物 5'-GGGTGGGAGTTTGTATGG-3'，下游引物 5'-CCAGGATGGTGGACATAG-3'）；用于检测 VEEV I-E 的引物组合：第一阶段引物（上游引物 5'-GTAATCCACACGGACTAC-3'，下游引物 5'-GCATA-ACCCGCTCTGTTG-3'）；第二阶段（5'-GCATGCCTCTGTGCTTAG-3'，5'-ATTTCAGCAAGCGGGTAG-3'）

我国邓永强等（2006）根据 VEEVC 基因的保守序列设计引物探针建立了实时荧光 RT-PCR 方法，其引物和探针为：上游引物 5'-TGAACAT-GACGATGACAGGAGAA-3'、下游引物 5'-AAGTTCCTACGGTTTCATACCTT-GA-3'、荧光探针 5'-6FAM-AGTCAACACGCTGGAATCGAGTGGG-TAMRA3'；吉林农业大学千莎莎等（2015）选取保守性相对最高的 nsp1 基因作为引物探针设计区域，建立了 VEEV 的实时荧光 RT-PCR 方法，其引物和探针为：上游引物 5'-CAGTTTGAGGTAGAAGC-3'、下游引物 5'-ATCGTVTCGGATGGDTC-3'、荧光探针 5'-6FAM-AGCAGGTCACN-GAYAAYGACCATGC-TAMRA-3'。上述两种实时荧光 RT-PCR 方法均可能特异性的检出 VEEV RNA，与同属的 EEEV RNA 和 WEEV RNA 无非特异性反应。

（3）抗原检测

包括 Gradoboev 等利用斑点—酶联免疫吸附方法（dot-ELISA）及镧系

荧光免疫分析方法（TRFIA）检测 VEEV；Levitt 等建立了可用于快速检测和鉴定 VEEV、WEEV、EEEV 的微量沉淀试验；Dai 等使用了一种敏感、快速的电化学发光（ECL）免疫检测方法来检测和鉴定 VEEV。

2. 血清学检测方法

血清学检测方法主要包括血凝抑制试验（HI）、补体结合试验（CF）、蚀斑减少中和试验（PRNT）、快速免疫滤纸测定（RIPA）和酶联免疫吸附试验（ELISA）等。其中 HI、PRNT 和 ELISA 最为常用。HI、CF、PRNT 以及 IgM 捕捉 ELISA 等检测技术可参考参考世界动物卫生组织《陆生动物卫生法典》或者海关技术规范《委内瑞拉马脑脊髓炎检疫技术规范》（SN/T 2833—2011）。

（1）蚀斑减少中和试验（PRNT）

VEEV 抗体检测方法的"金标准"是 PRNT，但这种检测方法需要活病毒及特异性抗体，无法在普通实验室进行。诊断马属动物 VEE 病毒的感染需从采自急性期和恢复期的双份血清中检查特异性抗体。

（2）ELISA 方法

ELISA 方法可用于检测病毒特异性 IgM 和 IgG，可用特异性 PRN 进一步确诊。已有商品化的 VEEV 抗体检测 ELISA 试剂盒。世界动物卫生组织推荐使用 IgM 捕捉 ELISA。

（八）防控

采取有效的防蚊灭蚊措施以及对马进行定期接种疫苗是控制 VEEV 传播和扩散的直接有效措施。鉴于频繁的国际贸易往来与交流及广泛分布的生物媒介，该病传入我国的风险大大增加。因此，我们必须严格防控，加大对来自疫区的运输工具及货物的消毒除虫处理，定期对口岸开展蚊虫监测和口岸卫生管理等，阻止该病传入我国。

十六、圣路易斯脑炎

圣路易斯脑炎（St. Louis Encephalitis，SLE）是由圣路易斯脑炎病毒（St. Louis Encephalitis Virus，SLEV）引起的一种由蚊虫传播的人畜共患病，其特征是人或动物感染 SLEV 后大多数无临床症状，部分出现伴有发热、头痛、身体不适等类似于流感症状，少数发展为中枢神经系统症状，出现脑炎的病例中死亡率为 5%~15%。

（一）病原

1. 分类

圣路易斯脑炎病毒（SLEV）属于黄病毒科（Flaviviridae）黄病毒属（*Flavivirus*），与西尼罗病毒（WNV）、昆津病毒（KUNV）、墨累河谷脑炎病毒（MVEV）等存在一定的血清学交叉反应，因此均归属于日本脑炎血清群。研究者通过对 SLEV 的 E 基因全序列进行系统发育分析，将 SLEV 菌株分为 8 个基因型，其中基因型 I 和 II 在美国普遍存在，基因型 V 在南美洲广泛分布。其他基因型分布有限：III 型在南美洲南部，IV 型限于哥伦比亚和巴拿马，VI 型在巴拿马，VII 型在阿根廷，VIII 型只在巴西亚马孙地区发现。

2. 生物学特性

（1）形态结构

SLEV 具有黄病毒同属的一般形态特征，为有囊膜病毒，在电镜下观察呈球形，表面有突起。病毒颗粒直径 37~50nm。

（2）理化特性

SLEV 在 pH 值 6.0~7.9 凝集禽类的红细胞。病毒不耐热，高温下迅速灭活，50℃30min 可灭活。SLEV 对去氧胆酸和乙醚敏感，易被 0.1% 福尔马林灭活。SLEV 在室温、23%~80% 的湿度下于气溶胶中可存活达 6h。

（3）培养特性

SLEV 在多种传代细胞如乳地鼠肾细胞、猴肾细胞和猪肾细胞以及原代鸡胚、鸭胚细胞上繁殖并产生明显的细胞病变；SLEV 也可在源于伊蚊、库蚊或巨蚊的蚊细胞上生长，但无 CPE 不形成合胞体。

（4）基因组结构

SLEV 核酸为单股正链 RNA，其基因组全长约为 11Kb，与日本脑炎病毒群其他成员的基因组序列同源性约 65%。其基因结构与同属的其他病毒一样，5' 端具有一个 96nt 的非编码区，呈 I 型帽（m7GpppAmp）结构，3' 端有 Poly（A）尾为 CUOH 结构。

（5）病毒蛋白与功能

SLEV 基因组 ORF 区全长约 10kb，编码 3 个结构蛋白：C（Capsid）蛋白、prM/M（Membrane）蛋白和 E（Envelope）蛋白。其中 C 蛋白即 SLEV 的核蛋白，是病毒核衣壳的主要组成组分，结合病毒 RNA，具有一定的免疫原性；M 蛋白为包膜糖蛋白，其前体为膜蛋白前体 prM，与 E 蛋白的正确折叠密切相关。E 蛋白主要由三个不同部分组成，为病毒最重要的免疫原性蛋白，可诱导中和及凝集抑制性抗体的产生，参与与靶细胞结合、膜结合、病毒组装以及出芽释放等过程，是影响病毒亲嗜性及其毒力的主要决定蛋白。

非结构蛋白中，NS1 蛋白存在于膜上，也存在于分泌蛋白中，具有辅助病毒 RNA 复制的功能；NS2b 和 NS3 以 NS2b-NS3 复合体形式存在，具有蛋白酶功能；NS5 是病毒合成的蛋白中质量最大的，同时也是最保守的一个蛋白，与 SLEV RNA 依赖性 RNA 多聚酶的活性有关。

（二）历史、地理分布

SLEV 是 1933 年从美国密苏里州的圣路易斯市脑炎大流行的死者的脑组织中首次分离得到。根据历史数据和流行病学调查，该病最早发生于 1932 年美国伊利诺伊州的帕里斯并在美国密苏里州的圣路易斯市出现了大流行，后期根据血清学调查推算当时实际感染人数超过 32 万人。美国各州都有该病存在。在美国西部（密西西比河西）主要为地方性疾病，偶尔发生暴发性流行。在东部则定期发生暴发流行。美国于 1975 年和 1995 年再次发生 SLE 大流行。2003 年到 2017 年期间，美国 33 个州的 198 个县和哥伦比亚特区报告过 SLEV 感染人或动物的病例。

SLEV 虽然也发现于中美洲和南美洲，但在这些地区 SLE 病例比较少。在 2005 年以前，SLE 在南美洲一些国家主要以地方性散发的形式存在。2005 年 SLE 在阿根廷的科尔多瓦市流行，共有 47 名确诊病例；阿根廷在随后的 2006 年、2010 年和 2011 年均有 SLE 暴发。巴西于 2006 年首次暴发 SLE。SLE 在多米尼加、特立尼达和多巴哥、墨西哥发生过流行，血清学和病毒学试验证实在巴拿马、圭亚那、苏里南等地均有该病存在。

（三）危害

人感染 SLEV 后大多数无临床症状，但少数会出现发热及身体不适等流感样症状；极少数出现脑膜炎和神经症状，其中出现脑炎的患者总病死率为 5%～15%。在美国报道已知病原的 80% 病毒性脑炎均是 SLEV 所致。但对于家畜感染 SLEV 的报道较少，仅见马和犬。2009 年巴西报道一匹马因 SLE 死亡。临床上也没有 SLEV 的特异性治疗药物和疫苗接种，其治疗还是以对症治疗为主。我国尚未分离到 SLEV，也未有 SLE 病例出现。但是，我国存在能够传播该病毒的媒介蚊虫，并且随着气候变暖、人口快速增长与流动、国际交易日益频繁，为此 SLEV 传入我国的风险很大，可能威胁到我国的公共卫生安全，并且可能对我国畜牧业带来重大损失。

（四）风险群体

SLE 感染发病与否及严重程度与年龄密切相关，老年人对该病易感。在流行期 60 岁以上人群的发病率比 10 岁以下人群高 5~40 倍。儿童感染后很少出现症状。

多数动物可能自然感染 SLEV。动物能否感染取决于媒介蚊虫的宿主的选择、被媒介接种的病毒量和宿主的免疫状态。感染并非等同于疾病，很多个体和种类只导致隐性感染，只有靠此后产生的特异抗体才能发现。

（五）媒介生物

SLEV 主要以多种库蚊（*Culex*）作为媒介生物进行传播，包括尖音库蚊（*C. pipiens.*）、致倦库蚊（*C. quinquefasciatus*）、黑须库蚊（*C. nigrypalpus*）和环跗库蚊（*C. tarsalis Coquillett*）等。这些媒介生物的分布决定了 SLEV 流行的地理分布。

SLEV 的贮存宿主为野生鸟类，主要为野雀形目鸟类。在北美洲，从多种鸟类以及浣熊、负鼠、蝙蝠等分离到 SLEV。在热带美洲，从灵长类、蝙蝠、啮齿动物、犰狳、树懒和有袋动物等分离到 SLEV。因此这些动物也可能是 SLEV 的贮存宿主。

鸟类主要是野雀形目鸟是主要的中间宿主，起到在人群流行前的病毒扩散作用。人和其他哺乳动物（如马、犬）虽然可能因被带毒蚊虫叮咬而感染，但不能反向传播给蚊虫，因此是 SLEV 的终末宿主。

（六）症状

人感染 SLEV 的潜伏期为 4~21d，大多数不表现临床症状。少数表现出轻微的不适或流感样症状，极少数在 1~4d 后出现急性或亚急性脑膜炎和神经症状。脑炎患者的总病死率为 5% 至 15%。疾病严重程度随年龄成正比：儿童的症状一般较轻；成年人多发生大脑机能障碍，持续发热，体温高达 39℃~41℃。严重者出现昏迷，预后往往不良；60 岁以上者脑炎发生率最高。

动物感染 SLEV 大多数不表现临床症状，极少数因出现脑炎而死亡，2009 年巴西报道一匹马因脑炎死亡，其临床症状，表现为不协调、抑郁以及后肢的弛缓性麻痹等典型的脑炎症状，后从其脑组织中分离到 SLEV 从而确诊为 SLE。

（七）检测技术

1. 病原学检测方法

该病的病原学检测方法有病毒分离、RT-PCR、实时荧光 RT-PCR、基因芯片和宏基因测序等方法，其中病毒分离技术、RT-PCR 和实时荧光 RT-PCR 等最为常用。

（1）病毒分离

常用的病毒分离方法包括两种，分别为乳鼠脑内接种和细胞分离接种。SLEV 不论经脑内还是非脑内途径（周围—腹腔）接种幼鼠和仓鼠都具有高度致死易感性。根据病毒株对小鼠腹腔/大脑内接种的半数致死量（LD_{50}）之比可将病毒株分为高毒力株、中毒力株及无毒力株。

SLEV 可通过 BHK-21、VERO、LLC-MK2、MA-104、PS 以及原代鸡胚、鸭胚细胞等进行分离培养，病毒可达较高滴度（$10^8 \sim 10^9$），也通过伊蚊、库蚊或巨蚊蚊细胞等进行分离，但不产生 CPE 也不形成合胞体。另外，SLEV 在 Sf9 细胞中可复制并产生 CPE。病毒分离操作烦琐，实验周期长，并且如血凝抑制试验、免疫荧光试验、蚀斑减少中和试验、RT-PCR 等加以确定。

（2）核酸检测

常规的分子生物学检测方法包括 RT-PCR、实时荧光 RT-PCR、宏基因组下一代测序等技术，针对 SLEV 病毒核酸的结构区、非结构区和 3'UTR 等保守序列设计不同的引物探针。Viviana Ré 等人以 SLEV E 基因为模板建立巢式 PCR 方法，检测底线小于 10 个 PFU，其引物组合包括：第一组引物（上游引物 5'-RRYATGGGYGAGTATGGRACAG-3'，下游引物 5'-CTCCTCCACAYTTYARTTCACG-3'），第二组引物（上游引物 5'-TGGAYT-GGACRCCGGTTGGAAG-3'，下游引物 5'-CCAATRGATCCRAARTCCCACG-3'）；我国米超等人建立一种四重 RT-PCR 方法，可同时检测 JEV、YFV、WNV 和 SLEV 等四种虫媒病毒，其中涉及 SLEV 的引物为：上游引物 5'-TAGCCATCCTGACATTCTTC-3'，下游引物 5'-CTGTGTGTTGTTGCTGCCTA-

3' 检验检疫行业技术规范（SN/T 3740—2013 国境口岸圣路易斯脑炎病毒检测方法荧光 RT-PCR 检测方法），规定了国境口岸 SLEV 感染疑似病例或蚊虫携带 SLEV 的核酸实时荧光 RT-PCR 检测方法，包括标本采集、保存及转运、样本处理、检测方法、结果判定及报告等内容，其引物探针分别为：上游引物 5'-GAAAACTGGGTTCTGCGCA-3'，下游引物 5'-GGTGCT-GCCTAGCATCCATCC － 3'，荧光探针 5' － FAM － TGGATATGCCCTAGTTGCTGGC － BHQ1-3'。

Chui 等人（2016）成功地利用宏基因组下一代测序技术（mNGS）确诊了一名 SLEV 感染病例。该技术适用于临床症状相似同时血清学或常规分子生物学方法无法确诊的病例。

2. 血清学检测方法

该病的血清学检测方法包括血凝抑制试验（HI）、补体结合试验（CFT）、IgM 捕捉 ELISA（MAC ELISA）、ELISA、微球免疫测定（MIAs）等技术，其中 HI、PRNT 和 ELISA 方法最为常用，用于检测病人或感染动物的血液和脑脊髓液中 SLEV 特异性的 IgM 和 IgG 抗体。

（1）血凝抑制试验（HI）

HI 主要用于检测群反应性抗原，是一种有用的筛选方法。HI 抗体滴度在感染第 1 周迅速升高，在初次感染时对 SLEV 抗原的滴度高于其他异种抗原。

（2）IgM 捕捉 ELISA（MAC ELISA）

IgM 捕捉 ELISA（MAC ELISA）是最常用的血清学检测方法，可第一时间检出病人或感染动物的血液和脑脊髓液中 SLEV 特异性的 IgM 抗体；通常以 ELISA 方法检测急性阶段和康复期阶段 IgG 抗体水平，若出现抗体增幅达到 4 倍以上即为 SLE 确诊。

（3）ELISA

PRNT 是 SLE 确诊的金标准，可解决交叉反应和持续感染条件下的抗体长期存在等难以确诊的病例，但该方法存在一定的缺陷例如涉及病毒操作需要在生物安全 3 级实验室中进行，需要熟练的检测人员并且检测时间较长等。

（4）微球免疫测定（MIAs）

MIAs 是一种新的血清学检测技术，通过将不同的病毒抗原包被在不同序号的微球上建立多重病毒抗体检测方法，也同时检测 IgM 和 IgG，从而达到同时检测多种病毒抗体的目的。已开发出相应的用于检测 SLEV 抗体的 MIAs 方法。

（八）防控

尚无有效的治疗药物和有效疫苗预防。消灭传播媒介，降低媒介蚊的种群数量和避免蚊虫叮咬是控制 SLE 的主要有效预防措施。对来自 SLE 疫区的交通工具和货物进行评估和实施有效的消毒灭虫措施，以及对口岸开展定期蚊媒监测和口岸卫生处理等工作，是防止 SLEV 传入的关键措施。

十七、克里米亚—刚果出血热

克里米亚—刚果出血热（Crimean-Congo Hemorrhagic Fever，CCHF）是由克里米亚—刚果出血热病毒（Crimean-Congo Hemorrhagic Fever Virus，CCHFV）引起的一种蜱媒人畜共患病。主要传播媒介为硬蜱。人患上克里米亚—刚果出血热，以发热、头痛、出血、低血压休克等为典型特征，平均病死率 10%~50%。动物多阴性感染。发病具有明显的季节性与地方性。该病因在克里米亚和刚果相继发现而得名，在国内首先发现于新疆巴楚。

（一）病原

1. 分类

克里米亚—刚果出血热病毒属于布尼亚病毒科（Bunyaviridae）内罗病毒属（*Genus Nairovirus*）。内罗毕病毒属现有 34 个种，根据抗原性的不同，这 34 个种被分为 7 个血清群，克里米亚刚果出血热病毒血清群和内罗毕绵羊病病毒血清群是其中最重要的两个血清群，克里米亚刚果热病毒血清群包括克里米亚刚果出血热病毒（含 Kodra 病毒、C68031 和 AP92 毒株）、Hazara 病毒和 Khasan 病毒等，通过对分离到的克里米亚刚果出血热病毒进行基因组 S 片段序列分析，可以将其分为 8 个不同的进化分支单位。

2. 生物学特征

（1）形态结构

CCHF 病毒颗粒为圆形或卵圆形，偶见短杆状，直径 90~100nm，外层为由宿主细胞衍生的厚度为 5~7nm 的脂质双分子层，脂质层上镶嵌着刺突状长度为 8~10nm 的糖蛋白。CCHF 病毒基因组与核蛋白和 RNA 聚合酶蛋白聚合在一起，形成核蛋白颗粒。由蛋白质和核酸构成的核心包有脂蛋白双层的单位膜。核衣壳外被脂质双层囊膜，囊膜通常源于细胞的高尔基体膜，偶尔源于细胞表面膜。囊膜外表面有由糖蛋白构成的长 7nm 的纤突，未成熟的颗粒囊膜外层的纤突分辨不甚清楚。分子量为 6.2~7.5×10^6 kDa。

（2）理化特性

CCHFV 感染性在 pH 值 6.0~9.5 环境中稳定，pH7.0~9.0 环境中感染性和抗原性最好。该病毒在 4℃ 10d、20℃ 2d、37℃ 12h、56℃ 30min、60℃ 10min 和 100℃ 2min 完全失活，但在冰盒内 50% 中性甘油盐水中，则可保存半年以上，冻干保存病毒长达数年之久。半衰期在 30℃ 为 2~3h，45℃ 为 10~20min，56℃ 少于 1min。两价阳离子 Mg^{2+} 和 Ca^{2+} 在上述温度下不能保护病毒。对酸敏感，10% 感染脑悬液在 pH3.0 和 pH5.0 条件下，37℃ 作用 2h 完全灭活。紫外线照射 3min 可使病毒的感染性完全丧失。对脂溶剂和去垢剂如乙醚、三氯甲烷、去氧胆酸钠等敏感，对消毒剂来苏儿、石炭酸和乙醇等在常规浓度下很快被灭活。

（3）培养特性

CCHFV 可在 CV-1 细胞、BHK-21 细胞、PS 细胞、蜱细胞、CER 细胞及 VERO 细胞等多种传代细胞系，二倍体如人胚肺和人胚皮肤肌细胞及原代细胞如叙利亚地鼠（SHK）、小白鼠及大鼠脑和绿猴肾等细胞中生长，但往往不产生或只产生很轻微的细胞病变（CPE），导致无细胞致病效应的持久感染。在多数鼠细胞尤其是地鼠来源的细胞（如 BHK-21、CER）中产生明显的细胞病变。

（4）基因组结构

CCHFV 为单股负链分节段 RNA 病毒，基因组由大（L）、中（M）、小（S）3 个节段组成，分别编码转录酶蛋白 L、插在病毒膜内的两个外部糖蛋白（G1 和 G2）和核蛋白（N）。三段基因的中间是一个开放阅读框（ORF），ORF 的两边为非编码区。每段基因的末端碱基有较高的保守性，且可以互补成环柄状结构。

我国 CCHFV 分离株间 mRNA 节段存在遗传多样性。Morikawa 等测定了 1966—1988 年在我国新疆分离的 7 个 CCHFV 分离株的 mRNA 节段的全部序列，它们的 M 节段由 5356~5777 个核苷酸组成，因分离物而有所不同。系统进化分析显示，我国 CCHFV 分离株簇集于 3 个群内，其中一个分离株与尼日利亚分离株亲缘关系较密切。一前体蛋白的配对比较显示，250个残基组成的氨基末端差别较大，大多数亲缘关系不密切的分离株之间的同源性只有22.4%。此结果表明，我国新疆CCHFV的地方性流行是由多源性的病毒群体引起的。

（5）病毒蛋白及功能

M基因全长约5.4 kb，只有一个长开放阅读框（ORF），长度约为5.0kb，编码包膜糖蛋白（glycoprotein，GP）（包含Gn和Gc两个糖蛋白的前体蛋白，分子量分别为37×103和75×103 Mr），Gn只在病毒成熟的末期产生，GP上存在诸多中和抗原位点；S基因全长约1.7 kb，包含一个长开放阅读框，长度约为1.4 kb，编码分子量约为72×103 Mr 的核蛋白（nucleoprotein，NP），N蛋白是在感染细胞中可以检测到的主要的病毒蛋白，NP上含有多个细胞毒性T淋巴细胞（cytotoxic T lymphocyte，CTL）表位；L基因全长约12 kb，该片段含有一个长开放阅读框，编码病毒RNA依赖的RNA聚合酶，该酶与病毒的复制和转录有关。

（二）历史、地理分布

1944—1945年夏，在克里米亚半岛西部的草原发生了一起急性发热伴严重出血症状的急性传染病，当时报道有200例病人，其中近半数是帮助农民收割的苏联军人，被命名为克里米亚出血热。次年，用经细菌滤器滤过的蜱组织和患者组织的悬液接种人，证实CCHF是由一种蜱传病毒引起的疾病。但直至1969年，才以小白鼠成功地分离到CCHFV。1969年，Casals证明CCHFV的抗原性、生物学性状和1956年Courtois从前刚果斯坦利维尔省一名13岁发热病童血液分离的刚果病毒相同，定名为克里米亚—刚果出血热病毒。该病毒广泛分布于欧、亚、非大陆，主要在非洲、巴尔干地区、中东和亚洲北纬50°以南的地区流行。

1965年在我国新疆南部首次出现该病流行，1966年新疆防疫站从5例病人急性期血液、尸检脏器和亚东璃眼蜱（*Hyalomna asiaticam kozlovi*）中分离到了病毒，从首例患者血液分离的BA66019株被定为我国的原型毒株。随后调查发现，叶尔羌河中、下游和整个塔里木河流域均有该病存在。1983年，经电镜观察和与刚果K2/61病毒血清交叉试验证明，XHFV和CCHFV抗原性一致，是同一种病毒。此后，我国及美国耶鲁大学虫媒病毒研究所的研究进一步确证XHFV系CCHFV。1989年6月，我国卫生部正式通知，国内外学术交流统一使用 CCHF 这一病名。除新疆外，青海、云南、内蒙古、四川和辽宁等地的人群和动物血清学调查也有检出抗体报道。

（三）危害

近年来，由于旅游业和动物贸易产业的迅猛发展以及鸟类迁徙等因素，世界范围多次发生该病牧场流行和医院内暴发感染，该病发病率呈上升趋势。俄罗斯科学家的一项研究表明，受感染的人出现克里米亚—刚果出血热症状的概率为 21.5%，也就是说大约 5 个感染克里米亚—刚果出血热病毒的人中有一个会发展成为克里米亚—刚果出血热。另外，克里米亚—刚果出血热病毒高致病性的特点使其有可能被用于制造生物恐怖或生物战剂，易造成极大的社会恐慌。因此，有必要加强全社会对这一疾病的认识，普及有关防治知识，以增加民众对克里米亚—刚果出血热病毒的应急反应能力，将其带来的影响控制到最低程度。

（四）风险群体

已知有 20 多种脊椎动物可感染 CCHFV。在欧洲、亚洲和非洲，牛、绵羊、山羊、骆驼、马和猪等家畜都有不同程度的感染，是媒介蜱成虫的主要寄主或终身寄主。在非洲曾从狒狒、长颈鹿、犀牛、有角兽、水牛、羚羊、瞪羚、大捻、斑马、黑角马等野生动物体内检出 CCHFV 抗体，但尚未深入研究它们在 CCHF 流行病学中的作用。中小型野生动物，特别是小型野生动物是 CCHFV 媒介蜱幼虫和若虫的宿主。许多鸟类抗感染，但鸵鸟易感染。鸟类在 CCHFV 散播中起重要作用。一方面，它们是感染蜱的宿主；另一方面，鸟类可将蜱运送至他处。每年在欧亚和非洲之间沿北南轴线迁徙的鸟以百万计，它们可通过携带经卵感染的幼蜱散播 CCHFV。

（五）媒介生物

CCHFV 传染媒介主要是感染克里米亚—刚果出血热病毒的璃眼蜱属蜱，目前至少在 31 种蜱和一种刺蚊中分离到克里米亚—刚果出血热病毒，其中最重要的是璃眼蜱属，蜱不仅是其媒介，也是其主要贮存宿主。在世界范围内，克里米亚—刚果出血热病毒的分布与璃眼蜱属的分布相一致，同时在其他类型的蜱中也分离到了该病毒。病毒在蜱中可以垂直传播，也可以在蜱间通过性途径传播。通过叮咬，病毒从唾液腺注入人或动物体内，引起人类的疾病，而对动物不致病。在欧洲，地中海璃眼蜱属是该病毒主要的贮存宿主。在我国，亚洲璃眼蜱是该病毒最主要的贮存宿主，也是最主要的传染源。动物是蜱的宿主，在维持疾病的自然疫源地方面起到重要作用。某些家畜和野生动物，如绵羊、山羊、马、牛、骆驼、鸟类、野兔或小型哺乳动物等，是该病的重要传染源。人感染病毒有通过蜱的叮咬或者接触感染两种不同的方式，绝大多数的病例是由于蜱的叮咬之后感染。密切接触有病毒血症的动物或患者也是CCHF另一种重要感染方式。

（六）症状

根据感染方式，该病的潜伏期一般为3~7d，因被蜱叮刺感染者一般为1~3d，最长不超过9d；因暴露于患者和动物的感染性血液或其他组织的感染者通常为5~6d，最长可达13d。典型病程可分为出血前期、出血期和恢复期。出血前期：1~7d，平均3d。其特点是骤然起病，患者呈现一系列全身中毒症状。有发热、寒战或畏寒、极度疲乏、头痛、头昏、眼痛、畏光、全身不适、肌肉痛伴剧烈腰背痛和腿痛等症状；出血期：于第3~6病日开始，是病情迅速恶化的极期，持续1~10d，平均4d。患者躯干和四肢上出现淤点，第4~5病日，开始出现鼻出血、呕血、尿血、便血、齿龈出血、阴道或其他体腔出口出血；恢复期：患者通常于第9~10病日转入恢复期。患者开始自觉症状减轻，体温下降，重现食欲，严重病例可因进食引起消化道出血致死，须谨慎对待。但衰竭乏力、结膜炎等症状会持续相当长时间，重症患者恢复后往往2年内无重体力劳动能力，部分患者甚至脱发、脱牙。

CCHF患者病理形态的变化主要包括3个方面：全身各重要脏器毛细血管均扩张充血，以致出血；实质器官细胞的变性和坏死，坏死区炎性细胞浸润不明显；以淋巴细胞为主，仅有少量单核细胞及少数中性粒细胞及中枢神经系统改变。

（七）检测技术

CCHFV传染性很强，实验室诊断应在安全性很高的实验室内进行，操作人员必须切实遵守有关的安全规则。

1. 病原学检测方法

（1）病毒分离

①乳鼠接种：血液、脏器和媒介等样本经适当处理后，同时以脑内（0.0l mL）和腹腔（0.03 mL）两种途径接种生后24~48h的乳鼠。接种后的乳鼠由母鼠继续喂养，逐日观察并记录乳鼠发病情况。典型发病者取脑组织继续传代，可疑者于接种后7d左右取脑、肝、脾混合材料盲传。取典型发病的乳鼠脑组织制成抗原与CCHFV原型株的免疫血清、单克隆抗体等进行血清学交叉试验或免疫印迹试验，进行初步鉴定。

②细胞培养：可接种各种原代细胞和细胞系（如VERO、CER、BHK-21和LLC-MK2）分离CCHFV，用免疫荧光法进行检测。一般1~5d即可获初步结果，但其敏感性较低，只在发病前5d重症患者血液中含高滴度病毒时方可检出。

（2）抗原检测

免疫荧光试验：抗原用CCHFV原型毒株感染的VERO-E6或LLC-MK2细胞制备。特异性的荧光颗粒应在胞质内，呈大小不等的不规则团块状，荧光颗粒应清晰、明亮，且必须注意非特异荧光的鉴别。最好在RPHI或ELISA验证为阳性时再确认免疫荧光的阳性结果。用间接免疫荧光检测，少数患者在第4病日即出现IgM和IgG抗体，但大多数患者至第7病日后才出现阳性反应，至第9病日所有存活的患者均为阳性，发病后第2~3周滴度达高峰。感染后第4个月IgM抗体即降至低水平或不能检出，此时IgG滴度也开始逐渐下降，但阳性反应至少可保持5年。死亡病例很少能检出抗体，诊断有赖于出血液或肝标本中分离病毒。

（3）核酸检测

①反转录聚合酶链反应（RT-PCR）：Drosten等（2002年）和Yapar等（2005年）根据S基因片段建立了RT-PCR和实时荧光RT-PCR法检测CCHFV，在发病后第3天已经能检测到$7.7×10^5$病毒拷贝数，此时抗体检测还呈阴性，到第16天时，前者为阴性而后者却可以检测到高浓度的IgM和IgG，实时PCR技术非常适合于病毒的早期快速检测，所扩增的病毒互补DNA可以用来进行序列分析和系统进化分析。检测CCHFV的RT-PCR引物序列为：P1：5'-ATGCAGGAACCATTAARTCTTGGGA-3'，P2：5'-CTAATCATATCTGACAACATTTC-3'；扩增片段为228bp。

②实时荧光 RT-PCR：Drosten 等（2002 年）和 Yapar 等（2005 年）根据 S 基因片段建立的实时荧光 RT-PCR 法检测 CCHFV 的荧光 RT-PCR 引物和探针序列为：P1：5'-TCTTCTGCACTGATGACTTCACTTTCTC-3'，P2：5'-GGGATGTGTCTCCAGAAGCA-3'，probe：5'-（FAM）ACAGCAGATCTAC-TATGCACTCC（TAMAR）-3'，扩增片段为 103 bp。我国袁帅等（2016 年）根据病毒 S 基因保守片段序列建立了检测克里米亚—刚果出血热病毒的实时荧光 RT-PCR 检测方法，检测灵敏性为 7.26×102copies/μL，且与汉坦病毒等无交叉反应。其引物探针序列为：P1：5'-TGAATAARTGGTTTGAGGAGT-TYAA-3'，P2：5'-GCATCGTCGGTAGCRCTAGCCATYTG-3'，probe：5'-（FAM）AATGGGCTTRTGGAYACYTTCACAAACTC（BHQ1）-3'。

2. 血清学检测方法

（1）血清中和试验：CCHF 病毒中和试验采用固定血清稀释病毒法，不同稀释度的病毒和等量血清混合后 37℃ 水浴作用 1h，再接种于 1～3 日龄乳鼠脑内，测定半数动物死亡的稀释度（LD_{50}）并计算中和指数，判定血清中和抗体滴度或鉴定毒株间的抗原差异等。本法特异性强，于病后 1 周左右即能测到中和抗体，2～3 周已达高峰。本法亦可用于新分离毒株鉴定。试验因要求大量相同日龄的乳鼠而受到限制。

（2）反向间接血凝试验和反向间接血凝抑制试验：反向间接血凝试验（RPHA）可用于各种 CCHFV 抗原的检测，如急性期患者末梢血液中病毒抗原的检测和家畜血液、野生动物以及蜱悬液中病毒抗原的检测。本法不需要特殊的试验仪器和大量器材，方法简便、快速、微量，可检测各种动物血清，便于现场使用，已广泛用于流行病学调查。但敏感性相对较低。反向间接血凝抑制试验（RPHI）可用于人群和各种动物血清中抗体的测定。血清标本试验前先经 56℃～60℃ 灭活 30min，然后从 1∶2 开始二倍递增稀释至所需稀释度，加入 4 个血凝单位的抗原，混匀后置 4℃ 过夜，次日加入 1% 致敏血球，37℃ 放置 1～2h 后观察结果，计算抗体效价。

（3）酶联免疫吸附试验（ELISA）：ELISA 的敏感性、特异性、快速性和可重复性均高于 CFT、免疫荧光、血凝抑制试验等。临床早期诊断采用 IgM 捕获 ELISA 法检测血清中 IgM，不受 IgG 影响，特异性好，此法也可用于动物感染的普查。常用于检测抗体的 ELISA 法有以下几种：抗体捕捉 ELISA 可用于检测急性期患者特异性 IgM 抗体，快速确诊早期可疑者。一般患者于入院时 IgM 抗体即为阳性，滴度可达 1：1000。间接 ELISA 可采用市售的羊抗人 IgG 酶结合物检测人血清中的特异性 IgG 抗体，其灵敏度高于其他已建立的血清学方法，患者血清抗体滴度恢复期高于发病初期 4 倍以上有诊断意义。初筛时大量血清标本作 1：100 或 1：200 稀释，如果 P/N 值>2.0，需再进一步测抗体滴度。双抗体夹心法可检测人及各种动物血清中抗体，主要测定 IgG。

（4）补体结合试验（CFT）：CFT 是病毒性疾病血清学反应中较常使用的方法，它是需要有补体参加下的抗原与其特异性抗体之间的一种反应。CCHFV 通常使用乙醚抗原，但进行毒株鉴定时使用蔗糖—丙酮抗原。待检血清为患者急性期和恢复期双份血清同时试验。急性期血清往往有抗补体现象存在，病后 2~3 周 CF 滴度仅 1：8 至 1：16，于病后 2~3 个月达高峰，此时最高滴度为 1：256~1：512。既往 CCHF 患者血清补体结合抗体维持在 1：4~1：16。

（八）预防与控制

每年流行季节前和高峰期开展 CCHF 的防控教育，在疫区居民中普及预防知识，进入疫源地的人群加强个人防护，一旦被蜱叮咬，应接受医学观察 7~10d，出现症状立即就医治疗。春季对牲畜进行药浴或喷洒杀蜱剂，降低牲畜体表的蜱密度。因该病可经接触感染和消化道传染，因此，医务人员和护理病人的家属应加强个人防护，及时隔离可疑者，感染病人使用过的注射器、针头和其他物品必须彻底消毒，严禁喝生牛、羊奶和食用病死畜肉。

十八、辛德毕斯病

辛德毕斯病（Sindbis Disease）是由辛德毕斯病毒（Sindbis Virus，SINV）引起的蚊媒人畜共患病。人可轻度感染，但没有明显的致病性，可引起全身性疾病，主要表现为发热、关节痛和皮疹。SINV 不能引起家畜的疾病和病毒血症，较大的鸡只有低水平的病毒血症，小鸡则血中病毒浓度很高，常导致死亡。

（一）病原学

1. 分类

SINV 在分类上属于披膜病毒科（Togaviridae）甲病毒属（*Alphavirus*），为甲病毒的代表种。甲病毒属含 29 种病毒，其中 26 种是蚊媒病毒。与辛德毕斯病毒关系较密切的有：罗斯河病毒（RRV）、基孔肯雅病毒（CHIK）、东方马脑炎病毒（EEEV）、盖塔病毒（GETV）、西方马脑炎病毒（WEEV）、马雅病毒（DENV）等。世界各地分离到的辛德毕斯病毒毒株间存在抗原性差异，Olson 等用中和试验将辛德毕斯病毒分为两个组，一组为古北区即埃塞俄比亚区，另一组为东方区即澳大利亚区。

2. 生物学特征

（1）形态结构

据 Taylor 等报道辛德毕斯病毒的直径为 40~48nm，但 Horzinek 等用电子显微镜法测量其直径为 32nm。病毒粒子分子量 $3.9 \sim 4.5 \times 10^6$ Da，病毒表面有包膜和纤突，核壳体呈立体对称型。

（2）理化特性

辛德毕斯病毒于 56℃ 30min 完全灭活。用 20% 乙醚或 1：1000 去氧胆酸盐处理该病毒，其滴度从 $4.5 \sim 6.0 \log_{10} LD_{50}/0.03mL$ 下降到 $2.0 \log_{10} LD_{50}/0.03mL$ 以下。由于病毒外膜的类脂含量很高，所以对脂溶剂和去污剂非常敏感。另外，该病毒对酸、甲醛（0.2% ~ 0.4%）和紫外线等也较敏感，但对胰酶有抵抗力。冷冻干燥是最理想的病毒保存办法，其活力可以维持 5~10 年以上。

（3）培养特性

辛德毕斯病毒可通过接种新生小白鼠、8 日龄鸡胚和原代猴肾细胞进行培养。敏感细胞有 VERO 细胞，在接种后第 3 天可形成直径为 10mm 的蚀斑，蚀斑滴度为 $7.7 pfulog_{10}/mL$；LLG－MK2 细胞（恒河猴 *Macaca mulatta* 肾细胞），在接种后第 2 天可形成直径为 1mm 的蚀斑，蚀斑滴度为 $8.0 \log_{10} pfu/mL$；BHK-21 细胞（乳金黄色地鼠 *Mesocricetus auratus* 肾细胞），在接种后第 1 天可出现"++++"细胞病变，滴度大于 $8.5 \log_{10} LD_{50}/mL$。此外，在鸡胚、原代猴肾、人羊膜、Hela 和其他哺乳动物的细胞培养中也生长很快，并可以形成蚀斑。

（4）基因组结构

SINV 为单股正链 RNA 病毒，不分节段。其结构蛋白由核衣壳蛋白 C，3 个糖蛋白 E1、E2、E3，和一个 6K 多肽组成，非结构蛋白有 Nsp1、Nsp2、Nsp3 和 Nsp4。基因组核苷酸长度约为 11.7kb，磷脂和胆固醇的含量较高，分子量约 $4.3×10^3$kDa，沉降系数为 42~49S，具有真核 mRNA 的典型特征，裸 RNA 具有感染性。自 Strauss 等（1984）测定辛德毕斯病毒 HRsp 株基因组全序列以来，多株辛德毕斯病毒基因全序列被测定，基因组核苷酸长度约为 11.7kb，不同的病毒株略有差异，代表株 AR339 株为 11703 bp，南非的 S.A.AR86 株为 11663 bp，我国分离的两株辛德毕斯病毒 YN87448 株和 XJ2160 株分别为 11672 bp 和 11626 bp，这些长度不包括 5' 端帽子核苷酸和 3' 端 Poly（A）尾。

（5）病毒蛋白及功能

C 蛋白合成 5~7min 后即与病毒基因组 RNA 结合，形成核心。E1 含有一个中和抗体决定簇，膜外 N 端第 40 位缬氨酸到第 96 位的半胱氨酸之间是高度保守的疏水区，有细胞结合和红细胞吸附活性。E2 形成病毒的外膜抗原，属于穿膜蛋白，E2 含有 SINV 的中和抗体簇，带有主要的中和表位。E3 是前体 PE2 裂解产生成熟的 E2 过程中的附产物，前 19 个氨基酸可能是作为信号序列结合 26SRNA 翻译复合物引导 PE2 进入内质网的膜。6K 多肽位于 PE2 和 E1 之间，其功能是作为一个信号序列使 E1 插入内质网，糖基化后通过高尔基体运至胞膜。

（二）历史、地理分布

1952 年首次在埃及的尼罗河三角洲辛德毕斯地区从库蚊体内分离到病毒而得名。此后，相继在印度、南非、澳大利亚、中东、俄罗斯、瑞典等地的蚊虫标本中分离到该病毒。1961 年在非洲乌干达发现首批临床患者，5 名患者有头痛、肌痛及全身不适症状，从患者血液分离出 SINV，随后在南非儿童中也发现该病。人受到 SINV 感染，除能引起发热、皮疹和关节痛等临床症状外，还能使所感染性疾病迁延发展成为慢性疾患，对人类健康危害较大。我国自 1987 年从云南省西双版纳发热患者血清中分离到一株 SINV 以来，不仅从发热患者血清和蚊虫（中华按蚊、三带喙库蚊）体内分离到 SINV，而且血清流行病学调查提示我国人群中普遍存在 SINV 感染。SINV 是所有已知虫媒病毒中分布最广的病毒，呈世界性分布，在非洲、亚洲、大洋洲和欧洲都有发生。

(三) 危害

我国地域辽阔，存在多种媒介昆虫，适宜各种虫媒病毒的存在，虽然尚无辛德毕斯病的流行，但血清流行病学调查显示，我国 11 个省（区、市）的人群中存在 SINV 抗体，其中上海市出现 SINV 引起的脑炎病例，福建省于 1998 年同样出现辛德毕斯病病例，提示该病毒在我国有潜在的流行趋势。因此，应加大监测力度，防范该病的流行。

(四) 风险群体

SINV 的宿主动物范围很广，在自然界中的最大传染源为鸟类，如鸽子、鹅、雀、乌鸦和众多候鸟。该病毒的广泛分布与鸟类的迁徙有直接的关系，因为许多候鸟可以携带病毒长距离迁徙；其次是哺乳动物，如绵羊、山羊、牛、猪、犬等脊椎动物均可检出病毒中和抗体，家畜等大型脊椎动物和人类是其终末宿主。另外，青蛙、蜱和蝙蝠也曾有分离到病毒的记录。

(五) 媒介生物

SINV 的主要传播媒介是伊蚊和库蚊，在自然界中，SINV 是通过蚊—鸟—蚊的循环保存的，在地方性疫源地的伊蚊和库蚊中能分离到该病毒。在非洲，SINV 在人类之间的传播媒介是窄翅伊蚊（*Aedes limeatopennis*）和希氏库蚊（*Culex theilern*），在动物之间的是 *Culex univittatus*（分离出 9 株病毒）。在欧洲，SINV 在动物之间的传播媒介为脉毛蚊属（*Culiseta*）。在亚洲，SINV 在动物之间的传播媒介是三带喙库蚊（*Cules tritaeniorhynehus*）（分离出 1 株病毒）和白雪库蚊（*Culex gelidus*）。在澳大利亚，SINV 在人类之间的传播媒介是环带库蚊（*Culex annulirost*），在动物之间的传播媒介也是环带库蚊（分离出 5 株病毒）。SINV 的宿主包括鸟类，绵羊、山羊、牛、猪、犬、猬和蝙蝠及人类等其他脊椎动物。很多鸟类感染该病毒，鸟感染后可产生病毒血症，但不发病。

(六) 症状

人发生 SINV 感染，潜伏期为 3~7d，大多数病例较轻，发病急骤，有低热，伴有倦怠、头痛、关节痛、咽痛。最显著的表现是皮疹，在躯干和四肢出现斑丘疹，而在面部无皮疹，皮疹的发展分为斑疹、血疹、水疱和脓疱 4 个时期，持续 10d 之久，常留下褐色斑皮疹。重症病例出现脑炎等中枢神经系统症状。该病毒感染患者可自愈，一般无后遗症及死亡发生。SINV 对动物没有明显的致病性，仅偶尔在南非地方性的绵羊、山羊、牛和马体内检测到抗体。较大的鸡只有低水平的病毒血症，小鸡则血中病毒浓度很高，常导致死亡。

（七）检测技术

1. 样品采集

SINV 存在于受感染病人的血液和病变皮肤中，以及受感染低等脊椎动物的血液、心脏和脾脏中，因此可采集新鲜的血清、全血、皮肤损伤活组织作为样品，其中全血、皮肤损伤活组织样品需用 EDTA 抗凝处理。

2. 病原学检测方法

（1）病毒分离：用 SINV 感染最初几天的血液或疱液接种新生小白鼠或进行细胞培养、分离和鉴定。但因早期诊断困难，常不易被发现，通常采用抗体检测方法进行诊断，普遍认为其结果可靠，特异性强。

（2）核酸检测：

①套式 PCR 方法：Satu Kurkela 等建立了检测辛德毕斯病毒的套式 PCR 方法，检出下限可达 0.1 个病毒粒子，外引物为 OF 5'-ATACGAC (C/A) AAAGCGGAGCAG-3' 和 OR 5'-AGTACGGGTCGTAACGGTTC-3'；内引物为 IF 5'-GATAC-TTTCTCCTCGCGAAATG-3' 和 IR 5'-GTCTTGTA-ATCGCCGCACTTG-3'。反转录（MLV 酶）参数为：50℃ 30min，94℃ 3min，1 个循环；外引物扩增的反应参数为：96℃ 45s，53℃ 45s，72℃ 40s，39 个循环；72℃ 延伸 10min。内引物扩增的反应参数为：95℃ 60s，56℃ 45s，72℃ 30s，39 个循环；72℃ 延伸 10min。

②RT-PCR 方法：何丽芳等建立了检测 SINV 的常规 RT-PCR 方法，上游引物为 5'-GAGGTAGTAGCACAGCAGG-3'，下游引物 5'-CGGAAAA-CATTCTACGAGC-3'。反应参数为：50℃ 2min，95℃ 10min，95℃ 15s，55℃ 15s，72℃ 30s，40 个循环；72℃ 延伸 10min；然后再进行 95℃ 15s，60℃ 30s，95℃ 15s，1 个循环。用该方法检测 2 株辛德毕斯病毒结果为阳性，而对其他虫媒病毒如甲病毒属 Getah 病毒、乙脑病毒、巴泰病毒、版纳病毒、圆环病毒及西方马脑炎病毒合成模板检测均为阴性，敏感性比常规 PCR 方法要高近 100 倍，检出下限可达 $0.1\lg_{10}PFU/mL$。

3. 血清学检测方法

常用的血清学方法是血凝集抑制试验（HI），也可以用补体结合试验（CF）、中和试验（NS）、免疫荧光试验（IFA）、酶联免疫吸附试验（ELISA），检测急性期和恢复期双份血清中的辛德毕斯病毒 IgG 抗体，还可以检测早期血清中的特异性 IgM 抗体。用抗体捕捉 ELISA 检测抗辛德毕斯病毒的 IgM 抗体比用间接免疫荧光试验更灵敏、特异。

（八）预防与控制

尚无预防辛德毕斯病的疫苗，因此防蚊灭蚊、改善环境卫生是有效的预防措施。

十九、盖塔病毒病

盖塔病毒病（Getah Disease）也称盖他病毒病，是由盖塔病毒（Getah Virus，GETV）引起的蚊媒人畜共患病，马和猪等哺乳动物可感染该病毒。马发病时有发热、荨麻疹和后肢水肿等症状，不会造成马的流产和出生缺陷。猪感染该病毒后引起发热、厌食、腹泻、震颤、步态异常等症状，严重者呈犬坐姿势或出现神经症状，最后衰竭死亡，母猪感染后出现流产等症状。偶然传播到人，只引起发热症状。

（一）病原学

1. 分类

盖塔病毒在分类上属于披膜病毒科（Togaviridae）甲病毒属（*Alphavirus*）西门利克森林病毒复合组（Semliki Forest Virus Complex）的一个亚型，盖塔病毒至少有 8 株病毒，它们变异频率较高，按照抗原性关系分类，鹭山病毒（Sagiyama Virus）、贝巴鲁病毒（Bebaru Virus）和罗斯河病毒（Ross River Virus）是披膜病毒科甲病毒属西门利克森林病毒复合组（Semliki Forest Virus Complex）中 GETV 的三个亚型。在日本暴发的鹭山病毒（Sagiyama Virus，SAGV）与盖塔病毒亲缘关系很近，是盖塔病毒的分支之一。澳大利亚分离的 GETV 病毒株被确定是鹭山病毒的 N544 株。

2. 生物学特征

（1）形态结构

盖塔病毒是单链 RNA 病毒，外形为圆形颗粒，直径约 70 nm。具有囊膜和纤突。完整病毒颗粒有 3 个多肽，用 SDS 聚丙烯酸胶凝胶电泳法测定其分子量分别为 56000Da、54000Da 和 34000Da。

（2）理化特性

盖塔病毒对酸（pH<5.0）和碱（pH>10.0）敏感，1mol/L 的 $MgCl_2$ 状态下，对 50℃以上温度较敏感，但在 4℃条件下可存活 6 个月，对乙醚、三氯甲烷、去氧胆酸盐等溶剂也敏感。不能抵抗 0.25% 以上浓度的胰酶。

（3）培养特性

盖塔病毒易于在乳鼠脑内增值，也是分离培养该病毒最常用的方法。敏感细胞有 VERO 细胞、LLC-MK₂细胞、BHK-21 细胞和 C6/36 细胞（克隆的白纹伊蚊细胞）等细胞系，用人胎肺细胞、马胎皮肤细胞、牛胎肾细胞、猪胎肾细胞、中国地鼠肾细胞、母牛肾细胞、马肾细胞、MA-104 细胞、HmLu 细胞、RK-13 细胞进行细胞接毒培养也能产生细胞病变。

（4）基因组结构

盖塔病毒为正链 RNA 病毒，基因组长 11-12 kb，5' 和 3' 末端都包含非编码区（5'UTR 和 3'UTR），位于非结构和结构蛋白编码区域之间有 26SRNA 结区。基因组为两个开放阅读框，第一个 ORF 编码非结构多蛋白，负责病毒 RNA 的转录、复制。第二个 ORF 约占甲病毒基因组阅读框的 1/3，编码 Cap、E3、E2、6K 和 E1 蛋白，它们是主要的结构蛋白。衣壳蛋白分为两个独立的域 N 末端和 C 末端，在所有甲病毒衣壳蛋白中，C 末端是高度保守的，但是 N 末端结构域高度可变。

（5）病毒蛋白及功能

衣壳蛋白和 E2 蛋白近年来备受关注，E2 蛋白基因长度为 1266bp，编码 422 个氨基酸，是 GETV 与宿主细胞受体相互作用的最重要的表面蛋白，也是病毒诱导中和抗体产生的主要结构蛋白。而其他病毒蛋白以及和宿主蛋白间的相互作用鲜为人知。

（二）历史、地理分布

1955 年 10 月 17 日，美国陆军医学研究所在马来西亚吉隆坡附近的海港橡胶种植园用牛诱捕法捕捉到 98063 只白雪库蚊（Culex gelidus）雌性成蚊，36h 后分为 461 组研磨，脑内接种新生小白鼠，从其中 1 组首次分离出该病毒，命名为盖塔病毒，盖塔病毒的原型株是 MM2021 株。1959 年日本首次从猪血液中分离出盖塔病毒，1978 年首次在日本赛马中发现由该病毒引起的传染病。1990 年印度暴发盖塔病，病情发展迅速，12d 后发病率上升为 30%，这是首次于日本外暴发的报道。我国于 1964 年首次从海南省的库蚊体内分离到盖塔病毒，后面又从河北、上海、云南、辽宁、甘肃等省（区、市）分离到 10 余株病毒。2011 年河北某农场的猪群中有仔猪死亡，证实是 GETV 首次在猪群中暴发。2018 年东北报道了我国首例牛群感染 GETV，研究人员从临床感染的发热的牛中分离出了 GETV，并命名为 GL1808，这是世界上首次从牛中分离出 GETV。2018 年 8 月广东省报告了第一例马 GETV 感染，病马表现发烧，并且从马中分离出了 GETV，命名为 GZ201808。目前，我国已从至少 15 个省（区、市）的蚊虫、蠓、猪和狐狸中共分离到约 70 株 GETV，这进一步提示盖塔病毒可能在我国广泛分布。血清学实验表明，盖塔病毒广泛分布于欧亚大陆和澳大利亚，包括西伯利亚和蒙古国等地。

（三）危害

近年来，GETV 在我国感染脊椎动物的数量增长迅速，并且宿主范围不断扩大，相继出现了第一例狐狸、猪、马、牛感染。血清学普查也表明，在我国多地饲养的猪群、牛群、马群中，都有感染盖他病毒情况发生。尽管还没有人感染此病并引发临床症状的报道，但在人体内有检测到盖他病毒抗体，提示我们应该防患于未然，重视此病的预防工作。

（四）风险群体

马和猪是 GETV 的主要天然宿主，这两种动物遭受感染能够引发较严重的疾病；但在广泛的动物中发现了抗 GETV 抗体，包括鸟类、爬行动物、有袋动物、牛、水牛、山羊、猴、犬等。小鼠、仓鼠、豚鼠和兔子已被实验感染。除家猪外，野猪也可以是其宿主。

（五）媒介生物

GETV 的传播媒介主要是伊蚊和库蚊，其种类随气候及地理环境的不同而有所差异，目前分离到 GETV 的蚊媒主要有三带喙库蚊（*Culex tritaelrhynchus*）、二带喙库蚊（*Culex Bitaeniorhynchus*）、杂鳞库蚊（*Culex vishnui*）、白雪库蚊（*Culex Gelidus*）、赫坎按蚊（*Anopheles hyrcanus Pallas*）、疟蚊（*Anopheles amictus amict*）、刺扰伊蚊（*Aedes vexans nionu*）、蚊扰伊蚊（*Aedes vexans niponu*）、伊蚊（*Aedes*）等。在日本西部地区三带

喙库蚊可能作为散在发生的马盖塔病的主要媒介，蚊扰伊蚊则是次要的媒介昆虫。

GETV 是典型的在蚊科与不同种的脊椎动物间保持自然循环的病毒，在许多地区，该病毒可以在蚊和马、猪或其他啮齿类等动物之间循环传播，这些动物成为该病毒的扩大器。猪被认为是 GETV 的主要放大宿主，马是 GETV 放大和循环的重要宿主。产生血清抗体而无明显症状的动物有牛、水牛、袋鼠、小袋鼠、鸟、爬行类动物、非人类的灵长动物和人类，而小鼠、大鼠、仓鼠、豚鼠和兔可在实验室条件下被感染。盖塔病毒主要通过蚊虫叮咬传播，也可在马群中经气溶胶或鼻分泌物接触传染。垂直感染常见于猪，以及实验室感染的小鼠、仓鼠、豚鼠、猪和兔，马未发现有垂直感染的病例。

（六）症状

马的盖塔病毒感染是一种轻度的自限性疾病，表现为发热，后肢球节水肿和僵硬，颌下淋巴结肿胀和轻度疼痛、抑郁、轻度黄疸、阴囊水肿。荨麻疹偶见，多发生 3~5mm 大小丘疹，常见于颈肩部、前臂，臀部、大腿到小腿。严重的流涕可见于实验性感染的马，而自然感染的马却无此表现。一些马临床只表现为其中一种或两种症状，如仅有发热，或发热和皮疹，或发热和肢体水肿。GETV 不导致马匹流产或生长发育缺陷。GETV 能使猪发病，引起发热、食欲不振和幼猪轻度腹泻抑郁等症状，不能致死年幼和成年猪，但能引起母猪死亡或繁殖障碍。尽管在疫区人群的血清中可以查出抗盖他病毒的抗体，但尚无盖他病毒引起人疾病的报道。

（七）检测技术

1. 样品采集

病毒学症仅仅出现于马发热后的 1~2d，用于病毒分离的血浆，应在马刚刚发热时采集，感染的可疑病例发热初期收集的血浆为首选样本；GETV 可从唾液、鼻拭子和去纤维蛋白的血中进行分离，另外也可从肺脏、肝、脾、肾、淋巴结、解剖的脊髓组织中分离病毒。

2. 病原学检测方法

（1）病毒分离：GETV 可用 VERO、RK-13、BHK-21 等敏感细胞进行病毒分离，或乳鼠脑内接种分离病毒。实验感染马腋窝和腹股沟淋巴结病毒滴度最高，而且含病毒时间最长。猪接种病毒 1~2d 后，可从脾、淋巴结、排泄物中分离到病毒，死亡的猪胎儿也能分离到病毒。上述两种动物的血清均可在急性期和恢复期采集。

（2）核酸检测：朱翔宇等（2020 年）根据 NSP1 保守区设计 1 对特异性引物和 TaqMan 探针，建立实时荧光定量 RT-PCR 检测 GETV 的方法。该方法能特异性地鉴别检测 GETV，检测灵敏度高，检测的最低模板量可以达到 2.03×101copies/uL，比普通 RT-PCR 高 100 倍。该方法上游引物为：5'-GAGAAAGAAGTGCTTGC-3'，下游引物为：5'-GGTGATCTTCTT-TACCA-3'，探针为：HEX-AACCTTCGCATGACACCACC-TAMRA。反应参数为：95℃预变性 30s，95℃变性 5s，55℃退火 10s，72℃20s，共 40 个循环。

3. 血清学检测方法

中和试验（SN）、补反（CF）、荧光抗体（IFA）、血凝抑制（HI）等血清学试验可用于马匹的鉴定及诊断。酶联免疫吸附试验（ELISA）已用于猪 Getah 病毒的检测。

（八）预防与控制

用于马匹预防接种的疫苗有 VERO 细胞适应毒株 MI-110 和马皮肤细胞培养物制备的两种甲醛灭活疫苗，接种疫苗的马可在有临床症状或有病毒血症的群体中受到保护。由于盖塔病毒主要通过蚊媒传播，因此，加强和提高饲养管理水平，做好猪场和马场的消毒工作，减少和扑灭蚊子等传媒，可有效阻止该病的传播。

二十、科罗拉多蜱传热

科罗拉多蜱传热（Colorado Tick Fever，CTF）也叫山林热和山林蜱热，是由科罗拉多蜱传热病毒（Colorado Tick Fever Virus，CTFV）引起的一种以发热为主的蜱媒人畜共患病。人感染后主要临床表现为非特异性流感样症状、头痛、背痛、双峰热和白细胞减少，大多数病例是自限性的，少数病人有脑炎症状，但也有更为严重的并发症，甚至死亡。动物感染后可引起病毒血症，但无临床症状。

（一）病原学

1. 分类

科罗拉多蜱传热病毒属呼肠孤病毒科（Reoviridae）科罗拉多蜱传热症病毒属（*Coltivirus*）。该属可以分为两组：美洲分离株科罗拉多蜱传热症病毒及其变异株和欧洲分离株 Eyach 病毒及其变异株。根据组又分两个血清型，即早期分离株 N-7180、R-1575、69V28 等，和 1982 年从加利福尼亚州沿海分离的 S6-14-03 病毒株；Eyach 组与动物神经系统性疾病有关。1991 年国际病毒分类委员会决定把含有 12RNA 片段的呼肠孤病毒命名为 Colti 病毒，以科罗拉多蜱热病毒为代表株。

2. 生物学特征

（1）形态结构

科罗拉多蜱传热病毒为无囊膜病毒，由微密核心和双层衣壳组成，呈二十面体对称，直径 80nm，核衣壳直径为 56nm，衣壳内有 32 个壳粒，病毒核酸由 12 个片段的双链 RNA 组成，长 29174bp，是呼肠孤病毒科中基因组最长的。

（2）理化特性

科罗拉多蜱传热病毒对乙醚等有机溶剂有抵抗力，对 1% 次氯酸钠、70% 乙醇、戊二醇、甲醛敏感，50℃~60℃加热 30min 和 pH 值 3.0 均可将其灭活。4℃和室温下病毒稳定，pH 值 7.5~7.8 时能维持最佳活性。冻干条件下可长期保存。

（3）培养特性

科罗拉多蜱传热病毒可在多种脊椎动物和昆虫细胞中复制，在 VERO 细胞、BHK-21 细胞、C6/36 细胞中可进行体外培养。该病毒也可用鸡胚培养或小鼠、地鼠脑内接种，连续传代后适应毒株可将其致死。

（4）基因组结构

科罗拉多蜱传热病毒为双链 RNA 病毒，由 12 个片段组成。研究发现，CTFV 基因组的片段可以重配，在同一地点不同时间分离的毒株会重配为适应性更强的优势变异株。在同一个地点同时分离的不同 CTFV 毒株进行 RNA 片段差异聚丙烯酰胺凝胶电泳也证明了 CTFV 存在着遗传变异。但在宽松杂交条件下 RNA-RNA 杂交显示，CTFV 基因序列相对保守。CTFV 保守节段（如基因组第 12 节段）的核苷酸序列同源性为 90%~100%。

dsRNA 基因片段的第十个（M6）、第十一个（S1）和第十二个（S2）的核苷酸序列长度分别为 765bp、998 bp 和 1884bp。在 3 个片段的九核苷和六核苷分别 5' 和 3' 非编码区（NCRs）发现有片段特异反转终点的重复。德国分离的 Eyach 株和美国分离的 S6-14-03 株氨基酸有 55%~80% 同源性。根据序列的均一程度分为 A 型和 B 型。A 型又分 A1 亚型（CTF 病毒）和 A2 亚型（Eyach 病毒）。

（5）病毒蛋白及功能

科罗拉多蜱传热病毒包含 12 个核酸片段，12 个节段依次编码 VP1~12 蛋白。与呼肠孤病毒科其他病毒相比，人们对 CTFV 的基因产物了解得较少。CTFV 的 VP1 蛋白与其他呼肠孤病毒的 RNA 聚合酶序列同源，具有 RNA 依赖的 RNA 聚合酶特异性识别模序，VP3、VP7、VP12 与 RNA 复制因子有关，VP10 具有激酶和解旋酶功能。

（二）历史、地理分布

最早是在美国和加拿大洛矶山脉 4000~10000 英尺地区发现的一种蜱传病毒性疾病，感染造血细胞，临床上类似一般感冒样症状。1943 年 Leyod Feorio 从美国西北部落基地区发热病人的血液中首次分离出科罗拉多蜱传热病毒，从而确定了该病的存在。1944 年又从安氏蜱（*Dermacen torandersoni*）分离到同样的病毒，并证明此种蜱可以传播给人。1972 年在德国分离到同样的病毒（Eyach 株），1976 年美国加利福尼亚州分离到 S6-14-03 株病毒、法国分离到两个病毒株 Ar577 和 Ar578，1993 年亚洲印度尼西亚分离 11 株（JKT 株）病毒。我国从三带喙库蚊、发热病人血清、脑炎病人脑脊液中分离出 Colti 病毒等证实该病毒在我国广泛存在。全球已发现有此病的国家有：美国、加拿大、法国、德国、印度尼西亚、韩国和中国。美国有 11 个州（科罗拉多、怀俄明、蒙大拿、艾达荷、犹他、南达科他、新墨西哥、加利福尼亚、俄勒冈、内华达、华盛顿）。中国已有 8 个省（区、市）发现人和动物感染。该病呈明显季节性流行，3—9 月高发，犹以 5—6 月最严重，与成虫蜱活动的高峰时期一致。

（三）危害

科罗拉多蜱传热病毒引起具有非特异性症状的急性热病，虽然致死病例少见，但 30% 的患者需要住院治疗。在美国每年有 200~400 个确诊病例，由于没有强制要求报告病例，实际发病人数更多。我国在一些地方已出现人和动物感染病例，应引起足够重视。该病一般呈地方性流行，大多数病例为自限性，因此，在流行地区进行户外活动时，尽量做好防护措施，将该病的影响降低到最小。

（四）风险群体

自然宿主主要为小型哺乳动物，如地鼠、花栗鼠、松鼠、豪猪等。另外鹿、羊、马等大型动物也是其宿主。人类对该病普遍易感，但人类感染是由于受病毒感染的成虫蜱（雌雄均可）叮咬而致。人类一旦被感染，就会终生携带。除山区人群易感外，偶尔感染的蜱尚可粘在衣物或其他露营的工具上带到远方，结果导致非流行区的人感染。高危人群包括露营者、护林员、打猎者、电话查线员等。患者病毒血症期间，可发生人际传播，已有通过输血造成 CTFV 感染的病例。

（五）媒介生物

以小哺乳动物为主要宿主，已从 13 种啮齿动物分离出病毒，还发现野兔、豪猪和牛带毒。将病毒接种新生小鼠、地鼠、金花鼠、鹿鼠、仓鼠、松鼠、罗猴、豪猪均可产生毒血症或死亡。

安德逊革蜱也叫落基山森林蜱，是主要的传播媒介。除卵外，蜱的幼虫、蛹或成虫均可感染 CTFV。雌蜱产卵于枯叶上，幼虫孵出后找寻小型的哺乳动物如松鼠、花栗鼠等寄生，经几日后变成若虫，不进食进行冬眠。在春天另找小型哺乳动物寄生，经 4~9d，若虫蜕皮变成成虫。成虫以大型哺乳动物作为宿主，如鹿、人。雌蜱发育 6~13d 开始产卵，产卵后不久即死亡。雄蜱在交配后仅存活几小时即死亡。Colti 病毒可在若虫或成虫体内越冬。Colti 病毒在未成熟的蜱和小的哺乳动物（主要是啮齿动物）之间传播。此外，还从西方革蜱和等翅革蜱中分离出病毒。

（六）症状

患者通常有蜱叮咬史或暴露史（90% 以上）、疫区居住史或旅行史。多为轻型和亚临床感染，典型症状常突然发生，伴有发热、寒战、肌肉和关节疼、头痛、嗜睡、眼眶痛、畏光和畏食，其他症状有咽痛、恶心、腹泻、便秘等。体温大约是 38.3℃~39.4℃，持续 2~3d 体温下降，接着缓解 2~7d，然后再次出现发热 2~3d，即出现双波热。在确诊为科罗拉多蜱热病例中，一半患者可见双波热，约 20% 的病例有呕吐和腹痛，5% ~ 12% 的确诊病例可观察到皮疹。一些病例出现嗜睡、颈强直等脑炎症状和无菌性脑膜炎，10 岁以下儿童病情常较严重，严重型有中枢神经系统症状和出血。

（七）检测技术

1. 病原学检测方法

（1）病毒分离

病程第 1 周即可从血液、红细胞、网状细胞及骨髓中分离出 Colti 病毒，病程 2~3 周阳性率最高。分离出的病毒可用新生小鼠进行腹腔注射或脑内注射，或在 VERO、C6/36、BHK-21 细胞株中进行体外培养。病毒感染 C6/36 细胞后 36~38h 即出现细胞病变，病变特点以细胞收缩、折光增强和脱落为主。病毒的繁殖滴度为 $8.5 \sim 9.01g$ $TCID_{50}$。在 BHK-21、VERO 传代细胞和鸡胚原代细胞中，病毒不引起细胞病变。脑内或皮下注射 2~4 日龄乳小白鼠和 3 周龄小白鼠均不出现明显的症状，但病毒在乳鼠脑内能繁殖，且 3 周小白鼠脑内注射病毒后能诱生高滴度($>1 : 280$)抗体。

（2）核酸检测

①反转录聚合酶链反应（RT-PCR）：Alison（1997）根据 Colti 病毒 VP12 基因的序列，设计了套式 RT-PCR 引物：上游引物 5'-GAGTGTCGC-CGGGTTTTTGAA-3'，下游引物 5'-CGTCCCGGGAGAATGATGCTA-3'，半套式下游引物 5'-ATGTGAGGAGAGGCTGGCGGAGGATAG-3'，扩增产物大小为 528bp，半套式扩增产物为 357bp。

②实时荧光 RT-PCR：Lambert Amy J（2007）根据科罗拉多蜱传热病毒 VP2 基因，设计两套特异性引物和探针，建立了一种检测科罗拉多蜱病病毒的实时定量 RT-PCR 检测方法，该方法对急性患者血清中的 CTF 病毒具有较高敏感性。第一套引物和探针序列为：上游引物 5'-CTTGCTTCTTC-CCGGATCAGT-3'，下游引物 5'-GTCGATTCGGTTTCCGGTAA-3'，荧光探针 5'-TTGATAGCTTCCCGTGGATATGGTCATGA-3'；第二套引物和探针序列为：上游引物 5'-TGACTGGGAATGTGAACTACGTGTAT-3'，下游引物 5'-TCCCAACGGACTTGGACATC-3'，荧光探针 5'-ATTCTGAAACTGCACG-TACTCGAGCGGAGT-3'。

2. 血清学检测方法

用于 Colti 病毒诊断的血清学试验，包括血凝抑制试验、ELISA、补体结合试验、间接免疫荧光试验和中和抗体法等，对急性期和恢复期双份血清进行测定，对 Colti 病毒的诊断和流行病学调查均有价值。快速微量中和试验法经细胞培养（白纹伊蚊细胞 C6/36 株、乳地鼠肾传代细胞）、病毒传代、免疫腹水和酶标 SPA、稀释和中和试验等步骤，然后再用蛋白印迹分析，此法可以在所有试验血清中检测到 38kD 病毒蛋白的抗体。

（八）防控

美国曾制备甲醛灭活纯化的 Colti 病毒乳鼠脑疫苗，疫苗接种志愿者多数人中和抗体至少持续 5 年。在流行区预防科罗拉多蜱传热的最好方法是教育有风险人群不被蜱叮咬，如野营者、徒步旅行者和户外职业的人群应避免被蜱叮咬。如发现蜱叮咬，应立即将其拖出，防止虫件断裂而使其口部残留于人体内，一旦残留，可用消毒的针尖挑出，酒精或指甲油有助于把蜱拨出。

二十一、布尼韦拉病毒病

布尼韦拉病毒病（Bunyamwera Virus Disease）又名布尼安姆韦拉病毒病、布尼亚维拉病毒病，是由布尼韦拉病毒（Bunyamwera Virus，BUNV）引起的人和动物的一种虫媒传染病。1946 年在非洲乌干达西部布尼安姆韦拉，从捕获的伊蚊中分离到病毒，随后又从库蚊和乌干达、肯尼亚、尼日利亚、中非和南非的人血中分离得到。在非洲一些国家，人血中的抗体阳性率可高达 80%。刚果的猩猩和中非、南非一些地区的家禽也有很高的抗体阳性率。在加利福尼亚鹿及马等大型哺乳动物体内检出该组病毒抗体阳性率为 25%。

（一）病原

1. 分类

BUNV 是布尼亚病毒科（Bunyaviridae）正布尼亚病毒属（*Orthobunya-virus*）布尼安姆韦拉组（Bunyamwera Group）的原型病毒和代表种。正布尼亚病毒属为布尼亚病毒科中最大一个属，有 150 多种病毒，其中布尼安姆韦拉组共登记有 24 种病毒，这些病毒除澳大利亚外其他地区都有发现。

除少数病毒是从蠓中分离到外，其他皆从库蚊和按蚊中分离到。

2. 生物学特性

（1）形态结构

布尼亚病毒在外形、大小及内部结构上基本一致，多数是圆形，偶见卵圆形。病毒大小范围是 80~120nm，平均为 90~105nm。病毒颗粒的外层有表面突起，长为 5~10nm，这些糖蛋白突起镶在脂类的外膜中间共同的构成病毒的包膜。有时在感染的细胞内可见到拉长的，但宽度相同的病毒形态，其意义尚未明确。

（2）理化特性

布尼韦拉病毒沉降常数为 350~470s，比其他虫媒病毒沉降常数高。病毒的浮力密度在 CsCl 中平均为 $1.2g/cm^3$，蔗糖浮力密度为 1.17~$1.19g/cm^3$。病毒颗粒的重量为 $300~400×10^6$ Da。布尼亚病毒外膜是由脂类组成的，占病毒重量的 20%~30%，病毒对三氯甲烷、乙醚、丙酮和脱氧胆酸钠敏感。BUNV 是有包膜的 RNA 病毒，病毒易于失去感染力。一般在中性及偏碱性（pH6~10）时稳定。

（3）基因组结构

病毒核酸为单负股 RNA，分为大（L）、中（M）、小（S）三个节段，三个节段的相对分子质量分别为 $3×10^6$~$5×10^6$、$1×10^6$~$2×10^6$、$0.4×10^6$~$0.8×10^6$，长度 L-1.59nm、M-0.74nm、S-0.34nm。三个片段的沉降常数 L-27~32s、M-22~25s、S-12~19s。三个线状的节段分别排列在三种核壳中，因 5' 端和 3' 端的碱基互配而形成环状。同属病毒的三个 RNA 节段具有相同的 3' 末端序列，而不同属病毒之间的 3' 末端序列则有差异。三个 RNA 节段分别编码病毒的三个结构蛋白、多聚酶和一些非结构蛋白。

（4）病毒蛋白及功能

BUNV 有三个主要结构蛋白和一个次要的大蛋白以及非结构蛋白。三个主要蛋白中两个为外的糖蛋白 G1 和 G2，是由 mRNA 编码的，构成病毒包膜上突起，具有血凝活性，可刺激产生血凝抑制抗体和中和抗体。此外一些病毒还有些非结构蛋白，分别由 mRNA 和 sRNA 编码。结构蛋白在属间有较大差异，而在属内病毒之间则相同。

（二）历史、地理分布

BUNV 最初是 1946 年从非洲乌干达西部从捕获的伊蚊中分离到的，随后从库蚊和从乌干达、肯尼亚、尼日利亚、中非和南非的人血中分离到。在中非、南非和东非一些地区，人群抗体的阳性率可高达 80%。在刚果的猩猩和中非、南非一些地区的家禽都有很高的抗体阳性率，但在啮齿类动物和鸟类中却很少有阳性抗体者。在加利福尼亚少数人能通过抑制抗体的交叉实验，从而来筛选加利福尼亚和布尼安姆韦拉血清组中的 BUNV。因此，该病属自然疫源性疾病。BUNV 血清组病毒近来被认为是加利福尼亚州的地方性动物病。从加利福尼亚州和俄勒冈州蚊子中分离 Northway 血清型和其他血清组 BUNV。1969—1985 年，从加利福尼亚州和俄勒冈州蚊子身上分离出了 8 种以前未分类的 BUNV 血清组 BUNV，并且通过交叉抑制试验进行了确认。

尚未有在亚洲检出 BUNV 的报道。但是已从亚洲分离到布尼安姆韦拉病毒组的 Batai 病毒，该病毒是 1955 年从马来西亚捕获的库蚊中分离到的，随后在泰国、印度、日本等国家（地区）的昆虫中分离到。另外，在马来西亚的人血清和这些国家（地区）的家禽血清及泰国的鸟血清中都查到对该病毒的抗体。在中国未发现布尼安姆韦拉组病毒的报道。

（三）危害

BUN 是由节肢动物传播的，病毒既能在脊椎动物中繁殖，也能在节肢动物中繁殖并传播。BUNV 能引起人的疾病，不过大多数人为不显性或轻型感染，只有少数重症病例，可以引起脑炎、脑脊髓炎、脑膜炎、出血热、关节痛、视网膜炎症等临床症状。

大多数布尼韦拉病毒病是因人类进入了病毒与媒介及动物的生态区而感染的。尚无有效的人用减毒活疫苗来预防。有许多实验室感染病毒的报道，因此应防止体液直接传播的途径。虽然国内尚未有布尼韦拉病毒病的报道，没有 BUNV 感染的证据，但 BUNV 的动物宿主与传播媒介均在国内有分布，我国尤其是南方地区具有潜在传播 BUNV 的可能性。因此，我国口岸卫生检疫与疾病控制工作有必要对来自 BUNV 病疫区的人、潜在动物宿主及蚊媒采取针对性防控措施，同时加强对口岸蚊媒的防治。对该病的治疗和预防尚无特殊的方法。

（四）风险群体

BUN 是由节肢动物传播的，病毒既能在脊椎动物中繁殖，也能在节肢动物中繁殖并传播。刚果的猩猩和中非、南非一些地区的家禽也有很高的抗体阳性率。在加利福尼亚鹿及马等大型哺乳动物体内检出 BUN 组病毒抗体阳性率为 25%。

BUNV 也能引起人的疾病，不过大多数人为不显性或轻型感染。

（五）媒介生物

刚果的猩猩和中非、南非一些地区的家禽都有很高的抗体阳性率，在啮齿类动物和鸟类中很少有阳性抗体者。在加利福尼亚鹿及马等大型哺乳动物体内检出 BUN 组病毒抗体阳性率为 25%，这些证据提示能被蚊虫叮咬的动物都有可能成为 BUNV 的宿主。

BUNV 最初是从捕获的伊蚊中分离到的，随后又从库蚊中分离出病毒。目前尚未从其他虫媒体内分离或发现 BUNV。经过蚊的传播试验证明，埃及伊蚊、致倦库蚊、四斑按蚊是其敏感蚊种，嗜血蚊类是 BUNV 的潜在传播媒介。

（六）症状

BUNV 对人引起的临床表现很复杂，可以引起脑炎、脑脊髓炎和脑脑膜炎、出血热、关节炎、视网膜炎、眼神经痛等症状。病毒怎样到达中枢神经系统尚不清楚。用病毒感染免疫抑制的动物可造成抗体阴性和动物发病死亡。

人受 BUNV 感染后常引起虚脱、发热、颈强直、出诊等症候群。1957年，Kokernot 等所在的研究小组雇用一名 13 岁非洲男孩帮助收集蚊虫，男孩在科研小组安排区域内活动。几天后的早晨，报告其在醒来后头疼，开始并没有太多不适，但到了中午开始变得严重，并寻求医生的治疗。身体检查表明这个男孩的身体状况非常好，耳朵、喉咙、眼睛、肺、心脏等检查并无异常，但有剧烈的疼痛现象，并伴随颈部僵硬，口腔温度 39.3℃。研究小组对其采集了 15mL 静脉血，分离检测出 BUNV，证明这个男孩受到 BUNV 感染。

（七）检测技术

由于布尼韦拉病毒病临床表现比较复杂，仅根据其临床表现和流行病学资料是很难诊断的，只有根据特异性的实验室诊断、病毒的分离鉴定和血清学抗体检测才能确诊。

1. 病料采集

由于该病毒在国内尚未发现，相关报道较少，检验检疫技术工作者对此病了解较少且无相关防护经验。因此，采样时生物安全防护工作必须谨慎。常用于 BUNV 检测的标本有蚊、感染者的血液、活检或尸检组织。采集标本时，应详细记录标本的编号、来源、种属、标本种类、采集地点、日期等信息。

病人血清标本血液是分离病毒常用的标本，但它受时间的影响很大。在疾病的潜伏期末和急性期（最好是发病后 2~3d），有较高滴度的病毒血症，血液标本的采集一般用高压干燥的注射器抽取从发病早期的患者前臂的静脉血。

蚊媒标本布尼韦拉病毒病主要发生在非洲国家，主要媒介为伊蚊、库蚊。采集蚊虫标本应捕获雌性蚊。待胃内血液全部消化后冰冻致死。

组织标本采集病变部位组织。

2. 病原学检测方法

（1）病毒分离

布尼亚韦拉病毒病的诊断可采用感染病人血来进行病毒的分离，分离方法可用乳鼠脑接种和细胞培养。该病的诊断标准是两份相距 7~10d 采集的血液标本中病毒抗体滴度显著升高也可确诊感染。诊断可采用病人急性期血来进行病毒的分离，分离方法可用乳鼠脑接种和细胞培养。实验室证据。从临床标本中分离出 BUNV 或在临床标本中检测出 BUNV RNA 或通过中和试验或其他特异性试验证明血清中 IgG 转变或抗体水平显著升高或 BUNV 特异性 IgG 滴度 4 倍升高。

用免疫荧光染色技术可对病毒做特异性鉴定，在接种后 24~48h 获得阳性结果，而此时尚无 CPE 出现。用单克隆抗体、兔抗血清或绵羊抗血清可制备直接免疫荧光结合物。结合物低稀释度时，会与其他内罗毕病毒出现交叉性反应，但这些病毒一般不引起绵羊或山羊发病。

（2）核酸检测

RT-PCR 方法可用于该病毒的快速检测和鉴定，已报道的布尼亚维拉病毒 PCR 引物有：上游引物 5'-ATGACTGAGTTGGAGTTTCATGATGTCGC-3'，下游引物 5'-TGTTCCTGTTGCCAGGAAAAT-3'，扩增片段大小为251bp。另外，还有一对可扩增 232bp 片段的 RT-PCR 引物，上游引物 5'-

GCCGCGGATCCATCGAGGGAAGGATTGAGTTGGAATTT‐3',下游引物 5'‐
GCCGCGTCGACTTACATGTTGATTCCGAA‐3'。

(八) 防控

由于布尼亚韦拉病毒病在国内尚未发现，相关报道较少，口岸卫生检疫工作者对此病了解较少且无相关防护经验。因此，采样时生物安全防护工作必须谨慎。实验室检测工作要密切注意流行病学动态和临床表现，充分做好检测工作前的生物安全风险评估工作。

二十二、基孔肯雅病

基孔肯雅病 (Chikungunya Fever，CHIK) 是由基孔肯雅病毒 (Chikungunya Virus，CHIKV) 引起，经伊蚊叮咬吸血传播的一种急性人畜共患病。临床上以骤起高热，四肢关节疼痛、脊椎剧痛，皮肤斑丘疹出血为特征。1952 年在非洲坦桑尼亚南部内瓦拉地区首次分离出该病毒，病人由于剧烈的关节疼痛而被迫采取身体弯曲如折叠的姿势，故被当地人用形容这种"弯曲"姿势的斯瓦希里语"基孔肯雅"命名。基孔肯雅病在雨季流行，我国具有引起该病流行的条件，曾从云南和海南省蝙蝠、蚊虫中分离到CHIKV，从发热病人、健康人及蝙蝠等动物血清中检测到该病毒抗体。我国云南、海南等地为该病的自然疫源地。

(一) 病原

1. 分类

CHIKV 属于披膜病毒科 (Togaviridae) 甲病毒属 (*Alphavirus*)。该病毒为单一血清型，分为 3 种基因型，即西非型 (West Africa genotype)、亚洲型 (Asian genotype) 和东/中/南非型 (East Central and South Africa genotype，ECSA)。在进化树分析中，西非枝基本由塞内加尔及尼日利亚分离株构成；剩余 CHIKV 分离株形成中/东非枝及亚洲枝。西非枝与另两枝的基因同源性只有 78%~85%。由于非洲型并系群的存在，因此学者认为基孔肯雅病毒极可能起源于非洲热带区域，而后传入南亚。

2. 生物学特征

（1）形态结构

CHIKV 粒子呈球形，直径 60~70nm，沉降系数为 46S，病毒排列类似晶体状，含有脂囊膜，囊膜表面有微细的纤突，含 20 面体核衣壳，约有 240 个拷贝的核蛋白组成。

（2）理化特征

与其甲病毒属病毒相似，紫外线、60℃ 加热和甲醛（0.2%～0.4%）都可使 CHIKV 在短时间内灭活。该病毒对乙醚、三氯甲烷等脂溶剂敏感，对胰酶有抵抗力，在 pH8～9 的环境中稳定，在酸性条件下很快被灭活，故实验室可用 1% 盐酸溶液来消毒玻璃或塑料器皿。

（3）培养特征

CHIKV 可在多种组织培养细胞中培养，C6/36、BHK-21、BSC-1、VERO、Hela 和原代地鼠肾细胞感染后均产生典型的细胞病变。C6/36 及 BHK-21 的细胞病变反应出现较早，一般在 36～48h 开始出现，至 4～5d 时，75% 的细胞出现细胞病变反应。VERO 细胞 CPE 出现较晚，一般在 72～96h。C6/36 表现为细胞破碎、脱落和聚集等；BHK-21 和 VERO 细胞表现为细胞变圆、融合和破裂等。蚀斑试验常采用 VERO、BHK-21、LLC-MK2、原代鸡胚和鸭胚细胞。用 C6/36 和 VERO 细胞分离病毒与乳小鼠同样敏感。乳小白鼠对该病毒敏感，经脑内、皮下或腹腔感染均可引起乳鼠发病死亡，潜伏期 2～4d。病毒还可在埃及伊蚊、条纹伊蚊、背点伊蚊、斯氏按蚊、致倦库蚊细胞系和果蝇细胞系中繁殖。

（4）基因组结构

病毒为单股正链 RNA 病毒，相对分子量为 $4.3×10^8$，基因分为两个编码区段，各含有一个长的开放阅读框。5' 端 2/3 基因组编码病毒的 4 种非结构蛋白（NSP1～4），主要是病毒复制酶和转录酶。3' 端 1/3 基因组编码病毒的 3 种结构蛋白（E1、E2 和 C），即核心蛋白和糖蛋白。

（5）病毒结构及功能

病毒主要有 5 个结构蛋白（C、E2、E3、6K、E1），CHIKV 表面糖蛋白 E1 和 E2 形成异二聚体，它们具有红细胞吸附活性，含有中和性抗原表位；而突起蛋白使病毒容易黏附在细胞表面和侵入细胞。E1 蛋白属于 Ⅱ 类融合蛋白，在病毒感染过程中介导低 pH 靶向膜融合。E2 是 Ⅰ 型跨膜糖蛋白，分子量 50000 Mr，前 260 个氨基酸组成外功能区，后面依次为 100 个氨基酸形成茎环结构，30 个氨基酸组成的跨膜区，以及位于细胞质的由 30 个氨基酸组成的内功能区。pE2（E3 和 E2 蛋白前体，分子量 62000 Mr）

和 E1 糖蛋白在内质网上形成异二聚体。pE2 蛋白在高尔基体内分解形成 E3 和 E2 蛋白，E1-E2 蛋白复合体被运输到细胞膜。细胞质的 E2 蛋白内功能区在核膜的预装配是病毒出芽过程中的第一步。E1、E2 蛋白的相互作用维持病毒体的完整性。在甲病毒属生活周期中，E2 蛋白负责与受体的融合过程，多数病毒的中和抗体识别表位 E2 蛋白多于 E1 蛋白。可以识别 E2 蛋白外表面表位的抗体具有中和病毒感染的潜能。非结构蛋白 nsP2 是分子量接近 90000 Mr 的多功能蛋白，N-端含有一个解螺旋酶基序，C 端含有一个木瓜蛋白酶活性的残基。nsP2 蛋白水解酶是病毒复制蛋白水解过程中的一种必需酶。

（二）历史、地理分布

该病最早于 1952 年暴发于坦桑尼亚南部尼瓦拉州，1956 年从急性期病人的血液及野外捕获的蚊虫中分离出 CHIKV。此后在非洲、印度和东南亚地区不断发生该病流行。如 1956 年在南非，1959 年在津巴布韦，1960 年在扎伊尔，1966 年在塞内加尔，1970 年在安哥拉，1974 年在尼日尼亚，几乎整个非洲都发生过流行。在东南亚和印度，自 1958 年以来流行也很广泛，如 1962—1964 年在泰国，1963—1965 年和 1973 年在印度，1966—1976 年在缅甸、越南、泰国、柬埔寨、菲律宾和马来西亚等国（地区）均有发生。

2005 年 3 月东非科摩罗出现 CHIK 流行，随后位于印度洋的留尼旺岛也发现该病，12 月该岛感染发病数迅速增加并逐步波及全岛，至 2006 年 7 月发病数高达 26.6 万，发病数 34%，死亡 238 人，病死率 0.09%。我国香港也证实 1 例从毛里求斯返回的输入性病例。根据世界卫生组织东南亚区域办事处报告，2006 年 2 月至 10 月 10 日，印度的 8 个邦/省中的 151 个县流行 CHIK。2006 年，泰国、马来西亚、印度尼西亚、斯里兰卡等东南亚、南亚国家也发生该病流行。2013 年在加勒比地区、美国以及南美洲等地暴发流行 CHIK，造成了数百万人感染。2018 年我国云南省首次报告来自东南亚的 2 例 CHIK 输入性病例（航空输入昆明市），2019 年 7 月云南省腾冲市报告 1 例来自缅甸的 CHIK 输入病例。2019 年德宏州瑞丽市发生 1 起输入和本地病例并存的 CHIK 流行，此为云南省首次报告 CHIK 本地暴发疫情。2020 年 5 月也门暴发急性传染病 CHIK，超过 3000 人感染，50 人死于该病。2020 年 7 月，柬埔寨西北部出现 CHIK。

（三）危害

我国地域辽阔，自然条件较为复杂，许多地区属于热带、亚热带气候，适于各类宿主动物、媒介伊蚊的生存繁殖。我国大部分区域的人群普遍缺乏 CHIKV 的抗体，各地区人口密度大，一旦媒介伊蚊密度增高，病毒感染特性发生变化，存在 CHIK 再次流行或大流行的风险。

CHIK 为全球性分布的重要蚊媒病毒病。随着全球变暖和现代交通工具等因素，该病毒疫情呈不断暴发和蔓延的趋势。尚无动物发病的报道，但推测在野生动物中亦可发生 CHIK 的流行，并且与人类的流行相平行。人感染该病毒后可致急性或慢性的外周关节痛或关节炎，可破坏人体免疫系统，严重时致人死亡，尚无特异性的治疗方法和疫苗，使得该病毒引起人们的广泛关注，也是重要的全球性公共卫生问题。

（四）风险群体

动物实验表明，CHIKV 易感宿主范围广。多种灵长类、啮齿类和家畜等对该病毒都有不同程度的易感性，接种后可发病或产生病毒血症。用含病毒的组织接种恒河猴可出现短期发热，接种非洲绿猴、帽猴、狒狒可产生高水平病毒血症，但未观察到临床症状。用非洲株病毒接种牛、马、羊不引起病毒血症。1~4 日龄小白鼠敏感，脑内、皮下或腹腔接种均可引起发病和死亡，潜伏期 2~4d，呈现急性脑炎，主要累及神经胶质细胞、外膜细胞和神经细胞。东南亚和非洲新分离的毒株接种乳鼠、田鼠和大白鼠可引起出血性肠炎。雏鸡、1 日龄幼猫、2 日龄大白鼠和家兔感染后均可发病或产生病毒血症，并可从其内脏分离到病毒。成年的上述动物敏感性低，但接种后可产生病毒血症及抗体。树鼩感染可产生病毒血症及特异性抗体，病毒滴度为 $102 \sim 10^6$ TCID$_{50}$/0.1 mL；感染 6d 后开始产生血凝抑制抗体，30~40d 达到高峰，第 60d 仍维持较高水平；第 10d 后产生中和抗体，30d 达到高峰；补体结合抗体在第 14d 左右开始产生，高水平抗体可持续约 30d。

（五）媒介生物

CHIKV 主要由伊蚊传播，尤其是白纹伊蚊和埃及伊蚊，还包括非洲曼蚊、非洲伊蚊、棕翅曼蚊等。非洲多个国家收集的多种森林栖息蚊种均可分离出病毒。

自然界中，该病毒通过丛林传播环节得以维持。与登革病毒的自然宿主只有非人灵长类动物及蚊子的情形不同，CHIKV 的自然宿主更加广泛，猴与其他脊椎动物，如牛、啮齿类动物，均有成为病毒宿主的可能。其中，恒河猴多分布与城乡结合区域，与蚊分布区域有重叠，因而恒河猴作为亚洲的非人灵长类动物，在 CHIKV 扩大宿主中的作用尤为突出。

此外，实验室通过污染的血液、气溶胶等经呼吸道传播。在疾病流行地区，CHIKV 可存在于绿猴、狒狒、黑猩猩、牛、马、猪、兔等多种动物体内，受感染的动物宿主和病人都是传染源和贮存宿主。在城市型疫源地，病毒主要以"人→蚊→人"的方式循环，患者是主要传染源。人患 CHIK 后 2~5d 可产生高滴度病毒血症，可感染媒介蚊。在丛林型疫源地，CHIKV 主要以"灵长类动物→蚊→灵长类动物"的方式循环。除受感染的灵长类动物，被感染的蝙蝠、某些啮齿动物和鸟类也可是传染源。

（六）症状

该病潜伏期为 3~12d。两次实验室意外感染，潜伏期为 22~80h。发病急骤，无前驱症状，以突发寒热起病，同时出现一个或多个关节剧烈疼痛，使患者在数分钟至数小时内失去活动能力，身体屈曲呈折叠姿势，但关节局部无炎症变化。体温常迅速上升至 38℃~41℃，一般持续 6~10d，多呈双峰热型。儿童发病常缺乏关节疼痛症状。患者有头痛、肌肉痛，有时有恶心、呕吐等胃肠道症状。部分患者有结膜炎、眼痛、怕光或上呼吸道感染症状。发热后 2~3d，多数患者（80%）出现斑、丘疹，主要分布于身体躯干及四股背面，并有瘙痒。伴随皮疹的出现，患者出现第二次发热过程。皮疹数天内消失，但关节痛无明显缓解，严重时患者卧床不起。出血主要表现为鼻出血、牙龈出血、皮肤黏膜淤点或出血斑、胃肠道出血等。部分病例热退后数月内可再次或反复出现关节痛。骨关节 X 射线片正常或仅见软组织肿胀。死亡病例少见。亚洲的 CHIK 还可发生登革热样综合征。此外，尚有上感型、不明热型和轻型出血型。该病在非洲无出血型，也无死亡病例报告。

（七）检测技术

该病临床表现与登革热及黄热相似，较难辨别。实验室诊断主要以病原学和血清学检测技术为依据。

1. 样品采集

患者病毒血症期短，一般为 2~6d，临床诊断要采集早期患者（发病 3d 内）的血液。急性患者血液可加入肝素抗凝剂，或分离血清，立即做病毒分离。脏器标本通常制成 1：10 悬液，离心后取上清。流行病学调查一般采集蚊虫和蝙蝠组织分离病毒，蚊虫捕捉后分类、编号，液氮内冻存备用。

2. 病原学检测方法

（1）病毒分离

分离病毒一般以同种蚊虫 30~50 只为 1 组，研磨后用 0.5% 乳蛋白 Hanks 液做 1：10 稀释制成含青霉素和链霉素的悬液，4℃过夜，离心取上清。

将上述标本脑内接种 1~4 日龄乳小白鼠。原代动物在接种 2~5d 内死亡，取脑组织制成 1：10 悬液继续传代，待发病规律后进行病毒鉴定。

组织培养主要采用微量法，病毒材料可接种于地鼠肾细胞、恒河猴肾单层细胞、C6/36 细胞、白纹伊蚊细胞系和 Hela 等细胞中培养，患者血清需在接种 1h 后除去，以减少对细胞毒性。每天观察细胞病变情况，出现病变的细胞盲传 3 代后，接种 1~4 日龄乳小白鼠，观察发病情况，取脑组织进行鉴定。

（2）抗原检测

新分离的病毒按常规方法制备鼠脑抗原及免疫血清，可采用交互血凝抑制试验、补体结合试验和中和试验进行鉴定。可采用 CHIKV 单克隆抗体以 IFA 法鉴定病毒，此法具有较高的特异性。国内报道建立的单克隆抗体与 CHIKV 原型株及地方株产生特异性反应，而与同复合群的 MAYV、SFV、GETV 不出现交叉反应，有一定的应用潜力。

（3）核酸检测

根据病毒结构蛋白核苷酸序列，设计多组特异性引物，可通过 RT-PCR 或 RT-nested PCR 技术进行核酸快速检测，后者还具有与同复合群其他病毒相鉴别的优点，若结合核酸序列分析结果更准确。本法高度灵敏、特异，是病毒快速检测鉴定的重要技术手段。推荐使用的 RT-PCR 方法在患者出现临床症状 4~7d 后即可以检出 CHIKV 基因组，从而进行实验室诊断。

研究发现，CHIKV 的 RNA 可以在血浆、脑脊液、胎盘组织中检出，但是在乳汁、关节腔滑液中不能检出。荧光定量 RT-PCR 法测定 CHIKV 进行诊断，其灵敏度是传统 RT-PCR 方法的 10 倍，CHIKV 转录低至 20 拷贝时即可检出，因此荧光定量 RT-PCR 测定法是一种敏感、快速的检测方法。TaqMan 探针 RT-PCR 测定法也可以作为 CHIKV 的诊断方法，可以快速进行病毒含量的定量测定。

此外，荧光定量 RT-PCR 技术可用于微量 CHIKV 的定量检测。该方法是检测 mRNA 和定量的最敏感方法，甚至可从单个细胞内进行 RNA 的定量检测。

下列为 CHIKV RT-PCR 检测的二套引物序列，

第一套引物：

5'-TGGATATTGGTAGTGCGCCAGCAAGGAGGATGATGTCGGACAG-3'，

5'-GCCGCGCAAGAATCGGAAGAATAAGAAGCAAAAGCAAAAGCAGCA-3'；

第二套引物：

5'-GGCGCCTGCTGCTTTTGCTTTTGCTTCTTATTCTTCCGATTCTTG-3'，

5'-ATGCACCGCACACTTGCCTTTCTTGCTGGCTGCATATTTAATGAT-3'。

3. 血清学检测方法

血清学方法在 CHIKV 诊断方面应用较为广泛，且在出现临床症状前就可以检测出 IgM 和 IgG 抗体，从母体被动免疫获得的 IgG 抗体和自然免疫获得的 IgM 抗体分别可以持续 12 个月和 18 个月。在收集血液的滤纸上检测出 IgG 抗体，且具有高度的敏感性和特异性。

通过杆状病毒表达系统生产 CHIKV 病毒样颗粒（VLP），使用 VLP 免疫小鼠和家兔制备抗 CHIKV 的鼠免疫腹水和兔免疫血清。通过免疫荧光方法检测，显示抗体与病毒结合良好；通过 ELISA 方法检测抗体效价均在 1：10 万以上。该方法在 0.1ml 中含 50TCID$_{50}$ 以上 CHIKV 的样本均可以用本方法检测出；模拟病人血清可被成功检出；重复性良好板间变异小于 10%，板内变异小于 5%；用 VLP 为抗原建立了检测抗 CHIKV IgG 抗体的间接法 ELISA，VLP 拥有的良好抗原性可以替代灭活病毒作为抗原对 IgG 进行捕获检测。完善抗 CHIKV IgM 抗体的捕获法 ELISA，检测病人急性期血清检测均呈阳性。

血凝抑制试验广泛用于该病血清流行病学调查。用于患者的诊断，需检查双份血清，急性期和恢复期血清抗体 4 倍以上增长时具有诊断价值。

中和试验特异性高，可用于与同群的其他病毒进行鉴别。对于 CHIKV 与 ONNV 的鉴别，可用抗体交叉反应或特异性单克隆抗体进行。中和抗体存留时间很长，不仅可作为临床确诊的依据，还可用于流行病学回顾性调查。具体测定方法可用过氧化物酶—抗过氧化物酶快速微量中和试验和蚀斑减数试验，双份血清抗体效价升高 4 倍以上者可确诊。

IgM 抗体检测法可用于患者出现症状 4~5d 后，血清中可检出特异性 IgM 抗体，在较高水平持续 2~3 个月，可用免疫荧光、捕捉 ELISA 等方法可进行测定，具有重要的诊断价值，但 CHIKV IgM 抗体与其他病毒（如 ONNV、RRV 等）有一定的交叉反应，应注意鉴别。

（八）防控

我国地域辽阔，自然条件较为复杂，许多地区属于热带、亚热带气候，适于各类宿主动物、媒介伊蚊的生存繁殖 CHIKV 的存在和传播，因输入性病例或输入感染蚊虫而引起的流行随时都可能发生。另外，云南、海南等地区广泛分布有媒介伊蚊，以往调查提示这些地区可能发生过 CHIKV 的传播或流行，局部地区也有可能存在着该病疫源地，一旦媒介伊蚊密度增高，病毒感染特性发生变化，引发大流行的可能性也存在。因此各级动物疫病防控机构及其专业技术人员要高度重视，积极主动地开展监测防制工作，保障我国经济建设的顺利发展。

由于我国传染病防治任务较重，几乎没有开展 CHIK 的监测，也缺乏特异性诊断方法以及宿主、媒介、病原体及流行现状的监测，以致不能有效地开展防制工作，输入性病例或输入感染蚊虫而引起的流行随时都可能发生。建议今后应逐步建立 CHIK 的监测网络，尤其应加强对出入境（尤其是入境）旅客和货物的检验检疫工作，做好口岸蚊虫媒介的监测和控制，控制输入性传播，对部分边境高危地区作定点监测等。为及时掌握 CHIK 疫情情况、流行特点及流行毒株，需要开展病例的发现和报告、临床疑似病例或原因不明的发热者的核实诊断和个案调查、健康人群感染水平监测和媒介伊蚊幼虫密度及成蚊种群、密度监测以及从病人、宿主和媒介中分离病毒等。

二十三、淋巴细胞性脉络丛脑膜炎

淋巴细胞脉络丛脑膜炎（Lymphocytic Choriomeningitis，LCM）又称急性无菌性脑膜炎、急性良性淋巴细胞脑膜炎、流行性浆液性脑膜炎，是由淋巴细胞性脉络丛脑膜炎病毒（Lymphocytic Choriomeningitis Virus，LCMV）引起的多种动物的病毒性疾病，以中枢神经系统，尤其是脉络丛及脑膜的病变为特征。它是一种重要的人畜共患病。主要在啮齿动物（如鼠类）之间传播，人类感染主要源自感染的鼠类。病毒感染脉络丛及脑膜，临床上以感冒症状或脑膜炎症状为主，严重者出现淋巴细胞性脑膜炎综合征或脑膜脑炎。该病见于世界各地，多散发，偶有暴发流行。

（一）病原

1. 分类

LCMV 是布尼亚病毒目（Bunyavirales）沙粒病毒科（Arenaviridae）哺乳动物沙粒病毒属（*Mammarenavirus*）的负链 RNA 病毒。LCMV 是沙粒病毒属中最早发现的一种病毒，为该科、属的代表种。自 1934 年以来，已先后分离到多个毒株，包括 Armstrong、ca-1371、e-350Traub、DOC、Pasteur、WE 及 Matu-Mx 等。目前，该病毒只有一个血清型。

2. 生物学特征

（1）形态特征

病毒粒子呈圆形、卵圆形或多形态，直径 60~300nm，外部有突起明显可见的囊膜。囊膜参与介导病毒与细胞表面受体吸附融合作用，含宿主细胞膜成分。囊膜表面有长约 10nm 的棒状突起。病毒在胞质内复制，通过胞质膜出芽成熟。病毒在体外及体内复制过程中可产生一种缺损干扰颗粒（defective interfering particle，DI），在病毒免疫逃避中可能有意义。病毒含单链 RNA，总分子量为 3.5×10^6 Da。病毒粒子内部含有数量不等、大小在 20~25nm 的致密颗粒，形似嵌入的砂粒。

（2）理化特征

LCMV 沉降系数为 470~500S，蔗糖密度梯度为 1.16~1.18g/mL。该病毒抵抗力不强，极不耐热，在室温下只能存活 1~2d，20℃放置 3h 后可失去传染性，56℃加热 20min 即可灭活，37℃条件下，也可较快失活。在室温条件下，病毒在脑组织混悬液中很不稳定，但在 4℃于 50% 甘油中可稳定存活 6 个月以上，-70℃冷冻或冷冻干燥可长期保存。病毒对甲醛、乙醚、三氯甲烷敏感，偏酸或偏碱、0.1%甲醛、紫外线等均可将其灭活。但0.5%石炭酸对其影响较小，在 0.01%硫柳汞中，感染滴度逐步降低。用蛋白酶、透明质酸酶和磷脂酶 C 处理纯化的 LCMV，可使病毒糖蛋白和核衣壳蛋白不同程度地降解，浮密度降低，但感染性却增加。用胰酶消化持续感染的 BHK-21 细胞、L 细胞等也能促进病毒的传播。这也许是由于在自然状态下处于聚合状态的 LCMV 酶的作用下，解离为单个病毒粒子，从而使感染性增加。

（3）培养特征

乳鼠、VERO、E6 细胞和乳仓鼠肾细胞可用于 LCMV 的分离，LCMV 亦可在连续传代的巨噬细胞系、上皮细胞、成纤维细胞和具有主要组织相容性抗原复合物标志的各种鼠细胞系内生长。病毒可在鸡胚绒毛尿囊膜上增殖，可以在人、鸡、小鼠、猴、牛等许多动物的传代细胞或原代细胞中生长，但一般不产生明显的细胞病变，只是在适应该细胞之后，方能产生明显的细胞病变。如在 VERO 细胞上适应后，培养 7~13d 可见明显的细胞病变，感染后 48~72h，胞浆内出现核糖体样团聚颗粒，当病毒成熟出芽时，这些颗粒（一个或多个）进入病毒粒子内。感染性 LCMV 的复制，不论在体内或体外，都伴随着一部分无感染性颗粒的产生。这些颗粒可抑制细胞病变的产生，并使感染性病毒的产量减少，称为缺损性干扰（DI）颗粒。

（4）基因组结构

LCMV 基因组由大小不同的两条负链 RNA 组成（LRNA 和 SRNA），长度为 7.2 kb 和 3.4 kb，分子质量分别为 2.1×10^6 Da 和 1.1×10^6 Da。在病毒粒子中，SRNA 和 LRNA 摩尔数比为 2：1。对 LCMV 毒株（Armstrong、WE、DBC、Traub 和 Pasteur）进行 RNA 分析发现，不同株 L 或 S 片段的电泳迁移率相同，但寡核苷酸指纹互不相同。

（5）病毒蛋白及功能

病毒有三种主要蛋白质，即位于病毒表面的两种糖蛋白 GP1 和 GP2 以及位于核衣壳内的核衣壳蛋白。GP1 是刺激机体产生中和抗体的主要成分，而核衣壳蛋白则是刺激机体产生补体结合抗体的主要成分。病毒 RNA 采用双义编码策略。LRNA 编码 RNA 依赖性 RNA 多聚酶（200kDa），以及性质和功能尚不明的 Z 蛋白（11kDa），SRNA 编码结构蛋白中分子质量为 63kDa 的核衣壳蛋白（NP）和前体蛋白 GP-C（75kDa）。前体蛋白 GP-C 翻译后被酶解加工产生包膜糖蛋白 GPI（40~46kDa）及 GP2（35kDa），二者通过非共价键形成复合体。

NP 是主要核蛋白组分，在感染细胞内含量极其丰富，与病毒 RNA 一起形成核衣壳体。NP 在急性感染后期可发生磷酸化，体外持久感染时磷酸化 NP 大量积聚。

（二）历史、地理分布

LCM 首次发生在 1925 年。LCMV 最早在 1934 年由 Armstrong 和 Lille 在研究圣路易脑炎时，从被实验感染至第 6 代的猴体内分离获得。随后，Rivers 及 Scott 于 1935 年从临床诊断为良性无菌性脑膜炎病人的脑脊髓液中分离出该病毒，确立了其致病性，并根据病理变化将病原体命名为 LCMV。

该病呈世界性分布，仅大洋洲尚未见病例报道。北美洲的美国，南美洲的巴西、阿根廷，欧洲的英国、爱尔兰、法国、意大利、德国、荷兰、罗马尼亚、奥地利、保加利亚，亚洲的中国及日本，非洲的摩洛哥、突尼斯、埃塞俄比亚等均有该病报道。该病毒的分布主要与家鼠有关，在家鼠中的流行率分别为美国 2.5%~9.0%、西班牙 11.7%、德国 3.6%、日本 7.0%。由于小家鼠、仓鼠等啮齿动物宿主遍布世界各地，不能排除未报道病例地区有该病存在的可能。

一个地区的患者人数常与该地区小鼠病毒检出率相关。1973 年 12 月至 1974 年 4 月期间，美国 12 个州发生 LCM 181 例。德国每年新感染约 1000 例，但其中大多数被漏诊或为亚临床型。我国极少有该病报告，1954 年福建报告首例 LCM 病例，以后在哈尔滨、北京等地陆续发现散发病例，迄今总计不足 20 例。由于缺乏系统的流行病学调查，疾病分布情况不明。

（三）危害

家鼠是 LCMV 主要的自然宿主。病毒还感染其他小鼠、豚鼠、仓鼠、犬、猴、人等，是一种可以引起人无菌性脑炎的重要人畜共患病病原，LCMV 感染后一些患者可引起脑膜炎等症状，少数患者还可能出现支气管肺炎、心肌炎、心包炎、关节炎等并发症或后遗症，直接危害人体健康，极少数严重患者可致死，会直接造成极大的公共卫生危害。

鼠类可长期携带 LCMV，故极易通过鼠类的迁徙、繁殖等活动将该病毒传播至其他地区，扩大自然疫源地范围。此外，孕妇怀孕早期感染 LCMV 易导致流产，晚期感染可致胎儿多种畸形，部分感染者为隐性感染，不易发现，为潜在的公共危害。

LCMV 是一种被忽视的人类神经系统疾病。病毒易于通过细胞培养或感染的鼠类繁殖而得到大量扩增，鼠类携带的 LCMV 容易形成气溶胶经呼吸道感染人，直接投放带毒鼠类则会使受污染地区长期持续受染，通过鼠类的迁徙以及与当地野鼠的交配繁殖更会扩大受污染地区范围。LCMV 这一感染途径可作为生物战剂，造成巨大的生物危害。

（四）风险群体

LCMV 可导致 LMC，虽然致死率较低，但是在某些特定的情况下，LCMV 感染可能会造成严重后果。啮齿类动物被认为是 LCMV 的自然宿主，人类通过接触被感染鼠污染的食物或经气溶胶均可感染 LCMV，人工饲养的啮齿类动物有隐性感染 LCMV 的可能，故饲养员也有职业暴露的风险。

LCMV 对啮齿类动物、猴、犬、猫、灵长类有致病作用，兔、鸡和马则不被实验感染。脑内、鼻内、皮下和腹腔等途径均可使小白鼠感染 LCMV，脑内接种最有效。小白鼠脑内接种 5~12d 后发病，呈现发抖、震颤、惊厥等症状，常在症状出现后 1~3d 死亡。鼻内或皮下接种一般只呈现轻微临床症状，可出现补体结合抗体，对再次病毒攻击有一定的保护作用。吮乳大白鼠脑内接种引起小脑性共济失调。仓鼠感染可发生慢性病毒血症，但多不出现临床症状。豚鼠皮下或腹腔接种后表现全身症状，一般9~16d 后死亡，尸检肺组织呈斑驳状，故曾称"豚鼠肺病"。此外，LCMV 还可引起猴、小鼠及豚鼠的肝炎。节肢动物在实验条件下，能传播该病。

（五）媒介生物

1. 贮存宿主和传播媒介

（1）啮齿动物

啮齿动物（尤其是鼠类）是该病自然贮存宿主及主要传染源。鼠类可自然感染 LCMV，几乎所有体细胞包括卵细胞均可受染。研究证实，小家鼠及金黄仓鼠感染 LCMV 后可持久携带病毒，病毒随病鼠及带毒鼠的鼻咽分泌物、唾液、粪、尿及精液等排出体外。脑内接种出生 24h 以内的新生小鼠，可建立持久性感染的动物模型。小家鼠和仓鼠不论是胎内或初生后感染均可产生免疫耐受，感染后一般状况正常，但有持久性病毒血症和病毒尿症，可不断排出病毒污染周围环境。

（2）人类和其他动物

研究发现，非人灵长类（猩猩、猴）、犬及猫等动物均可发生自然感染，这些动物能否成为传染源，有何流行病学意义，尚有待进一步研究阐明。家兔、猪、马、鸡及鸟类不感染该病毒，不可能是该病的传染源。人类感染病毒后可产生病毒血症，从患者血液、咽拭子和脑脊髓液可分离到 LCMV。病毒可能随飞沫、尿及粪便排出体外造成污染，但未见人与人之间传播的报道。

2. 传播途径

（1）接触传播

一般认为，与小家鼠、仓鼠等啮齿动物接触是引起人类感染 LCMV 的主要传播途径之一。感染鼠类通过尿、粪便及口、鼻分泌物等途径排出病毒，污染人住所内的生活用品及周围环境中的用具、杂物、水源等，人类可通过皮肤、眼结膜直接接触病毒污染物而受染，也可经呼吸道吸入污染的尘土而感染，还可经进食被污染的食物或水而感染。在实验室接触感染病毒的实验动物或接触感染性材料被感染的病例（包括污染材料经眼结膜感染的病例）亦有报道，多起实验室暴发与移植病毒污染的肿瘤组织相关。

（2）垂直传播

在小白鼠群体中，源于卵细胞的先天性感染可无限制地持续下去。母鼠还可经胎盘将病毒传给胎鼠及初生小鼠，引起子代隐性、持续性感染或长期带毒状态。在人类，患病母亲经胎盘将 LCMV 传给胎儿已有个案报告。1 名妊娠后期患 LCM 的孕妇，其婴儿出生 8d 后发病，于第 12d 死亡，自其脑脊液中分离到 LCMV。

（3）经空气飞沫及灰尘传播

在几起实验室 LCM 暴发中，部分患者无直接接触仓鼠及感染性物品的历史，提示经空气飞沫及灰尘传播的可能。研究表明，沙粒病毒气溶胶在低湿度存活率较高。此外，LCM 病例冬春季多见，类似其他呼吸道疾病的分布，也支持 LCMV 可能经空气飞沫途径传播。

（4）媒介生物传播途径

埃及伊蚊、安氏革螨、彩饰钝眼蜱、温带臭虫、人蚤和蜂蛹均可人工感染 LCMV，其中有的已进行实验动物间的病毒传播试验。埃及伊蚊在鼠间传播病毒以 28℃～32℃为最佳，LCMV 可以在单峰驼璃眼蜱制备的细胞培养物中复制，表明 LCMV 有经节肢动物传播的可能。但在自然界中尚未获得节肢动物传播 LCMV 的证据。

（六）症状

该病潜伏期长短不一，短的仅 36h，长的可达 14d，一般为 6～10d。临床主要有 3 种类型。其一，全身感染型似流感症状，又称"流感样疾病"。病人表现为发热，全身不适，肌痛、流涕、支气管炎症状，病程持续 1～3 周后进入恢复期，也可由此而转入其他临床类型。其二，脑膜炎型初期酷似流感，尔后出现脑膜炎的典型症状，实验室培养又未能查到任何细菌，故又称无菌性脑膜炎型。表现为剧烈头痛、颈项强直，畏光、恶心等脑膜刺激征。有的患者病情轻微，持续时间也较短，个别严重病例，可持续 2 周以上。其三，脑脊髓炎型的少数患者可表现为严重的中枢神经系统受累，如严重头痛、嗜睡、惊厥、定向力障碍、运动失调、感觉消失、瘫痪及精神病慢性后遗症等，个别病例可因全身性出血而死亡。

（七）检测技术

LCMV 属于生物安全三级病原体，用于免疫学及病理学研究的实验室适应株属于生物安全二级，相关操作应在具备防护设施的实验室开展。

1. 样品采集

从患者血液和脑脊液中能分离出 LCMV 的时间可长达 20～23d，而自尿和粪便中则较难分离到病毒。因此，病毒分离常采集发热期患者的血液、脑脊液（5～10mL）或尸检脑组织，宿主动物检查一般取脑组织或内脏。组织样本以 Hanks 液配成 10% 悬液（尸检脑组织和动物组织需无菌磨碎），经低速离心沉淀后，取上清液每毫升加青、链霉素各 500～1000 单位，4℃静置 1～2h 后备用。

2. 病原学检测方法

（1）病毒分离

将含有病毒的组织悬液如发病初期的血液或血清、喉拭子、乳汁以及脑组织和肝组织悬液，给易感的成年小鼠脑内接种，小鼠通常在接种后4~5d发病，病鼠震颤，痉挛，随即死亡。死亡率可达90%以上，可用荧光抗体染色法检出肝细胞胞浆内的LCMV抗原。脑内接种幼豚鼠，于2~5d内体温升高达40℃，并在接种后5~10d出现不同比例的死亡。也可接种细胞培养物，如原代猴肾细胞、BHK-21、VERO细胞，随后用荧光抗体证实胞浆内特异性的病毒抗原，或者直接观察可能出现的轻微或明显的细胞病变。鉴定病毒一般应用中和试验。可将已知抗体与病毒在37℃下感作24h，随后接种易感小鼠测定之。以LCMV感染的豚鼠脾脏和小鼠脑的20%悬液作为含病毒的待检病料，其对小鼠脑内接种（0.03mL）的LD_{50}应在10^7~10^8以上，保存于-70℃备用。也可应用细胞培养病毒进行试验。免疫血清用豚鼠制备：注射亚致死量的病毒后经60~90d采血，分离血清，通常都可获得有效的中和抗体。

（2）核酸检测

McCausland等（2008年）根据LCMV核衣壳蛋白（NP）和前体蛋白GP基因序列，设计了引物并建立了荧光定量RT-PCR方法。引物序列为：NP2-R：5'-CAGAC CTTGG CTTGC TTTAC ACAG-3'；NP2-F：5'-CAGAA ATGTT GATGC TGGAC TGC-3'；扩增片段为120 bp；5'-GCAAC TGCTG TGTTC CCGAA AC-3'，NP2-F：5'-CATTC ACCTG GACTT TGTCA GACTC-3'，扩增片段为115bp。

熊炜等（2019年）针对LCMV基因保守序列，设计特异性引物和荧光探针，建立了LCMV实时重组聚合酶等温扩增（real-time RPA）检测方法。实时荧光RPA检测的上游引物（RPA-LCMVF）序列为：5'-ATG ATG CAG TCC ATG AGA GCA CAG TGTGGG GTG-3'；下游引物（RPA-LCMVR）序列为：5'-GCA CAA CCG GGA TTA ACT TCC TCA GTAATT GGC-3'。RPA探针（RPA-LCMVP）序列为：CCC TTC TAT TCT GTG AGT CTA AGA GTT TCCTGA（FAM-dt）（THF）（BHQ1-dt）ATC AGACCC TTG-C3Spacer。该检测方法与LCMV同步检测的其他鼠病毒均未出现交叉反应；具有与RT-PCR一样的高敏感性。

李晓慧等（2021年）根据 GenBank 中已登录的蜱源 LCMV NP 基因序列设计半巢式 PCR 引物，第一轮引物：F1：ACCAGTTGCACCCTGCTG，R1：TCAGACGTGAAGGCTGCT；第二轮引物：F1：ACCAGTTGCACCCT-GCTG，R2：CAACAAGGGAGTACACAG。通过优化反应条件建立半巢式 PCR 检测方法。该方法能扩增出 248bp 的目的片段，与 LCMV 序列（MG554174）的同源性为 100%。该方法最低可以检出 0.45×10^2 copies/L 的蜱源 LCMV NP 蛋白基因，是普通 PCR 的 1000 倍。

国外报道的用常规 PCR 检测 GPC 基因，其敏感性为 1 PFU。Park 等（1997年）采用套式 PCR 扩增了 NP 基因，检测灵敏度为 1×10^{-4} TCID$_{50}$，与一次 PCR 相比敏感性提高了 100~1000 倍。在实际检测中可增加模板量以提高敏感度，具有一定的灵活性。同时用 GPC、NP 两组套式 PCR 样品进行检测，可以提高检测的准确性及可靠性。在最初设计引物时，根据 PubMed 上提供的序列，有不同的 S 片段或 GPC 及 NP 蛋白的基因序列，其都存在一定差异，选取的模板直接能够影响所设计引物的 PCR 结果。GPC 基因扩增的稳定性不如 NP 基因。在病毒进入细胞的早期，N 蛋白先进行转录和复制。有研究表明，在持续感染小鼠体内和培养细胞中可选择性地失去病毒糖蛋白的表达，而胞浆内仍有 NP 抗原。因此 NP 基因在体内或是细胞中的含量很可能高于 GPC 基因。PCR 检测 LCMV 方法的建立对今后突发性实验动物疫病的病源早期诊断，控制疫病的传播，保证人类健康和实验结果的准确可靠具有一定的实际意义。

3. 血清学检测方法

血清学检测是临床最常用的诊断手段，常用免疫荧光试验、补体结合试验或中和试验测定血清中的特异性抗体。特异性 IgM 抗体可较早出现在血清中，IFA 和 ELISA 法检测 IgM 抗体有早期诊断价值，应用较广。一般采用鼠脑或细胞培养物灭活抗原，也可用基因工程手段（真核或原核表达）制备的重组 NP 抗原替代天然病毒抗原。

人感染 LCMV 数日后可产生免疫荧光抗体，持续时间长，病后 2~3 个月滴度仍高达 1∶64~1∶256，个别患者病后第 3 年抗体滴度仍达 1∶16。免疫荧光试验一般以 LCMV 感染细胞制备抗原片，与 2 倍系列稀释的患者血清作用后进行免疫荧光染色检查，30%~50% 感染细胞的胞质内呈现特异性荧光者判为阳性。荧光抗体比补体结合抗体出现早，且较敏感，利于早期诊断。

补体结合抗体主要是针对 NP 抗原，在起病 2~3 周内开始出现，3~4 周后达高峰，滴度为 1∶32~1∶4 或更高，补体结合抗体持续时间不长，一般维持数月（4~6 个月），半年后大多转阴。补体结合试验一般以 LCMV 感染鼠脑或 LCMV 感染的细胞培养物制备灭活抗原，患者血清作 2 倍系列稀释。若补体结合抗体达 1∶8 或双份血清抗体滴度有 4 倍以上增长，即可确定诊断。

近年来，测定血清中 LCMV 抗体的方法常用免疫荧光试验、ELISA、血凝抑制试验，这些方法不仅能测得抗核衣壳蛋白的抗体，亦能测得抗糖蛋白的抗体。

中和抗体升高相对迟缓，通常病后 5~10 周开始出现，效价逐渐升高，2 个月后滴度达高峰（1∶125 以上），可持续多年，2~3 年后血清抗体滴度仍可高达 1∶3125~1∶625。中和试验还可用于区分相关病毒，其敏感性、特异性均高，但操作复杂，不适合用于临床试验室，主要用于流行性病学调查。

（八）防控

预防该病的措施是阻断传染源与易感动物的接触，消灭传染源，建立无 LCMV 的健康鼠群，防止野鼠的侵入，从根本上预防小鼠、豚鼠和仓鼠的 LCMV。用于该病预防的基因工程亚单位疫苗和 DNA 疫苗均取得了初步的结果。

针对传染源的措施，应彻底杀灭小家鼠及其他啮齿动物宿主。加强对动物饲养及实验动物的管理措施，对从事 LCMV 或受染动物工作的实验室人员，应注意避免皮肤接触具感染性的材料，减少感染性气溶胶的机会，防止吸入性感染。对上述场所进行高标准消毒。对啮齿动物及其他有关动物应进行动物流行病学及血清流行病学调查，监测动物感染、携带 LCMV 的情况，这对加强传染病管理，采取有效预防措施是非常重要的。

由于 LCMV 可随病人飞沫、排泄物排放出体外，因此对空气及排泄物进行消毒是必要的。目前虽尚未肯定某些节肢动物在该病传播中的实际作用，但已从它们体内分离得 LCMV，所以提出消灭这些体外寄生物是适宜的。针对易感人群的传播，除加强对从事 LCMV 工作的实验室人员个人防护外，进行必要的免疫应当是可取的。

二十四、马尔堡出血热

马尔堡出血热（Marburg Haemorrhagic Fever，MHF），又称非洲出血热、绿猴病，是由马尔堡病毒引发的人与非灵长类动物的急性发热伴有严重出血为主要症状的高致命性传染病。属于二类传染病、寄生虫病，是由来自与引起埃博拉出血热的病毒同一科的一种病毒引起的严重高致命性疾病。在电子显微镜下观察，这些病毒显示形状像拉长丝、有时候盘绕成奇怪形状的粒子，从而将其起名为丝状病毒科。这些病毒属于已知感染人的最烈性病原体。没有任何疫苗和特效治疗方法，病死率为23%~90%。

（一）病原

1. 分类

马尔堡病毒（Marburg Virus，MbV）又称马尔堡病病毒（Marburg Disease Virus）、马尔堡热病毒（Marburg Fever Virus）和绿猴病毒（Green Monkey Virus），属于丝状病毒科（Filoviridae）马尔堡病毒属（*Marburgvirus*）。目前只发现一种血清型。马尔堡病毒与埃博拉病毒虽在外形极为相似，但采用免疫荧光实验和补体结合试验均未发现两者有交叉抗原关系。

2. 生物性特性

（1）形态特征

在自然状态下，病毒呈多态性，有时呈分支或盘绕状，盘绕成"U"或"6"形或环形。马尔堡病毒为RNA病毒，直径80nm，长度700~1400nm，表面有突起，有螺旋形包膜。包膜内有一个管状核心结构，为螺旋状核衣壳所围绕。在电子显微镜下观察，形状像拉长丝、有时候盘绕成奇怪形状的粒子，从而将其归属于丝状病毒科。

（2）理化特性

病毒对热有中度抵抗力，56℃30min不能完全灭活，但在60℃条件下1h后感染性丧失，-70℃可以长期保存。一定剂量的紫外线、γ射线、脂溶剂、β-丙内酯、次氯酸、酚类等均可破坏病毒的感染性。

（3）培养特性

该病毒可在多种组织细胞中生长，包括恒河猴肾细胞、人羊膜细胞、鸡胚成纤维细胞等原代细胞，人宫颈癌细胞系细胞（Hela细胞）、非洲绿猴肾细胞（VERO细胞）、幼地鼠肾异倍体细胞、人肝L细胞系细胞等传代细胞。病毒的细胞适应毒株可在胞质内形成空泡，然后细胞线粒体肿胀，细胞器被破坏。同时，病毒核壳体在胞质中大量形成，胞质内出现包涵体，并大量释放胞外病毒体。感染细胞可出现细胞病变，如出现巨细胞、嗜碱性胞质内包涵体形成等。在 VERO 细胞中形成的病变不显著，而在 BHK-21 细胞中可出现明显的细胞病变。

（4）基因组结构

MbV 基因组为非节段、负股、单链线性 RNA，长约有 19.1kb，带有互补末端序列。病毒 RNA 相对分子质量为 $4.2×10^6$，约占病毒粒子重量的 1.1%。病毒基因组 5' 端及 3' 端非编码区高度保守，具有较高的互补性，可形成"柄环"结构，对病毒的转录和复制具有重要作用。基因组织编码 7 种蛋白质，其顺序为 3'-N-VP35-VP40-G-VP30-VP24-L-5'，由一个单顺反子 RNA 转录产生，该单顺反子 RNA 与基因组 RNA 互补。MBV 仅含一个基因重叠区，即 VP30 mRNA 的 3' 非编码区与 VP24 mRNA 的 5' 端非编码区重叠，而 EBV 则有多个基因重叠区，重叠区功能不明。

（5）病毒蛋白及功能

病毒基因组含有 7 个开放阅读框（ORF），共编码 7 种蛋白质，包括 N 蛋白（NP）、RNA 依赖的 RNA 聚合酶主要成分糖蛋白 7（L）和次要成分病毒蛋白 40（VP40）、病毒蛋白 35（VP35）、病毒蛋白 30（VP30）、病毒蛋白 24（VP24）、糖蛋白 4（G）。其顺序为 3'-N-VP35-VP40-G-VP30-VP24-L-5'。在上述 7 种蛋白质中，G 蛋白，75～170kDa，是唯一的糖基化蛋白质，以同源三聚体的形式存在于病毒粒子表面糖蛋白；与病毒的特性和高度致病性有关。L 蛋白：180kDa，是 RNA 依赖性 RNA 聚合酶的重要组成部分。VP35 蛋白：31～32kDa，可能是转录酶-聚合酶的一个成分。VP40 蛋白：32～38kDa，基质或膜相关蛋白。VP30 蛋白：32～27kDa，次要核衣壳蛋白。VP24 蛋白：29～24kDa，第二种基质或膜相关蛋白。NP 蛋白：78～96kDa，核衣壳蛋白。

（二）历史、地理分布

该病最初于 1967 年在德国马尔堡和法兰克福暴发，与使用从乌干达输入的非洲绿猴的实验室工作有关，以后在安哥拉、刚果（金）、肯尼亚和南非。但马尔堡出血热的自然流行至今主要局限于一些非洲国家，无明显的季节性。1967—2007 年期间，在德国、肯尼亚、刚果（金）、安哥拉、乌干达等共发生过 7 次马尔堡出血热疫情。至少出现了 467 例病人，其中 371 例死亡。有前往津巴布韦旅行史的一名人员报告发生该病。1998 ~ 2000 年：在刚果（金）的暴发标志着该病在自然条件下的首次大暴发。发生在 1998 年末至 2000 年的该次暴发涉及 154 例，其中有 128 例死亡，病死率为 83%。2005 年 3 月以来非洲安哥拉的北部几个省份暴发了疑似病毒性出血热。经美国亚特兰大疾病预防控制中心一实验室检验，已查明是当地疑似病毒性出血热暴发中的致病病原体。该病毒是于 2005 年 3 月 21 日在 12 个致命病例中的 9 个病例样本中发现的，发病后死亡率极高，截至 4 月 14 日，安哥拉卫生部所报告的 224 例马尔堡出血热中已有 207 例死亡。安哥拉在 2004 至 2005 年发生一次严重的疫情，累计报告病例 374 例，其中死亡 329 例。2007 年 7 月至 10 月发生于乌干达的马尔堡出血热疫情，在同一个矿区先后有 3 人感染马尔堡病毒，其中 1 人死亡。2012 年 10 月 22 日，乌干达西南部卡巴莱地区共报告 9 例马尔堡出血热病例，其中 5 人死亡。2014 年 11 月 12 日，乌干达卫生部宣布，该国结束马尔堡出血热疫情。此次疫情造成 1 人死亡，197 人被隔离观察。

我国尚未见有该病流行的血清学证据和病例报道，由于马尔堡病毒对人构成严重威胁，随着我国养猴业的迅速发展和猕猴出口量的不断增加，人们对马尔堡病毒将会日趋重视。

（三）危害

MbV 属于一类病原微生物，易于在人群中传播，发病率和死亡率高，因其生物学特性和致病力特点，有可能用于生物战剂的潜在危害，世界卫生组织将其列为潜在的生物战剂之一。

病毒的致病性可能与病毒表面糖蛋白有关。研究表明，病毒可侵害多种细胞，特别是巨噬细胞和肝细胞。至于血管内皮细胞能否感染，尚无定论。在实验条件下，猴、小鼠、豚鼠和仓鼠均可感染或发病。豚鼠对马尔堡病毒较为敏感，经腹腔、静脉、皮内、皮下或鼻内等途径人工接种病毒或高热期患者血液，均可引起严重的发热反应。但在最初几代传代时，动物无明显的发病体征和死亡，感染豚鼠在 14 ~ 21d 内产生特异性抗体。随着在豚鼠体内传代次数的增加，病毒对豚鼠的毒力增高，感染豚鼠大多死亡。仓鼠的敏感性较低，病毒常常需要先在仓鼠体内多次传代后，才能适应在仓鼠体内增殖并传代。

（四）风险群体

1. 对易感动物的风险

在实验条件下，不同接种途径和剂量均可导致非洲绿猴、猕猴和松鼠猴感染发病。豚鼠对 MbV 较为易感，经腹腔、静脉、皮下、皮内或鼻内等途径人工接种后，均可引起严重的发热反应。若在豚鼠或猴中连续传代后再感染豚鼠，可引起动物一致性死亡。MbV 对小鼠无致病性。

2. 对人群的风险

人类感染潜伏期为 3～9d，发病急剧，初期为全身疲乏，头疼发热，肌肉痛等。其后恶心、呕吐、腹泻腹痛。皮肤损害为该病的特征性症状，皮疹出现的同时，病人有出血性倾向，严重因休克而死亡。在没有有效治疗方法和人用疫苗的情况下，减少人间感染和死亡的唯一途径是提高人们对马尔堡病毒感染风险因素以及可能减少人们与病毒发生接触的保护措施的认识。MbV 传染性强、死亡率高，实验动物以及饲养管理人员和科研人员是不可忽视风险群体。应加强对饲养人员、实验人员以及相关医护人员的培训，了解并掌握疫情动态、相关技术。

马尔堡出血热疫情时，降低风险方面的公共卫生宣教内容应该侧重在以下方面：减少由于长期接触由果蝠群落栖息的矿山或者洞穴而引起的蝙蝠与人传播风险。在具有果蝠群落栖息的矿山或者洞穴从事工作或者研究活动或者进行旅游访问期间，人们应当戴上手套和其他适当的防护服（包括口罩）。在社区减少由于直接接触或者密切接触感染患者而出现的人与人传播风险，尤其是与病人体液的接触。应避免与马尔堡患者发生身体上的密切接触。在家里照护病人时应当戴上手套和适当的个人防护设备。到医院探访生病亲属以及在家对病人实施照护之后，应当例行洗手。

（五）媒介生物

人、灵长类动物和鼠类都可感染马尔堡病毒，所有年龄组人群均易受感染，高危人群为接触被感染的动物、动物尸体、病人及病人尸体者。

通常先由被感染的非人灵长类动物将病毒传染给人，然后再由病人传染给其他健康人。马尔堡病毒的传染性极强，患者症状越重传染性越强，潜伏期患者的传染性弱。尚不清楚该病毒在自然界中的宿主，人并不是病毒自然循环中的一部分，只是偶尔被感染。猴子受感染后比人类死亡更快。因此，科学家认为这种病毒的宿主是其他动物，这种动物可以将病毒传染给同类，自身却很安全。研究人员认为蝙蝠可能携带病毒，其他的宿主，包括节肢动物、昆虫、蜘蛛等也应该在考虑之列。

该病毒的人际传播需要与患者有极其密切的接触，一般潜伏期为3~9d。接触具有高病毒浓度的血液或其他体液—粪便、呕吐物、尿、唾液和呼吸道分泌物，尤其当这些液体含有血液时，可产生感染。通过受感染精液传播可在临床痊愈之后长达7周发生。通过偶然接触的感染被认为极其罕见。偶然接触者的低传播率表明，经过呼吸道的空气传播是无效的。传播不会在潜伏期发生，在伴有出血表现的疾病严重发作阶段，患者看来最具传染性。与严重患者在家庭或医院照顾期间密切接触以及某些丧葬习俗是常见的感染途径。通过受污染的注射设备或针头扎伤传播与较严重疾病、迅速恶化以及可能较高病死率有关。

（六）症状

该病起病急，发热，多于发病数小时后体温迅速上升至40℃以上，为稽留热或弛张热，伴有畏寒、出汗，持续3~4d后体温下降，在第12~14d再次上升。伴乏力、全身肌肉酸痛、剧烈头痛及表情淡漠等毒血症症状。发病后第2~3d即可有恶心、呕吐、腹痛、腹泻等消化道症状，严重者可因连续水样便引起脱水。症状可持续1周。可有肝功能异常及胰腺炎等。发病后第4d开始有程度不等的出血，表现为皮肤、黏膜出血、鼻、牙龈出血、呕血、便血、血尿、阴道出血，甚至多脏器出血。严重者可发生弥散性血管内凝血及失血性休克。严重出血是该病最主要的死因。

皮肤充血性皮疹是该病特异的临床表现，在发病后第5~7d开始出现红色丘疹，从面部和臀部扩散到四肢和躯干，1d后发展为融合性斑丘疹，不痒，到第12d消退。可有浅表淋巴结肿大、咽痛、咳嗽、胸痛；心律失常甚至心力衰竭；少尿、无尿及肾功能衰竭；谵妄、昏迷等神经系统表现。亦有发生睾丸炎的报道。临床表现为多系统损害，病情严重。病程为14~16d。多于发病后第6~9d死亡。

（七）检测技术

1. 样品采集

从病人或死者的血液、鼻咽部、尿、精液、中枢神经系统、肺、肝、脾、肾分离到病毒，亦可从感染豚鼠的中枢神经系统、心脏、肺、肝、脾、肾、淋巴结、血液、唾液中均能分离到病毒。

2. 病原学检测方法

（1）病毒分离

可用细胞培养和动物接种分离马尔堡病毒。在最初几代，感染豚鼠无明显的发病体征，多数随传代次数的增多，病毒对豚鼠的毒力增高，感染豚鼠大多死亡。取疑似患者血液接种豚鼠分离病毒。亦可用血、咽拭子、尿或组织感染 VERO、BHK-21 和人羊膜细胞，于感染后第 2d，用免疫荧光技术检测可出现阳性反应。

病毒可在多种原代组织细胞和传代细胞系中复制，包括 Hela 细胞、非洲绿猴肾细胞（VERO）、田鼠肾细胞、叙利亚鼠或 BHK-21、人羊膜细胞、恒河猴肾细胞、豚鼠肝细胞、鸡或豚鼠纤维母细胞等，其中以 VERO-E6、VERO-98、MA104 细胞最为敏感。电镜下观察，病毒的细胞适应毒株可在胞质内形成空泡，然后细胞线粒体肿胀，细胞器被破坏；同时，病毒核壳体有胞质中大量形成，胞质内出现包含体，并大量释放胞外病毒体。感染细胞可出现细胞病变，如出现巨细胞、嗜碱性胞质内包含体形成等。在 VERO 细胞中形成的病变不显著，而在 BHK-21 细胞中而可出现明显的细胞病变。

（2）核酸检测

RT-PCR 法是检测早期感染及康复人群中马尔堡病毒感染的最灵敏有效的方法。以上 2 种方法均可作为确诊的依据。Jonathan 等采用巢式 RT-PCR 成功扩增出 V35 基因和 NP 基因中的特异性序列，引物序列（从 5'-到 - 3'）是：MBG704F1 - 5' - GTAAAYTTGGTGACAGGTCATG - 3'，MBG719F2-5'-GGTCATGATGCCTATGACAGTATCAT-3'，MBG1248R1-5'-TCTCGTTTCTGGCTGAGG-3'，和 MBG1230R2-5'-ACGGCIAGTGTCTGACT-GTGTG-3'。第一步扩增后核酸片段大小为 545 bp，第二步扩增的核酸片段大小为 512 bp。

也可以采用实时荧光 RT-PCR 方法检测马尔堡病毒 VP40 基因，其引物为：5'-GGTCCACTGCTGGCCATATC-3'，5'-GTCGGCAGGAAGCGAAATCC-3'，荧光标记探针为：6-carboxyfluorescein-5'-TTCTGGGACTTTTTCGACTCT-CAGTTGATGA-3'。

洪烨等（2011 年）基于马尔堡病毒基因组中的高度保守区域，建立了一种实时荧光 RT-PCR 快速检测方法用于马尔堡病毒的检测。

正向引物：5'-CATCTGATGGGATTCACACTGAG-3'；

反向引物：5'-TGGGAGGTACACCTGTCCTGAA-3'；

荧光标记探针：FAM-aaa+Gtt+Gct+Gat+Tc+Ccct-BHQ1，扩增片段大小 108bp。

3. 血清学检测方法

建立的血清学诊断方法很多，如间接免疫荧光试验（IFA）、固相间接免疫酶试验、酶联免疫吸附测定（ELISA）、放射免疫测定试验和蚀斑减数试验等。用免疫荧光法检测特异性抗体。从病人的血清中检出抗马尔堡病毒的免疫球蛋白 IgM 和 IgG 抗体，对诊断有意义。酶联免疫吸附测定（ELISA）检测血液、血清或组织匀浆中马尔堡病毒的 N 蛋白抗原（敏感度为 40ng/mL），可用于早期诊断。

（八）防控

尚无有效的疫苗。主要预防措施是切断传播途径、保护易感人群。由于我国至今尚未发现该病，因此，关键是加强国境卫生检疫和监测，防止该病传入我国。

对从疫区输入的非人灵长类动物要严格检疫。尽量不要前往疫区，不要接触可疑的感染动物和感染者。如确需前往疫区或接触感染动物和感染者，应配备有效的个人防护设施，并接受防护知识培训。离开疫区者在 21d 之内，一旦出现发热，应该立即就医，并务必告诉医生近期的疫区逗留史。对来自疫区的人员实施相应的检疫措施。对有明确暴露史的旅行者应按接触者对待，实施 21d 的医学观察，进行留验处理，每日监测体温。有疑似病例，必须立即报告当地疾病预防控制中心，并在专业传染病治疗机构进行严格的隔离治疗。对可疑污染场所，包括可疑的人为污染场所，要进行喷洒、喷雾或熏蒸消毒处理。常见消毒剂有过氧乙酸、福尔马林、次氯酸等。紫外线照射可作空气消毒。凡接触感染动物和感染者的医务工作者及疫区工作人员，必须穿戴全套防护服进行操作。对所有的感染动物和感染者的呕吐物、排泄物及尸体等要进行严格彻底的终末消毒。所有涉及活病毒的操作必须在 BSL4 级实验室中进行。开展各种形式的健康教育活动，杜绝的不良的生活习俗和殡葬传统，广泛宣传马尔堡出血热的防治知识，避免在发生疫情时引起不必要的社会惊恐。

二十五、埃博拉出血热

埃博拉出血热（Ebola Haemorrhagic Fever，EBHF）是由埃博拉病毒（Ebola Virus，EBV）引起的一种急性出血性人畜共患传染病。该病是人类目前已知的最为烈性的传染病之一。该病最初是在苏丹和扎伊尔间的埃博拉河流域发生，故得此名。人类一旦感染 EBV，死亡率高达 90%。患者主要表现为急性发热、肌肉酸痛、头痛、呕吐；有出血趋势和偶尔的休克症状，皮肤丘疹，胃肠道、呼吸道和器官瘀血、出血。由于体内器官坏死、分解，病人不断把坏死组织从口中呕出，最后多因广泛性内出血、脑部受损等原因而死亡。故世界卫生组织已将 EBV 列为对人类危害最严重的病毒之一，即第 4 级病毒。试验操作要求必须在生物安全防护四级实验室中进行。

（一）病原

1. 分类

EBV 属丝状病毒科（Filoviridae）埃博拉病毒属（*Ebolavirus*）。与马尔堡病毒（Marburg Virus，MBV）同一科。根据美国国立卫生研究院国家生物技术信息中心公布的 EBV 在自然界中的分类地位，它与 MBV 有不同的血清型。已确定的 EBV 分 4 个亚型，即埃博拉病毒—扎伊尔型（EBV-Z，1970 年 8—9 月于扎伊尔发现）、埃博拉病毒—苏丹型（EBV-S，1976 年 7 月于苏丹南部发现）、埃博拉病毒—莱斯顿型（EBV-R，1989 年于美国实验室猴体内分离获得）和埃博拉病毒—科特迪瓦型（EBV-C，1995 年于瑞士科特迪瓦西部一只死亡黑猩猩体内分离获得）。4 种亚型毒力各不相同，其中 EBV-Z 型毒力最强，人感染后死亡率达 80% 以上，病毒在人人传代后，毒力有减弱倾向。EBV-S 型次之，人感染的死亡率约 50%。EBV-C 型对非人类灵长类动物有致死性，对黑猩猩的致死率很高，对人感染性很弱。EBV-R 型目前还没有感染人的报道。4 种亚型相互间存在血清学交叉反应，通过定量血清学、胰酶消化多肽图谱分析和寡核苷酸图谱分析等方法可以检测出不同亚型。

2. 生物学形态

（1）形态特征

EBV形态多样，多呈长丝状或杆状，外有包膜，病毒颗粒长300～1500nm，平均为1200nm，直径70～90nm，长度差异较大，感染能力最强的病毒长970nm，毒粒表面有呈刷状样整齐排列的突起，长约7nm，相互间隔10nm，染色观察内部有交叉条纹。

（2）理化特性

EBV在常温下较稳定，对热有中度抵抗力，56℃加热不能完全灭活，需在60℃加热1h才可完全灭活，在-70℃病毒十分稳定，可以长期保存；4℃可存活数天，冷冻干燥保存的病毒仍具传染性，但其对紫外线和^{60}Co照射敏感，紫外线照射2min可使之完全灭活。EBV颗粒的沉降系数为1400S。对多种化学试剂敏感，如过氧乙酸、高氯酸钠、甲基乙醇、乙醚、福尔马林和去氧胆酸钠等可完全灭活病毒感染性。苯酚和胰酶不能使其完全灭活，只能降低其感染性。

（3）培养特性

EBV可以感染多种哺乳动物培养细胞，并使一些原代细胞和传代细胞株如VERO细胞、恒河猴肾细胞、地鼠肾细胞、人胚肺纤维母细胞等产生明显的细胞病变，其中以VERO-290、MA-2104和VERO-E6细胞最敏感，但仅在VERO细胞中形成蚀斑。在感染的细胞内能形成包涵体，内含纤维蛋白原或颗粒状物并呈管状结构。包涵体主要由核衣壳组成，成熟的病毒从细胞浆中含有核衣壳的管型结构通过宿主细胞膜以芽生的形式释放。病毒在鸟类、两栖类、爬行类和节肢动物细胞中不能复制。

（4）基因组结构

EBV颗粒有类脂包膜，内部构造有荚膜。含有螺旋状核糖衣壳，基因组为无感染性、非节段、线状单股负链RNA，全长18.9 kb，分子质量为4.2×10^{6}Da，基因组反转录产生的正链编码7种蛋白质。由巨蛋白（L）、核蛋白（NP）、2个结构蛋白VP30和VP35、膜关联蛋白或基质蛋白VP24和VP40、糖蛋白GP和EBV特有的分泌型小糖蛋白sGP所组成。其基因排列顺序为3'-NP-VP35-VP40-GP/sGP-VP30-VP24-L-5'，每种产物由一种单独的mRNA编码，基因外的两末端序列具有保守性和高度互补性，含五聚体3'-UAAUU-5'，多数基因被非保守的基因间隔开。NP编码区含

2217 个核苷酸，编码一个含 737 个氨基酸残基的蛋白质，分子质量为 83.3 kDa。L 基因有一些较为保守的序列。EBV 的 GP 基因由 2 个开放阅读框组成，转录时首先产生 1 个糖基化的非结构蛋白 sGP，然后再通过 RNA 编辑或框架漂移方式合成 GP。EBV 与 MBV 的氨基酸序列有很大的同源性，但 2 种病毒不存在血清学交叉反应。VP30 和 VP40、GP 和 VP30、L 和 VP24 基因间发现有特殊的基因重叠，约有 18 或 20 个碱基存在有限的保守序列，决定转录信号。

（5）病毒蛋白及功能

EBV 的 RNA 基因组可编码 7 种蛋白，即 3'-NP-VP35-VP40'-GP/sGP-VP30-VP24-L-5'，其中 NP 为毒粒的核衣壳蛋白；VP30 为病毒结构蛋白，与病毒的转录过程有关；L 是一种 RNA 聚合酶，据专家估计 L 可能是一种依赖 RNA 的 RNA 聚合酶。VP35 不仅在 RNA 的合成中起到不可替代的作用，而且还可以抑制 I 型干扰素；GP 为 I 型跨膜蛋白；VP24 为小型膜蛋白；VP40 则是与毒粒内膜相关的基质蛋白。GP 是病毒外膜表面的"小钉"，它与病毒结合细胞膜表面受体及细胞膜融合有关。VP24、VP40 与病毒颗粒的成熟有密切关系。VP40 具有与细胞因子相互作用的位点，与病毒的成熟释放有关，同时它与 GP 共表达，产生具特定形态、有浸染力的病毒粒子。研究表明，正是后三种与膜相偶联的蛋白（GP、VP40 和 VP24）在 EBV 的毒粒装配、出芽以及致病过程中起到了相当关键的作用。可以说，对这三种蛋白的研究将会大大促进 EBV 致病机理的最终阐明和加速 EBV 疫苗的研发过程。

EBV GP 是 EBV 侵染宿主过程中起着重要作用的跨膜糖蛋白，它主要是与宿主细胞的受体结合从而使病毒侵入宿主细胞。sGP 是由 GP 的 ORF1 编码的一种可溶性糖蛋白，也是一种非结构蛋白。VP40 是丝状病毒毒粒中含量最丰富的一类蛋白，在丝状病毒的出芽过程中起着十分重要的作用。VP24 在 EBV 中是一种次级基质蛋白，同时也是毒粒的次要组成成分。它分布于细胞的质膜或者核周区域，具有膜蛋白的所有性质，并能以与膜结合的形式释放到细胞培养基中。

（二）历史、地理分布

EBV 在几个世纪前就流行于中非热带雨林地区和东南非洲热带大草原，其疫源地主要是非洲大陆，但在北美洲和亚洲的泰国及欧洲也发现了该病。该病季节分布不明显，全年均有发病。1976 年在苏丹南部和扎伊尔北部同时暴发一种高致病性病毒性出血热。在苏丹 299 人发病，155 人死亡，死亡率达 52%；在扎伊尔，318 人发病，280 人死亡，死亡率高达 88%。因流行于扎伊尔北部埃博拉河流域，故命名为埃博拉病毒。埃博拉出血热主要呈现地方性流行，局限在中非热带雨林和东南非洲热带大草原，但已从开始的苏丹、刚果（金）扩展到中非、利比亚、加蓬、尼日利亚、肯尼亚、科特迪瓦、喀麦隆、津巴布韦、乌干达、埃塞俄比亚以及南非。非洲以外地区偶有病例报道，均属于输入性或实验室意外感染，未发现有埃博拉出血热流行。

EBV 疫情于 2013 年 12 月在几内亚暴发。世界卫生组织表示，2014 年已登记在案的受感染病例有 1848 人，包括疑似和确诊病例，其中 1013 例死亡。这是迄今为止最严重的埃博拉疫情暴发记录。2020 年 6 月 26 日，刚果（金）卫生部宣布发生在该国北基伍、伊图里和南基伍省的埃博拉病毒病疫情结束。按照世界卫生组织的标准，最后 1 例密切接触者经过 2 次检测阴性，解除医学隔离 42d 后才能宣布疫情结束。2018 年 8 月 1 日，在该国北基伍省经过流行病学调查和实验室检测确认，发生 EVD 聚集性病例后，宣布暴发疫情开始。

埃博拉病毒仅在个别国家（地区）间歇性流行，在时空上有一定的局限性。泰国、加拿大、美国、英国、瑞士等国（地区）有该病流行的血清学证据。我国尚未发现 EBV 感染的患者和动物。

（三）危害

尚无有效的治疗手段。EBV 存在多种血清型，各种血清型对人和动物的致病力差别很大，一旦出现新的毒力更强的变异毒株，且该病毒可通过气溶胶进行传播，可引起全球大流行。

2008 年 12 月，菲律宾暴发猪繁殖与呼吸综合征疫情，从猪体内分离出 EBV-R，并在猪直接接触的五人体内检出抗体。研究人员对 EBV-R 出现在人类的食物链中表示担忧，EBV-R 很可能在猪体内发生变异，导致毒力改变，进而可能成为感染人类的一种新疾病。

随着国际日益频繁，EBV 进入我国的风险不断增加，应加强入境动物的检验检疫。

（四）风险群体

在自然条件下，人和猴都能发生感染或死亡；在实验室条件下，猴、豚鼠、仓鼠、乳鼠可感染发病或死亡。接种兔、马、牛、羊均可产生抗体，不引起死亡。易感人群中医务人员、检查人员、现场及监测人员、处理患者污物的清洁人员等是主要的高危人群，尤其是医护人员感染率很高，曾报道占患者总数的25%。

1989年10月美国曾发现实验动物猕猴感染EBV，并造成大批死亡，对饲养和科研人员构成很大的风险。不同年龄、性别、种族的人群均可感染。女人易感性略高，15~29岁的女性最为易感；21~30岁年龄组血清学检查阳性率最高。接触患者的医护人员、处理患者污物的清洁工人、尸体剖检人员、患者家属、参加葬礼人员等为高危人群。

（五）媒介生物

EBV的自然宿主至今尚未确定，但人、猴以及哺乳动物中豚鼠、仓鼠可感染发病暂被排除，蝙蝠、某些啮齿类动物或鸟类的可能性较大。主要依据：第一，在蝙蝠粪便里找到了有感染力的EBV粒子，同时EBV粒子还可以在一些包括发病地区的果蝠或食肉蝙蝠体内复制而不产生致死效应；第二，利用RT-PCR技术从中非的2种啮齿类动物的器官中检测到了与EBV-Z型的GP和L相同的序列，提示EBV与非洲动物种群可能有着共同的进化历史；第三，EBV入侵的生化途径及病毒的蛋白质外壳与多种鸟类的反转录病毒非常相似，这可能提示鸟类是EBV的天然宿主，或鸟类反转录病毒与EBV有着相同的祖先，不过鸟类是否传染EBV还不能确定。

1989年从菲律宾运往美国的猕猴被感染EBV，经调查，认为是经过空气传播；1994年在科特迪瓦发现自然感染的黑猩猩；1996年2月于加蓬发现人与黑猩猩接触传染。1976年扎伊尔流行的一个重要的危险因素就是接受注射治疗。现发现EBV主要通过与病毒携带者的血液、唾液、汗液、精液和任何分泌物及污染物接触传播。

自然界中也存在隐性感染人群。1996年在加蓬北部发生2次暴发性埃博拉出血热，发现了与病人接触但不发病的病毒携带者，经调查，无症状者和发病者所携带病毒的核蛋白与EBV核蛋白无差异，且2种人群无基因上的差异，说明隐性感染人群的无症状不是由病毒变异引起，也说明在自然界中存在着毒力低或不致病的 EBV。l995 年在扎伊尔基奎特和刚果埃博拉出血热暴发期间发现医院和健康中心的工作人员隐性感染率为 1.99%。可见人群普遍易感，特别应该注意的是最易受 EBV 感染的是医务人员，医生在历次埃博拉出血热流行中都付出了沉重代价。

（六）症状

该病潜伏期约 1 周，常突然发病，主要症状有头痛、发热、腹泻、呕吐、肌肉痛、关节痛、咽喉疼痛，皮肤出现斑状丘疹。多数患者严重出血，2~3d 后，胃肠道出血和肺咯血，可有呕血、便血、皮下淤血及静脉穿刺处血肿。病理学特征是皮肤丘疹，胃肠道、呼吸道和器官淤血、出血。组织病理特征是肝、脾、肺、淋巴结和睾丸急性坏死以及弥漫性血管内凝血。发病 5d 前后出现麻疹样斑疹，以肩部、手心、脚掌多见，恢复者可脱屑。重症患者多在发病 6~9d 死于多器官功能衰竭和休克。主要病理改变为低血压、休克、面部水肿及血浆渗出，血容量减少，电解质酸碱平衡失调，大动脉内皮产生前列腺素能力受损，内皮细胞生化完整性破坏，微循环系统损害特征明显，并有血清谷草转氨酶及谷丙转氨酶明显升高，早期可有蛋白尿。

（七）检测技术

1. 样品采集

EBV 属于生物安全 4 级病原，所有涉及病原的研究工作，如解剖、材料采集、病毒分离与鉴定等，均应在生物安全四级实验室中进行。

2. 病原学检测方法

（1）病毒分离

电镜检查和病毒分离法。病毒主要存在于血液、肝脏、血清（浆）或精液中，取上述材料接种 VERO 细胞，37℃ 培养 5~7d 后，用免疫荧光技术检查，可以发现培养细胞中的病毒抗原。也可将病毒注入豚鼠腹腔，豚鼠体温升高，达 40℃，并在 4~7d 后死亡。也有经乳鼠脑内接种分离和鉴定病毒的报道。

（2）核酸检测

通常选择丝状病毒科中具有高度保守序列的聚合酶基因内的特异序列作为引物进行 PCR 检测。EBV 的糖蛋白基因能被用来检测所有四种埃博拉病毒亚型，同时糖蛋白基因序列之间的差异也可用来区别扎伊尔 EBV 毒株和苏丹 EBV 毒株。而用源于核蛋白基因序列的引物也能用于检测 EBV 和区别扎伊尔亚型和莱斯顿亚型。但在临床检测中显然没有必要区别不同种类的丝状病毒或区别不同的亚型。该病 RT-PCR 检测方法是根据 L 基因设计的引物，上游引物 Filo A 5'-ATCGGAATTTTTCTTTCTCATT-3'（13 213-13 234），下游引物 Filo B 5'-ATGTGGTGGGTTATAATAATCACTGACATG-3'（13 631-13 601），扩增片段为 419 bp。

也可采用巢式 RT-PCR 方法检测 EBVNP 基因，其 Sudan 或 Zaire 病毒株的扩增引物，第一步是：SudZaiNP1（+），5'-GAGACAACGGAAGCTAATGC-3'，和 SudZaiNP1（-），5'-AACGGAAGATCACCATCATG-3'；第二步是：SudZaiNP2（+），5'-GGTCAGTTTCTATCCTTTGC-3'，和 SudZaiNP2（-），5'-CATGTGTCCAACTGATTGCC-3'，第一步扩增后片段长度为 185 bp，第二步扩增后片段长度为 150 bp。

Jonathan 等研究人员采用荧光 RT-PCR 方法来检测 EBVNP 基因，其正向引物为：5'-GAAAGAGCGGCTGGCCAAA-3'，反向引物为：5'-AACGATCTCCAACCTTGATCTTT-3'，探针序列为 5'-TGACCGAAGCCATCACGACTGCAT-3'，5' 末端标记发光基团 FAM，3' 末端标记淬灭基团 QSY7。

师永霞等（2019 年）建立扎伊尔型（EBV-Z）、苏丹型（EBV-S）、科特迪瓦型（EBV-C）、本迪布焦型（EBV-B）和莱斯顿型（EBV-R）埃博拉病毒多重实时荧光 PCR 检测方法，一次检测可实现 5 种 EBV 的分型。设计 5 种埃博拉病毒特异性引物和探针用于核酸检测，EBV-Z、EBV-S、EBV-C、EBV-B 和 EBV-R 分别使用 FAM、VIC、Texas red、FAM、VIC 荧光基团标记探针。

扎伊尔型（EBV-Z）：

Ebv-Z-1F：GCTCCCGTATACAGAGATC

Ebv-Z-1R：GGCGATACATCTCCTCAA

Ebv-Z-1P：CCGCAAGATGAGCAACAAGACCAGG；

苏丹型 EBOV（EBV-S）：

Ebv-S-2F：ACAGGAGATCTTGATCTCTTCA

Ebv-S-2R：CTTGGTGATGTGGAGGTTG

Ebv-S-2P：CGACAGCCAACCAGGACCACC；

科特迪瓦型：（EBV-C）：

Ebv-C-3F：TGACCTTGAAGATGGTGAC

Ebv-C-3R：GTTCCTGTAAGACTGTGTTTG

Ebv-C-3P：ATCACCGACCGTCAAGTTCATCAGAGA；

本迪布焦型（EBV-B）：

Ebv-B-1F：GAGCAAGGGTGACTTACA

Ebv-B-1R：GTGGATCGAGGGACTTATAC

Ebv-B-1P：CACCAACAACCACAGGCACACGA；

莱斯顿型（EBV-R）：

Ebv-R-1F：GAGTCCCAGAGACAARTTTC

Ebv-R-1R：ATCGGTCAAGTCTTRAGTGTA

Ebv-R-1P：CAGCACCATCAGTAACCACAGCACAA。

3. 血清学检测方法

血清学检测可采用间接免疫荧光试验和 ELISA，但用于埃博拉出血热诊断较局限，急性期诊断效果不理想，多数患者抗体的产生在病后 10 ~ 14d，病毒血症消失，血清学检测结果只能说明近期感染而不能早期诊断。

（八）防控

预防埃博拉出血热的措施主要有以下三种：第一种，要密切注意世界埃博拉病毒疫情动态，加强国境检疫；第二种，妥善进行病人处理，发现病人后严格隔离治疗，病人的分泌物和排泄物要严格消毒，对病人用过的衣物进行蒸汽消毒，病人的尸体应包裹严密就近火葬或掩埋，需转移处理时，应放在密闭容器中进行，医务人员做好自身防护工作，如接触病人时需戴口罩、手套、眼镜、帽子和防护服，严密防止接触病人污染物；第三种，免疫预防。疫苗可作为最有效的防治方法。曾先后有病毒活载体疫苗、DNA 疫苗、用 DNA 激发配合腺病毒增强疫苗和快速疫苗问世，其中2003 年 8 月美国科学家研制出的快速疫苗具有广阔的应用前景。

发现疑似病例和患者应立即隔离，严格消毒患者接触过的物品及其分泌物、排泄物和血液等。高危操作，如静脉输液及处理血液、分泌物、导管和吸引器等，必须在隔离防护的条件下进行。死于埃博拉出血热的患者应立即被埋葬或火化。可疑病例自最后接触之日起监视 3 周。与患者或污染物接触，不穿隔离服的医院工作人员，自最后接触之日起，即认为已接触，对其也应进行监护。

二十六、落基山斑疹热

落基山斑疹热（Rocky Mountain spotted fever，RMSF）是由立氏立克次体经蜱传播引起的一种急性地方性传染病，多分布于美洲，美国疾病控制中心也将其命名为蜱传斑疹伤寒（Tickborne typhus fever 或 Tickborne typhus）。人表现起病急，恢复较快，临床特征有发热、头痛和皮疹，重型患者可危及生命。人群普遍易感，尤儿童和青年常见，人疾病中又称：北美蜱斑疹伤寒、新世界斑疹热、圣保罗热。

（一）病原

1. 分类

立氏立克次体（*Rickettsia. rickettsii*）在分类上属立克次体科（Rickettsiaceae）立克次体属（*Rickettsia*）、斑点热群。它是最早被了解并研究的立克次体，立氏立克次体为专性胞内寄生的球杆菌，带有最小的细菌基因组。该菌已被列为烈性病原，其致病性在所有立克次体中居首位，被列为生物战剂之一。

2. 生物学特性

（1）形态结构

立氏立克次体为多形性，形态以球杆状为主，大小为（0.3μm～0.6μm）×（1.2μm～2.0μm），表面有两种蛋白，分子量分别为 $1.2×10^5$ 和 $1.55×10^5$，与致病力有关。革兰氏染色阴性，免疫酶染色阳性，姬姆萨染色紫红色，吉曼尼兹（Gimenez）和马基亚韦洛（Macchiavello）染色呈红色，多分布于细胞质，在核内偶可检出。在感染鸡胚卵黄囊的涂抹标本中，立克次体多散布于细胞外，时可见于细胞内。

（2）理化特征

立氏立克次体对外界环境抵抗力不强，56℃30min 可灭活，对热、紫外线及一般消毒剂均敏感，紫外线照射数分钟即死亡，耐低温，−20℃以下可长期保存。常用的消毒剂 0.1%甲醛、0.5%石炭酸溶液可在短时间内将其灭活，70%乙醇、5%三氯甲烷在 10min 内可将其杀灭。对脂溶剂和抗生素敏感。

（3）培养特征

立氏立克次体在 7~8 日龄鸡胚卵黄囊内生长良好，最适宜培养温度为 33.5℃，鸡胚常在 4~6d 内死亡。胚死后可继续培养 24~48h 以增加菌的数量。在猴肾细胞和人胚肾细胞内可增殖，并引起细胞病变。

（二）历史、地理分布

立氏立克次体是西半球唯一的立克次体，该病的自然疫源地至今仅限于美洲，最早发现于美国西北部落基山脉的蒙培拉州的山谷，以后发展至美国东部及东南部几个州，散发病例几乎遍及除了缅因、夏威夷和阿拉斯加以外的美国各地。尤其在大西洋沿岸常见。此病主要发生于 3—9 月份，这段时间成熟的蜱活跃，人们也喜欢到蜱寄生的地方去。在美国西部，主要媒介为寄生于野生动物的安氏革蜱，因此，野外作业人员感染者多。在东部的主要媒介是寄生于家犬的变异革蜱的成蜱，妇女、儿童发病者较多，年长、体弱者病死率高。在南方各州，全年可见这种病例。有大量时间在蜱寄生处户外活动者，如 15 岁以下的儿童，有感染的高危险性。已感染的蜱将立克次体传播给兔子、松鼠、鹿、熊、狗和人。1983—1998 年，美国每年报道的死于落基山斑疹热的人数为 5~39 人，而近年来证实在此期间另有 400 人死于该病。过去该病对人的致死率为 87%。经过治疗的病死率为 5%，未经治疗的病死率为 20%。

在美国之外，RMSF 的发生遍及西半球，从加拿大到巴西和阿根廷均由病例报道。在其他国家该病病死率较高，如巴西 1995—2004 年的致死率为 29.1%。美国有 18 种鸟类和 31 种哺乳动物血清中曾检出过抗体。此病不会在人与人之间直接传播。

在我国无该病自然疫源地，故无该病分布。

（三）危害

我国尚未发现落基山斑疹热，故正常状态下不会出现感染病例，但引起落基山斑疹热的立氏立克次体属于生物战剂之一。在可能发生生物恐怖活动时，需要向民众普及相关防治知识，一旦发生污染，要做到及时诊断，及时治疗，把污染控制到最小。

鉴于具有很大危害性，从事立氏立克次体病原研究的实验室要建立相应的生物安全管理措施，特别注意控制气溶胶感染，以确保实验室工作人员的安全。

（四）风险群体

自 1920 年以来，该病经历了 3 个主要周期，自 2000 年来发病率呈上升趋势。美国报告的病例主要发生于 15 岁以下儿童，其中 5～9 岁儿童发病率最高，这可能与儿童接触蜱的概率最高有关。与带蜱的犬近距离生活是一种已被确定的风险因素。实验室工作人员面临的风险较高，在处理感染材料和培养物是需特别谨慎，很容易通过非胃肠性意外接触或气溶胶而发生意外。

人群对斑疹热立氏立克次氏体普遍易感。感染与流行主要取决于以下两个因素：（1）当地人群抗体水平的高低与年龄因素有关，成人高，儿童低，外来人员和儿童是高危人群，易受感染；（2）感染与蜱接触频率的高低成正比，不受性别影响。野外工作人员是高发人群，初次接触者更易感。

（五）媒介生物

蜱虫既是落基山斑疹热的传播媒介又是贮存宿主，主要有硬蜱属的各种蜱，如安氏革蜱（Dermacentor andersom）和血红扇头蜱（Rhipicephalus sanguineus）等。小型啮齿动物如各种鼠、兔、鹿、熊等均可成为传染源，犬作为传染源的意义不大，但其可将蜱携带至居民居住地使人被感染，鸟类在扩展疫源地上具有特殊意义。

局部流行主要通过蜱叮咬或接触新鲜的蜱分泌物、破碎的尸体等，经皮肤破损处或眼、鼻、口黏膜而传播，媒介蜱主要有安氏革蜱、美洲犬蜱、变异革蜱、血红扇头蜱等。自然条件下，经气溶胶感染的可能性不大，但实验室感染证明，猴和猩猩吸入带有病原体的气溶胶后可感染、发病。立克次体也可以从受感染的蜱传播给它们的后代。当人类被硬蜱或犬硬蜱叮咬时，立克次体感染就会发生。立克次体感染很可能不会在人与人之间传播。

蜱的寄生宿主非常广泛，包括家畜、野生动物、啮齿类和鸟类等，该病自然宿主主要为啮齿动物鼠、兔，也有犬、鹿、熊等自然感染及血清学阳性的报道。成蜱和犬在使人感染的环节上特别重要。

（六）症状

该病潜伏期一般为 2～14d，平均为 7d。立氏立克次体感染量越大，潜伏期越短，病情也越严重。潜伏期后，部分患者可有 1~3d 的前驱期，表现为食欲减退、疲倦、四肢无力和畏寒等症状。

发病期典型表现为患者突然起病，体温急剧上升到 39℃~40℃，严重患者可出现 41℃ 以上的超高热。出现寒战、剧烈头痛、全身肌肉和关节疼痛、畏光和眼球后痛。肝、脾可出现肿大。未经病原治疗，发热不退，热程可达 2~3 周，以后多数患者发热缓慢消退。严重时，立氏立克次体可使血管内皮的损害加重，出现血栓形成和局部缺血性坏疽，在鼻尖、耳垂、阴囊部和指趾处的皮肤容易发生。如果大动脉血栓形成，可发生肢体坏死和偏瘫。重型患者常因心肌炎和肺水肿而死亡。

皮疹在外观、位置和发病时间上因人而异，差别很大，大约 10% 的 RMSF 患者从未出现过皮疹。80%~90% 患者在发热后 3~4d 出现粉红色斑疹，直径 2~5mm，开始位于手腕、前臂和踝部出现小的、扁平的、粉红色的、不痒的斑点（斑丘疹），以后扩展到手臂、双足、胸腹部和颌面部。出疹 2~3d 后，皮疹出现融和，转变为红色或紫色。斑点状（瘀斑）皮疹通常在发病后第六天或更晚才出现，发生在 35%~60% 的感染患者身上。恢复期皮疹逐渐消退，在手掌、足底、踝周和腋窝的皱褶处皮疹变为瘀点，形成立氏立克次体斑疹热皮疹的特征性分布。皮疹消退后可有短暂的色素沉着和糠皮样脱皮。

（七）检测技术

1. 样品采集

常见标本有：抗凝血、脑脊髓液、磨碎的血块、血浆、尸检组织、焦痂、皮肤活检组织、节肢动物、石蜡包埋甚至切片固定标本等。

2. 病原学检测方法

（1）病原分离

立克次体分离过去被普遍使用鸡胚卵黄囊培养法，现在被细胞培养技术取代。动物接种法仍被广泛使用，接种动物后可保留组织来源的立克次体培养要求的环境，也可除去细胞培养时污染的支原体。

动物接种应根据不同立克次体选择不同的动物，如恙虫病常选用小白鼠，而斑疹伤寒及斑点热常选用豚鼠。细胞培养是目前临床标本初步分离立克次体最广泛使用方法，最常用的细胞系有 L929 及 VERO 细胞。有采用微量细胞培养方法从人血和其他标本分离出立克次体。近年新建立的

shell vial 离心细胞培养法可缩短培养时间，节省人力，物力，而且通过离心促进立克次体与细胞吸附进而提高分离率。

分离常用患者全血或其他标本悬液 2mL 腹腔接种豚鼠，观察阴囊反应并检查菌体。可用家兔或小鼠进行病原体分离，如果出现阳性结果有确诊意义。因分离培养易造成实验室污染，操作培养物和感染物质时应在生物安全水平三级实验室进行。从事该病原操作的人员应进行药物预防。

（2）核酸检测

PCR 扩增及测序为主要手段的分子生物学技术目前已取代病原分离作为直接诊断依据。

齐永等（2017 年）发明一种检测立氏立克次体的 RPA 方法，正向引物：5' - CTAGCAATAATCTGTGTTATTTGATAAAAT - 3'；反向引物：5' - ACAAAAGATGCAAAAACAACTCCTTT - 3'；探针：5' - TACATACCATTGGT-GTCACTACTTGGTGTA［THF］TCATTTATTTACTAA - 3'。建立的检测方法灵敏度可达 6 拷贝数/μL。

3. 血清学检测方法

患者血清立克次体特异抗体的检测仍是立克次体病最主要诊断技术之一，血清抗体一般要在发病 5~10d 检测到，主要是 IgM 型抗体。血清学特异诊断一般要求单份血清特异抗体明显高于当地正常人群血清滴度或病人恢复期血清发生血清转换（血清抗体 4 倍升高）可进行明确诊断。

（1）外斐氏反应（Weil-Felix test）

主要基于体外易于培养的变形杆菌菌体抗原与立克次体有交叉抗原如 OX2 与斑点热群、OX19 与斑疹伤寒群、OXK 与恙虫病东方体。1∶80 为阳性，1∶160 为现症患者。实验结果解释应与临床及流行病学结合进行。

（2）间接免疫荧光试验（IFA）

世界卫生组织推荐的参考方法。主要采用立克次体特异抗原检测病人血清抗体，该法最大特点是同一抗原片可以点有多种立克次体，用一滴血清可同时检测多种立克次体，灵敏度高，特异性基本同补体结合试验。已知抗原是感染卵黄囊被稀释成悬液或用正常的卵黄囊液稀释纯化抗原制成，荧光抗体是从免疫血清中提取抗体球蛋白在碱性条件下结合荧光色素，再根据不同要求进行精制与纯化制成。国际上唯一一款检测立克次体商品试剂盒就是美国 FOCUS 生产的经国际质量认证的 IFA 立克次体检测试剂盒。

（3）补体结合试验（CF）

CF 是一种有补体参与并以绵羊红细胞和溶血素为指示系统的免疫检测方法。试验中使用的群特异性可溶性抗原除 Q 热立克次体外可用感染的卵黄囊膜经乙醚处理后获得，种特异性颗粒性抗原的制备以高浓度盐酸溶液及乙醚处理感染材料并结合分级离心浓缩提纯立克次体为简便实用。它有较高特异性，但在疾病早期缺乏灵敏性，主要用于血清流行病学调查。

（4）间接血凝实验（ESS）

采用立克次体抗原包被人或羊 RBC，通过凝集实验检测血清相应立克次体抗体。纯净的立克次体悬液灭菌后经透析处理得到的群特异性抗原可致敏 RBC，Q 热立克次体用超声波处理获得的可溶性抗原中第Ⅰ相抗原成分能致敏正常 RBC，第Ⅱ相成分可致敏鞣酸化 RBC。该法对早期 IgM 抗体更有效。

（5）蛋白免疫印迹试验（Western Immuno Blotting）

该法是最灵敏和特异的血清学方法，是立克次体血清流行病学调查最好的工具，线印迹试验（line blotting）可用于大量抗原的筛选。

（八）防控

1. 综合性措施

该病的主要防治措施是灭鼠和灭蜱，控制传染源和贮存宿主，保护易感人群等。野外作业应穿防护服，外露部分使用乙酰苯胺丁酯等驱避剂。临时进入疫区，可口服多西环素进行药物预防。

鼠类经常侵扰粮库、简陋住所、货物集散地等，应采取机械、化学和生态学等方法做好灭鼠害，同时还应灭蜱。

人与人之间传播可能性小，但潜伏期、恢复期有立克次体血症可能成为传染源，因此对早期患者的诊断、隔离、治疗是关键。

立氏立克次体易造成实验室感染，因此一般操作试验可在生物安全二级实验室进行，操作培养物和感染物质或解剖动物时应在生物安全水平三级实验室进行。

2. 疫苗接种

使用鸡胚卵黄囊疫苗有部分保护作用，能延长潜伏期，缩短热程，减轻病情，但不能防止发病。

3. 治疗

四环素和多西环素对多数患者有效。首选四环素，成人剂量为每天每千克体重 25mg，分 4 次；多西环素每天 200mg；氯霉素剂量为每天每千克体重 25mg，分 4 次，口服，疗程 5~7d；退热后还应服用 3d。同时采取一般支持疗法和对症治疗。

二十七、Q 热

Q 热（Q Fever）是由伯纳特柯克斯体引起的自然疫源性全身感染性人与动物共患传染病。牛、羊、犬、马和猪等家畜是主要传染源，动物多为隐性感染，症状轻微，表现发热、食欲不振等。由于伯纳特柯克斯体有高度的感染性，可用气溶胶施放，具有较强的杀伤性能，1996 年日内瓦禁止生物武器公约国际会议将其列为生物战剂和核查内容。

（一）病原

伯纳特柯克斯体（*Coxiellaburnetii*）又称 Q 热柯克斯体（*Coxiella query*），过去被分类为立克次体科（Rickettsiaceae）、柯克体属（*Coxiella*），后基于 16SrDNA 序列的基因进化分析表明，伯纳特柯克斯体与变形菌门、α 变形菌纲的立克次体属的亲缘关系较远。目前，伯纳特柯克斯体被分类为变形菌门（Proteobacteria）、γ 变形菌纲（Gammaproteobacteria）、军团菌目（Legionellales）、柯克斯体科（Coxiellaceae）、柯克斯体属（*Coxiella*）。

伯纳特柯克斯体较小，长 0.4~1.0μm，宽 0.2~0.4μm，呈杆状或球状，有时也可见较大个体，以二分裂法增殖，可通过 0.1~0.45μm 滤膜。革兰氏染色常不稳定，经含碘乙醇媒染剂处理并脱色后，呈革兰氏阳性反应。吉姆萨染色紫红色，Gimenez 和 Macchiavello 染色呈红色，常聚集于宿主细胞胞质小泡内，构成类包含体样小体。伯纳特柯克斯体是一种专性细胞内寄生菌，只能在鸡胚、培养细胞或实验动物体内生长，不能在人工培养基上生长。现已分享鉴定的 Q 热的株型主要有九里株（Nice Mile）、Henzerling 株、Louga 株、澳大利亚株、Christie 株以及在我国分离的雅安株、YS-6、YS、新桥株。

（二）历史、地理分布

1937 年 Derrick 在澳大利亚的昆士兰发现并首先描述此病，因当时原因不明，故称该病为 Q 热（Q 是 Query 的第一个字母，即疑问之意）。已报道的 Q 热疫区几乎遍及全球各大洲，分布十分广泛，除南极洲外的六大洲 90 多个国家（地区）均有分布。Q 热已经成为当前分布最广的人畜共患病之一。

我国 Q 热的发现和研究开始于 20 世纪 50 年代初。1950 年张乃初等用 Q 热柯克斯体 Henzerling 株抗原作补体结合试验检查了协和医院住院病人及健康者共 107 例的血清，发现有 10 例 Q 热抗体阳性，并证明 1 例为 Q 热患者，从而证实了 Q 热在我国的存在。1958 年，范明远等在内蒙古发现人群 Q 热补体结合抗体阳性，并在该地区的牛、羊血清中亦检出 Q 热抗体。80 年代以后，除了少数地区报道 Q 热病例和血清学调查结果外，我国 Q 热研究主要是在分子水平上探讨我国分离株的生物学特征及其实验室检查和预防问题。1996 年山东报道犬血清 Q 热抗体阳性率高于山羊和牛。1998 年报道广东、广西两地军警犬血清中 Q 热抗体阳性率为 3.74%。

（三）危害

该病感染后主要呈隐性过程。感染后能引起一过性菌血症，少数病例出现发热、饮食欲下降、精神不振等症状。在反刍动物中，病原体侵入血流后可局限于乳腺，乳房上部淋巴管、胎盘和子宫中，在其后的分娩和泌乳中大量排出。感染一般为一过性，数月后可自愈，但也有的成为带菌动物。奶牛感染后通常泌乳和胎儿发育都会受到影响。部分绵羊、山羊和牛在妊娠后期可发生流产。少数病例出现结膜炎、支气管肺炎、关节肿胀、乳腺炎等。自然感染犬可发生支气管肺炎和脾肿大。

（四）风险群体

Q 热的传染源主要是感染家畜，特别是牛、羊，其次为马、骡、犬以及野啮齿动物，飞禽（鸽、鹅、火鸡等）及爬虫类动物。有些地区家畜感染率为 20%~80%。我国确诊的 Q 热暴发流行多发生在屠宰场、食品加工厂、皮革厂、农牧场等单位。受感染动物外观健康，而分泌物、排泄物以及胎盘、羊水中均含有 Q 热立克次体。在动物之间，该病原体以蜱为传播媒介进行传播并可以经卵传代，从而形成自然疫源地，动物感染后多无症状，但乳汁、尿、粪中可长期带有病原体。自然疫源地的宿主动物与经济疫源地的宿主动物，极有可能生活在同一个牧区草场、山缘、草地，又由于经济疫源地宿主动物产品流通较远，造成了 Q 热分布广泛的因素，同时给疾病控制工作造成困难。有些动物可以携带多种立克次体或混合感染其他病原体，这种混合感染的传染源所造成的危害无疑会更加严重。

（五）媒介生物/宿主/贮存宿主物种

该病宿主范围广泛，包括野生大型哺乳动物和小型啮齿动物，放牧的家畜和役畜、宠物，兼作媒介的节肢动物蜱、螨以及鸟类等。病原体在蜱和野生动物间循环，形成自然疫源地。传至家畜后，形成完全独立的、可直接危害人群的家畜间循环。其中牛、羊、马最易感，犬、猫、猪等其他动物次之，禽类再次之。

该病通过蜱传播以外，含大量病原体的蜱粪便、蜱的基节液及组织，污染了动物皮毛或人体、衣物后，再形成气溶胶，经呼吸道感染也是一个重要的方式；某些节肢动物蜱、螨以及虱、蚤、蚊和臭虫等叮咬的传播作用，虽然至今得不到证实，但其机械携带的传播作用也是不可忽视的。

呼吸道传播是最主要的传播途径。牲畜屠宰过程中，感染动物排泄物或处理内脏、胎盘等会产生大量微生物气溶胶而致病。吸入污染尘埃或继发性气溶胶也存在被感染的可能性。与病畜、蜱粪接触，病原体可通过受损的皮肤、黏膜侵入人体。曾有人用手指压死衣服上的蜱而患上 Q 热；兽医和畜牧工作者在接羔、接犊时，由于接触了含有大量 Q 热病原体的仔畜、胎盘、羊水等发生接触性感染，造成牛、羊分娩季节 Q 热发病率升高。饮用污染的水和奶类制品也可受染。但因人类胃肠道非该病原体易感部位，而且污染的牛奶中常含有中和抗体，能使病原体的毒力减弱而不致病，故感染机会较少。

（六）症状

该病感染后主要呈隐性过程。感染后能引起一过性菌血症，少数病例出现发热、饮食欲下降、精神不振等症状。少数情况会发展为肺炎、脑膜炎、骨髓炎等慢性疾。

（七）检测技术

1. 病原学检测方法

该病的病原学检测方法有分离培养、染色法、普通 PCR 法及基因分型法。世界动物卫生组织诊断手册第 3.01.16 章推荐病原学检测方法包括分离培养、染色法、普通 PCR 法（但只说明 PCR 法多从编码转位酶的 IS1111 基因上设计引物用于检测，未给出具体的引物序列）及基因分型法；

2. 血清学检测方法

该病的血清学检测标准方法有酶联免疫吸附试验（ELISA）、间接免疫荧光试验（IFA）及补体结合试验（CFT）。世界动物卫生组织诊断手册第 3.01.16 章推荐酶联免疫吸附试验（ELISA）、间接免疫荧光试验（IFA）及补体结合试验（CFT）；《Q 热检疫技术规范》（SN/T 1087—2011）等同采用世界动物卫生组织推荐方法。

该病流行病学调查、该病的群体净化、临床病例确认、感染群体情况监测以及免疫效果评价推荐使用酶联免疫吸附试验（ELISA）；间接免疫荧光试验（IFA）仅为适用。

(八) 防控

加强畜群卫生管理，建立孕畜与健畜隔离饲养制度，建立有消毒措施的产仔房，在孕畜产仔时，做好对人和健畜的保护。对孕畜的流产物和分泌物，进行掩埋和无害化处理。防止家畜进入疫源地。引进家畜、种畜要进行检疫。进行畜群的疫苗接种。加强牧场管理，防止饲喂污染病原的饲草、饲料。目前，牧区草场划分草"库伦"的放牧方法，轮作轮放是净化草场的有效方法。

定时检查牲畜体表寄生蜱、螨，调查牲畜活动场所的游离蜱、螨密度，适时进行药物处理和生物防治，控制与降低蜱、螨的叮咬率。

对放牧、屠宰、皮毛加工人员的卫生管理和个人防护措施。做好家畜产仔环境和物品的消毒，胎盘及分泌物进行无害化处理，不得让其他动物食用，防止病原气溶胶产生。家畜屠宰和畜产品加工场地要常消毒、通风，做好个人防护，如戴口罩、着防护服、戴手套等。不食用生肉、生奶。染疫的生毛和生皮，要用熏蒸消毒法消毒后，再搬运和加工。

二十八、土拉热

土拉热（Tularemia）是由土拉弗朗西斯菌（*Francisellatularensis*）引起的一种主要感染野生啮齿动物并可传染给其他动物和人类的一种典型的自然疫源性疫病，其特征是体温升高、淋巴结肿大，脾、肝脏和肾脏形成脓肿、充血，多发性粟粒状坏死，并有针尖大干酪样坏死灶。

(一) 病原

土拉弗朗西斯菌 (*Francisellatularensis*) 属于变形菌门 (Proteobacteria)、γ变形菌纲 (Gammapro-teobacteria)、硫发菌目 (Thio-trichales)、弗朗西斯菌属 (*Francisella*)。土拉弗朗西斯菌包括 4 个亚种，即土拉弗朗西斯菌土拉变种 (*F. tularensis var. tularensis*)、全北区亚种 [(*F. tularensissubsp. holarctica*)，又称旧北区变种 (*F. tularensisvar. palaearctica*)]、中亚亚种 (*F. tularensis subsp. mediaasiatica*) 和新亚种 (*F. tularensis subsp. novicida*)，其中前 3 个亚种对人和动物具有高度致病性。

土拉弗朗西斯菌是一种微小的革兰氏阴性球杆菌，在患病动物的组织及血液内近似球形。该菌为胞内寄生菌，主要存在于单核细胞中。菌体细小，大小为 $0.2\mu m \times (0.3 \sim 0.7)$ μm。为专性需氧菌，不形成芽孢，在动物组织内可见菌体外有一狭窄荚膜，无鞭毛，不能运动。在动物体内或幼龄培养物中能形成荚膜。从脏器或菌落制备的涂片做革兰氏染色，可以看到大量的黏液连成一片，呈薄细网状复红色，菌体为玫瑰色，此点为该菌形态学的重要特征。

该菌细胞膜上有多种蛋白质和多糖抗原，该菌的外膜蛋白是重要的毒力因子，主要为 OmpA、PilQ、GroEL、Tul4 等。Tul4 被证明位于菌体外膜，可激活 $CD4^+T$ 细胞分化，诱导产生 IFN-γ 和 IL-2，引发机体较强的免疫反应。对于土拉弗朗西斯菌毒力因子的研究主要集中于毒力岛 (Francisella Pathogenicity Island，FPI)，毒力岛基因与革兰氏阴性菌 VI 型分泌系统 (T6SS) 有较高的同源性。毒力岛基因包含两个操纵子，即 *iglABCD* 和 *pdpABCD*，包含其在巨噬细胞内繁殖所必需的约 13 个毒力相关基因。其中，*pdpA*、*pdpB* 编码 *F. novicida* 的胞浆蛋白，其缺失将导致 *F. novicida* 难以从巨噬细胞吞噬体中逃逸，但其具体致病机制仍需进一步研究。*pdpD* 可对下游基因产生极性效应，*pdpD* 缺失后，下游基因的表达量下降，细菌在巨噬细胞内的繁殖能力及对小鼠的致病力减弱。*iglC* 在该菌感染巨噬细胞过程中，表达量大量增加，助力本菌的吞噬体逃逸，抑制吞噬溶酶体融合，以及抑制宿主免疫机制。*iglD* 编码蛋白对本菌的胞内存活、复制及在小鼠体内定植密切相关。

（二）历史、地理分布

1911 年 McCoy 在美国加利福尼亚州的土拉县首次发现该病。该病主要分布在北半球，即北纬 30°以北地区。在美国、加拿大、墨西哥、委内瑞拉、法国、比利时、保加利亚、阿尔巴尼亚、希腊、瑞士、意大利、荷兰、德国、芬兰、波兰、捷克、罗马尼亚、匈牙利、土耳其、泰国、日本、喀麦隆、卢旺达、布隆迪、西非等国家（地区），疫源地比较固定。

我国于 1957 年在内蒙古通辽县的黄鼠体内首次分离到该菌。1959 年，黑龙江省杜尔伯特蒙古族自治县发生一起土拉杆菌病的流行。1960 年西藏发现 22 例土拉杆菌病病人。1965 年青海柴达木盆地发现由野兔感染的 6 例病人。1981 年西藏等地从病人、灰尾兔和宽大硬蜱中分离到土拉热弗朗西斯菌。1983 年新疆塔城地区从边缘草蜱体内分离到 4 株土拉热弗朗西斯菌。1986 年山东省胶南县冷藏厂兔肉加工车间发生一起土拉杆菌病流行，造成 31 人感染发病。

（三）危害

土拉弗朗西斯菌可通过皮肤、黏膜破损处或昆虫叮咬进入动物体内，侵入临近组织后引起炎症病变反应，在巨噬细胞内寄生并扩散到全身淋巴和组织器官，引起局部淋巴结化脓性感染，偶尔引起菌血症，细菌随血流播散至其他器官，引起淋巴结坏死和肝脏、脾脏脓肿。发生横纹肌溶解，常伴发菌血症和肺炎，原因不明。细菌从消化道进入可引起咽炎和胃肠道炎症。细菌经呼吸道吸入可引起原发性肺炎，表现为多部位炎症、坏死及肉芽肿形成趋向。

（四）风险群体

对该病易感的动物种类很多。据报道，自然界已知带菌的有 145 种哺乳动物、25 种鸟类和几种鱼类、蛙类和蟾蜍。感染该病的无脊椎动物，有 20 种蜱类、16 种蚊类、16 种虻类、20 种蚤类、几种螨类及其他双翅目吸血动物。两栖动物、软体动物及非食血昆虫的幼虫等也可感染。在啮齿动物中，以棉尾兔、灰野鼠、麝香鼠、水松鼠、海狸鼠等感染发病最为多见，呈地方流行性。家禽中以火鸡自然发病较多见，鸡、鸭、鹅较少见。在实验动物中，小鼠、豚鼠、仓鼠和兔最易感，在犬、猫中呈散发。我国 1979 年报告，貂感染后，病死率为 38.6%。在有该病存在的地区，绵羊比较容易被感染，主要经蜱和其他吸血昆虫叮咬传播。犬极少有感染的报道，但猫对土拉热菌病易感，经吸血昆虫叮咬、捕食兔或啮齿动物而被感染，甚至被已感染猫咬伤等途径均可感染。人因接触野生动物或病畜而感染。

（五）媒介生物

土拉热弗朗西斯菌的储存宿主主要是家兔和野兔（A型菌宿主）以及啮齿动物（B型菌宿主）。野兔群是最大的保菌宿主，它们既是家畜和人的传染源，又是传递者。其他野生动物、家畜、家禽感染后，也能成为传染源。A型主要经蜱和吸血昆虫传播，而被啮齿动物污染的地表水是B型的重要传染来源。野兔热在美国是常见的动物传染性疾病，致病菌广泛寄生于许多野生动物、家畜及鸟类身上。蜱或鹿蝇叮咬是主要的传播方式。

在一定的地理条件下，病原体、宿主和传播媒介可形成一个复杂的共生群落，并常年固着在某一地区，构成自然疫源地。在疫源地内，野生动物之间主要通过吸血节肢动物，特别是蜱等叮咬而传播。病原菌在蜱体内可生存数年，且能经卵传给下一代。虻、蚊和鼠虱也能传播该病。蚊体内带菌可达23d，虻2~3d。也可经破损的皮肤、黏膜感染。此外，还可通过病兽的排泄物或其尸体污染的饲料、饮水而发生消化道感染。吸入被鼠排泄物污染的尘埃，可经呼吸道发生传染。啮齿动物及野兔密度越高，兽间流行越严重。

人和家畜主要是通过接触病兽或其排泄物、尸体、污染的水和食物，经消化道感染；还可被带菌吸血昆虫叮咬，经血流感染，以及被带菌的野生或家养食肉动物咬伤或抓伤，经皮肤感染。

（六）症状

病原菌进入机体后，首先在局部繁殖，称为适应期。随后经淋巴管侵入局部淋巴结，进入局部感染期。进一步繁殖，侵入血液，扩散到内脏器官，形成新的病灶，称为血行散布期。出现临床症状时，称为临床症状期。以后进入变态反应期。临床症状通常以体温升高、衰竭、麻痹和淋巴结肿大为主，各种动物和每个病例的症状差异较大。潜伏期为1~9d，但以1~3d为多。

兔潜伏期为1~9d。急性病例常不表现明显症状而呈败血症死亡，病兔死前食欲废绝、运动失调。但多数病例病程较长，可见消瘦、衰竭，体表淋巴结（颌下、颈下、腋下和腹股沟等）肿大、质硬。鼻腔黏膜发炎，流浆液性鼻液，一般多发生肺炎，偶尔伴有咳嗽。体温升高，白细胞增多，有的表现为败血症，迅速死亡，病程 7~15d。有的经过 12~24d 痊愈。

羊自然发病多见于绵羊，发病后呈现高热，精神委顿，垂头站立，爱躺卧，后肢软弱或瘫痪，步行摇晃，行动迟缓，心跳加快，搏快而弱，呼吸频数增加。体表淋巴结肿大。高热稽留 2~3d 后下降至常温，但随后又常回升，一般经 8~15d 痊愈。妊娠母羊流产、死胎或难产。绵羔羊多为群发，羔羊发病较为严重，羔羊除上述症状外，还见贫血、黏膜苍白，腹泻，后肢麻痹。有的发生昏睡，有的兴奋不安。症状明显的数小时后死亡。病程 1~2 周。山羊发病率较低，症状与绵羊基本相似。山羊脾肿大，肝有坏死灶，心外膜和肾上腺有小出血点。

牛症状不明显。病牛表现出体温升高，体表淋巴结肿大。肝脏有变性和坏死灶。有的发生麻痹症状。妊娠母牛常发生流产。犊牛体温升高，全身衰弱，腹泻，一般呈慢性经过。水牛常拒食、咳嗽、体表淋巴结肿大。

猪自然发病多见于小猪，发病后体温升高，精神委顿，全身虚弱，步行无力，食欲不振，多有腹泻，腹式呼吸，有时咳嗽，病程为 7~10d，很少死亡，淋巴结肿大、发炎和化脓，肝实质变性。有支气管肺炎。组织学变化，坏死灶中心有大量崩解的细胞核，干酪化病灶周围排列有上皮样浆细胞和淋巴样细胞。在增生细胞间可见崩解的中性粒细胞。

（七）检测技术

1. 病原学检测方法

该病的病原学检测方法有细菌学分离培养、免疫荧光抗原检测法、动物感染试验和普通 PCR 法及实时荧光 PCR 法。世界动物卫生组织诊断手册第 3.01.22 章推荐病原学检测方法包括细菌学分离培养、免疫荧光抗原检测法、动物感染试验和普通 PCR 法及实时荧光 PCR 法；《野兔热检疫技术规范》（SN/T 1501—2015）推荐使用细菌学分离培养和普通 PCR 法及实时荧光 PCR 法；《国境口岸土拉热弗朗西丝菌荧光 PCR 检测方法》（SN/T 4465—2016）推荐使用实时荧光 PCR 法。细菌学分离培养、免疫荧光抗原检测法和实时荧光 PCR 法一般用于临床病例确认，实时荧光 PCR 法一般用于感染群体情况监测。

（1）分离培养

采取动物的淋巴结、肝、肾和胎盘等病灶组织，接种于含有先锋霉素（40 IU/mL）、抗生素（100 IU/mL）的半胱氨酸葡萄糖的血液琼脂平板上，在37℃培养24h，挑取可疑菌落鉴定。将病料悬液0.5mL皮下注射于豚鼠，一般经4~10d死亡，剖检可见肝、脾有多发性坏死灶，采取血液和病理组织分离细菌，连续传2~3代后，可获得纯培养物，再用血清凝集反应或荧光抗体法进行鉴定。

（2）核酸检测

①聚合酶链反应（PCR）：世界动物卫生组织推荐的方法针对FopA基因设计引物，引物序列为5'-GCCCATTTGAGGGGGATACC-3'；5'-GGACTA-AGAGTACCTTTTTGAGT-3'，扩增产物大小为550bp。《野兔热检疫技术规范》（SN/T 1501—2015）推荐的方法，引物序列为5'-TACCAGTTG-GAAACGACTGT-3'；5'-CCTTTTTGAGTTTCGGTCC-3'，扩增产物大小为1 124 bp。

②实时荧光RT-PCR：世界动物卫生组织推荐的方法针对Tul4基因设计引物，引物探针序列为5'-ATTACAATGGCAGGCTCCAGA-3'，5'-TGC-CCAAGTTTTATCGTTCTTCT-3'，FAM-5'-TTCTAAGTGCCATGATACAAGCT-TCCCAATTACTAAG-3'-BHQ。《野兔热检疫技术规范》（SN/T 1501—2015）推荐的方法，引物探针序列为5'-TTGGTAGATCAGTTGGTGGGATA-AC-3'，5'-TGAGTTTTACCTTCTGACAACAATATTTC-3'，FAM-5'-AAAATCCATGCTATGACTGATGCTTAGGTAATCCA-3'-TAMRA。《国境口岸土拉热弗朗西丝菌荧光PCR检测方法》（SN/T 4465—2016）推荐的方法引物探针序列为5'-GCGCTTTGACTAACAAGGACA-3'，5'-CACCAGCAC-CTGATGGAGAG-3'，FAM-5'-TGGCCAGTTCTATCTTGAGGACCCCAAGT-3'-TAMRA。

2. 血清学检测方法

该病的血清学检测标准方法有凝集试验和ELISA方法。世界动物卫生组织诊断手册第3.01.22章推荐的凝集试验（含玻片凝集试验、试管凝集试验及微量凝集试验）、ELISA方法；《野兔热检疫技术规范》（SN/T 1501—2015）推荐使用试管凝集试验，血清学检测方法可用于流行病学调查、动物调运检疫、该病的群体净化、临床病例确认和感染群体情况监测。

（八）防控

针对该病，做到自繁自养，不随便引进，经常灭鼠、杀虫，消灭疫源和传播媒介，对可疑病兔应及早扑杀消毒。肉不可食用，以防传染给人畜。强调个人防护，进入流行区时，应穿防蜱的防护衣，使用昆虫驱避剂和仔细寻找蜱。操作兔和啮齿动物时，特别在流行区，应穿防护衣，包括橡皮手套和面罩。任何蜱应立即清除，细菌可存在于动物内和动物皮毛的蜱粪内，野鸟和猎物必须经彻底烧煮后才吃。可能被污染的水必须消毒后使用。采用皮肤划痕法接种减毒活菌苗，接种 1 次，免疫力可维持 5～7年，也可采用口服减毒活菌苗或气溶胶吸入法。加强对狩猎活动的防疫监督，对受到污染的环境和物体实施卫生防疫措施。防止对水源、肉类、毛皮制作和加工过程的污染。避免蜱、蚊、虻等吸血节肢动物和啮齿类动物叮咬。

二十九、鼠疫

鼠疫（plague）是由鼠疫耶尔森菌（*Yersinia pestis*）引起的一种主要感染野生啮齿动物并可传染给其他动物和人类的一种典型的自然疫源性烈性传染病，是我国传染病防治法规定的甲类传染病。其特征是体温升高、淋巴结肿大，脾、肝脏和肾脏形成脓肿、充血、多发性粟粒状坏死，并有针尖大干酪样坏死灶。

（一）病原

1. 分类

鼠疫的致病菌为鼠疫耶尔森菌，其分类学位置为细菌域、变形菌门、γ-变形菌纲、肠杆菌目、肠杆菌科、耶尔森菌属、鼠疫耶尔森菌。

2. 生物学特征

（1）形态结构

鼠疫耶尔森菌在光学显微镜下为革兰染色阴性、两端钝圆、两极浓染的短小杆菌，菌体长 1～2μm，宽 0.5～0.7μm，有荚膜，无鞭毛，无芽孢。

（2）理化特性

鼠疫耶尔森菌最适生长温度为 28℃～30℃，最适 pH 值为 6.9～7.1，对高温和常用化学消毒剂敏感。

（3）基因组结构

基因组由一条环状染色体（约 4.6Mb）和 3 个质粒（pPCP1、pCD1、pMT1）组成，含有 4000 多个编码序列和大量的插入序列，具有高度的流动性。

（4）病毒蛋白及功能

该菌抗原结构复杂，已证实有 18 种抗原，即 A～K，N、O、Q、R、S、T 及 W 等，其中 F1、T 及 V/W 最重要，为特异抗原。F1 抗原（fraction 1）为包膜抗原（envelope antigen），主要存在于鼠疫耶尔森菌的荚膜和细胞壁上，在体液免疫中，F1 抗原通过调理吞噬作用，影响鼠疫耶尔森菌的毒力。131T 抗原为鼠毒素，存在于细胞内，菌体裂解后释放，是致病及致死的物质。V/W 抗原包括 V 抗原及 W 抗原，前者是存在于细胞质中的可溶性蛋白质，后者为位于菌体表面的脂蛋白，两者的合成均受质粒调控。两者同时存在时具有抗吞噬作用，使细菌具有在胞内存活的能力。V 抗体能保护小鼠和豚鼠的抗鼠疫感染，W 抗体则无此作用。外膜抗原（*Yersinia* outer membrane proteins，Yop）具有抗吞噬细胞的移动和吞噬作用，同时具有抑制血小板聚集的作用。

（二）历史、地理分布

鼠疫是一种自然疫源性疾病，其自然疫源地分布在亚洲、非洲、美洲的 60 多个国家（地区）。我国存在 12 种类型的鼠疫自然疫源地。鼠疫在人类历史上曾经有 3 次大流行，造成的死亡总人数接近 1.7 亿。第一次鼠疫大流行死亡人数约 1 亿，第二次鼠疫大流行即中世纪的"黑死病"，造成约 5000 万人死亡。直到 20 世纪 70 年代之后，鼠疫流行才得到控制，呈散发流行状态，20 世纪 70—80 年代，全世界每年报告鼠疫病例在 1000 例左右。20 世纪 90 年代以来，鼠疫疫情有上升趋势。比如，1989—2003 年，全球 25 个国家（地区）报告鼠疫病例 38310 例，其中 2845 例死亡。2010—2015 年，全球共报告 3248 例鼠疫，其中 584 例死亡。中华人民共和国成立前，我国鼠疫疫情也非常严重。中华人民共和国成立后，我国政府高度重视鼠疫防控工作，发病数明显下降。至 80 年代，平均每年报告约 20 例；90 年代，我国南方鼠疫疫情曾出现过短暂上升；自 2010 年以来每年仅有零星病例报告，主要集中在我国西北地区。

（三）危害

鼠疫耶尔森菌的毒素引起宿主严重的病理损害甚至死亡的物质，可分为鼠毒素（murine toxin）和内毒素（endotoxin）两种。鼠毒素是一种成分为可溶性蛋白质的外毒素，主要存在于细胞内。不论是鼠疫耶尔森菌的强毒株还是弱毒株，都可产生鼠毒素。鼠毒素导致小鼠死亡的原因，主要是引起外周循环衰竭，小鼠表现为血压下降，肝脏、脾脏出现血性坏死灶和脂肪变性等。

内毒素则位于细胞壁，属于类脂多糖。与其他毒素相比，它的毒力较低，引起的病理作用相似，主要为降低肝糖原和血糖，增加血氮和尿氮，有强热原性，损坏毛细血管，引起实质器官细胞炎性坏死，包括全身皮肤及器官呈斑点性出血、肾小球坏死、血尿等。

（四）风险群体

啮齿动物对该菌敏感性不同，有的高度敏感，有的敏感性差。除猫科动物外，野生食肉动物感染后很少出现症状或发生菌血症，故一般很少死亡。在家畜中，骆驼常发生感染。此外，驴、骡、绵羊、山羊和一些灵长类动物也有个别病例报道。人类对鼠疫普遍易感，没有天然免疫力，在流行病学上表现出的差异与接触传染源的机会和频次有关。

（五）媒介生物

在啮齿动物中（主要是鼠类和旱獭）循环进行，形成自然疫源地。人间鼠疫的传染源主要为黄鼠和褐家鼠；各型鼠疫患者均可作为人间鼠疫的传染源；肺鼠疫患者痰中可排出大量鼠疫耶尔森菌，成为重要的传染源。鼠疫耶尔森菌经鼠蚤传播，即鼠→蚤→人的传播方式。人间鼠疫流行前常有鼠间鼠疫流行，一般先通过野鼠传给家鼠。寄生鼠体的疫蚤叮咬吸血时，因其胃内被菌栓堵塞，血液反流，病菌随之进入人体造成感染，含菌的蚤类亦可随搔抓进入皮内。

（六）症状

鼠疫的潜伏期较短，一般在 1~6d，多为 2~3d，个别病例可达 8~9d。其中，腺型和皮肤型鼠疫的潜伏期较长，为 2~8d；原发性肺鼠疫和败血型鼠疫的潜伏期较短，为 1~3d。

鼠疫的全身症状主要表现为发病急剧，高热、寒战、体温突然上升至

39~41℃，呈稽留热。剧烈头痛，有时出现中枢性呕吐、呼吸促迫，心动过速，血压下降。重症病人早期即可出现血压下降、意识不清、谵语等。

腺鼠疫是最多见的临床类型，除具有鼠疫的全身症状以外，受侵部位所属淋巴结肿大为其主要特点。肺鼠疫根据感染途径不同，可分为原发性和继发性两种类型，原发性肺鼠疫是临床上最重的病型，不仅病死率高，而且在流行病学方面危害也最大。败血型鼠疫分为原发性和继发性两种类型。感染鼠疫菌后尚未出现局部症状即发展为败血症的为原发败血型鼠疫，而继发于腺鼠疫、肺鼠疫或其他类型鼠疫者则为继发败血型鼠疫。此外还有肠鼠疫、脑膜炎型鼠疫、眼鼠疫、皮肤鼠疫等类型。

（七）检测技术

1. 病原学检测方法

该病的病原学检测方法有细菌学分离培养聚合酶链式反应（PCR 法）。《野兔热检疫技术规范》（SN/T 1501—2015）推荐使用细菌学分离培养和普通 PCR 法及实时荧光 PCR 法。《国境口岸土拉热弗朗西丝菌荧光 PCR 检测方法》（SN/T 4465—2016）推荐使用实时荧光 PCR 法。细菌学分离培养、免疫荧光抗原检测法和实时荧光 PCR 法一般用于临床病例确认，实时荧光 PCR 法一般用于感染群体情况监测。

世界动物卫生组织手册中，普通 PCR 法所用的引物：Fr153F：5'-GC-CCATTTGAGGGGGATACC-3'，Fr1281R：5'-GGACTAAGAGTACCTTTTT-GAGT-3'；Tul4F：5'-ATTACAATGGCAGGCTCCAGA-3'，Tul4R：5'-TGC-CCAAGTTTTATCGTTCTTCT-3'，FAM-5'-TTCTAAGTGCCATGATA-CAAGCTTCCCAATTACTAAG-3'-BHQ。

《野兔热检疫技术规范》（SN/T 1501—2015）中普通 PCR 法所用的引物：5'-TACCAGTTGGAAACGACTGT-3'，R：5'-CCTTTTTGAGTTTCGGTCC-3'。实时荧光 PCR 法所用引物探针：F：5'-TTGGTAGATCAGTTGGTGGGATAAC-3'，R：5'-TGAGTTTTACCTTCTGACAACAATATTTC-3'，FAM-5'-AAAATCCAT-GCTATGACTGATGCTTTAGGTAATCCA-3'-TAMRA。

《国境口岸土拉热弗朗西丝菌荧光 PCR 检测方法》（SN/T 4465—2016）中实时荧光 PCR 法所用引物探针：F：5'-GCGCTTTGACTAACAAG-GACA-3'，R：5'-CACCAGCACCTGATGGAGAG-3'，FAM-5'-TGGCCAGT-TCTATCTTGAGGACCCCAAGT-3'-TAMRA。

2. 血清学检测方法

该病的血清学检测标准方法有凝集试验和 ELISA 方法。《OIE 陆生动物诊断试验与疫苗手册》推荐使用凝集试验（含玻片凝集试验、试管凝集试验及微量凝集试验）、ELISA；《野兔热检疫技术规范》（SN/T 1501—2015）推荐使用试管凝集试验，血清学检测方法可用于流行病学调查、动物调运检疫、该病的群体净化、临床病例确认和感染群体情况监测。

（八）防控

1. 控制传染源

消灭动物传染源，广泛开展灭鼠运动；旱獭在某些地区是重要传染源，也应做好控制工作。对疑似或确诊病例坚持就地、就近隔离治疗原则，对疑似或确诊病例分别予以单间隔离。同时应对直接接触者在单独隔离状态下进行医学观察。

2. 切断传播途径

彻底灭蚤，减少被叮咬的机会。避免接触染病或死亡动物。疫区实行"三报三不"制度。"三报"：报告病死鼠、报告疑似鼠疫病人、报告不明原因的高热病人和急死病人；"三不"：不私自捕猎疫源动物、不剥食疫源动物、不私自携带疫源动物及其产品出疫区。

3. 加强个人防护

参与治疗或进入疫区的人员必须穿着防护服，戴口罩、帽子、手套、护目镜、穿胶鞋及隔离衣。

三十、莱姆病

莱姆病（Lyme）是主要由伯格多弗疏螺旋体（*Borrelia burgdorferi*，Bb），又称莱姆病螺旋体（lyme disease spirochete）引起的自然疫源性人畜共患病。该病主要经蜱叮咬传染，其特征是患病动物叮咬性皮损、发热、关节炎、脑炎、心肌炎等。人感染后可引起慢性游走行红斑（Erythema Chronicummigrans，ECM）、神经系统症状、心肌炎和慢性关节炎等多系统、多脏器综合征。

（一）病原

伯格多弗疏螺旋体（*Borrelia burgdorferi*，Bb）属于螺旋体纲、螺旋体目（spirochaetales）、螺旋体科（spirochaetaceace）的螺旋体属（*Borrelia*）伯氏疏螺旋体的 DNA（G+C）mol%含量为 27%~32%，与回归热螺旋体的 DNA（G+C）含量接近，与梅毒螺旋体和钩端螺旋体显著不同。长期以来，认为莱姆病只有伯氏疏螺旋体一个种，近年以依据 5S~23S rRNA 基因间隔区 MseI 限制性片段，结合 DNA~DNA 杂交同源性分析世界各地分离的莱姆病病菌株，证明至少有 10 个基因种（genespecies），其总名称为 *B. burgdorferisensulato*，有致病性的有 3 个基因种，即狭义伯氏疏螺旋体（*B. burgdorferisensustricto*）、伽氏疏螺旋体（*B. garinii*）和阿弗西尼疏螺旋体（*B. afzelii*）。

伯氏疏螺旋体基因组相当小，其相对分子质量为 1.5 Mbp，包括一个 950 kb 的线性染色体和 12 个线性及 9 个环状质粒组成。含线性质粒是疏螺旋体的特征，是原核生物中唯一带有线性质粒的细菌属。染色体含有蛋白质编码基因 853 个，质粒含蛋白质编码基因 430 个。1283 个基因中，570 个基因功能已基本弄清，包括部分结构和功能基因，包括维持细胞生长、繁殖与传代的结构基因、鞭毛基因、鞭毛沟体状蛋白基因等，其中参与生物合成的基因仅 9 个，这也是培养基中必须加入多种动物血清营养成分的原因。伯氏疏螺旋体的独特之处，至今所有分离到的菌株均有 4~7 个质粒，包括高度卷曲的环状质粒和线性质粒。常见的线性质粒有 54 kb、38 kb、36 kb、28 kb、25 kb、16 kb 等。环状质粒有 32 kb、26 kb、9 kb 等。线性质粒 54 kb 是最大的线性质粒，具有编码主要外膜蛋白 OspA 和 OspB 的操纵子 OspAB，该操纵子内含 OspA 和 OspB 基因。线性质粒 38 kb，具有编码外膜蛋白 OspD 的基因。环状质粒 32 kb，携带编码外膜蛋白 OspE、OspF 相关蛋白基因。环状质粒 26 kb 携带编码外膜表面蛋白 OspC 以及参与嘌呤合成（GyrA）的重要基因。

（二）历史、地理分布

莱姆病于 1975 年在美国康涅狄格州的莱姆镇被发现并命名。全世界 5 大洲 20 多个国家（地区）发现有该病发生和流行。在北美洲和欧洲，莱姆病已成为主要虫媒传染病，美国疾病控制与预防中心自 1992 年至 2008 年的 17 年间已累计近 30 万例病例报告，并且呈现不断增长的趋势。据估计，欧洲每年诊断的莱姆病患者达 5 万例以上，日本、埃及、南非等国也有病例报道。

我国于1985年报道血清学调查和临床观察，发现在黑龙江省海林县人群中有莱姆病的发生和流行。随后的调查研究证实我国东北林区人群中莱姆病的感染很普遍，且从病原学上证实该地区是莱姆病的疫源地。目前，血清流行病学调查证实在我国的28个省（区、市）的人群中存在莱姆病的感染；病原学研究证实18个省（区、市）存在莱姆病的自然疫源地。

（三）危害

莱姆病在蜱体内主要位于中肠，当蜱叮咬人时，随蜱的唾液进入皮肤，经过3~32d在皮肤中扩散，在叮咬局部形成慢性游走性红斑。螺旋体还可经淋巴管进入局部淋巴结及经血行播散到眼、心脏、神经系统、关节、网状内皮系统等，继而再播散到皮肤引起各种病变，出现全身中毒症状。该病发生有一定的季节性，其季节性高峰与当地蜱类的数量及活动高峰一致，由于各地气候变化的差异，发病月份略有不同，一般在4~10月。

（四）风险群体

人和多种动物（犬、牛、马、猫、羊、鹿、浣熊、兔和鼠类）均易感染。家畜中犬、牛和马感染率较高，这些动物对维持媒介蜱的种群数量起着重要作用。鸟类的迁徙和兽类的长距离活动可以因携带硬蜱而传播伯氏疏螺旋体，从而扩大莱姆病自然疫源地。

（五）媒介生物

该病的贮存宿主范围广泛，包括各种野生哺乳动物、鸟类、爬行类以及家畜、观赏动物和实验动物。在北美，已查明有29种哺乳动物是重要的贮存宿主，其中白足鼠和白尾鹿在北美莱姆病自然循环中起着极其重要的作用。在欧洲，主要是林姬鼠、黄喉姬鼠和沙洲田鼠。我国自1986年至今，先后从黑线姬鼠、棕背平鼠、小林姬鼠、普通田鼠、褐家鼠、小家鼠、白腹鼠、社鼠、花鼠9种啮齿动物中直接检出或分离到病原体。

（六）症状

该病潜伏期为3~22d。

牛病初发热、跛行、肌肉强直、关节肿胀、四肢远端肿胀。趾间和乳房部位出现红斑，奶牛产奶量下降，妊娠早期母牛感染可发生流产。有的病牛出现心肌炎、肾炎和肺炎等症状。

马低热（38.6℃~39.1℃）不退，叮咬部位敏感、脱毛、皮肤脱落。前后肢肿胀疼痛，有跛行，或四股僵硬不愿走动。有的病马出现脑炎症状，嗜睡，大量出汗，头颈倾斜，尾巴弛缓、麻痹，吞咽困难，不能久立一处，常无目的运动。妊娠母马可发生流产或产后发热。

加拿大有报道在莱姆病流行地区，犬只感染数量能超过总数的3/4，但只有5%的被感染犬表现出莱姆病症状。临床表现为发热，不食，嗜睡，关节肿胀发炎，有跛行。局部淋巴结肿大、心肌炎、肾功能紊乱、氮血症、蛋白尿、圆柱尿、脓尿和血尿等。四肢僵硬，手压关节患部有柔软感，运动疼痛，局部淋巴结肿胀，关节障碍多发生于腕关节，特征是间歇性障碍并能移往其他关节。有的出现神经症状等。

猫厌食，疲劳，跛行或关节异常等。

（七）检测技术

该病有标准的检测方法主要为病原学检测方法，有普通 PCR 法及实时荧光 PCR 法。《国境口岸伯氏疏螺旋体实时荧光 PCR 检测方法》（SN/T 4399—2015）推荐使用实时荧光 PCR 法，《莱姆病伯氏疏螺旋体 PCR 检测方法》（DB65/T 4308-2020）推荐使用巢式 PCR 法和实时荧光 PCR 法。

1. 病毒分离

常用的适合于莱姆病螺旋体生长的液体培养基，是在最初的 Kelly 培养基的基础上，经过逐步修饰而来的。目前常用的这几种培养基（BSK Ⅱ 培养基、BSK-H 培养基、MKP 培养基，在低浓度接种、缩短传代时间、使培养基中螺旋体浓度最大化（108~109 个/mL）方面，具有很好的性能。BSK Ⅱ 培养基的关键成分包括：CMRL-1066，这是适合不同类型哺乳细胞生长的标准培养基；牛血清白蛋白Ⅴ，它可以提供丰富的蛋白质资源和稳定的 pH 环境；N-乙酰基葡萄糖，细菌细胞壁合成的前体；兔血清；柠檬酸盐；丙酮酸盐和其他一些成分。

在液体培养基中培养，通常需要在30℃~34℃，并且微需氧的条件下。培养温度≥39℃，可以减少或抑制螺旋体生长。由于螺旋体的对数生长期繁殖时间很长（7~20h 或更长），导致螺旋体的培养时间需要 12 周，相比其他大部分人类细菌病原体培养时间要长。定期抽取部分培养基，检查螺旋体的生长情况，可以应用暗视野显微镜或荧光显微镜（用吖啶红或其他荧光抗体染色）。如果镜下可见螺旋体的结构，还需要通过特殊的单克隆抗体或通过 PCR 技术检测特殊的序列，才能确定莱姆病螺旋体的存在。如果缺乏显微镜下检查莱姆病螺旋体的经验，极有可能出现假阳性的情况，因为一些细胞的碎片，也可以呈现类螺旋的结构，从而被误认为莱姆病螺旋体。

2. 核酸检测

（1）聚合酶链反应（PCR）：《莱姆病伯氏疏螺旋体 PCR 检测方法》（DB65/T 4308-2020）推荐使用巢式 PCR 法，引物序列为 5'-ACCATA-GACTCTTACTTTGAT-3'，5'-TAAGCTGACTAATACTAATTACCC-3'，5'-AC-CATAGACTCTTATTACTTTGACCA-3'，5'-GAGAGTAGGTTATTGCCAGGG-3' 5'-GGACTAAGAGTACCTTTTTGAGT-3'，扩增产物大小分别为 380bp 和 225bp。

（2）实时荧光 RT-PCR：《国境口岸伯氏疏螺旋体实时荧光 PCR 检测方法》（SN/T 4399—2015）推荐使用实时荧光 PCR 法，引物探针序列为 5'-CTAGTGTTTTGCCATCTTCTTTGAAAA-3'，5'-AGCCTTAATAGCATGC/TAAGCAAAA TG-3'，FAM-5'-GCGCTGTTTTTTTCATCAAGGCTGCTAAC-3'-TAMRA。《莱姆病伯氏疏螺旋体 PCR 检测方法》（DB65/T 4308-2020）推荐方法，引物探针序列为 F-16S：5'-ACCCTTTACGCCCAATAATCCC-3'，5'-AGGAAATGACAAAGTGATGACG-3'，FAM-5'-AACAACGCTCGCCC-3'-MGB。

（八）防控

已有以伯氏疏螺旋体制成的犬用死菌疫苗上市，效力仍在评估中。另有 OspA 制成的人用疫苗目前仍在研究中。国外研究使用的菌苗有三种：全菌体菌苗、亚单位菌苗和 DNA 菌苗。我国正在研究用于人免疫接种的菌苗。全菌体菌苗可用于犬免疫接种。首次接种后 2 周加强免疫 1 次，以后每年强化免疫 1 次，保护期可达 5 个月。给犬免疫接种，在切断莱姆病对人的传播环节上具有重要的意义。发生疫情时的应采取如下应急措施：对患病人群和患病动物要早发现、早诊断、早隔离、早治疗；患病动物的排泄物及污染物要无害化处理，并对其环境进行全面彻底的消毒；用化学杀虫剂和灭鼠剂杀灭蜱和鼠类；感染动物的肉最好是烧毁，如要食用，必须经高温处理，杀灭螺旋体后才可以食用；有条件的可用灭活菌苗进行紧急接种。

第四章
媒介生物的监测检测与杀灭

CHAPTER 4

第一节
国门媒介生物监测检测

————◇————

根据世界卫生组织公布的资料，目前全球约有 25 亿人生活在直接受到医学媒介生物性疾病威胁的国家（地区），以非洲、东南亚和拉丁美洲最为严重，热带和亚热带地区的负担最大。全球 80% 以上的人口生活在至少具有一种重大病媒传播疾病风险的地区，半数以上人口面临两种或更多的风险。每年，全世界范围内有 400 多万新感染医学媒介生物性疾病的病例，造成 70 多万人死亡。媒介生物对人类的健康构成了严重威胁，也给社会和经济带来了重大的损失。随着国际贸易的不断增加，出入境人员、交通工具、集装箱及货物等的国际流动也日益频繁。国际贸易打破了疾病暴发流行的生态地域限制，为媒介生物及媒介生物性传染病的传播，提供了人为的便利，已经成为传播传染病及其媒介生物最主要的途径。媒介生物性传染病通过口岸贸易往来和媒介生物的分布流行，传入我国的风险也进一步加大。

一、国境口岸医学媒介生物监测

（一）媒介生物种群和密度监测

医学媒介生物监测的重点是种群和密度。种群方面不仅仅要完成宿主与传染源的监测。很多医学媒介生物携带传染病的发生不单是宿主问题，其传播途径还需通过宿主携带媒介生物完成传播，如蜱、螨、蚤等。媒介生物的密度监测是以科学的方法长期、连续、动态、系统地收集病媒生物密度数据，并对其数量、种群构成、分布、季节消长趋势、侵害状况等进行分析，对结果进行解释与反馈。准确掌握国境口岸医学媒介生物本底种群构成、密度以及外来医学媒介生物种类，有助于正确评估通过医学媒介生物传播的疾病经国境口岸传入传出的危险性，为制定医学媒介生物控制策略及措施提供依据。

(二) 环境滋生地监测

国际上将对医学媒介生物滋生地的调查和清理列为医学媒介生物监测和控制的重要手段之一。比如，澳大利亚维多利亚州人类服务部每两周监测一次 150 个距人类居住地近的蚊虫滋生地并做相应处理。定期开展伊蚊滋生地调查，掌握媒介生物生态环境，了解控制范围，是做好媒介生物控制的本底数据之一，有助于处置媒介生物突发事件中确定的防治重点与控制范围。

(三) 病原学监测

我国常见的 8 大医学媒介生物携带的主要病原体为：蚊类 265 种，蝇类 150 余种，鼠类 200 余种，蚤类 50 余种，蜱类 14 种，螨类 8 种，蠓类 28 种。历史上曾多次发生由媒介生物的入侵造成的疾病暴发流行事例。近几年，多地发现机场疟疾。西方发达国家针对相关情况，不断加强各机场口岸媒介昆虫的监测和检疫工作。因此，在评价相关疾病的危险性时，媒介生物病原携带检测是重要依据。

(四) 抗药性监测

长期以来，化学药剂因具有快速、高效的杀灭效果，被广泛用于媒介生物控制。大量不合理使用化学杀虫剂，会使媒介生物产生抗药性，由此造成施药量增大、防治效果降低、有害生物猖獗、环境污染等问题。因此，进行抗药性监测、对抗药性进行系统的评价，是化学防治过程中指导科学使用卫生杀虫剂的依据。

(五) 监测方法研究

国内在密度监测上有国家卫生标准、爱卫会监测方法、全国媒介生物监测方案以及地方上的一些标准，不同系统、单位进行密度监测时自行选择方法，这导致相互比较出现困难，监测方法的发展也比较滞后。国际上不断采用新技术应用于医学媒介生物监测。比如，美国目前监测蚊虫，经常采用在监测点安装 CO_2 诱捕器的方法，在蚊虫季节（早春到晚夏）每周用一个通宵捕获蚊虫，送指定机构测试带毒率。

二、媒介生物常用监测方法

（一）蚊虫

1. 成蚊密度调查方法

（1）全捕法

选择一个固定调查点、固定时间，一人进入房内，用吸蚊管或电动吸蚊器捕捉房内的成蚊，捉完为止。此法受人为因素影响较少，比较准确，但需要人力。

（2）刺叮率调查法（人工小时法）

一人坐在室外，暴露小腿吸引蚊虫前来刺叮，在一定时间（一般为半个小时或1个小时）内用吸蚊管或电动吸蚊器捕捉小腿上停落的蚊虫，以捕捉的蚊虫数/人工小时表示密度。

（3）帐诱法

制作一顶特殊的蚊帐，顶部80cm×80cm，底部150cm×150cm，高度为150cm，离地20cm撑开。一个人进入帐内，持手电筒和电动吸蚊器捕捉进入蚊帐的蚊虫，计算一定时间内进入蚊帐的蚊虫数量。

2. 幼虫密度调查方法

（1）百户指数法

调查100户居民室内外（离房屋半径5米内）情况，检查有蚊虫幼虫或蛹滋生的阳性积水。百户指数=阳性积水数/检查户数×100。

（2）容器指数法

调查一定数量的有积水的容器，计算有蚊虫幼虫或蛹的积水容器的百分数。容器指数=阳性积水数/检查有水容器数×100。

（3）勺捕法

对大型水体蚊虫滋生情况进行调查，采用勺捕法。如调查在稻田中滋生的中华按蚊和三带喙库蚊。用一个500ml的长柄水勺，随机在离岸1米内的水面上取样。密度=采到的全部幼虫和蛹数/勺数。

（二）蝇类

1. 笼诱法

捕蝇笼：直径为25cm，高40cm，圆锥形芯高30cm，顶口直径2cm。

于设定的监测点内放置 6 小时（9：00—15：00），诱饵采用 50g 红糖、50mL 食醋制作。

监测期：每年监测 1 个消长周期（苍蝇开始活动月始至越冬月止），每旬监测 1 次。捕获的蝇带回实验室分类鉴定、计数、记录、计算蝇密度指数。新发现的种群应制作标本保存。

2. 粘捕法

粘蝇带：长 40cm，宽 3.5cm，于设定的调查点内挂置 6 小时(9：00—15：00)。

监测时间：每年监测 1 个消长周期（苍蝇开始活动月始至越冬月止），每旬监测 1 次。捕获的蝇带回实验室分类鉴定、计数、记录、计算蝇密度指数。

3. 目测法

监测点：在进境口岸、城市的街道东、西、南、北、中五个方位各设成蝇调查点 10 个（共 50 个）。记录阳性间数和阳性间蝇数，按调查场所的面积，每 15m² 折算为一间，计算平均每一间的蝇数。

(三) 鼠类

1. 食饵法

以某种方式确定投饵点，在投饵点上投放食饵，通过鼠类对食饵的盗食情况来估计鼠密度。该法又分为饱和食饵消耗法和点消耗法等。

2. 粉迹法

按一定要求布撒粉块（如滑石粉等）来观察鼠迹，以估计鼠数量的多少。比如，每隔一定距离或每间房布撒一块或两块面积约 20cm×20cm 的滑石粉块，通过一夜时间印下老鼠的足迹等以供观察。

3. 鼠迹法

检查单位面积内有鼠洞、鼠粪、鼠咬痕数，从而了解该地区鼠密度情况。

4. 捕鼠器法

按一定方法和要求布放鼠夹（鼠夹法）、鼠笼（鼠笼法）、粘鼠板(粘鼠板法）或其他捕鼠器，通过一定时间内的捕获率来估计鼠密度。

第二节
国门媒介生物防治与杀灭

◇

一、概述

世界卫生组织和各地卫生部门历来十分重视对医学媒介生物的控制，口岸的媒介生物控制工作更是重中之重。《国际卫生条例》和《中华人民共和国国境卫生检疫法》将口岸媒介生物监测控制工作作为口岸传染病监测控制的基础性工作。世界卫生组织在对各国（地区）口岸卫生检查中，把口岸医学媒介生物的监测资料、控制方法和控制能力当作检查的重点。媒介生物防控是预防和控制媒介生物性疾病的必要手段，是有效控制媒介生物密度、减少其骚扰和危害程度的重要措施。关于媒介生物的综合防控，即从媒介及其环境和社会条件的整体观点出发，根据标本兼治而以治本为主，以及有效、经济、简便和安全，包括对环境无害的原则，对媒介种类采用合理的环境治理、化学防治、生物防治或其他有效手段，组合成一套系统的防制措施，把防制的媒介种群控制在不足以为害的水平，并争取予以清除，以达到除害灭病或减少骚扰的目的。

二、媒介生物防治所采用的原则

媒介生物防治原则分为一般防治原则和应急防治原则。一般防治原则是指非应急状态下媒介生物防治时所采用的原则，是以环境治理为主，化学、物理防治为辅的综合防治原则。一般情况下，媒介生物防治首先要进行环境治理，把媒介生物赖以生存和繁殖的滋生地清理掉，辅以化学和物理防治手段，把媒介生物的密度控制在较低水平。应急防治原则是指在媒介生物性疾病暴发流行和其他突发事件发生时所采用的原则，是以化学防治为主，辅以滋生地清理和物理防治的综合防治原则。此时首先要采用化学防治手段迅速降低媒介生物密度，同时开展环境治理和滋生地的清理，辅以物理防治和生物防治等防治措施，预防和控制媒介生物性疾病的暴发和流行。

三、媒介生物的防治措施

常用于媒介生物的防治措施包括环境治理、物理防治、化学防治、生物防治、遗传防治和法规防治。

（一）环境治理

环境治理是指根据媒介生物的生态和生物学特点，通过改变环境来达到减少媒介生物的滋生、预防和控制媒介生物性疾病的目的。环境治理包括环境改造和环境处理。环境改造是指通过公共场所、卫生基础设施的改造和修建，以及河道、阴沟、阳沟和污水沟等排水沟渠的改造等方式，来减少或消除媒介生物滋生地。环境处理是指垃圾清理、翻盆倒罐、孔缝洞填堵等媒介生物滋生地清除措施。清除滋生地是媒介生物防治的治本措施。

（二）物理防治

物理防治是指利用机械方法以及声、光、电、温度等物理条件来捕杀、诱杀或驱除有害生物。物理防治简便易行，不污染环境，对人、畜安全，长期使用相对成本较低。物理防护和机械捕杀是其中最常用的方法。物理防护是指利用各种物理因素，如金属网、板等，阻止媒介生物进入建筑物内的方法。机械捕杀是指利用各种机械装置对媒介生物进行捕杀的方法，为提高捕杀效果，经常会加上诱饵、灯光等各种引诱剂，如鼠夹、鼠笼等。

（三）化学防治

化学防治是指利用化学杀虫剂杀灭或驱赶媒介生物的方法。杀虫剂的原药种类比较多，常用的有敌敌畏、溴氰菊酯、氯菊酯、吡虫啉等，常用的剂型有粉剂、可湿性粉剂、饵剂、微乳剂、悬浮剂、水乳剂等。化学防治的效果主要取决于杀虫药剂、施药器械和防治方法的合理配合与正确应用。常见的施药方法主要有撒布、涂抹、喷雾等，要针对不同的防治对象和使用环境选择合适的施药方法和适用剂型。化学杀虫剂的使用会产生许多副作用，如人畜中毒、抗药性的产生、环境污染和生态平衡的破坏等。

（四）生物防治

生物防治是指利用某些生物或生物的代谢产物来控制有害生物的发生和危害。这种方法的特点是安全、环保。用于生物防治的生物可分为两类，一类是捕食性生物，如鱼、蜻蜓等；一类是致病性生物，如病毒、细菌、真菌、原虫等。该方法的优点是人畜安全、不污染环境、持续有效；缺点是人工培养和在外界自然繁殖需要一定的条件，灭虫效果相对缓慢。

（五）遗传防治

遗传防治是指通过改变或替换昆虫的遗传物质来降低其繁殖势能或生存竞争力，从而达到控制或消灭一个种群的目的。采用该方法的条件要求较高，实用性不大。

（六）法规防治

法规防治是指利用法律或条例规定，防止媒介节肢动物的传入，对某些重要害虫实行监管，或采取强制性措施消灭某些害虫的工作。法规防治通常包括检疫、卫生监督和强制防治三方面。目前出台的相关法律法规主要有《中华人民共和国传染病防治法》《媒介生物预防控制管理规定》和各地方出台的《爱国卫生条例》等。国家卫生健康委员会、海关总署也相继出台了多项媒介生物防治相关的国家标准和行业标准，国家标准有《媒介生物密度控制水平鼠类》《媒介生物密度监测方法鼠类》等，行业标准有《医学媒介生物卫生处理常用药物及处理方法》《出入境口岸卫生处理常用药物使用准则》等，这些标准使媒介生物的防治工作更加规范化。

（七）发挥有害生物防治（PCO）优势

有害生物防治是近年来我国新发展的以杀灭病媒生物为主的技术服务产业，对爱国卫生运动是一种必要的补充。有害生物防治的发展不仅有利于平时病媒生物控制、降低病媒生物密度和病媒传染病发病率，在突发公共卫生事件发生时，政府可动员民间有害生物防制机构的力量协同开展病媒生物防治工作。当前应在产业政策上予以支持，促进其发展。

四、媒介生物的综合治理和消杀

消毒、杀虫、灭鼠是切断传染病传播途径、控制病媒生物的重要措施。当突发公共卫生事件现场面大时，必须用大型车载式机动喷雾器完成外环境消毒杀虫任务，在实施消杀时要注意人力、药械的合理配置，划出作业区和重点区，做好人员的个人安全防护。若病媒生物防治范围很大，或者引起的疾病已在当地暴发流行，或当地病媒生物已染上细菌、病毒，采用地面杀虫的方法已难迅速控制疾病蔓延，必须用飞机喷洒杀虫剂，大面积迅速杀灭疫区媒介昆虫。

实施杀虫时要组织好人力、药品、器械、规定作业区和作业程序，做好施药人员的个人防护，杀虫完毕后要进行人员、器械的洗消。组织发动群众做好环境卫生工作，将杀灭的病媒昆虫与垃圾集中焚烧处理。

(一) 蚊的综合治理及消杀

1. 环境治理

蚊虫发生的基本条件，一是有丰富的血源（供血动物），吸血后雌蚊就地产卵，繁衍后代；二是有丰富的水源，供幼虫生长发育。不同的蚊虫幼虫的生存环境不同，库蚊主要生活在浅水中，而伊蚊主要生活在容器中。蚊虫的种类很多，种类不同，其生物学和生态学习性也不同。根据当地主要蚊种，制定适宜的环境治理措施，是防治蚊虫的关键。

2. 生物防治

生物防治是直接或间接地应用产生或不产生代谢物的天敌，以防治包括人类疾病媒介在内的有害生物，主要包括病原体（如细菌等）、寄生物（如线虫等）和捕食物（如鲤鱼、草鱼、柳条鱼等）。

3. 做好个人防护，减少人蚊接触机会

通过改善居民居住条件和习惯，可以有效减少与蚊虫的接触。例如住房装置纱窗、纱门，使用蚊帐，尤其是使用拟除虫菊酯处理蚊帐或在特殊环境中涂抹各类驱避剂达到保护作用。

4. 化学防治

（1）蚊幼虫的防治

户外非饮用生活用水，可使用化学杀虫剂杀灭其中生长的幼虫。

倍硫磷：使用剂量为 1～5ppm，可持效 2～11 周。倍硫磷也可用膨胀珍珠岩、火胶棉等制成缓释剂，撒在水体内防治蚊幼虫。

杀螟松：现场应用的剂量为 0.50～2.0ppm，毒效可保持 7 天或更长时间。

双硫磷：现有1%双硫磷颗粒剂灭蚊幼虫效果很好。

辛硫磷：一般使用剂量为 2～10ppm。

马拉硫磷：现场一般使用的剂量为 10～20ppm。我国生产的高含量的马拉硫磷臭味较轻，便于应用。

敌敌畏和拟除虫菊酯类药剂不易用于蚊幼虫的防治。

（2）成蚊的防治

室外及其周围喷杀媒介蚊虫，可用超低容器喷雾器，喷洒 2.5%马拉硫磷或 40%杀螟松，用量为每亩 30～50 毫升。室内处理以使用拟除虫菊酯超低喷洒为宜。特殊场所喷杀成蚊，往往在小容器数量较多之处，如酿造厂、陶器厂、废轮胎堆等，这增加了清除滋生场所和杀灭幼虫的困难。可使用 20%杀螟松、辛硫磷等作超低容量喷洒，每亩用量 30～50 毫升。

杀虫剂室内滞留喷洒，使用具有一定持效的杀虫剂。可用拟除虫菊酯和某些有机磷类、氨基甲酸酯等具有触杀作用的杀虫剂。喷洒在室内蚊虫栖息的表面，主要为墙壁、衣柜等，使得入室吸血的蚊虫因接触药物中毒而部分或大部分死亡。室内滞留喷洒多适用于农村乡镇，尤其是孤立的居民点。周围或附近有比较广大和（或）难于处理的蚊虫滋生场所。

熏杀成蚊：适用于不方便喷洒杀虫剂的下水道或一些小型防空洞，可以采用烟熏灭蚊的方法。

（二）蚤类的综合治理及消杀

1. 环境治理

蚤类和蚊虫一样，也是我国病媒生物性疾病十分重要的传播媒介。要完成蚤的生活史同样要求有充足的血源和阴暗潮湿的生活环境。鼠、猫、人、鸟类和其他很多哺乳动物都是蚤类的重要宿主。防鼠、防野猫、防野鸟和搞好环境卫生（通风透光、保持环境干燥、用吸尘器吸尘和清除杂物垃圾）都是重要的环境控制措施。

2. 物理防治

用吸尘器吸感染蚤房间，可以减少约60%的卵和27%的幼虫，同时可以去除幼虫赖以生存的食物（成蚤血便、动物碎屑等有机物）和用于藏身的尘土。热蒸汽清洗不仅能够杀死大多数蚤和茧，还可以冲刷幼虫的食物。用清洁剂或香波给动物洗澡，蚤可以漂浮于水中，即使有残存蚤，由于清洁剂对蚤体表的蜡质有破坏作用，也会很快死亡。用梳子给宠物梳理毛发，而后将梳子迅速放入加有肥皂粉的水中，一部分成蚤会被消灭。

3. 室内蚤的化学防治

不同的防治环境，要有相应的防治方法和药剂。宠物体外寄生蚤的防治，应该充分考虑药剂对环境和人，尤其是对孩子的毒性，因而在标签上应注明应用场所。室内用药，不能污染室内器具、孩子和动物玩具，更不能污染任何动物的食物和饮用水，以免发生药物中毒。

杀成蚤剂是室内防治的首选药物。然而，药物喷施在不同的表面上，其作用效果差异较大。在玻璃表面上，毒力由高到低依次是敌敌畏、二嗪农、毒死蜱、甲萘威；在纤维织物和地毯上，毒力方面，有机磷类杀虫剂>氨基甲酸酯类杀虫剂>拟除虫菊酯类杀虫剂>天然除虫菊酯；在滤纸上，拟除虫菊酯类杀虫剂的粉剂对成蚤来说有很大的毒性，但是在室内尼龙地毯上施用后，对成蚤和幼蚤的防治效果都不好。

4. 室外蚤的化学防治

为了控制跳蚤，在室外或鼠疫等疫情发生地区，要经常施用化学药物防治，然而国内外对此研究较少。和防治其他卫生害虫相比，一般药物室外防治跳蚤的残效期不长。

毒死蜱和二嗪农地面喷洒，用以防治成蚤，其90%以上控制期可达至少1周；用毒死蜱粉剂和乳油防治猫蚤，其99%以上控制期可达至少1周。双氧威处理地面，有较好防治效果，控制期能达3周。

(三) 蝇类的综合治理及消杀

蝇类是霍乱、痢疾等多种肠道传染病的传播媒介，也是重要的卫生害虫。

1. 环境治理，减少孳生场所

(1) 孳生物的清除：城镇内每日所产生的蝇幼孳生物质很多，针对各种粪便（人、畜、兽、禽）、垃圾以及特殊行业的废弃物、下脚料等，均应建立清除管理制度，做到及时收集、外运、处理，达到日产日清、无害化处理。

(2) 孳生物的处理：首先要进行孳生物的隔离，这与成蝇产卵习性有关。孳生物隔离的目的是防蝇产卵；造成缺氧环境，使原有卵和幼虫不能发育，原有蝇蛹羽化出的成虫不能生存；产生高温，杀死蝇卵、幼虫和蛹。隔离可以采取水封、塑料薄膜严密覆盖、密闭容器、盖土和填充无机垃圾等方法。

2. 成蝇防治

了解家蝇成蝇一般生活习性，可以利用其生活习性进行杀与防，一般防治成蝇可采取以下方法。

（1）捕打：这是最简单易行的一种方法，室内有少量成蝇活动，捕打省力也省药。发动群众，见蝇即打，仍然是应大力提倡的好方法。

（2）毒杀和笼诱：这是一种既经济、简便，又可防止药物污染的好方法，特别是特殊行业的室外，在多蝇场所大量设置诱蝇笼、诱蝇点，能起到降低成蝇密度的显著作用。但诱饵的选择是非常重要的，如用敌百虫毒饵等。另外也可以利用家蝇趋光的习性，诱蝇笼设置部位的选择也可多样化。

（3）药物防治：防治蝇类的目的是室内无蝇。因而，不同场所用药，无论是针对成蝇或是针对滋生地的幼虫，均须注意以下几个原则，即要在环境治理的基础上，使用药物；要结合蝇类生态习性选择施药方法和品种；要有当地对常用药物的抗药性水平，选择使用药品的品种。

3. 防蝇

（1）防止苍蝇与食物接触，厨房、食堂、农贸市场熟食摊点、食品加工车间等场所必须做好防蝇工作，放置食物要用纱门。有条件的特殊行业的车间可用水帘或风帘，以防蝇类窜入室内。

（2）交通运输部门应做好各种车、船、飞机的灭蝇防蝇工作，防止将成蝇通过交通工具从一地携带到另一地。特别是对疫区，必须快速杀灭成蝇，并严密控制周围滋生地，以防带菌蝇类扩散。

（四）蜚蠊的综合防治消杀

1. 环境治理

环境脏乱、食物和水丰富、栖息场所多是蜚蠊滋生的重要条件。蜚蠊的环境防治措施主要有：

（1）降低蟑螂可取食的食源和水源，收藏好食物、饲料，清除散落、残存的食物，及时处理清除泔脚和用过的餐具。

（2）保持环境整洁，清除垃圾、杂物，清扫死角，清除蟑迹。

（3）堵洞抹缝，及时修缮房屋和家具，堵嵌缝隙。修缮漏水龙头，堵塞各类废弃的开口管道。

（4）检查进来的货物，发现其中可能携带的虫卵或蟑螂，并将其清除杀死，防止带入蟑螂。

2. 物理防治

常用的物理方法有人工捕打、诱捕、粘捕、烫杀等。诱捕法是物理防治中使用最多的一种方法。它是用诱捕器或粘蟑纸来诱捕蟑螂。诱捕法既可用作密度调查，也可用来灭蟑，尤其是诱捕器可以捉到活蟑螂，是抗性监测中捕捉蟑螂的必要工具。诱捕法安全、方便，适用于家庭、饭店、医院等场所，也可用于商务楼、电脑机房等不宜直接喷洒的场所。蟑螂诱捕器有很多种，常用的有瓶捕、粘捕盒和商品化的塑料捕捉器。

3. 化学防治

（1）屏障喷洒：在蜚蠊栖息场所周围，用长效药物，形成 $10 \sim 30 cm$ 宽的屏障封闭带，采用剂型有涂抹剂、可湿性粉剂、胶悬剂、微胶囊。

（2）滞留喷洒：在蟑螂经常出没的活动场所，喷洒持效杀虫药物，用背负式压力喷雾机，调节喷头，使药流成直线对准缝隙，将药剂直接射入。洒喷量为 $40 mL/m^2$。

（3）毒饵：因使用方便而颇受欢迎，是各类场所经常性灭蟑的一种好方法，具有简便、有效、价廉的特点。蟑螂毒饵主要剂型有水剂、片剂、颗粒、糊剂。常用的有效成分有乙酰甲胺磷、敌百虫、硼砂、残杀威、氟虫胺、伏蚁腙等以及这些药物的复配形式。毒饵投放，要求达到一定的覆盖率、到位率和保留率。应考虑在不同的栖息环境下，使用不同剂型的毒饵，如夏季干热用水剂毒饵，商务楼、电器设施用胶饵和糊剂。

（4）喷粉：粉剂能很好地透入缝隙、空洞、夹缝等设施下层和人不易接近的密闭场所，而且持效较长。粉剂中常用的有效成分有硼砂粉、各类拟除虫菊酯类药剂。使用时，注意粉量要小、薄，过多会驱走蜚蠊。缓释性灭蟑药物剂型还有药笔、漆、胶等。

（5）烟雾剂：将拟除虫菊酯类（溴氰菊酯、氯氰菊酯等）、有机磷药物（敌敌畏、毒死蜱）与零号柴油混合。大型喷烟适用于城市下水道，高层住宅的垃圾通道，地下室、车库、防空洞等处。它有柱香式、盘式、烟炮式和蚊香片式，靠点火引燃，使杀虫剂加热升华。

（五）蜱的综合治理及消杀

1. 环境防治：草原地带采用牧场轮换和牧场隔离办法灭蜱。结合垦荒，清除灌木杂草，清理禽畜圈舍，堵洞嵌缝，以防蜱类滋生；捕杀啮齿动物。

野外灭蜱：自然界中，林区、山地、草原、灌丛都是蜱类生活的主要场所，常常同一地带存在几种蜱，如东北林区的全沟硬蜱、森林革蜱、日本血蜱、嗜群血蜱等。对于自然界中的游离蜱，可采用局部火烧或化学防治等方法灭除；在草原地区，采取牧地轮换制，经过一年隔离，牧地上的蜱因不易找到宿主大部分死亡，也能消灭一部分蜱。野生动物，如啮齿类等是蜱的主要宿主，应采取措施加以消灭。另外，结合荒地开发、播种饲料作物、烧荒等农业措施，改善草原环境，对减少蜱的发生也可起到一定作用。

室内灭蜱：寄生家禽或家畜的蜱，有时也侵入人房，对人产生危害。例如，波斯锐缘蜱常在夜间从鸡舍潜入室内；血红扇头蜱主要生活在狗窝附近，有时也在人房内发现。对于室内这些蜱的防治，首先要消灭来源。禽畜的舍窝应远离人房，并经常打扫干净，墙面缝隙也要抹平。同时，要对禽畜的舍窝和活动处所喷药。如果危害严重，喷药后 10 天，再喷一次。为了防止蜱类侵入室内，可将松香、蓖麻油粘胶涂于 20 厘米宽的长纸条上，放置在门窗附近的墙基地面，进行粘杀亦能收效。

2. 消灭牲畜体上的蜱：宜采用高效低毒的杀虫剂。如成群牲畜施药，可用 0.2% 敌百虫或 0.1% 马拉硫磷药浴。施药时间应根据各种蜱的寄生季节而定。一般蜱类在春季开始活动，牲畜容易受到侵袭，应注意及时防治。人工刷抹或采摘也能消除蜱。同时注意厩舍灭蜱，蜱类严重的畜厩或棚圈，必要时暂时封闭，可使用烟剂熏杀。每立方米 0.5g 林丹或敌敌畏的烟剂，灭蜱效果良好。为了防止蜱随着新割的牧草带人畜舍，应预先将青草在露天地晒干。

3. 化学防治：蜱类栖息及越冬场所可喷洒敌敌畏、马拉硫磷、杀螟硫磷、毒死蜱等。牲畜可定期药浴杀蜱。

采用药剂防治，效果较好。常用药剂，如毒死蜱、马拉硫磷、二嗪农、敌敌畏等，对蜱类毒杀作用明显。50% 马拉硫磷超低容量制剂，加煤油稀释成 20% 溶液，以飞机喷雾，有良好灭蜱效果。

4. 个人防护：进入有蜱地区要穿五紧服，长袜长靴，戴防护帽。领口、袖口和裤腿要扎紧，头用布包紧或戴帽，穿长袜和长靴。在领口、袖口、裤脚等处喷涂 0.2% 敌百虫水溶液或 0.5% 除虫菊乙醇溶液，有一定驱杀作用。颈、手等外露体表，可涂抹避蚊胺等驱避剂。在蜱媒病流行地方和季节野外工作人员休息时，要彼此脱衣互相检查，离开时也应相互检查，及时除掉侵袭的蜱，勿将蜱带出疫区。就寝前也要脱去内衣，仔细检查。

（六）鼠的综合治理和灭鼠

1. 对鼠类应采取环境治理为主、化学防治和物理防治等为辅的综合防治措施。鼠类物理防治方法主要有器械灭鼠、切断鼠类迁徙通道、破坏栖息场所、管控食物水源等。化学防治中常用的杀鼠剂有溴敌隆、大隆、杀鼠灵、杀鼠醚等，常用的投饵方法有按洞投饵、按鼠迹投放、等距投放、毒饵包和毒饵站四种。广东地区鼠类活动的高峰一般在春末夏初和秋末冬初，此时应加强各类型环境的灭鼠除害工作，特别是鼠密度较高的特殊行业和地区，预防相关传染病的发生。

在临时聚居地及周围堵洞，堵洞时可以配合磷化铝片，用鼠笼鼠夹捕杀鼠。采用化学灭鼠剂进行灭鼠。灭鼠多采用慢性抗凝血灭鼠剂，当在突发公共卫生事件现场灭鼠时，先要使用急性灭鼠剂（如磷化锌等）。快速灭鼠时要注意毒饵的盗食情况，若毒饵适口性差、盗食率不高，要及时更换饵料，一般以块状水果、红薯等饵料为宜。急性毒饵灭鼠时要注意人、畜中毒事故，要让群众知道和配合灭鼠，防止误食，同时备好急性杀鼠剂的解毒剂，一旦发生误食中毒立即施救。

灭鼠要室外室内同时进行，不遗漏空白地带；灭鼠和防鼠相结合。急性快速灭鼠后，再用慢性抗凝血杀鼠剂巩固灭鼠效果。

2. 常用的灭鼠药物及使用方法如下。

磷化锌：毒力中等，选择性低，价格低廉，适口性好，首次使用效果较好，可以出现二次中毒，作用快，人不易误食中毒，分解较快，不污染环境，易引起拒食，不易产生耐药性，无特效解毒药，误食后应立即催吐、洗胃，尽快送医院治疗。

C 型和 D 型肉毒毒素：C 型肉毒梭菌产生的高分子蛋白会麻痹神经。

它怕光怕热，易分解。对鼠毒力较强，对人比较安全。适口性好，分解较快，不污染环境。因作用慢，较少引起鼠类拒食。

敌鼠钠：慢性毒力远高于急性，对禽毒力较弱，不经皮肤吸收，一般宜连续投药，适口性较好，较难引起拒食，效果较好，作用慢，可出现抗药性，不易二次中毒和误食中毒，不易污染环境。

杀鼠迷：慢性毒力高于急性，不经皮吸收，适口性好，效果好，对于抗性鼠有一定效果。对有些鸟有一定的危险性，靶谱广。

杀鼠灵：慢性毒力远高于急性，适口性好，甚安全，对小家鼠效果稍差，对抗性鼠效果差，价格较低，宜连续投饵。

氯敌鼠：急性毒力也强，靶谱广，油溶，适口性较好，使用浓度低，可用于野外和室内，安全性一般。

溴敌隆：急、慢性毒力均强，适口性好，靶谱广，对抗性鼠有效，价格稍贵，可间断投毒，室内外均可使用。

大隆：慢性毒力很强，急性毒力也强，选择性不高，不经皮肤吸收，适口性好，靶谱广，作用慢，效果好，不易二次中毒，能消灭现有的抗性鼠，价格贵。

杀它仗：主要特性和大隆近似，急、慢性毒力均强。尚未过专利期，国内未生产。目前所用多为进口的蜡块毒饵，价格高。

3. 室内可放在洞口或活动场所。尽量使用毒饵盒。用急性灭鼠剂投前饵效果好。第一代慢性灭鼠剂最好投饵5天以上，第二代慢性灭鼠剂可用间断投饵法。灭野鼠毒饵既可按洞投，亦可按洞群投，等距投、均匀投以及条带投等。使用灭鼠剂应统一行动，灭鼠后及时处理残饵及死鼠，以清除后患

4. 熏蒸灭鼠：包括熏蒸剂和烟剂，特点是有强制性、作用快，一般对非靶动物安全，但支出多、工效低，对有的鼠种效果较差。

化学熏蒸剂由主药、助燃剂、燃料等组成，外加引火部分，有时需加缓燃剂。使用时，应尽可能减少漏洞，如能先堵一次洞，只熏掘开者，节省更多。

5. 生物灭鼠：利用猫、鹰、狐、蛇等鼠的天敌和病原微生物灭鼠。

第三节
国际上媒介生物传播疾病的监测

———————◇———————

一、世界卫生组织媒介生物监测与管理合作中心

2012 年 10 月 23 日，世界卫生组织正式命名中国疾病预防控制中心传染病预防控制所媒介生物控制室为"世界卫生组织媒介生物监测与管理合作中心"（WHO Collaborating Centre for Vector Surveillance and Management，编号：CHN-114）。合作中心主要职能是基于媒介生物综合防治原理，为媒介生物性传染病监测与管理的全球策略发展提供技术支持和指导；开展登革热媒介监测和控制培训；开展公共卫生杀虫剂检测、使用、管理和评估工作；在世界卫生组织和成员方需要时提供鼠类及体表寄生虫、鼠传疾病控制技术支持。

合作中心的建立，将充分发挥国家疾控中心在媒介生物监控领域的优势与带动作用，推动该领域的多边交流与合作，扩展中国疾控中心在媒介生物及相关传染病监控领域的国际服务范围，为世界卫生组织全球策略发展和规划及成员方提供技术支持和指导。该合作中心也将进一步推动中国疾控中心在媒介生物控制理论、技术和实践方面的创新。

二、全球研究现状

为应对媒介生物传染病的新挑战，2017 年第 70 届世界卫生大会颁布了世界卫生组织"全球病媒控制对策 2017—2030"，开启了全球媒介生物传染病防控新时代（简称"新时代"）。从各国（地区）规划与资助分析、文献与专利定量分析，以及高被引论文角度的研究进展三个方面分析媒介生物学领域的研究现状。国际组织及各国（地区）布局的重点是：重要媒介生物的致病机理，重要媒介传播疾病的监测与流行病学研究；重要媒介传播疾病的防控，如疫苗、诊断与治疗产品开发；重要媒介生物（如

蚊媒）的监测与防控；生态环境、气候变化对媒介生物的影响，进而影响媒介传播疾病的发生与传播。

国际组织：世界卫生组织等国际机构开展了广泛的媒介生物及相关疾病的防控研究，构建了国际防控网络。

美国：美国政府各部门开展媒介控制、媒介传播疾病监测与防控等全链条的研究与资助。农业农村部聚焦于媒介，通过拨款、综合合作协议、部际间返还协议、特定合作协议4种方式长期开展媒介生物学研究。美国国家科学基金会（NSF）与NIH合作实施了"传染病的生态学与演化行动计划"（Ecology and Evolution of Infectious Diseases Initiative，EEID）。自2012年起，该项目资助了多个媒介传播疾病领域的项目。

英国：重视虫媒防控、人畜共患病和新兴传染病。2016年4月，英国卫生部发布了下一个四年的战略计划，提出到2020年的工作规划，重点提高包括媒介传播疾病在内的传染病服务体系、应对和响应能力。

欧盟及其成员国：欧盟第六框架计划（FP6）和第七框架计划（FP7）分别资助了"影响欧洲环境的传染病项目（EDEN，2004—2010）"和"欧洲虫媒传播疾病的生物学防控项目（EDENext，2011—2015）"两个大型媒介传播疾病项目。

法国：开展媒介传播机理、媒介与生物系统相互作用研究。法国主要通过国家研究局（ANR）资助媒介及媒介传播疾病研究。此外，巴斯德所还调动其全球研究机构进行寨卡病毒的研究。

德国：开展媒介及媒介传播疾病基础研究，制定了传染防治保护法（IFSG）来防治传染病（包括媒介传播疾病）的传播。明确了疾病预防过程中社会机构、食品公司、健康机构负责人以及个人的职责。建立直属国家的罗伯特·科赫研究所，监测并预防传染病扩散。此外，德国研究基金会（DFG）还资助了媒介疾病相关的基础研究。

澳大利亚：澳大利亚维多利亚州人类服务部每两周监测一次150个离人类居住地近的蚊虫滋生地并进行处理。

新加坡：新加坡国家环境局定期开展伊蚊滋生地调查和鼠洞检查。不断开展环境滋生地调查，掌握媒介生物生态环境，了解控制范围，是做好媒介生物控制的本底数据之一。

三、国际媒介生物学领域的重要进展

(一) 媒介生物及相关传染病监测、风险评估和预警

国际媒介传播疾病风险评估以定量为主，克服了定性研究的缺陷。媒介监测资料连续、监测频率高，在预警时大多类模型纳入媒介监测，且相关研究多。

(二) 媒介传播疾病的机制及流行病学研究

主要表现在蚊传染病毒传播机制研究、蜱传立克次体病原体及其他新兴传染病的传播机制与流行病学研究。蜱传病方面，瑞士苏黎世大学的研究人员发现新埃立克体病（Neoehrlichiosis）是一种蜱传人畜共患病，可引起人体全身炎症反应综合征/自身免疫疾病。西班牙、美国和法国巴斯德研究所的研究人员验证了蜱传立克次体病原体嗜吞噬细胞无形体感染蜱和脊椎动物宿主的共同策略，包括细胞骨架重构、抑制细胞凋亡和操纵免疫反应。这些共同的机制为开发控制策略以便更好地控制嗜吞噬细胞无形体及相关疾病。

此外，美国爱荷华州立大学动物微生物学与预防医学系的研究人员与剑桥大学病理系的研究人员聚焦于昆虫特异性黄病毒（ISFs），总结了昆虫特异性黄病毒的宿主范围、传播方式、基因组学结构等。

(三) 环境/气候变化对媒介生物及媒介传播疾病的影响

全球气候变化是人类面临的规模最大、范围最广、影响最深远的挑战之一。气候变化会对媒介生物和媒介传播疾病产生重要影响，也是媒介生物传播疾病研究的重点和热点领域。国际多个机构的研究人员都在关注气候变化对媒介生物的影响。

(四) 媒介传播疾病控制

通过开发疫苗、药物预防，治疗重要媒介传播疾病。疟疾治疗药物研发方面，美国麻省理工学院等机构和上海交通大学生物医学工程学院的研究人员合作开发口服超长效药物输送系统，旨在开发出长效的疟疾治疗药物。

(五) 媒介生物防控

媒介生物耐药性研究方面，发达国家（地区）非常重视媒介生物可持

续控制措施的实施，同时使用高通量抗药性检测技术，如芯片技术，广泛开展抗药性研究。新型媒介生物防治技术开发方面，目前在研的新型控蚊技术包括利用沃尔巴克氏体（Wolbachia）控蚊、利用植物来源的金属纳米颗粒灭蚊、利用 CRISPR-Cas9 技术进行蚊媒绝育等。利用沃尔巴克氏体进行媒介生物防治的研究主要集中在沃尔巴克氏体新感染型蚊种的建立、新型沃尔巴克氏体的共生对蚊虫的适应力变化、抗病毒特性研究、蚊媒种群压制和种群替换等方面。

四、全球病媒控制对策

（一）背景

在全球范围内，病媒传播疾病会对健康造成重大威胁。重大病媒传播疾病约占全球传染性疾病负担的 17%，每年造成 70 多万人死亡，热带和亚热带地区的负担最大。全球 80% 以上的人口生活在至少具有一种重大病媒传播疾病风险的地区，半数以上的人口面临两种或更多的风险。适宜的栖息地条件和与人的紧密接触，使伊蚊和库蚊在城镇中大量繁殖，因此由这两种蚊类传播的某些病毒性病原体的感染风险特别高。在较贫穷的人群中，发病率和死亡率常常过高。存活的患者可能落下终身残疾或外形损毁，这是雪上加霜。病媒传播疾病会对经济造成巨大损失并阻碍农村和城市的发展。

在抵御疟疾、盘尾丝虫病、淋巴丝虫病和恰加斯病方面，我们已取得引人注目的进展，但许多其他病媒传播疾病的负担近几年有所加大。2014年以来，登革热、疟疾、基孔肯雅热、黄热病等重大疫情在许多国家（地区）肆虐。2016 年，寨卡病毒感染及其相关并发症在美洲区域迅速传播，对个人和家庭造成了直接影响，并引起了社会恐慌和经济损失。

社会、人口和环境因素改变了病原体传播的规律，造成其传播加强、地理范围更广泛、复燃，或者传播季节延长。尤其是缺乏规划的城市化进程，可靠的自来水供应缺乏或不足、固体废物或排泄物处理和管理欠佳等因素，使得城镇众多人群面临感染蚊传染病毒病的风险。全球旅游和贸易增加，再加上诸如土地使用的改变（如砍伐森林）和气候变化等环境因素，都会对媒介传播疾病传播产生影响。这些因素共同作用，影响着病媒群体的传播范围和致病病原体的传播模式。

（二）全球病媒控制对策的必要性

采取全方位措施来控制病媒、抵抗病媒传播疾病带来的影响从未像今天这样紧急。许多国家（地区）仍然没有准备好去应对这些即将到来的挑战。社会和环境因素对病媒传播病原体的蔓延影响巨大，突显出根据当地具体情况制定和实施灵活的病媒控制策略和监测评估系统的重要性。重新调整计划，优化多种病媒和疾病干预措施的实施，将会最大限度地发挥可利用资源的影响力。

防治病媒传播疾病，人人有责，而不仅仅是卫生部门的责任。实现可持续发展目标、保障人们健康幸福依赖于有效的病媒控制、清洁饮用水卫生的获取、城市和社区的可持续发展，以及应对气候变化行动的倡议。控制和消除病媒传播疾病需要结合不同部门实施的多种方法来进行，例如促进环境健康。促进病媒控制的实施，关键要将地方政府和社区纳入广泛的部门间合作中去，根据当地昆虫学和流行病学数据反映的特定情景制定相应的干预措施。在面对技术、运营和财务挑战的情况下，建立可持续的控制计划需要当地社区的参与和协作。

（三）全球病媒控制对策的愿景和目标

世界卫生组织和更为广泛的传染病社区的愿景是创建一个无人遭受病媒传播疾病危害的世界。该对策的最终目标是要通过适合当地情况的有效的、可持续的病媒控制，来减少病媒传播疾病的负担和威胁。当下目标和终极目标见表4-1。

表4-1　全球病媒控制对策中的当下目标和终极目标

当下目标	终极目标	
	2025	2030
与2016年相比，全球病媒传播疾病死亡率下降	下降至少50%	下降至少75%
与2016年相比，全球病媒传播疾病发病率下降	下降至少40%	下降至少60%
预防病媒传播疾病的流行	在2016年之前尚无疫情的国家（地区）	所有国家（地区）

（四）全球病媒控制对策 2017—2022 年重点活动

以全球病媒控制对策草案为依据制定或调整病媒控制策略。

1. 对病媒控制需求进行评估或更新，制订资源调动计划，包括疫情处置；

2. 评估并加强昆虫学科领域和跨部门工作的人力资源，以满足病媒控制的确切要求；

3. 建立相关机构网络，以支持与公共卫生昆虫学以及技术相关的培训和/或教育；

4. 制定昆虫学基础和应用研究的议程，进行病媒控制和/或进展审查；

5. 建立多部门合作开展媒介控制的跨部委工作组，并使这一机制正常运作；

6. 针对病媒控制制订计划，以进行有效的社区参与和动员；

7. 加强病媒监测，并与卫生信息系统相结合，指导病媒控制；

8. 制定目标，通过实施适当的与病媒传播疾病相匹配的病媒控制来保护风险人群。

（五）综合性病媒管理

实现全球病媒控制愿景和目标，需要在四个主要领域开展行动，以便达到适合当地情况的有效的、可持续的病媒控制。

1. 加强部门间和部门内的行动与合作

为了达到最大程度的影响和效率，必须加强与非卫生部门的合作，同时协调卫生部门内部的各项活动，例如水、环境卫生和个人卫生举措。国家病媒控制规划应当成为国家关于减贫和气候变化应对能力发展战略以及区域发展合作战略的一个组成部分。与农业、教育、环境、财政、住房、旅游、运输和水务等各部委的接触尤为重要。市政和地方行政机构可以为改进病媒控制服务做出贡献，加强社区的参与和动员，并创建气候变化应对能力更强的城镇。合作将需要来自中央政府有力的政治承诺和资源，并需要有相关的部委战略计划，体现对病媒控制做出充分贡献。应当建立一个部委间专题小组并提供适当的资助，以便开展必要的协调活动。最初的任务应当是协调评估国家（地区）病媒控制的能力和需求（如最近未进行过评估）。评估伙伴关系格局将有助于确认可用于支持病媒控制的一切现有和可能的资源。相关战略需要适应特定的因素。

2. 社区的参与和动员

鉴于社区在预防、控制和消除病媒传播疾病方面的重大作用，病媒控制干预措施要取得成功和维持可持续性，就需要在众多利益攸关方之间进行协调，尤其依赖于对当地知识和技能的利用。需要通过以社区为基础、适当参与的做法，动员社区负责和实施病媒控制和监测行动。促进社区参与的战略，应当以研究、行为情况分析、监测和评价参与情况以及长期可持续性为基础。

3. 强化病媒监测和监控以及干预措施的评估

病媒传播病原体的能力及其对病媒控制措施的敏感度因种群、地点和时间而各不相同，病媒控制必须根据当地环境因素，在最新的当地数据的基础上实施。在流行病媒传播疾病以及条件有利于传播的地区，应当作为常规在有代表性的地点对病媒进行监测。与流行病学和卫生干预措施覆盖面或使用率方面数据的联系是至关重要的。该信息应当用于充实病媒控制政策、计划和实施的健全决策，并协助在疫情发生前对病媒种群的扩大尽早做出反应。

4. 提升和整合工具与方法

尽量扩大病媒控制对公共卫生影响的一项主要行动是部署和推广适合流行病学和昆虫学背景的工具与方法。选定用于特定环境的每种病媒控制干预措施，都应当达到很高的质量标准和最佳覆盖面。一种工具可以对若干病媒和疾病产生多种作用。在有些环境中，与仅使用一种干预措施相比，使用多种病媒控制干预措施的做法可以在减少传播或疾病负担方面产生更大的影响。核心干预措施可能需要得到其他工具的补充，以便应对杀虫剂耐药性等特定挑战。还应当使用综合性的战略，通过改变国内环境来减少病媒的生活环境，例如通过改进供水来避免家庭层面上的蓄水，或者通过安装纱门和纱窗来防止病媒进入人类住所。

参考文献

———◇———

[1] 蔡怡珊, 张述铿, 范建华, 等. 库宁病毒病 [J]. 口岸卫生控制, 2007, 12 (5): 50-54.

[2] 曹玲玲. 病毒在鸟和鸟之间传播对西尼罗热传播的影响 [J]. 云南师范大学学报 (自然科学版), 2019, 39 (4): 33-41.

[3] 陈飞. 土拉弗朗西斯菌 FTL: 0430 蛋白对细菌入侵及毒力影响研究 [D]. 北京: 中国农业大学, 2017.

[4] 陈娟, 黄祥瑞. 环状病毒分子生物学研究进展 [J]. 中国人畜共患病杂志, 1999, 15 (5): 12-13.

[5] 陈荣光. 土拉杆菌病的研究进展 [J]. 畜禽业, 2016, 326: 12-14.

[6] 陈茹, 刘中勇, 曾碧健, 等. 水疱性口炎病毒血清型特异 LUX 实时荧光 RT-PCR 检测方法的建立 [J]. 畜牧兽医学报, 2008, 39 (4): 522-528.

[7] 陈为民, 唐利军, 高忠民. 人兽共患病 [M]. 武汉: 湖北科学技术出版社, 2006: 429-432.

[8] 成依依, 周红宁. 我国流行性乙型脑炎病毒基因型研究进展 [J]. 中国病原生物学杂志, 2018, 13 (12): 1413-1415, 1419.

[9] 崔若光, 严善春, 严亮. 森林脑炎病毒的研究进展及流行现状 [J]. 黑龙江生态工程职业学院学报, 2008, 21 (5): 55-56.

[10] 翟新验. 非洲猪瘟病毒传播方式及控制措施 [J]. 中国兽医学报, 2021, 41 (2): 353-359.

[11] 翟友刚, 王焕琴, 等. 我国分离的盖塔病毒衣壳蛋白基因和 3' 非翻译区分子特征研究 [J]. 病毒学报, 2007, 23 (4): 270-275.

[12] 樊晓旭. 西尼罗热现状及未来我国防控应对思考 [J]. 中国兽医杂志, 2018, 54 (1): 117-121.

[13] 范行良, 俞永新, 李德富, 等. 乙型脑炎病毒野毒株及其不同株减毒株 E 蛋白基因序列比较 [J]. 中国病毒学, 2002, 17: 216-220.

［14］方美玉，林立辉，刘建伟.虫媒传染病［M］.北京：军事医学科学出版社，2005：254-266.

［15］费恩阁，李德昌，丁壮.动物疫病学［M］.北京：中国农业出版社，2004：661-662.

［16］费恩阁.动物传染病学［M］.吉林：吉林科学技术出版社，1995.

［17］付钰广.莱姆病两种检测方法的建立［D］.北京：中国农业科学院研究生院兰州兽医研究所，2011.

［18］傅仁龙，陈海婴，柳小青.蜱媒疾病的传播媒介研究进展［J］.中华卫生杀虫药械，2011，17（5）：392-397.

［19］高博，刘依德，范建华，等.布尼亚维拉病毒病［J］.口岸卫生控制，2007，12（3）：51-55.

［20］龚震宇，龚训良.寨卡病毒病的流行病学最新情况［J］.疾病监测，2017，32（7）：669-670.

［21］郭雷鸣，董兆昱，程林峰.克里米亚-刚果出血热病毒疫苗的研究进展［J］.热带医学杂志，2018，18（10）：1386-1389.

［22］郭怡德.非洲猪瘟病毒蛋白功能研究进展［J］.动物医学进展，2020，41（10）：96-101.

［23］郭雨微.蜱传病中Q热和北亚热检测方法建立及东北、内蒙地区疫病调查［D］.吉林：吉林农业大学，2012.

［24］国家认证认可监督管理委员会.国境口岸寨卡病毒病防控技术规范 第3部分：实验室检测：SN/T4652.3—2016［S/OL］.北京：中国标准出版社，2017：2-4［2021-10-25］.http：//www.doc88.com/p-9723836747848.html.

［25］国境口岸伯氏疏螺旋体实时荧光PCR检测方法［S］.SN/T4399—2015.

［26］韩辉.莱姆病检测技术研究进展［J］.中国国境卫生检疫杂志，2013，36（5）.348-350.

［27］韩雪冰.非洲马瘟及其风险控制方法［J］.疾病控制，2020，11：49-51.

［28］韩雪玲，李莉莉，史娟玲，等.我国森林脑炎临床流行病学研究现状［J］.西北国防医学杂志，2018，39（3）：148-153.

［29］韩雪清. 中国国境口岸病媒生物及动物虫媒病［M］. 北京：科学出版社，2019.

［30］何竞，祝庆余. 东部马脑炎病毒分子生物学研究进展［J］. 中国人畜共患病杂志，2002，18（5）：84-86.

［31］何丽芳，徐丽宏，等. 辛德毕斯病毒荧光 PCR 检测方法的建立［J］. 中华实验和临床病毒学杂志，2005，19（4）：347-352.

［32］洪烨，师永霞，黄吉城，等. 委内瑞拉马脑炎的研究进展［J］. 旅行医学科学，2008. 14（2）：1-3.

［33］洪烨等. 马尔堡病毒的实时荧光 RT-PCR 检测方法研究［J］. 中国国境卫生检疫杂志，2011，34（6），435-438.

［34］侯美如，高俊峰，周庆民. 施马伦贝格病毒的病原学、流行病学及临床症状与检测方法［J］. 中国奶牛，2013（19）：46-48.

［35］胡德刚，高彦生，王冲，等. 新发现的动物传染病——施马伦贝格病［J］. 中国畜牧兽医，2012，39（9）：217-222.

［36］胡玉洋，杨银辉，刘洪，等. 森林脑炎病毒（TBEV）实时定量 TaqManPCR 检测方法的建立［J］. 解放军医学杂志，2006，31（8）：745-748.

［37］扈荣良. 现代动物病毒学［M］. 北京：中国农业出版社，2014.

［38］花群义，徐自忠，杨云庆，等. TaqMan RT-PCR 对水疱性口炎病毒的鉴定检测［J］. 动物医学进展，2004，25（2）：64-68.

［39］贾建军，李文贵. 应用 PCR 技术检测鹿流行性出血病病毒［J］. 畜牧与兽医，2003，35（9）：24-26.

［40］贾杏林，陈焕春，何启盖. 流行性日本乙型脑炎乳胶凝集试验诊断方法的建立及应用［J］. 华中农业大学学报，2000，33：46-51.

［41］江海天，周晓黎，范晴，等. 鹿流行性出血病病毒分子生物学进展［J］. 动物医学进展，2007，28（12）：54-58.

［42］金红，李媛，于康震，等. 牛流行热病毒 JB76H 株 G 蛋白基因核营酸序列分析［J］. 中国防兽医学报，2000，22（1）：43-47.

［43］金宁一. 新编人畜共患病学［M］. 北京：科学出版社，2007.

［44］景志忠. 牛结节性皮肤病的流行现状与传播特征及其我国的防控策略［J］. 中国兽医科学，2019，49（10）：1297-1304.

［45］景志忠. 牛结节性皮肤病防控技术研究现状及其策略［J］. 中国兽医科学, 2020, 50（2）: 205-214.

［46］莱姆病伯氏疏螺旋体 PCR 检测方法［S］. DB65/T4308-2020.

［47］李朝品. 医学节肢动物学［M］. 北京: 人民卫生出版社, 2009.

［48］李富祥. 非洲马瘟病毒可视化 RT-LAMP 现场检测方法的建立［J］. 中国预防兽医学报, 2020, 42（6）: 579-585.

［49］李健, 李树清, 王巧全, 等. 赤羽病间接 ELISA 检测方法的建立和标化［J］. 中国预防兽医学报, 2003, 25（6）: 483-486.

［50］李静. 莱姆病致病机理研究进展［J］. 生命科学研究, 2014, 18（2）: 173-178.

［51］李俊成, 李德昕, 聂维忠, 等. 中国口岸输入性医学媒介生物防控体系的建立［J］. 检验检疫学刊, 2012, 2: 1-5.

［52］李俊成, 聂维忠, 李德昕, 等. 医学媒介生物及其传播的传染病研究［J］. 中国国境卫生检疫杂志, 2006, 29（增刊）: 74-79.

［53］李林. 裂谷热病毒 Real-time PCR 检测方法的建立及其 G2 部分蛋白的原核表达［D］. 扬州: 扬州大学, 2004.

［54］李茂林. 蓝舌病在全球的分布概况［J］. 畜牧兽医学报, 2021, 52（4）: 881-890.

［55］李敏思, 冯新, 宋战昀, 等. 新发反刍动物传染病——施马伦贝格病研究进展［J］. 中国兽医学报, 2014, 34（8）: 1388-1392.

［56］李希尚, 郭超, 康显虎, 等. 云南省腾冲市首例输入性基孔肯雅热病例的调查处置［J］. 中国热带医学, 2020, 20（1）: 84-86.

［57］李霞. 莱姆病病例分析及诊疗进展: 附40例分析［D］. 济南: 山东大学, 2013.

［58］李霞. 莱姆病研究进展［J］. 慢性病学杂志, 2013, 14（9）: 675-678.

［59］李晓慧, 刘紫嫣, 王迪, 等. 蜱源淋巴细胞脉络丛脑膜炎病毒半巢式 PCR 检测方法的建立［J］. 中国兽医科学, 2021, 51（4）: 455-459.

［60］李晓琳. 非洲猪瘟检测技术研究现状［J］. 中国兽医科学, 2021.

［61］李媛, 金红, 韩毅冰, 等. 牛流行热病毒 G 蛋白基因 RT-PCR 最适条件的建立［J］. 中国兽医科技, 1999, 29（3）: 24-25.

［62］李占鸿，宋子昂，杨振兴，等.中国流行的十二种血清型蓝舌病病毒一步法 RT-PCR 定型方法的建立与应用［J］.中国兽医科学，2020，50（12）：1486-1493.

［63］林彬.埃博拉病毒（EBOV）蛋白的最新研究进展［J］.生物技术通报，2005，5：27-30.

［64］林丹，严延生.寨卡病毒病［J］.中国人畜共患病学报，2016，32（3）：209-218.

［65］林二妹，白红岩，孙肖红，等.昆津病毒和巴马哈森林病毒双重RT-PCR 检测方法的建立［J］.检验检疫学刊，2014，24（4）：58-61+66.

［66］刘成倩.西尼罗热诊断技术与疫苗研究进展［J］.上海畜牧兽医通讯，2015，1：12-14.

［67］刘岱伟，于恩庶.WHO 和我国发出警告：防止马尔堡病毒病传入［J］.中国人畜共患病杂志，2005，21（8）：641-644.

［68］刘焕章，吴东来，胡守萍，等.赤羽病、中山病和茨城病流行病学调查初报［J］.中国奶牛，2002：13-15.

［69］刘焕章，辛九庆，胡守萍，等.茨城病琼脂免疫扩散试验诊断［J］.中国兽医杂志，2003：21-23.

［70］刘建利，花群俊，杨云庆，等.传播动物虫媒病的蚊种分类及其在我国的分布［J］.中国动物检疫，2015，23（3）：48-50.

［71］刘建利，花群俊，杨云庆，等.动物虫媒病毒潜在蚊媒种类在我国的分布［J］.中国动物检疫，2015，32（3）：48-51.

［72］刘丽馥.非洲马瘟的研究进程及诊断技术［J］.动物生产，2020，6：55-57.

［73］刘萍，张庆华.埃博拉病毒疫苗的研究进展［J］.免疫学杂志，2005，21（3）：32-34.

［74］刘起勇.媒介生物可持续控制策略和实践［J］.中国媒介生物学及控制杂志，2019，30（4）：361-366.

［75］刘胜利，黄冠胜，花群义，等.动物虫媒病与检验检疫技术［M］.北京：科学出版社，2011.

［76］卢亦杰.基于世界动物卫生组织官方报告的全球西尼罗热疫情回顾与分析［J］.中国预防兽医学报，2020，42（11）：1185-1191.

［77］陆兴洁. 蜱传森林脑炎病毒（TBEV）荧光定量 PCR 检测方法的建立与应用［D］. 吉林：吉林农业大学，2019.

［78］陆游. 牛结节性皮肤病诊断方法研究进展［J］. 中国动物检疫，2020，37（9）：82-89.

［79］栾明春. 立克次体分子生物学检测方法建立及云南红塔立克次体感染情况调查［D］. 大连：大连医科大学，2007.

［80］栾宇轩. 非洲猪瘟血清学诊断和疫苗研究进展［J］. 动物医学进展，2021，42（3）：78-82.

［81］罗琳，刘传鸽，胡龙飞. 国境口岸蚊媒病毒检测研究进展［J］. 中国国境卫生检疫杂志，2012，35（3）：208-211.

［82］吕新军，付士红，杨益良，等. 我国分离的 XJ290260 病毒鉴定为西方马脑炎病毒［J］. 病毒学报，2001，17（4）：307-312.

［83］马本江，杭长寿，解燕乡，等. 新疆出血热病毒核蛋白基因的高效表达及其在诊断中的初步应用［J］. 中华微生物学和免疫学杂志，2002，9（5）：572-577.

［84］马本江，唐青. 克里米亚-刚果出血热的流行病学［J］. 国外医学：流行病学传染病学分册，1999，26（4）：149-151.

［85］牟路萌. 莱姆病：布鲁菌病诊断方法的建立和流行病学调查［D］. 石河子：石河子大学，2016.

［86］那琳，许梅花. 寨卡病毒检测研究进展［J］. 病毒学报，2021，37（6）：1534-1538.

［87］聂福平，范泉水，王灵强，等. 埃博拉病毒的研究进展［J］. 中国畜牧兽医，2006，33（10）：65-67.

［88］牛艺儒，宁官保，杜娟，等. 牛茨城病的诊断及防治［J］. 中国乳业，2006：32-36.

［89］齐永等. 一种检测立氏立克次体的 RPA 方法、其专用引物和探针及用途：201710850529. 6［P］，2017-09-20.

［90］祁子钧. 非洲马瘟流行病学特征及疫病防控［J］. 动物生产，2020，5：61-63.

［91］邱文毅，钱进，何德雨，等. 浅谈国境口岸医学媒介生物监测的意义及要求［J］. 口岸卫生控制，2011，16（4）：3-6.

［92］盛子洋，高娜，安静.基孔肯雅病毒，不容小觑——肆虐美洲的"登革病毒"［J］.首都医科大学学报，2015，36（2）：8-11.

［93］师永霞，黄吉城，袁帅，等.5种埃博拉病毒多重实时荧光PCR方法的建立［J］.中国国境卫生检疫杂志，2019，42（2）：1-4.

［94］史清海.土拉弗朗西斯氏菌：炭疽芽孢杆菌定量PCR检测技术的研究［D］.北京：中国人民解放军军事医学科学院，2010.

［95］史卫军，黄超华，曹琛福，等.蓝舌病病毒蛋白结构与检测方法研究进展［J］.中国兽医杂志，2020，56（1）：66-72.

［96］宋春玲.哈尔滨五个自然风景区蜱及蜱传病原的调查［D］.大庆：黑龙江八一农垦大学，2018.

［97］孙宝杰，庞英杰，薛晓宁.空港口岸开展医学媒介生物病原体检测的探讨［J］.口岸卫生控制，2011，16（5）：6-8.

［98］孙静.西尼罗河病毒感染与免疫机制研究进展［J］.中国兽医学报，2021，41（10）：2059-2064.

［99］孙玉杰，张海林.中国流行性乙型脑炎病毒基因型及分布［J］.中国媒介生物学及控制杂志，2012，23（5）：436-439.

［100］唐家琪.自然疫源性疾病［M］.北京：科学出版社，2005：189-197.

［101］陶三菊.新发现传染病的预防与控制［M］.北京：中国协和医科大学出版社，2002：407-413.

［102］田克恭.人与动物共患病［M］.北京：中国农业出版社，2012.

［103］汪邦芳，郑江花，兰俊，等.寨卡病毒病的流行及防控现状［J］.中国感染与化疗杂志，2017，17（3）：345-351.

［104］汪中明，赵彤言.西方马脑炎的媒介、宿主及影响其传播的环境因素［J］.中国媒介生物学及控制杂志，2007，18（6）：530-533.

［105］王彩霞.野生反刍动物心水病研究进展［J］.动物医学进展，2018，39（3）：79-83.

［106］王迪.我国东北地区蜱传脑炎病毒（TBEV）流行病学调查与分析［D］.吉林：吉林农业大学，2019.

［107］王海霞，郑增忍，龚振华，等.应用RT-PCR方法快速检测水疱性口炎病毒［J］.中国动物检疫，2004，21（3）：24-26.

［108］王宏伟. 我国蜱中莱姆病螺旋体的分离：检测和基因分型研究［D］. 北京：中国人民解放军军事医学科学院，2005.

［109］王力华，梁国栋. 辛德毕斯病毒基因组结构与功能研究进展［J］. 中国病毒学，2005，20（2）：209-215.

［110］王瑞. 反刍动物心水病的分析诊断和治控方案［J］. 北京：饲料博览，2019（10）：63.

［111］王淑娟. 西尼罗热的流行历史、现状及防控［J］. 中国动物检疫，2016，33（12）：4-8.

［112］王文军. 非洲猪瘟的流行特点与传播扩散风险［J］. 疫病防控，2021，2：106-108.

［113］王晓丽. 非洲猪瘟病毒编码蛋白功能研究进展［J］. 微生物学通报，2019，46（7）：1827-1836.

［114］王绪明，刘增加. 辛德毕斯病毒病的流行病学研究概况［J］. 职业与健康，2016，32（6）：848-850.

［115］王岩，庞素芬，姜雯，等. 蓝舌病诊断和检测类标准的比较分析及建议［J］. 黑龙江畜牧兽医，2018（24）：111-112.

［116］王玉玲，米勇，江朝源，等. 盖塔病毒研究进展［J］. 病毒学报，2021，37（6）：1502-1507.

［117］吴颢. 非洲马瘟概况综述［J］. 湖北畜牧兽医，2020，41（8）：8-10.

［118］吴鉴三. 间接免疫荧光试验：IFA：检测动物心水病［J］. 中国动物检疫，1999，16（1）：6-7.

［119］吴晓东，戈胜强，张永强，等. 施马伦贝格病毒研究进展［J］. 病毒学报，2014，30（6）：694-703.

［120］夏红民. 重大动物疫病及其风险分析［M］. 北京：科学出版社，2005.

［121］谢春燕. 莱姆病的流行病学研究进展［J］. 现代预防医学，2015. 42（9）：1559-1561.

［122］邢进，卫礼，巩薇，等. 淋巴细胞脉络丛脑膜炎病毒（LCMV）PCR检测方法的建立与初步应用［J］. 实验动物科学与管理，2006，23（3）：5-7.

［123］邢骁跃. 基孔肯雅病毒免疫学检测方法的建立与初步评价［D］. 北京：中国疾病预防控制中心，2017.

［124］熊炜，陈鸿军，魏晓峰，等. 淋巴细胞脉络丛脑膜炎病毒实时荧光 RPA 快速检测方法的建立［J］. 中国动物检疫，2019，36（6）：92-95.

［125］徐翠平. 莱姆病的临床与免疫［J］. 中国病原生物学杂志，2020，15（11）：1363-1366.

［126］徐涤平，段正赢，刘泽文，等. 猪乙型脑炎减毒活疫苗毒株的选育研究［J］. 动物医学进展，2002，23：60-63.

［127］徐树兰，李少英，辛九庆，等. 赤羽病病毒核衣壳蛋白抗体间接 ELISA 检测方法的建立［J］. 中国兽医科学，2006，11：868-875.

［128］徐云庆，赵纯中，史蕾，等. 国境口岸医学媒介生物研究进展［J］. 中国国境卫生检疫杂志，2009，32（5）：378-393.

［129］杨蕾蕾. 鉴别检测裂谷热病毒 NSs 缺失型疫苗株与野生株模拟物的双重荧光定量 RT-PCR 方法的建立［J］. 中国预防兽医学报，2020，42（11）：1128-1134.

［130］杨清銮，翁涛平，李杨. 鼠疫的流行病学概述［J］. 微生物与感染，2019，14（6）.

［131］杨舒然，刘起勇. 白纹伊蚊的全球分布及扩散趋势［J］. 中国媒介生物学及控制杂志，2013，24（1）：1-4.

［132］杨文兵. 非洲猪瘟血清学诊断靶点的研究进展［J］. 畜牧兽医学报，2021，52（5）：1208-1217.

［133］杨湛森. 非洲猪瘟病毒检测方法的研究进展［J］. 分析测试学报，2021，40：5628-5638.

［134］杨振兴，朱建波，肖雷，等. 中山病多克隆抗体竞争 ELISA 检测方法的建立［J］. 中国预防兽医学报，2018，40（7）：601-606.

［135］野兔热检疫技术规范［S］. SN/T1501—2015，2015.

［136］殷震，刘景华. 动物病毒学［M］. 北京：科学出版社，1997：588-604.

［137］尹小雄，刘永华，张海林，等. 2019 年云南中缅边境基孔肯雅热暴发疫情的流行病学特征［J］. 中华实验和临床病毒学杂志，2020，34（6）：600-604.

[138] 应贤平, 钱琴, 曲雅琴, 等. 淋巴细胞脉络丛脑膜炎研究进展 [J]. 上海实验动物科学, 2000, 20 (1): 34-36.

[139] 于大海等. 中国进出境动物检疫规范 [M]. 北京: 中国农业出版社, 1997.

[140] 于东冬. 莱姆病分子生物学和诊断新技术的研究 [D]. 吉林: 吉林大学, 2008.

[141] 于培发. 莱姆病的研究进展 [J]. 安徽农业科学, 2015, 43 (35): 160-163.

[142] 于双平, 姜晓舜, 王松俊. 马尔堡出血热的研究进展 [J]. 应用预防医学, 2008, 14 (2): 119-121.

[143] 俞树荣, 陈香蕊. 立克次氏体与立克次氏体病 [M]. 北京: 军事医学科学出版社, 1999: 20-30.

[144] 袁帅, 郑夔, 黄吉城, 等. 克里米亚-刚果出血热病毒实时荧光 RT-PCR 检测方法的建立 [J]. 中国国境卫生检疫杂志, 2016, 39 (3): 183-185.

[145] 恽佳蕾. 裂谷热病毒 Gn 蛋白主要抗原区的串联表达和多克隆抗体制备 [J]. 中国动物检疫, 2021, 38 (2): 108-114.

[146] 张海林, 胡挺松, 张富强. 我国盖塔病毒研究进展及公共卫生意义 [J]. 中国人畜共患病学报, 2020, 36 (3): 229-233.

[147] 张海林, 陶三菊, 等. 云南首次分离到辛德毕斯 (Sindbis)、巴泰 (Batai) 和 Colti 病毒 [J]. 中国人畜共患病杂志, 2005, 21 (7): 548-551.

[148] 张菊仙, 龚正达. 中国蚊类研究概况 [J]. 中国媒介生物学及控制杂志, 2008, 19 (6): 595-598.

[149] 张力. 呼伦贝尔牛羊淋巴细胞性脉络丛脑膜炎病毒 (LCMV) 流行病学研究 [D]. 吉林: 吉林农业大学, 2019.

[150] 张敏敏. 我国首次牛结节性皮肤病病毒的分离鉴定 [J]. 中国预防兽医学报, 2020, 42 (10): 1058-1062.

[151] 张文生, 李学军. 埃博拉出血热的流行病学研究进展 [J]. 现代预防医学, 2007, 34 (15): 2856-2857.

[152] 张怡张, 昊澄. 鼠疫的发病机制研究进展 [J]. 微生物与感染,

2019, 14（6）.

　　[153] 张义爽. 我国中山病血清流行病学调查及 VP7 抗原间接 ELISA 方法的建立与应用 [D]. 大庆：黑龙江八一农垦大学，2017.

　　[154] 张永宁，吴绍强，林祥梅. 施马伦贝格病研究进展 [J]. 畜牧兽医学报，2014, 45（7）：1029-1037.

　　[155] 张雨，司炳银，等. 一株辛德毕斯病毒的基因组序列测定及分析 [J]. 生物技术通讯，2009, 20（3）：333-335.

　　[156] 张雨，司炳银，史永力，等. 一株保存的波瓦生病毒全基因组序列测定及分析 [J]. 生物技术通讯，2013, 24（3）：355-357.

　　[157] 郑可人. 基于最大熵模型对蓝舌病病毒传播媒介库蠓在中国分布特征的研究 [J]. 中国预防兽医学报，2020, 42（2）：150-157.

　　[158] 钟金栋，花群义，夏雪山，等. 多重 PCR 同时检测口蹄疫病毒、猪水疱病病毒和水疱性口炎病毒 [J]. 动物医学进展，2006, 27（7）：55-58.

　　[159] 周雪梅. 牛结节性皮肤病及其病原检测方法研究进展 [J]. 动物医学进展，2011, 32（10）：99-102.

　　[160] 朱利敏. 非洲猪瘟病毒多样性 [J]. 病毒学报，2021, 37（3）：719-726.

　　[161] 朱沛，孟锦昕，牛保生，等. 云南省中山病毒的分离鉴定 [J]. 中国兽医学报，2018, 40（8）：1443-1448.

　　[162] 朱其太. 反刍动物心水病的研究进展 [J]. 中国兽医杂志，1993, 19（5）：53-55.

　　[163] 朱翔宇，鲁荣光，胡博，等. 盖塔病毒 TaqMan 探针荧光定量 RT-PCR 检测方法的建立 [J]. 中国兽医学报，2020, 40（7）：1290-1295.

　　[164] 庄金秋. 牛结节性皮肤病病毒实验室检测方法研究进展 [J]. 中国奶牛，2021, 3：36-40.

　　[165] 邹艳丽. 心水病病原体高度保守基因合成与原核表达 [J]. 中国动物检疫，2012, 29（3）：31-33.

　　[166] Acha P N, Szyfres B. Zoonoses and communicable diseases common to man and animals [J]. The Veterinary Journal, 2003, 580（3）：362-365.

　　[167] Aguilar P V, Estrada-Franco J G, Navarro-Lopez R, *et al.*

Endemic Venezuelan equine encephalitis in the Americas: hidden under the dengue umbrella [J]. Future Virology, 2011, 6 (6): 721-740.

[168] Aiping W. Identification of a novel bluetongue virus1 specific B cell epitope using monoclonal antibodies against the VP2 protein [J]. International Journal of Biological Macromolecules, 2021, 183: 1393-1401.

[169] Akashi H, Onuma S, Nagano H, et al. Detection and differentiation of Aino and Akabane Simbu serogroup bunyaviruses by nested polymerase chain reaction [J]. Archives of Virology, 1999, 144: 2101-2109.

[170] Aleksandra K. A new method for sampling African swine fever virus genome and its inactivation in environmental samples [J]. Sci Rep, 2021, 11 (1): 21560-21567.

[171] Allende R, Sepulveda L, Mendes A, et al. An enzyme-linked immunosorbent assay for the detection of vesicular stomatitis virus antibodies [J]. Prev. Vet. Med, 1992, 14: 293-301.

[172] Amanda L P, Lyn M O, Lin S, et al. Aerosol infection of BALB/c mice with eastern equine encephalitis virus: susceptibility and lethality [J]. Virology Journal, 2019, 16 (31): 2-13.

[173] Anastacio A A, Jorge F M, Luis F M, et al. Ilheus and Saint Louis encephalitis viruses elicit cross-protection against a lethal Rocio virus challenge in mice [J]. Plos One, 2018, 13 (6): e0199071.

[174] Anca P. Potential mechanical transmission of Lumpy skin disease virus (LSDV) by the stable fly (Stomoxys calcitrans) through regurgitation and defecation [J]. Current Research in Insect Science, 2021, 1: 283-285.

[175] Andy H. Comparative Evaluation of Lumpy Skin Disease Virus-Based Live Attenuated Vaccines [J]. Vaccines, 2021, 9 (5): 473-473.

[176] Anne B, Friedemann W, John K, et al. Bunyamwera bunyavirus nonstructural protein NSs is a nonessential gene product that contributes to viral pathogenesis [J]. Proceedings of the National Academy of Sciences, 2001, 98 (2): 664-669.

[177] Arianna C. Rapid Extraction and Detection of African Swine Fever Virus DNA Based on Isothermal Recombinase Polymerase Amplification Assay

［J］. Viruses, 2021, 13 （9）: 1731-1743.

［178］ Attoui H, Charrel R N, Billoir F, *et al*. Comparative sequence a-nalysis of American, European and Asian isolates of viruses in the genus Coltivirus ［J］. Gen Virol, 1998, 79 （10）: 2481-2489.

［179］ Baba S S, Fagbami A H, Ojeh C K. Preliminary studies on the use of solid-phase immunosorbent techniques for the rapid detection of Wesselsbron virus （WSLV） IgM by haemagglutination-inhibition ［J］. Comp Immunol Micro-biol Infect Dis, 1999, 22 （1）: 71-79.

［180］ Bausch D G, Nichol S T, Muyembe T J, *et al*. Marburg hemorrhagic fever associated with multiple genetic lineages of virus ［J］. N Engl J Med, 2006, 355: 909-919.

［181］ Boyang K. Risk assessment for the Rift Valley fever occurrence in China: Special concern in south-west border areas ［J］. Transboundary and E-merging Diseases, 2021, 68 （2）: 445-457.

［182］ Brandsma J L, Shylankevich M, Su Y, *et al*. Vesicular stomatitis virus-based therapeutic vaccination targeted to the E1, E2, E6, and E7 proteins of cottontail rabbit papillomavirus ［J］. J Virol, 2007, 81 （11）: 5749-5758.

［183］ Bronzoni R, Baleotti F G, Nogueira R R, *et al*. Duplex Reverse Transcription-PCR Followed by Nested PCR Assays for Detection and Identifica-tion of Brazilian Alphaviruses and Flaviviruses ［J］. Journal of Clinical Microbi-ology, 2005, 43 （2）: 696-702.

［184］ Brown, S F, Gorman B M, *et al*. Coltiviruses isolated from mosqui-toes collected in Indonesia ［J］. Virology, 1993, 196: 363-367.

［185］ Burke C W, Wiley M R, Beitzel B F, *et al*. Complete Coding Se-quence of Western Equine Encephalitis Virus Strain Fleming, Isolated from a Hu-man Case ［J］. Microbiol Resour Announc, 2020, 9 （1）: e01223-19.

［186］ Calvo-Pinilla E. Reverse genetics approaches: a novel strategy for African horse sickness virus vaccine design ［J］. Current Opinion in Virology, 2020, 44: 49-56.

［187］ Campbell O, Krause P J. The Emergence of Human Powassan Virus Infection in North America ［J］. Ticks and Tick-Borne Diseases,

2020：e101540.

［188］Carrera J P，Forrester N，Wang E，*et al.* Eastern equine encephalitis in Latin America ［J］. The New England journal of medicine，2013，369（8）：1-17.

［189］Chandra B S. Molecular characterization of lumpy skin disease virus（LSDV）emerged in Bangladesh reveals unique genetic features compared to contemporary field strains ［J］. BMC Veterinary Research，2021，7（1）：235-241.

［190］Chang C J，Shi W L，Yu F L，*et al.* Apoptosis induced by bovine ephemeral fever virus ［J］. JVirol Methods，2004，122（2）：165-170.

［191］Christian D，Stephan S，*et al.* Rapid Detection and Quantification of RNA of Ebola and Marburg Viruses，Lassa Virus，Crimean-Congo Hemorrhagic Fever Virus，Rift Valley Fever Virus，Dengue Virus，and Yellow Fever Virus by Real-Time Reverse Transcription-PCR ［J］. Journal of Clinical Microbiology，2007，40（7）：2323-2330.

［192］Chung S I，冯青照. 得克萨斯州绵羊群的卡奇谷病毒感染 ［J］. 国外兽医学（畜禽疾病），1992（4）：37-39.

［193］Ciurea A，Klenerman P，Hunziker L，*et al.* Persistence of lymphocyte choriomengitis virus at very low levels in immune mice ［J］. Proc Natl Acad Sci USA，1999，96（21）：119641-119669.

［194］Coia G，Parker M D，Speight G，*et al.* Nucleotide and Complete Amino Acid Sequences of Kunjin Virus：Definitive Gene Order and Characteristics of the Virus-specified Proteins ［J］. Journal of General Virology，1988，69（1）：1-12.

［195］Corrin T，Greig J，Harding S，*et al.* Powassan virus，a scoping review of the global evidence ［J］. Zoonoses and Public Health，2018，65（6）：595-624.

［196］Curren E J，Lindsey N P，Fischer M，*et al.* St. Louis Encephalitis Virus Disease in the United States，2003-2017 ［J］. American Journal of Tropical Medicine Hygiene，2018，99（4）：1074-1079.

［197］Dantas-Torres F. Rocky Mountain spotted fever ［J］. Lancet Infect

Dis, 2007, 7: 724-732.

[198] Davies F G, Casals J, Jessett D M, et al. The serological relationships of Nairobi sheep disease virus [J]. Journal of Comparative Pathology, 1978, 88: 519-523.

[199] Davies F G, Jessett D M, Otieno S. The antibody response of sheep following infection with Nairobi sheep disease virus [J]. Journal of Comparative Pathology, 1976, 86: 497-502.

[200] Davies F G, Mungai J N, Taylor M. The laboratory diagnosis of Nairobi sheep disease [J]. Tropical Animal Health and Production, 1977, 9: 75-80.

[201] Davies F G, Otieno S, Jessett D M. The antibody response in sheep vaccinated with experimental Nairobi sheep disease vaccines [J]. Tropical Animal Health & Production, 1977, 9: 181-183.

[202] Davies F. G. Nairobi sheep disease [J]. Parasitologia, 1997, 39: 95-98.

[203] Diagana M, Tabo A, Debrock C, et al, 2005. Japanese encephalitis [J]. Med Trop (Mars), 65 (4): 371-378.

[204] Diallo M, Thonnon J, Traore-Lamizana M, et al. Vectors of Chikungunya virus in Senegal: current data and transmission cycles [J]. Am J Trop MedHyg, 1999, 60: 281-286.

[205] Diaz N, Coffey L, Burkett-Cadena N, et al. Reemergence of St. Louis Encephalitis Virus in the Americas [J]. Emerging Infectious Diseases, 2018, 24 (12): 2150-2157.

[206] Dixon K. African swine fever virus evasion of host defences [J]. Virus Research, 2019, 266: 25-33.

[207] Dobler G. Zoonotic tick-borne flaviviruses [J]. VetMicrobiol, 2010, 140: 221-228.

[208] Dong-Kun Y, Chang-Hee K, Byoung-Han K, et al. TaqMan reverse transcription polymerase chain reaction for the detection of Japanese encephalitis virus [J]. J Vet Sci, 2004, 5 (4): 345-351.

[209] Elzein E M, Afaleq A L, Housawi F M, et al. A study on bovine e-

phemeral fever involving sentinel herds and sero surveillance in Saudi Arabia
[J]. Rev SeiTeeh, 2006, 25 (3): 1147-1151.

[210] Endy T P, Nisalak A. Japanese encephalitis virus: ecology and epidemiology [J]. Curr Top Microbiol Immunol, 2002, 267: 11-48.

[211] Enfssi A, Codrington J, Roosblad J, *et al*. Zika virus genome from the Americas [J]. Lancet, 2016, 387 (115): 227-228.

[212] Farag M A, Sukayran A, Mazloum K S, *et al*. Epizootics of bovine ephemeral fever on dairy farms in Saudi Arabia [J]. RevSciTech, 1998, 17 (3): 713-722.

[213] Fatemeh N. Lumpy skin disease, an emerging transboundary viral disease: A review [J]. Vet Med Scie, 2021, 7 (3): 888-896.

[214] Forrester N L, Wertheim J O, Dugan V G, *et al*. Evolution and spread of Venezuelan equine encephalitis complex alphavirus in the Americas [J]. Plos Neglected Tropical Diseases, 2017, 11 (8): e0005693.

[215] Franklinos L, Jones K, Redding D, *et al*. The effect of global change on mosquito-borne disease [J]. Lancet Infect Dis, 2019, 19 (9): 302-312.

[216] Fukunaga Y, Kumanomido T, Kamada M. Getah virus as an equine pathogen [J]. Vet Clin North Am Equine Pract, 2000, 16 (3): 605-617.

[217] Gaunt M W, Jones L D, Laurenson K, *et al*. Definitive identification oflouping ill virus by RT-PCR and sequencing in field populations of Ixodes ricinus on the Lochindorb estate [J]. Archives of Virology, 1997, 142 (6): 1181-1191.

[218] Grant L, Campbell, James L, *et al*. Isolation of Northway serotype and other Bunyamwera serogroup bunyaviruses from California and Oregon mosquitoes, 1991, 44 (6): 581-588.

[219] Gray T, Burrow J N, Markey P G, *et al*. West nile virus (Kunjin subtype) disease in the northern territory of Australia-a case of encephalitis and review of all reported cases [J]. American Journal of Tropical Medicine & Hygiene, 2011, 85 (5): 952-956.

[220] Gregor K M. Rift Valley fever virus detection in susceptible hosts

with special emphasis in insects [J]. Scientific Reports, 2021, 11 (1):
9822-9822.

[221] Gritsun T S, Lashkevich V A, Gould E A. Tick-borne encephalitis
[J]. Antiviral Res, 2003, 57 (1-2): 129-146.

[222] Gritsun T S, Nuttall P A, Gould E A. Tick-borne flaviviruses [J].
Adv Virus Res, 2003, 61: 317-371.

[223] Guzm N C, Calder Ó A, Rodriguez-Morales A J, et al. Venezuelan
equine encephalitis virus: the problem is not over for tropical America [J]. An-
nals of Clinical Microbiology and Antimicrobials, 2020, 19: 19.

[224] Haddow A D, Schuh A J, Yasuda C Y, et al. Genetic characteriza-
tion of Zika virus strains: geographic expansion of the Asian lineage [J]. PLoS
Negl Trop Dis, 2012, 6 (2): e1477.

[225] Hamel R, Dejarnac O, Wichit S, et al. Biology of Zika virus infec-
tion in human skin cells [J]. J Virol, 2015, 89 (17): 8880-8896.

[226] Hans J S, Friederike M, Detlev D, et al. Replication of Marburg
Virus in Human Endothelial Cells [J]. J Clin Invest, 1993, 91: 1301-1309.

[227] Hao Q. Distribution of Borrelia burgdorferi Sensu Lato in China
[J]. J Clin Microbilo, 2010, 49: 647-650.

[228] Hasebe F. West Nile fever/Neuroinvasive disease caused by WNV
[J]. Japanese Journal of Clinical Medicine, 2016, 74 (12): 2030-2035.

[229] Hawman W, Gustaf A, Sofia A, et al. ADNA-based vaccine
protects against Crimean-Congohaemorrhagic fever virus disease in a Cynomolgus
macaque model [J]. Nature microbiology, 2020, 6 (2): 187-195.

[230] Hernandez R, Paredes A. Sindbis virus as a model for studies of
conformational changes in a metastable virus and the role of conformational chan-
ges in vitro antibody neutralisation [J]. Rev Med Virol, 2009, 19 (5):
257-272.

[231] Hirashima Y, Kato T, Yamakawa M, et al. Reemergence of Ibaraki
disease in southern Japan in 2013 [J]. The Journal of veterinary medical
science, 2015, 77 (10): 1253-1259.

[232] Holbrook M R, Wang H, Barrett A D. Langat virus M protein is

structurally homologous toprM ［J］. J Virol, 2001, 75 （8）: 3999-4001.

［233］ Homberger F R, Romano T P, Seiler P, et al. Enzyme-linked immunosorbent assay for detection of antibody to lymphocytic choriomeningitis virus in mouse sera, with recombinant nucleoprotein as antigen ［J］. Lab Ani Sci, 1995, 45 （5）: 493-496.

［234］ Huntington K, Allison J, Nair D. Emerging vector-borne diseases ［J］. Am Fam Physician, 2016, 94 （7）: 551-557.

［235］ Jackson Y, Chappuis F, Loutan L. Japanese encephalitis ［J］. Rev Med Suisse, 2007, 3 （111）: 1233-1236.

［236］ Jane C O, Richard M E. RNA binding properties of Bunyamwera virus nucleocapsid protein and selective binding to an element in the 5 terminus of the negative sense S segment ［J］. Journal of Virology, 2000, 11: 9946-9953.

［237］ Jeannette G. Four human diseases with significant public health impact caused by mosquito-borne flaviviruses: West Nile, Zika, dengue and yellow fever ［J］. Seminarsin Diagnostic Pathology, 2019, 36 （3）: 170-176.

［238］ Jonathan S T, Pierre E R, Daniel G B, et al. Rapid Diagnosis of Ebola Hemorrhagic Fever by Reverse Transcription-PCR in an Outbreak Setting and Assessment of Patient Viral Load as a Predictor of Outcome ［J］. Journal of Virology, 2004, 78 （8）: 4330-4341.

［239］ Jupp P G, Kemp A. Studies on an outbreak of Wesselsbron virus in the Free State Province, South Africa ［J］. Journal of the American Mosquito Control Association, 1998, 14 （1）: 40-45.

［240］ Jupp P G, Mclntosh B M. Chikungunya virus disease: The Arboviruses Epidemiology and Ecology ［J］. Florida: CRC Press, 1988, 137-157.

［241］ Kaiser R. Tick-borne encephalitis ［J］. Infect Dis Clin North Am, 2008, 22 （3）: 561-575.

［242］ Karan L S , Ciccozzi M, Yakimenko V V, et al. The deduced evolution history of Omsk hemorrhagic fever virus ［J］. Vopr Virusol, 2014, 59 （6）: 5-11.

［243］ Keshtkar J M, Reisler R B, Haller J M, et al. The western equine encephalitis lyophilized, inactivated vaccine: an update on safety and immunogenicity [J]. Frontiers in Immunology, 2020 (11): e555446.

[244] Kobayashi T, Yanase T, Yamakawa M, et al. Genetic diversity and reassortments among Akabane virus field isolates [J]. Virus Research, 2007, 130 (1-2): 162-171.

[245] Koishi A C, Suzukawa A A, Zanluca C, et al. Development and evaluation of a novel high-throughput image-based fluorescent neutralization test for detection of Zika virus infection [J/OL]. PLoS Neglect Trop D, 2018, 12 (3): e0006342.

[246] Krueger N, Reid H W. Detection oflouping ill virus in formalin-fixed, paraffin wax-embedded tissues of mice, sheep and a pig by the avidin-biotin-complex immunoperoxidase technique [J]. Vet Rec, 1994, 135 (10): 224-225.

[247] Kuno G, Mitchell C J, Chang G J, et al. Detecting bunyaviruses of the Bunyamwera and California serogroups by a PCR technique [J]. Journal of Clinical Microbiology, 1996, 34 (5): 1184-1188.

[248] Kurkela S. Sindbis Virus Infection in Resident Birds, Migratory Birds, and Humans Finland [J]. Emerging Infectious Diseases, 2008, 14 (1): 41-47.

[249] Kuznetsova T. The role of animals in the circulation and spread of West Nile fever virus [J]. Chemicals & Chemistry, 2020, 22 (10): 30-33.

[250] Kwanik M. Rift Valley Fever-a Growing Threat to Humans and Animals [J]. Journal of Veterinary Research, 2021, 65 (1): 14 17.

[251] Kweon C H, Kwon B J, Kim I J, et al. Development of monoclonal antibody-linked ELISA forsero-diagnosis of vesicular stomatitis virus (VSV-IN) using baculovirus expressed glycoprotein [J]. J Virol Methods, 2005, 130 (1-2): 7-14.

[252] Laine M, Luukkainen R, Toivanen A. Sindbis viruses and other alphaviruses as cause of human arthritic disease [J]. J Intern Med, 2004, 256 (6): 457-71.

[253] Lambert J, et al. Detection of Colorado Tick Fever viral RNA in acute human serum samples by a quantitative real-time RT-PCR assay [J]. Jour-

nal of virological methods, 2007, 140 (1-2): 43-48.

[254] Lani R, Moghaddam E, Haghani A, et al. Tick-borne viruses: a review from the perspective of therapeutic approach [J]. Ticks Tick Borne Dis, 2014, 5 (5): 457-465.

[255] Lauri P, Sarah B, Maria A. Tick-borne encephalitis virus: a structural view [J]. Viruses, 2018, 10 (7): e10070350.

[256] Leroy E M, Baize S, Lu C Y, et al. Diagnosis of Ebola haemorrhagic fever by RT-PCR in an epidemic setting [J]. Journal of Medical Virology, 2000, 60 (4): 463-467.

[257] Li Z. Bluetongue virus non-structural protein3 (NS3) and NS4 co-ordinatively antagonize type I interferonsignaling by targeting STAT1 [J]. Fisheries Science, 2021, 254: 108986.

[258] Lin D, Li L, Dick D, et al. Analysis of the complete genome of the tick-borne flavivirus Omsk hemorrhagic fever virus [J]. Virology, 2003, 313: 81-90.

[259] Lundberg L, Carey B, Kehnhall K. Venezuelan Equine Encephalitis Virus Capsid: The Clever Caper [J]. Viruses, 2017, 9 (10): 279.

[260] Lyle R. West Nile Virus: Review of the Literature [J]. JAMA, 2013, 310 (3): 308-315.

[261] Maggi R G, Kramer F. A review on the occurrence of companion vector-borne diseases in pet animals in Latin America [J]. Parasit Vectors, 2019, 12 (1): 145.

[262] Maher-Sturgess S L, Forrester N L, Wayper P J, et al. Universal primers that amplify RNA from all three flavivirus subgroups [J]. Virol J, 2008, 5: 16.

[263] Mansfield K L, Johnson N, Phipps L P, et al. Tick-borne encephalitis virus: a review of an emerging zoonosis [J]. J GenVirol, 2009, 90 (8): 1781-1794.

[264] Marcela G. Study of molecular diagnosis and viremia of bluetongue virus in sheep and cattle [J]. Brazilian Journal of Microbiology, 2021.

[265] Mateus V. Bluetongue Virus Infection in Ruminants: A Review

Paper [J]. Open Access Library Journal, 2021, 8 (2): 1-7.

[266] Matusop A, Singh S. Chikungunya its epidemiology and fore-sights for future prevention and control in Malaysia [J]. Vector J, 2000, 6: 21-26.

[267] McCausland M M, Crotty S. Quantitative PCR technique for detecting lymphocytic choriomeningitis virus in vivo [J]. J Virol Methods, 2008, 147 (1): 167-76.

[268] McConnell S, Charles L, Calisher C, et al. Isolations of cache valley virus in Texas, 1981 [J]. Veterinary Microbiology, 1987, 13 (1): 11-18.

[269] McDonald E, et al. Investigation of Colorado Tick Fever Virus Disease Cases - Oregon, MMWR [J]. Morbidity and Mortality Weekly Report, 2018, 68 (12): 289-290.

[270] McGuire K, Holmes E C, Gao G F, et al. Tracing the origins oflouping ill virus by molecular phylogenetic analysis [J]. Journal of General Virology, 1998, 79: 981-988.

[271] Mecham J, Michael M, Jochim. Development of an enzyme-linked immunosorbent assay for the detection of antibody to epizootichaemorrhagic disease of deer virus [J]. Vet Diagn Invest, 2000, 12: 142-145.

[272] Medeiros D, Nunes M, Vasconcelos P, et al. Complete genome characterization of Rocio virus (Flavivirus: Flaviviridae), a Brazilian flavivirus isolated from a fatal case of encephalitis during an epidemic in Sao Paulo state [J]. Journal of General Virology, 2007, 88 (8): 2237-2246.

[273] Miley K M, Downs J, Beeman S P, et al. Impact of the Southern Oscillation Index, Temperature, and Precipitation on Eastern Equine Encephalitis Virus Activity in Florida [J]. Journal of medical entomology, 2020, 57 (5): 1-10.

[274] Miura Y, Goto Y, Kubo, et al. Isolation of Chuzan virus, a new member of the Palyam serogroup of the genus Orbivirus, from cattle and Culicoides oxystoma in Japan [J]. American Journal of Veterinary Research, 1988, 49: 2022-2025.

[275] Miurab Y, Kubo M, Goto Y, et al. Hydranencephaly cerebellar hy-

poplasia in a newborn calf after infection of its dam with Chuzan virus ［J］. Japanese Journal of Veterinary Science, 1990, 52: 689-694.

［276］ Morvan J, Fontenille D, Digoutte J P, *et al*. The Wesselsbron virus, a new arbovirus for Madagascar ［J］. Arch Inst Pasteur Madagascar, 1990, 57 (1), 183-192.

［277］ Moureau G, Temmam S, Gonzalez J P, *et al*. A real-time RT-PCR method for the universal detection and identification of flaviviruses ［J］. Vector Borne Zoonotic Dis, 2007, 7: 467-477.

［278］ Murphy M D, Howerth E W, MacLachlan N M, *et al*. Genetic variation among epizootic hemorrhagic disease virus in the southeastern United States: 1978 - 2001 ［J］. Infection, Genetics and Evolution, 2005, (5): 157-165.

［279］ Mushi E Z, Binta M G, Raborokgwe M, *et al*. Wesselsbron disease virus associated with abortions in goats in Botswana ［J］. Journal of veterinary diagnostic investigation, 1998, 10 (2), 191-194.

［280］ Nara E M, Iwata H, Inoue T. The complete nucleotide sequence of segment L2 of Ibaraki virus encoding for the antigen recognized by neutralizing antibodies ［J］. J. Vet. Med. Sci, 2000, 62: 317-321.

［281］ Nassar E S, Coimbra T L, Rocco I M, *et al*. Human disease caused by an arbovirus closely related toIlheus virus: report of five cases ［J］. Intervirology, 1997, 40 (4): 247-252.

［282］ Ogden N H, Lindsay L R. Effects of Climate and Climate Change on Vectors and Vector-Borne Diseases: Ticks Are Different ［J］. Trends Parasitol, 2016, 32 (8): 646-656.

［283］ Ogden N H. Climate change and vector-borne diseases of public health significance ［J］. FEMS Microbiol Lett, 2017, 364 (19): 1-8.

［284］ Ohashi S, Yoshida K, Watanabe Y, *et al*. Identification and PCR-restriction fragment length polymorphism analysis of a variant of the Ibaraki virus from naturally infected cattle and aborted fetuses in Japan ［J］. J. Clin. Microbiol, 1999, 37: 3800-3803.

［285］ Orlinger K K, Hofmeister Y, Fritz R, *et al*. A tick-borne encephalitis virus vaccine based on the European prototype strain induces broadly reactive cross – neutralizing antibodies in humans [J]. J Infect Dis, 2011, 203: 1556-1564.

[286] Park J Y, Peter C J, Rolin P E, et al. Development of areverse Transcription–Polymerase chain reaction assay for diagnoses of Lymphocytic Choriomeningitis virus infection and it's use in a prospective surveillance study [J]. Journal of Medical Virology, 1997, 51: 107-114.

[287] Pauvolid–Corrêa A, Kenney J L, Couto–Lima D, et al. Ilheus virus isolation in the Pantanal, west–central Brazil [J]. PLoS Negl Trop Dis, 2013, 7 (7): e2318.

[288] Pauvolid–Corr A A, Campos Z, Juliano R, et al. Serological Evidence of Widespread Circulation of West Nile Virus and Other Flaviviruses in Equines of the Pantanal, Brazil [J]. PLoS Neglected Tropical Diseases, 2014, 8 (2): e2706.

[289] Pereira E N, Nishida T, Tokunaga R, et al. Cloning and expression of the M5RNA segment encoding outer capsid VP5 of epizootic hemorrhagic disease virus Japan serotype2, Ibaraki virus [J]. J Vet Med Sci, 2000, 62 (3): 301-304.

[290] Pereira L E, Suzuki A, Coimbra T L, et al. Ilheus arbovirus in wild birds (Sporophila caerulescens and Molothrus bonariensis) [J]. Rev Saude Publica, 2001, 35 (2): 119-123.

[291] Perez de Leon A A, Tabachnick W J. Transmission of vesicular stomatitis New Jersey virus to cattle by the biting midge Culicoidessonorensis [J]. J Med Entomol, 2006, 43 (2): 323-329.

[292] Piantadosi A, Kanjilal S. Diagnostic approach for arboviral infections in the United States [J]. Journal of clinical microbiology, 2020, 58 (12): e01926-19.

[293] Powell J R. An Evolutionary Perspective on Vector–Borne Diseases [J]. Front Genet, 2019, 17 (10): 1266.

[294] Powers A M, Brauh A C, Tesh R B, et al. Re – emergence of Chikungunya and O' nyong – nyong viruses: evidence for distinct geographical

lineages and distant evolutionary relationships ［J］. J Gan Virol, 2000, 81：
471-479.

［295］Prasad V M, Miller A S, Klose T, *et al.* Structure of the immature Zika virus at 9resolution ［J］. Nat Struct Mol Biol, 2017, 24：184-186.

［296］Pyke A T, Smith I L, Hurk A, *et al.* Detection of Australasian Flavivirus encephalitic viruses using rapid fluorogenic TaqMan RT-PCR assays ［J］. Journal of Virological Methods, 2004, 117（2）：161-167.

［297］Qiuxue H. Development of a Visible Reverse Transcription-Loop-Mediated Isothermal Amplification Assay for the Detection of Rift Valley Fever Virus ［J］. Frontiers in Microbiology, 2020, 28（3）：154-158.

［298］Rabinowitz P M, Conti L A. 人畜共患病医学 ［M］. 北京：中国农业出版社, 2015.

［299］Randolph S E. Tick-borne encephalitis virus, ticks and humans：short-term and long-term dynamics ［J］. CurrOpin Infect Dis, 2008, 21（5）：462-467.

［300］Richman D. 临床病毒学 ［M］. 3版. 北京：科学出版社, 2012：797-804.

［301］Riyesh T. Global status of African horse sickness：A perspective on emergency preparedness ［J］. Indian Journal of Comparative Microbiology Immunology and Infectious Diseases, 2021, 41（2）：55-65.

［302］Rockl V J, Dubrow R. Climate change：an enduring challenge for vector-borne disease prevention and control ［J］. Nat Immunol, 2020, 21（5）：479-483.

［303］Rodriquez L L, Letchworth G J, Spiropoulou C F, *et al.* Rapid detection of vesicular stomatitis virus New Jersey serotype in clinical samples by using polymerase chain reaction ［J］. J. Clin. Microbiol, 1993, 31：2016-2020.

［304］Rouhullah D. A review on epidemiology and ecology of west nile fever：An emerging arboviral disease ［J］. Journal of Acute Disease, 2020, 9（3）：93-99.

［305］Roy P, Marshall J A, French T J. Structure of the bluetongue virus genome and its encoded proteins ［J］. Current Topics in Microbiology and Immunology, 1990, 162: 43-87.

[306] Rufael T C. Molecular Analysis of East African Lumpy Skin Disease Viruses Reveals a Mixed Isolate with Features of Both Vaccine and Field Isolates [J]. Microorganisms, 2021, 9 (6): 2313-2315.

[307] Růžek D, Yakimenko V V, Karan L S, et al. Omsk haemorrhagic fever [J]. Lancet, 2010, 376 (9758): 2104-2113.

[308] Edward S. Entry-competent-replication-abortive African horse sickness virus strains elicit robust immunity in ponies against all serotypes [J]. Vaccine, 2021, 39 (23): 3161-3168.

[309] Saivish M V, Costa V, Rodrigues R L, et al. Detection of Rocio Virus SPH34675 during Dengue Epidemics, Brazil, 2011-2013 [J]. Emerging Infectious Diseases, 2020, 26 (4): 797-799.

[310] Sánchez-Cordón P J. African swine fever: A re-emerging viral disease threatening the global pig industry [J]. Vet J, 2018, 233: 41-48.

[311] Sandra B. African swine fever - A review of current knowledge [J]. Virus Research, 2019, 270: 197667-197672.

[312] Scherret J H, Poidinger M, Mackenzie J S, et al. The relationships between West Nile and Kunjin Viruses [J]. Emerging Infectious Diseases, 2001, 7 (4): 697-705.

[313] Schorderet-Weber S, Noack S, Selzer P M. Blocking transmission of vector-borne diseases [J]. Int J Parasitol Drugs Drug Resist, 2017, 7 (1): 90-109.

[314] Schwaiger M, Cassinotti P. Development of a quantitative real-time RT-PCR assay with internal control for the laboratory detection of tick borne encephalitis virus (TBEV) RNA [J]. J Clin Virol, 2003, 27: 136-145.

[315] Setoh Y X, Amarilla A A, Peng N Y, et al. Full genome sequence of Rocio virus reveal substantial variations from the prototype Rocio virus SPH34675 sequence [J]. Archives of Virology, 2018, 163 (1): 255-258.

[316] Shannan L. West Nile Virus [J]. Clin Lab Med, 2010, 30 (1): 47-65.

[317] Sheahan B J, Moore M, Atkins G J. The pathogenicity of louping ill

virus for mice and lambs [J]. Journal of Comparative Pathology J Comp Pathol, 2002, 126: 137-146.

[318] Sherman M B, Weaver S C. Structure of the recombinant alphavirus Western equine encephalitis virus revealed by cryoelectron microscopy [J]. Journal of virology, 2010, 84 (19): 9775-9782.

[319] Silva J R, Romeiro M F, Souza W D, et al. A Saint Louis encephalitis and Rocio virus serosurvey in Brazilian horses [J]. Revista da Sociedade Brasileira de Medicina Tropical, 2014, 47 (4): 414-417.

[320] Soheb F S, Rija Z, Carpenter D O. Powassan Virus—A New Re-emerging Tick – Borne Disease [J]. Frontiers in Public Health, 2017, 5: e00342.

[321] Stram Y, Kuznetzova L, Aviad L. A real-time RT-quantative (q) PCR for the detection of bovine ephemeral fever virus [J]. Journal of Virological Methods, 2005, 130: 1-6.

[322] Stram Y, Larisa K, Merisol G, et al. Detection and quantitation of Akabane and Aino viruses by multiplex real – time reverse – transcriptase PCR [J]. Journal of Virological Methods, 2004, 116: 147-154.

[323] Swei A, Couper L I, Coffey L L. Patterns, drivers, and challenges of vector-borne disease emergence [J]. Vector Borne Zoonotic Dis, 2020, 20 (3): 159-170.

[324] Swetnam D M, Stuart J B, Young K, et al. Movement of St. Louis encephalitis virus in the Western United States, 2014 – 2018 [J]. PLoS neglected tropical diseases, 2020, 14 (6): 1-22.

[325] Tang H, Hammack C, Ogden S C, et al. Zika virus infects human cortical neuralprogeitors and attenuates their growth [J]. Cell Stem Cell, 2016, 18 (5): 587-590.

[326] Tang Q, Saij O M, Han L, et al. Detection of immunoglobulin G to Crimean-Congo hemorrhagic fever virus in sheep sera by recombinant nucleoprotein-based enzyme linked immunosorbent and immunofluorescence assays [J]. Journal of Virological Methods, 2003, 108: 111-116.

[327] Thaikruea L, Charearnsook O, Reanphumkarnkit S, et al. Chikun-

gunya in Thailand: a re-emerging disease? [J]. Southeast Asian J Trop Med Public Health, 1997, 28: 359-364.

[328] Thevasagayam J A, Woolhouse T R, Mertens P C. Monoclonal antibody based competitive ELISA for the detection of antibodies against epizootic haemorrhagic disease of deer virus [J]. Journal of virological Methods, 1996, 57: 117-126.

[329] Towner J S, Khristova M L, Sealy T K, et al. Marburgvirus genomics and association with a large hemorrhagic fever outbreak in Angola [J]. J Virol, 2006, 80: 6497-6516.

[330] Towner J, Rollin P, Bausch D, et al. Rapid Diagnosis of Ebola Hemorrhagic Fever by Reverse Transcription-PCR in an Outbreak Setting and Assessment of Patient Viral Load as a Predictor of Outcome [J]. Journal of Virology, 2004, 78 (8): 4330-4341.

[331] Van den HurkA F, Ritchie S A, Mackenzie J S. Ecology and geographical expansion of Japanese encephalitis virus [J]. Annu Rev Entomol, 2009, 54: 17-35.

[332] Venugopal K, Buckley A, Reid H W, et al. Nucleotide sequence of the envelope glycoprotein of Negishi virus shows very close homology tolouping ill virus [J]. Virology, 1903 (1): 515-521.

[333] Villiers E P. Phylogenomic analysis of 11 complete African swine fever virus genome sequences [J]. Virology, 2010, 400 (1): 128-136.

[334] Vorou R M, Papavassiliou V G, Tsiodras S. Emerging zoonoses and vector-borne infections affecting humans in Europe [J]. Epidemiol Infect, 2007, 135 (8): 1231-1247.

[335] Wall Gayle V. African horse sickness virus NS4 protein is an important virulence factor and interferes with JAK-STAT signaling during viral infection [J]. Virus Research, 2021, 298: 198407-198409.

[336] Wang H Y, Liang G D. Epidemiology of Japanese encephalitis: past, present and future prospects [J]. Ther Clin Risk Manag, 2015, 11, 435-448.

[337] Wang H, Nattanmai S, Kramer L D, et al. A duplex real-time

RT-PCR assay for the detection of California serogroup and Cache Valley viruses [J]. Other, 2009, 65 (2).

[338] Warpeha K M, Munster V, MulliÉ C. Editorial: emerging infectious and vector-borne diseases: a global challenge [J]. Front Public Health, 2020, 8: 214.

[339] Weber E, Finsterbusch K, Lindquist R, et al. Type I interferon protects mice from fatal neurotropic infection with Langat virus by systemic and local antiviral responses [J]. JVirol, 2014, 88 (21): 12202-12212.

[340] Wilson A L, Courtenay O, Kelly-Hope L A. The importance of vector control for the control and elimination of vector – borne diseases [J]. PLoSNegl Trop Dis, 2020, 14 (1): 1-31.

[341] WOAH. Heart water [S]. Terrestrial Manual, 2018

[342] WOAH. Q Fever [S]. Terrestrial Manual, 2018

[343] WOAH. Tularemia [S]. Terrestrial Manual, 2018.

[344] Yapar M, Aydogan H. Rapid and quantitative detection of Crimean-Congo hemorrhagic fever virus by one-step real-time reverse transcriptase-PCR [J]. J Infect Dis, 2005, 58 (6): 358-62.

[345] You-gang Z, Huan-Yu W. Complete sequence characterization of isolates of Getah virus from China [J]. Journal of General Virology, 2008, 89: 1446-1456.

[346] Zachary R S, Will F, Steven B, et al. Vaccine Advances against Venezuelan, Eastern, and Western Equine Encephalitis Viruses [J]. Vaccines, 2020, 8 (2): 273-296.

[347] Zamarina T V. Application of a complex of methods in laboratory diagnostics of west nile fever [J]. Infekci I Immunitet, 2018, 8 (4): 519-521.